DR. JULIA FREUDENBERG
KAREN FUNK

HACK THE WORLD A BETTER PLACE

So gestalten Unternehmen die Zukunft

Deutsche Erstveröffentlichung bei
Topicus, Amazon Media EU S.à r.l.
38, avenue John F. Kennedy, L-1855 Luxembourg
Mai 2024
Copyright © der deutschsprachigen Ausgabe 2024
By Dr. Julia Freudenberg und Karen Funk
All rights reserved.

Umschlaggestaltung: bürosüd° München, www.buerosued.de
Umschlagmotiv: © ST.art © Menara Grafis © aunaauna
© inspiring.team © Lyudochka / Shutterstock
Kapitelmotive im Innenteil: © Marish © GoodStudio
© Net Vector / Shutterstock
1. Lektorat: Ute Köhler
2. Lektorat, Korrektorat und Satz:
VLG Verlag & Agentur, Haar bei München, www.vlg.de
Gedruckt durch:
Amazon Distribution GmbH, Amazonstraße 1, 04347 Leipzig /
Canon Deutschland Business Services GmbH,
Ferdinand-Jühlke-Str. 7, 99095 Erfurt /
CPI books GmbH, Birkstraße 10, 25917 Leck

ISBN 978-2-49671-509-5
e-ISBN 978-2-49671-510-1

www.topicus-verlag.de

Für die Kinder.
Und die Unternehmen.

überzeugte Netzwerkerin arbeitet sie an engmaschigen Kooperationen zwischen ehrenamtlichen und hauptamtlichen Initiativen im IT-Bereich, ist Mitglied im Beirat der Jungen Digitalen Wirtschaft beim Bundeswirtschaftsministerium, selbst ehrenamtlich aktiv und glückliche Mutter zweier Kinder.

Dr. Julia Freudenberg wurde als Persönlichkeit für ihr Engagement mit der Hacker School bereits mehrfach ausgezeichnet, darunter 2023 mit dem Impact of Diversity Award der Kategorie Woman in STEM / MINT, 2022 mit dem Digital Female Leader Award, dem Digital Social Award und dem WIN-Award für Outstanding Diversity Engagement. Weitere Auszeichnungen für die Hacker School waren unter anderem der Future Pioneers of Technology Award 2023, Platz 1 bei digital.engagiert 2021, Bundespreisträgerin bei Startsocial 2021, der Digital Leader Award 2020 und die Google Impact Challenge als Leuchtturmprojekt 2018.

Karen Funk ist freie Journalistin und Autorin. Seit über 20 Jahren schreibt sie über Karriere und Arbeitsmarkt, Führung, Diversity und Sustainability in der IT-Branche. Als Senior Editor bei CIO-Magazin und Computerwoche verantwortete sie 17 Jahre lang den CIO des Jahres, den wichtigsten Wettbewerb für IT-Verantwortliche in Unternehmen im deutschsprachigen Raum: Wie Digitalisierung gestalten – das ist für die studierte Sprach- und Literaturwissenschaftlerin eine Leitfrage, der sie im Austausch mit Vorreiterinnen und Vorreitern immer wieder auf den Grund geht und die sie in den unterschiedlichsten Branchen aufzeigt. Mehr Frauen für die IT zu begeistern, zu stärken und zusammenzubringen, dafür setzt sie sich beruflich wie privat ein, engagiert sich ehrenamtlich in mehreren Frauennetzwerken sowie im Bildungsbereich. Karen Funk ist Mutter von drei Söhnen und lebt mit ihrer Familie in der Nähe von München.

Inhaltsverzeichnis

PART II

**Getting to YES – HOW TO Hack the World
a Better Place – Wie Unternehmen
die Welt verbessern können** 171

Vorwort 1

Elke Büdenbender,
Schirmherrin der Hacker School

(Foto: Steffen Kugler)

Unsere Welt wird immer digitaler. Transformation, digitaler Wandel, digitale Bildung, Algorithmen, künstliche Intelligenz, ChatGPT – alles Schlagworte unserer Zeit. Wir alle spüren, wie das Digitale Einzug in unser Leben hält. Das ist auch gut so, denn es erleichtert Kommunikation, beschleunigt Prozesse. Aber wir alle kennen auch die Kehrseiten: Hass und Hetze im Netz, Cybermobbing, Fake News, schlechte mobile Netzabdeckung, was das digitale Arbeiten und Kommunizieren wiederum erschwert bis unmöglich macht.

Die digitale Welt ist eine, die es erst einmal zu begreifen gilt. Das Denken in ihr ist ein anderes als in der analogen. Für manch Erwachsenen erfordert das ein großes Umdenken und entpuppt sich nicht selten als gewaltige Herausforderung. Die jüngere Generation, unsere Kinder und Jugendlichen, scheint sich müheloser in dieser Welt zu bewegen. Und doch ist es auch für sie wichtig – ja, es ist eine Riesenchance –, den richtigen Umgang mit der digitalen Welt zu lernen. Sie scheinen »digital natives« zu sein, wenn man sie in Windeseile auf Tablets und Mobiltelefonen klicken und wischen sieht.

Aber wir sollten uns hier nicht täuschen lassen. Der Unterschied zwischen passivem Konsumenten und aktiver Mitgestalterin ist groß. Und hier kommt die Hacker School ins Spiel. Sie vermittelt Kindern und Jugendlichen ein Verständnis davon, wie die digitale Welt funktioniert. Sie lernen, sich kreativ und kommunikativ neuen Herausforderungen zu stellen.

Gemeinsam mit engagierten Unternehmen – von denen es, so hoffe ich, immer mehr geben wird! – geht die Hacker School virtuell in Schulen, um Kinder und Jugendliche für das Coden, das kreative Arbeiten an digitalen Problemen und das gemeinsame Finden von Lösungen zu begeistern. Im Gegensatz zu den Wochenendkursen, die die Hacker School ebenso nach wie vor anbietet und für die man sich aktiv anmelden muss, können hier alle Kinder erreicht werden – unabhängig von ihrem sozioökonomischen Hintergrund, dem Alter und Geschlecht.

So können auch Mädchen für Technik begeistert werden. Oft haben sie eine gewisse Scheu und brauchen Erfolgserlebnisse, um sich zu trauen, weiter in die digitale Welt vorzudringen.

Und dann haben sie's genauso drauf wie die Jungs!

Was mich ebenso begeistert: Nicht nur die Kinder profitieren davon, sondern auch die Erwachsenen, das heißt die Mitarbeiterinnen und Mitarbeiter der Unternehmen, die die Kurse in den Schulen geben. Und Unternehmen übernehmen hier soziale Verantwortung – auch das finde ich großartig!

Unsere Welt wird digitaler, aber auch immer komplexer. Durch das gemeinsame Arbeiten an digitalen Projekten verhilft die Hacker School zur Erkenntnis: Nur gemeinsam können wir uns den komplexen Herausforderungen unserer Zeit stellen. In einer zunehmend individualisierten Gesellschaft kann dieser Aspekt gar nicht hoch genug wertgeschätzt werden.

Digitale Bildung in einer digitalen Welt ist essenziell, um teilhaben zu können. Teilhabe wiederum, die Möglichkeit, dass sich jede und jeder in seine Gemeinschaft einbringen kann, das ist die Voraussetzung für ein gutes Miteinander und gesellschaftlichen Zusammenhalt – und damit auch für unsere Demokratie.

Ich habe die Hacker School das erste Mal im Jahr 2018 in Hamburg erlebt und war sofort begeistert. Nach einigen weiteren Begegnungen habe ich nun die Schirmherrschaft übernommen.

Mir gefällt der Ansatz, JEDES Kind mitzunehmen und JEDEM Kind den Zugang zu digitaler Bildung zu ermöglichen. Jedes Kind hat das Recht auf Bildung und sollte gesellschaftlich teilhaben können. Einen wichtigeren Beitrag zur Demokratie in unserem Land kann man kaum leisten. Dafür danke ich der Hacker School und wünsche ihr weiterhin viel Erfolg – im Sinne unserer Kinder und Jugendlichen, unserer Zukunft.

Vorwort 2

David Cummins, Andreas Ollmann, Timm Peters, die Gründer der Hacker School

(Foto: Ministry Group)

Im Juni 2013 bei der TEDx-Konferenz in Hamburg dreht sich alles um das Thema City 2.0. Wir, David und Andreas, sind als Teilnehmer dabei. In der Stadt Hamburg läuft damals gerade eine Diskussion darüber, welchen Stellenwert das Fach Informatik in der Schule haben sollte. Tendenz: eher keinen. Eine dritte Fremdsprache sei wichtiger, als eine Programmiersprache zu lernen, sagen manche. Und überhaupt: Es gebe ja gar nicht genug

Stunden, welches Fach solle denn vom Stundenkontingent welche abgeben – und so weiter. Aus unserer Sicht irgendwie ein Anachronismus.

Denn wir hatten als Unternehmer und Geschäftsführer der Beratungsagentur Ministry-Group (wenige) großartige Bewerberinnen und Bewerber als Fachinformatiker-Azubis erlebt. Und ganz viele, die im Bewerbungsgespräch noch keine Ahnung hatten, was Informatiker und Informatikerinnen eigentlich genau machen. Wir haben uns gefragt, wie viele Schulkinder sich für dieses Berufsfeld interessieren würden, wenn sie im Rahmen der Schule eine Ahnung davon bekämen, und wie großartig es wäre, mit Programmiercodes die Welt gestalten zu können. Was wir als Industrieland davon hätten, wenn wir nicht nur eine Generation von reinen Anwendern heranziehen würden. Und dann sagte David den Satz, der alles ins Rollen bringen sollte: »Vielleicht müssen wir als Unternehmer das machen, was die Schule nicht kann. Etwas neben der Schule, eine Hacker School.« Wenig später erzählte David das dann auch noch einmal Timm, der mit seiner typisch zupackenden Art antwortete: »Du hast recht, das Thema ist wichtig und die Idee ist gut. Ein Tisch braucht mindestens drei Beine, um stabil zu stehen – Fachlichkeit, Organisation und Verkauf. Wir haben alle drei, also lass uns loslegen.« Und dann legten wir los und konnten so bereits Anfang 2014 die Hacker School gründen.

Vielleicht half uns dreien unsere langjährige Erfahrung als Unternehmer. Sicherlich half uns die langjährige Erfahrung mit agilem Arbeiten. Auf jeden Fall sagten wir uns, dass anfangen wichtiger sei, als schon alle Schritte zu kennen. Dass ein starkes Ziel uns dann schon den Weg weisen und sich alles Weitere ergeben würde. Und so kam es ja auch.

Im August 2023 schauten wir zurück auf knapp zehn Jahre Hacker School. Und wir mussten uns manchmal kneifen, damit wir sicher waren, nicht zu träumen. Was war da alles entstanden:

zig Festangestellte, Tausende Ehrenamtliche und Zigtausende Kinder jedes Jahr, die Hacker-School-Kurse besuchen. In ganz Deutschland. Wir hatten als unser Ziel formuliert, dass jedes Kind mindestens einmal in Kontakt mit Programmiercodes und IT gekommen sein soll, bevor es eine Entscheidung für sein Berufsleben fällt. Diesem Ziel nähern wir uns gerade immer mehr.

Es gab einen ganz wichtigen Wendepunkt auf dem Weg von damals zu heute: Wir drei haben die Hacker School erfunden und einige Jahre aufbauen dürfen, wir haben die ersten »Sessions« organisiert, wir haben viel Öffentlichkeitsarbeit gemacht, viele Kontakte eingebracht und weitere aufgebaut. Wir haben den Verein gegründet und Fördermittel akquiriert. Aber es war klar, dass wir allein diese Idee nicht skalieren konnten. Wir sind Unternehmer und damit natürlich auch in unsere Unternehmen eingebunden. Wir hatten uns im Tagesgeschäft Freiraum erarbeitet, aber wir konnten uns nicht zu 100 Prozent um die Hacker School kümmern.

Darum war es so wunderbar, als wir Julia Freudenberg kennengelernt haben und sie begeistern konnten, mit in die Hacker School einzusteigen und dafür ihren deutlich besser bezahlten Job bei einem internationalen Konzern aufzugeben. Ohne Julia wäre die Hacker School heute nicht da, wo sie ist. Wahrscheinlich wäre sie aber auch nicht dort, wenn wir drei es nicht geschafft hätten, den Weg frei zu machen. Das darf man nämlich nicht unterschätzen: Es ist nicht leicht, die eigene Idee, die so tief aus der inneren Überzeugung und dem eigenen Antrieb entstanden ist, loszulassen und an einen anderen Menschen zu übergeben. Viele gute Ideen, viele gute Gründungen sind daran schon gescheitert. Wir haben das gemeinsam mit Julia geschafft – in tiefer Freundschaft.

David hat in seinem TEDx-Talk einige Jahre nach der Gründung einmal ausgeführt, was es braucht, um die Welt zu ändern. Er spricht von den drei Ps: Purpose, Plan and People.

Wir hatten das große Glück, alle drei zu haben – von Anfang an, aber auch kontinuierlich immer wieder.

Vor allem die Menschen sind es gewesen, die die Hacker School immer wieder mit neuer Energie erfüllt haben. Und an die wir uns gern erinnern. Ob es die großartigen Menschen waren, die bei unserem ersten Kick-off-Abend im Februar 2014 dabei waren. Viele von denen, wie Imke, Benedikt, Robert, Ulf, Max oder Nina, blieben über Jahre unsere Unterstützerinnen und Unterstützer. Oder die Hamburger Bürgerschaftsabgeordnete Stefanie von Berg, deren Sohn Len bei unserer ersten Session war (und später der weltweit jüngste Mensch mit einem Google-Analytics-Zertifikat). Seine Mutter wollte wissen, wo ihr Sohn da eigentlich gewesen war, und wurde danach eine unserer größten Unterstützerinnen bei der Beantragung von Fördermitteln der Stadt Hamburg, um Andreas' Idee umzusetzen, Geflüchtete mit IT-Hintergrund über die Hacker School in den Arbeitsmarkt zu bringen. Elke Büdenbender, die mit ihrem Mann Frank-Walter Steinmeier bei seinem Antrittsbesuch als Bundespräsident die Hacker School in Hamburg besuchte und seitdem unsere Freundin und Unterstützerin ist. Und, und, und. Wir können gar nicht alle aufzählen. Aber euch allen möchten wir danken.

Was nehmen wir mit aus diesem Jahrzehnt Hacker School? Auf jeden Fall eines: Jede und jeder von uns kann die Welt verändern. Alles, was man braucht, ist eine Idee, an die man glaubt. Dazu einen Plan, wie es losgehen kann, und die richtigen Menschen, mit denen man ihn in die Tat umsetzt. Wir hatten uns drei – und viele andere, die wir anstecken konnten. Und wir haben gemeinsam die Welt verändert. Zumindest ein bisschen. Wie, das zeigt dieses Buch.

Vielen Dank an alle, die mit uns diesen Weg gegangen sind. Und vor allem an Julia, die ihn seit einiger Zeit so wunderbar mit dem Team der Hacker School weitergeht.

Echt jetzt?
Hacker School als Buch?!?

Moin. Ja, warum Hacker School als Buch? Oder noch weitreichender: Corporate Volunteering am Beispiel der Hacker School als Buch? Was ist das denn und was hat das mit Hack the world a better place zu tun? Und (noch mal echt jetzt?!?) warum dauernd diese englischen Begriffe, haben die das nötig und muss ich mir das antun?

Klar! Deshalb guckst du ja ins Buch.

Harrison Ford sagte auf dem IUCN Congress am 3.9.2021 mit Blick auf den Zustand unseres Planeten: »Come on everybody, let's get to work« – es ist die Zeit, etwas zu tun, etwas zu verändern. Wir finden, das lässt sich wunderbar auf Deutschland und das Thema digitale Bildung übertragen.

Deutschland und große Teile der Welt denken in Silos. Es gibt einen Arbeitsmarkt, es gibt ein Bildungssystem, es gibt klare Verantwortlichkeiten, und im Zuge der »German Angst« halten insbesondere wir hier in Deutschland uns sehr gern damit auf, erst mal herauszufinden, wer schuld ist, und sich darüber zu beschweren – und bloß nichts anders zu machen, weil: »Das haben wir immer schon so gemacht« und »Da könnte ja jeder kommen«.

Im Angesicht beschränkter Budgets und Ressourcen, in Zeiten teilweise unverständlicher Allokation von Finanzen und des verstärkten Aufkommens einer wachsenden Egozentrierung ist es zunehmend wichtig, sich gemeinsam daran zu erinnern, dass wir unseren und auch allen anderen Kindern eine lebenswerte Zukunft ermöglichen sollten. Und wir können unseren Kindern nicht sagen, es sei alles in Ordnung. Ist es nicht. Krisen und Herausforderungen sind an der Tagesordnung. Können wir als kleine Hacker School in Deutschland so groß denken, zumindest einen Beitrag zu leisten zur Bildungsgerechtigkeit in der digitalen Bildung? Für alle Kinder, auch für Mädchen und sozioökonomisch benachteiligte junge Menschen? Sicher nicht allein. Aber wir können das tun, was wir eben schon ganz gut machen: Wir brechen Silos auf und machen es für Unternehmen und ihre Mitarbeitenden so einfach wie möglich, sich in digitale Bildung und eine zukunftsgerichtete Berufsorientierung einzubringen – auch vor Ort in jeder beliebigen Schule in Deutschland. Jungen Menschen Zukunftsberufe zu zeigen, mit denen sie die Welt verändern können, die ihnen Teilhabe ermöglichen, ist auch für den Zusammenhalt in unserer Gesellschaft so wichtig. Wer wirkliche Teilhabe erfährt, kann die Welt als einen gigantischen Raum der Möglichkeiten verstehen.

Ja, wir haben richtig große Ziele – wir wollen mit der Hacker School und Inspirern bis 2030 in der Lage sein, einen ganzen Jahrgang von Schülerinnen und Schülern für Zukunftsberufe im Tech-Umfeld zu begeistern und zu inspirieren. Moment – Inspirer? Was ist das denn?

Das sind die wundervollen Menschen, die selbst von IT und Programmieren begeistert sind und diese Fähigkeiten im Rahmen von Corporate Volunteering oder auch in ihrer Freizeit an Kids weitergeben.

Corporate Volunteering? Ja, ehrenamtliches Engagement während der Arbeitszeit – Unternehmen stellen ihren Mitarbeitenden Stunden oder Tage zur Verfügung, in denen sie in der Arbeitszeit geilen Scheiß machen dürfen.

Geilen Scheiß? Ja, tut mir leid. Ich habe noch kein besseres Wort gefunden. Zumindest konnte ich mit Ralf Kleber (früherer Amazon-Chef in Deutschland) und Rocco Bräuniger (jetziger Amazon-Chef in Deutschland) vor einer Mitarbeiterversammlung hinter der Bühne klären, dass wir mit »crazy shit«

vermutlich in der englischen Fassung einigermaßen nah dran sind. Also, geiler Scheiß? Ja, genau das. Es geht um Begeisterung, um Inspiration. Aber nicht nur bei den Kids, sondern genauso bei den Menschen, die es machen. Leuchtende Kinderaugen sind einfach das Großartigste auf der Welt, und wer das noch nicht erlebt hat, sollte es unbedingt mal versuchen. Etwas zu verändern und Menschen Zukunft zu zeigen, ist halt einfach mega. Und wir demonstrieren in unserem täglichen Tun, wie das auch recht einfach geht. Was brauchen wir dazu?

Schulen, die sich melden und ihre Klassen bei uns einbuchen, am besten 6. bis 8. Klassen, da sind wir super vorbereitet.

Unternehmen, die Corporate Volunteering (s. o.) anbieten wollen und ihren Mitarbeitenden dieses Erlebnis quasi als Weiterbildung mit Begeisterung anbieten möchten.

Inspirer (s. o.), die Bock haben, die Welt durch ihre Fähigkeiten ein bisschen besser zu machen.

Und am besten auch noch **Politik** und **Stiftungen** und andere Menschen, die uns mit Geld und Kontakten unterstützen, damit wir sowohl Corporate Volunteering als auch Begeisterung für Zukunftsberufe in Deutschland und darüber hinaus ganz groß machen können! Noch Fragen? Wie es gehen kann, zeigen wir in diesem Buch an vielen tollen Beispielen. Da wir derzeit schon mit über 500 Unternehmen zusammenarbeiten, können wir hier nicht alle porträtieren (sonst wird das Buch echt zu umfangreich, ist so schon ganz arg lang und passt nicht mehr in jede Hosentasche); wir haben einige eindrucksvolle Beispiele ausgewählt. DANKEN möchten wir aber allen Menschen, die uns unterstützt haben, ohne euch wären wir nicht so mutig, unseren weiteren gemeinsamen Weg so richtig groß zu denken.

Let's get to work! Now! Hack the world a better place!

P. S.: Und entschuldigt, wenn ich manchmal so schreibe, wie ich rede. Wer bin ich? Julia, ich leite die Hacker School. Die Geschichten sind zumeist aus meiner Sicht erzählt, also immer, wenn da *ich* steht, hört bzw. lest ihr mich reden. *Uns* bezieht sich auf das Team der Hacker School, je nach Kontext in unterschiedlichen Rollen, weniger auf den Pluralis Majestatis, habt ihr euch sicher schon gedacht.

Dieses Buch wäre aber nicht entstanden ohne den wunderbaren Support von vielen großartigen Menschen:

Karen Funk: Deine wunderbare, fachlich brillante und immer wieder ermutigende Unterstützung, insbesondere im Unternehmensteil, war und ist unglaublich. DANKE, dass du als Co-Autorin hier echt einen MEGA-Unterschied gemacht hast.

Eva Drechsler-Györkös: Deinen Job als Herrin des geschriebenen Wortes bei der Hacker School hast du auch hier wieder mit Auszeichnung ausgefüllt – DANKE.

Sandra Åslund: Ohne deine Unterstützung beim Exposé hätte ich nie die nächsten Schritte gewagt.

Von Herzen DANKE auch meiner Familie, Andy, Tim und Laura, für das Verständnis, dass man im Urlaub auch Bücher schreiben kann, wenn man leider »vergessen« hat, dafür sonst Zeit zu budgetieren – ihr seid mein Leben.

Und ganz besonders DANKE an das wunderbare Team der Hacker School, das diesen Weg zusammen mit allen Beteiligten überhaupt erst möglich macht – lest selber mal, wie weit wir schon gekommen sind; wir haben allen Grund, echt stolz zu sein. You rock!

PART I

HACK THE WORLD
A BETTER PLACE –
WARUM HACKER SCHOOL?

Die Gesellschaft hat die Verantwortung, die nächste Generation auf ein autonomes Leben in einer sich verändernden digitalen Welt vorzubereiten. Diese Aufgabe kann in großem Maße von den Schulen übernommen werden – allerdings nur, wenn sie ausreichend Unterstützung erhalten. Unser Alltag wandelt sich rapide und tiefgreifend, wobei die Digitalisierung einen fundamentalen Aspekt darstellt. Sie betrifft nicht nur den technischen Fortschritt, sondern wirkt sich auch auf soziale und kulturelle Bereiche aus. Ebenso erfahren das Lehren und das Lernen Veränderungen. Schulen in ganz Deutschland sehen sich diesen Herausforderungen der digitalen Transformation gegenüber.

Auch die Arbeitslandschaft ist im stetigen Wandel. Wie bereiten wir Grundschulkinder von heute darauf vor, einmal in Berufen zu arbeiten, die wir jetzt noch gar nicht kennen? Es entstehen durch die Digitalisierung neue Berufsfelder, aber auch die klassischen Berufe sowie die Ausbildung dafür erfordern zunehmend digitale Fähigkeiten. Und was ist mit der Chancengleichheit? Der Zugang zu digitaler Kompetenz und damit verbundenem Fachwissen sollte unabhängig von Bildungsniveau, Herkunft oder dem Einkommen der Eltern möglich sein.

Die Deutsche Kinder- und Jugendstiftung betont auf ihrer Website bildung.digital, dass es zur Aufgabe der Schulen gehört, neben sprachlichen, sozialen und naturwissenschaftlichen Kompetenzen auch die Medienkompetenz und digitale Fähigkeiten der Lernenden zu fördern. Der bewusste und kreative Umgang mit digitalen Medien stellt eine neue Kulturtechnik und Schlüsselqualifikation dar, die erworben werden muss und zu einer essenziellen Voraussetzung für gesellschaftliche Partizipation und Berufsfähigkeit geworden ist.

Um aktiv an der Gestaltung der Gesellschaft teilzuhaben und am Arbeitsmarkt zu bestehen, sind bestimmte Kompetenzen unabdingbar.

Kommunikation, Kollaboration, Kreativität, kritisches Denken und Lernbereitschaft: Bei der Hacker School nehmen wir diese Fähigkeiten des 21. Jahrhunderts in den Mittelpunkt unserer Arbeit – ergänzt um ein positives Fehler-Mindset. Angetrieben vom Purpose *Hack the world a better place* unterstützen wir proaktiv das Bildungssystem, auch um junge Menschen auf die Notwendigkeit des lebenslangen Lernens vorzubereiten. Indem wir unseren Teilnehmenden einen spielerischen und unterhaltsamen Zugang zu Zukunftstechnologien ermöglichen, erlauben wir ihnen, angstfrei und mit offenem Blick in die Zukunft zu schauen und einen Beruf zu wählen, der ihnen kreativen Gestaltungsspielraum und persönliche Sicherheit bietet. Dabei möchten wir das Selbstbewusstsein der Jugendlichen stärken, ihre Fähigkeiten sichtbar machen, an die sie vielleicht selbst nicht geglaubt haben, und zusätzlich kreatives Denken und soziale Kompetenzen fördern.

Wie alles begann —
»Wir brauchen so etwas wie eine Hacker School«

Die Wiege der Hacker School steht in Hamburg. Es hätte auch jede andere größere Stadt in Deutschland sein können, denn letztlich war es das persönliche Engagement dreier IT- und Medienunternehmer, das den Stein ins Rollen brachte. Warum das plötzliche Engagement? Zum einen erlebten die Gründer der Hacker School hautnah, wie schwierig es war, geeigneten Nachwuchs für die IT-Berufe im eigenen Unternehmen zu finden. Zum anderen half, wenn auch eher versehentlich, die Hamburger Schulpolitik entscheidend mit.

Bereits im Jahr 2014, dem Gründungsjahr der Hacker School, hatte das Thema Digitalisierung weltweit einen großen Stellenwert. Die Digitale Agenda 2014–2017 der Bundesregierung definierte Meilensteine in der Digitalpolitik, zu denen auch Zugang und Teilhabe gehörten. Nur logisch, dass bildungspolitisch 2013 auf Länderebene in Hamburg über ein Pflichtfach Informatik diskutiert wurde. Entschieden hat man aber letztlich: nein! Das brauchen wir auf den Lehrplänen der Hansestadt nicht. Die Geburtsstunde der Hacker School. Denn ihre Gründer entschieden: Dann machen wir das eben! Ehrenamtlich. Gemeinsam tüfteln, programmieren, einfach mal ausprobieren – immer mit dem Ziel zu begeistern.

Wie schon oben im Vorwort der Gründer ausgeführt, entstand die Idee während einer Pause auf der TEDx-Konferenz in Hamburg. Andreas Ollmann, Timm Peters und David Cummins sprachen über ihre Fachinformatik-Auszubildenden und darüber, wie man das Interesse an Informatik und Digitalisierung fördern könnte. David schlug vor, etwas zu schaffen, das die Schule nicht leisten konnte, um den Kindern das Erleben eines »Hacks« in der IT nahezubringen, also einer schnellen Lösung und nicht eines bösartigen Angriffs. Ziel sollte nicht sein, klassisch Programmiersprachen zu lehren, sondern Kindern im Alter zwischen 11 und 18 Jahren von IT-Professionals spielerisch zeigen zu lassen, wie spannend es ist, die Welt mit Codes zu gestalten.

Die Idee war so einfach wie genial. Und der Name »Hacker School« entstand gleich mit, schlichtweg durch die Beschreibung der Idee. »Wir bräuchten so was wie eine Hacker School«, sagte David damals spontan.

Was ist denn ein Hack? Eine schlichte, IT-basierte Problemlösung, die die Welt ein bisschen optimiert, zumindest aus Sicht des Hackers und der Problemstellung. Was ist also eine Hacker School? Ein frecher Move, die Begeisterung fürs Lernen und den IT-Bezug zusammenzubringen, ein wenig zu provozieren und dabei fürchterlich viel Spaß zu haben. Bis heute werden wir immer wieder darauf angesprochen.

David entwickelte die Idee weiter, und der Konjunktiv wurde zu einem Imperativ. Nun ging es darum, im beruflichen Umfeld engagierte Menschen zu finden, die als Inspirer mit den Kindern und Jugendlichen programmierten. Andreas übernahm das Marketing dafür. Die ersten Schritte bestanden darin, einen Flyer zu erstellen und ihn im eigenen Netzwerk zu verteilen. Die drei Gründer luden zu einem Kick-off-Treffen bei ihrem Unternehmen, der Ministry-Group, ein, zu dem etwa 40 Personen kamen, von denen sie nur einen Bruchteil kannten. An diesem Abend entstand auch das Grundkonzept der Kurse: Immer zwei Inspirer sollten gemeinsam mit zehn Kindern ein kleines, einfaches Programmierprojekt erarbeiten. Hauptzutaten: Spaß und Mitmachmentalität. Es gab Inspirer und Ideen für 13 Kurse, die insgesamt 130 Kinder aufnehmen konnten. Allerdings war es schwierig, genügend Teilnehmende zu erreichen. Die ursprüngliche Idee, über Schulen zu gehen, funktionierte nicht wie geplant. Stattdessen versuchte man, über Facebook und die Presse die Eltern zu erreichen. Am Ende konnte die neue Hacker School 50 Teilnehmende für ihre erste Session gewinnen, was für den Start angesichts der kurzen Vorlaufzeit als Erfolg betrachtet wurde. Die ersten Kooperationspartner der Hacker School waren der Verein Das macht Schule, die Medienschule in Wandsbek und der Makerspace Attraktor in Altona. Auch die Ministry-Group unterstützte von Anfang an.

Von Beginn an war es möglich, kostenfrei an den Kursen teilzunehmen. Eine Teilnahmegebühr entstand pro forma, um für eine höhere Verbindlichkeit der Anmeldungen zu sorgen und die Zahl der Nichterscheinenden in engem Rahmen zu halten. So ist es bis heute, und an den Schulen ist und bleibt das Angebot der Hacker School grundsätzlich kostenlos – wir suchen eben nach kreativen Wegen, unser wundervolles Team trotzdem zu bezahlen.

Die erste Hacker School Session 2014. *(Foto: Ministry Group)*

Inspirer der 1. Stunde – MINT ist in Hamburg (noch) ein Wort ohne Vokal

MINT ist die Abkürzung für eine der wichtigsten Fächer- oder Berufsgruppen – Mathe, Informatik, Naturwissenschaften, Technik. Ohne das I ist nicht nur der Sammelbegriff MINT unvollständig, auch in der Berufswelt klafft durch fehlende Informatikfachkräfte zunehmend eine Lücke.

Zu den ersten Inspirern gehörte Nina Cording, die sich an ihr eigenes Aha-Erlebnis mit etwa zwölf Jahren erinnerte, das sie zum Programmieren brachte. Solch ein Erlebnis wollte sie auch anderen Kindern ermöglichen. »Damals habe ich einfach ein Programm aus einer Zeitschrift auf einem Apple II+ abgetippt. Das hat die ersten zwei, drei Male nicht geklappt, aber beim letzten Versuch, als meine Mutter mich unterstützte, hat es funktioniert«, berichtet die Freelancerin für Web Development.

Max Dancau hatte vorher für den Chaos Computer Club (CCC) bereits mit »Chaos macht Schule« in Hamburg versucht, die Themen Medienkompetenz und Informatik an weiterführenden Schulen in Hamburg voranzutreiben. Im Rahmen eines Start-up-Events lernte er David und Andreas kennen, und es war ein Match. Fast vier Jahre engagierte sich der CEO und Gründer von Nominandum für die Hacker School. Digitale Bildung steht für ihn auf einer Stufe mit dem Alphabetismus. Fehlendes Verständnis für Informatik sei ein verheerendes Handicap und in gewisser Weise wie im Mittelalter auf dem Dorfplatz, wo der Einzige, der das Buch lesen konnte, bestimmen durfte, dass ihm die Dorfbewohner ihren Zehnt abzugeben hatten.

Von Max stammt auch das legendäre Zitat aus unserem ersten Film: »Stell dir vor, wenn Mozart mit 30 das erste Mal ein Klavier in der Hand gehabt hätte – was hätten wir alles verpasst?

Was hätten die Kinder alles verpasst? Das ist so der Gedanke dahinter, der mich antreibt.«

Auch wenn man Klaviere nicht klassischerweise in der Hand hat – ein wunderbares Bild.

Robert Repnak sagt im selben Film über seine Beweggründe, dass wir leider »gerade eine Generation von Anwendern großziehen, die nur noch wissen, wie sie Geräte benutzen können, die aber nicht verstehen, was dahinter los ist.«

Für Robert ist die Hacker School keine Belastung, sondern ein Hobby, das sein Leben bereichert.

Ulf Bögeholz ist ebenfalls seit 2014 als Inspirer dabei. Für ihn hat die Beschleunigung der Digitalisierung in den letzten Jahren bisweilen erschreckende Züge angenommen. Umso wichtiger ist dem Gründer von Picopay, dass die junge Generation nicht nur passiv hinter dieser Veränderung herläuft, sondern in der Lage ist, die Hintergründe zu verstehen und aktiv zu gestalten.

Johannes Mainusch von kommitment fand die Idee einfach prima und hatte Lust, sich zu engagieren. Denn in der Grundschule seiner Tochter hatte er wahrgenommen, dass MINT in Hamburg ein Wort ohne Vokal ist.

Benedikt Stemmildt, Software-Architekt und Full-Stack-Entwickler, hatte das Glück, tollen Informatikunterricht an seiner Schule zu bekommen, wusste aber, dass viele nicht dieses Glück hatten. Daher war er sofort Feuer und Flamme und wollte bei der Hacker School die Kids begeistern, sich mit Technik zu beschäftigen. Er bot Kurse zu Minecraft an, programmierte mit den Jugendlichen einen Server und erweiterte mit ihnen das Spiel. Verwendet wurde die Programmiersprache Java. Auch wenn seine direkte Beteiligung mehr in den Hintergrund gerückt ist, hält er die Hacker School für eine der wichtigsten Initiativen in Deutschland.

Businesscoach und Trainerin Imke Jurgeneit, die sich ebenfalls schon zu Beginn zwei Jahre lang engagierte, wünscht sich, dass der Schul- und Bildungskanon in Deutschland flexibler den Bedürfnissen der Gesellschaft und der Wissenschaft angepasst wird. Dem sei aber leider nicht so. »Und auch wenn Programmieren längst keine neue Kompetenz mehr ist, sehe ich nicht, dass das Erlernen einer Programmiersprache zeitnah Einzug in die Curricula hält. Da einen Ausgleich zu schaffen und über ein niedrigschwelliges Angebot flächendeckend Kurse anzubieten, finde ich nach wie vor großartig. Und dringend unterstützenswert!« Bei der Hacker School übernahm sie sowohl die Kursorganisation für Hamburg als auch die Rekrutierung, Anleitung und Betreuung der ersten Inspirer. Das erste Hacker-School-Handbuch stammt von ihr – ein erstes Werk über die Zielsetzungen der Hacker School und eine Kurzanleitung zur Entwicklung und Durchführung der Kurse. Das Handbuch diente in einer überarbeiteten Form auch als Vorlage für die ersten Hacker-School-Roll-outs in anderen Städten.

Begeisterung für Zukunftsberufe wecken

Laut dem Branchenverband Bitkom gab es im Jahr 2014 bereits rund 39 000 offene Stellen im IT-Bereich. Wir wissen, dass diese Zahl über die folgenden Jahre nicht kleiner geworden ist: Laut einer Studie des IT-Branchenverbands Bitkom vom 16.11.2022 fehlten zu dieser Zeit schon 137 000 IT-Fachkräfte. Mit der Hacker School sollte ein Angebot geschaffen werden, das neugierig macht und begeistert – für das Programmieren ebenso wie für die Welt der IT-Berufe. Unser Ziel war es auch, und ist es noch heute, das Image des sogenannten Hackers zu wandeln und mit Vorurteilen aufzuräumen. Programmieren bedeutet eben nicht zwangsläufig, allein mit Pizza und Cola in einem dunklen Keller zu sitzen und sich auf Datenklau zu begeben. Programmieren ist kooperativ, bunt, kreativ und ein innovativer Prozess mit meist erstaunlichen Ergebnissen. Das können die Kinder und Jugendlichen in den Kursen der Hacker School entdecken.

Aber im Kern ging es schon immer vor allem um die digitale Bildung und im weiteren Verlauf auch zunehmend um Chancengerechtigkeit. Um die Gesellschaft des 21. Jahrhunderts erfolgreich mitzugestalten und am Arbeitsmarkt zu bestehen, sind gewisse Kompetenzen erforderlich. Und es ist die Aufgabe aller, die neue Generation auf ein selbstbestimmtes Leben in einer sich wandelnden digitalen Gesellschaft vorzubereiten.

In den entscheidenden Jahren ihrer Entwicklung können die Jugendlichen mit der Hacker School selbst erleben, welches Potenzial sie haben und wie viel Zukunft in ihnen steckt. Sie sollen sich befähigt und ermächtigt fühlen, die Chancen zu nutzen, die ihnen der digitale Wandel in Deutschland bietet.

Programmieren ist keine Raketentechnik. Das entdecken die Kinder und erleben einen ersten »Wow-Moment« der Begeisterung, wenn ein Computer macht, was sie wollen – statt umgekehrt. Ihr Selbstbewusstsein wird gestärkt; sie erkennen, dass sie sich IT und Programmieren zutrauen können, und werden damit neugierig gemacht auf interessante Berufe, die in der Welt von morgen gebraucht werden. Sie verstehen, dass Technologie nicht bestimmten Eliten vorbehalten ist, sondern allen ermöglicht, einen tollen Beruf zu ergreifen. Der spielerische Zugang der Hacker School baut Kontaktbarrieren ab und entzaubert die scheinbar mystische Welt der Informationstechnologien, sodass jugendliche Neugierde zu einer größeren Offenheit für digitale Berufsbilder führen kann.

Es geht nur gemeinsam — MIT Unternehmen

Die Vision der Hacker School ist es, dass wirklich jeder junge Mensch ein Mal programmiert haben sollte, bevor er sich für einen Beruf entscheidet. Das schafft man nicht ohne Unterstützung. Deswegen beruht das Konzept der Hacker School seit Beginn auf Kooperationen mit engagierten Unternehmen und ihren Mitarbeitenden. Das Team der Hacker School sorgt dabei für die inhaltliche Vorbereitung der Inspirer durch Einführungsveranstaltungen, sogenannte Onboardings, fertige Kurskonzepte und übernimmt das Organisatorische für das gemeinsame Ziel: die Optimierung der digitalen Bildung als gesamtgesellschaftliche Aufgabe, die eben nur gemeinsam zu lösen ist.

Sowohl die eigene digitale Handlungsfähigkeit als auch die Zukunftsfähigkeit des Wirtschaftsstandortes Deutschland hängen maßgeblich davon ab, ob, wann und wie wir digitale Bildung allen Kindern und Jugendlichen zugänglich machen. Gleichzeitig stehen wir vor massiven Herausforderungen in Bezug auf die Bildungsgerechtigkeit innerhalb unserer Gesellschaft.

Der konsequente Ausbau unserer Bildungsangebote und der inzwischen erfolgte Schritt an die Schulen machen die Hacker School zum herausragenden Treiber digitaler Transformation an der Basis.

Für Unternehmen zeigt sich die Wirksamkeit einer Kooperation mit der Hacker School auf verschiedenen Ebenen: Ein früher Kontakt zu potenziellem Nachwuchs hilft, den sich weiter zuspitzenden Engpass an qualifizierten Mitarbeitenden zu beseitigen und ihre Zukunftsfähigkeit zu sichern. Das interne

Corporate Volunteering und das Wahrnehmen der Corporate Social Responsibility wird gestärkt und erhöht die Attraktivität als Arbeitgeber. Zudem haben Unternehmen die Möglichkeit, mehr Frauen für die IT zu gewinnen.

Bei denjenigen, die als Inspirer oder Inspiress (die weibliche Form) mit uns die Programmierkurse der Hacker School geben, entwickelt sich in der Regel das positive Gefühl, etwas Sinnvolles zu tun, verbunden mit der Erfahrung von Wertschätzung und Respekt. Zusätzlich werden die eigenen Fähigkeiten erlebbar. Gelerntes zu lehren, eröffnet eine neue Perspektive. Die Begeisterung für das tägliche Tun weiterzugeben, wirkt sich positiv auf den beruflichen Alltag sowie die Identifikation mit dem Arbeitgeber aus. Dadurch steigen Motivation und Spaß an der eigenen Arbeit.

Selbst wenn wir sehen, dass zunehmend mehr Bundesländer immer lauter über ein Pflichtfach Informatik nachdenken, was wir grundsätzlich sehr begrüßen, kommen wir nicht an den Unternehmen vorbei: Erstens haben wir kurz- und möglicherweise auch mittelfristig nicht ausreichend Lehrkräfte, zweitens ist ein Unterrichtsfach bisher sehr selten unter der Prämisse des aktiven Begeisterns aufgebaut worden und drittens ist ein Lehrplan allein durch die Verkürzung der Innovationszyklen bei Niederschrift bereits veraltet. Was können also Unternehmen, was Schulen nicht können, oder noch positiver formuliert: Wie können Unternehmen hier im gesamtgesellschaftlichen, aber auch im eigenen Interesse unterstützen? Sie stellen ihre Leute innerhalb der Arbeitszeit in geringem Umfang frei (wir bitten, wie später beschrieben, um zehn Stunden je engagiertem Inspirer – das entspricht zwei Vormittagen / Kursen in einer Klasse) – und wir machen gemeinsam mit eben diesen Inspirern und den Kids an einem Vormittag je Schulklasse geilen Scheiß. Die Kids sind vor Ort, wir schalten uns zu und zeigen den jungen Menschen, dass berufliches Engagement Spaß macht, dass

Entdecken und Entwickeln tolle Zukunftsfähigkeiten sind und dass es möglich ist, Berufe zu finden, in denen man so richtig viel gestalten kann – wenn man sich nicht von eigenen und gesellschaftlichen Vorurteilen abschrecken lässt. Begeisterung und Authentizität rule! Beispiele gefällig?

Das erste Inspirer-Treffen 2014. Insgesamt 50 interessierte ITlerinnen und ITler kamen, um sich für unsere Mission ehrenamtlich starkzumachen. *(Foto: Andreas Ollmann)*

Es wird ernst –
Nägel mit Köpfen oder
Programmieren mit Ansage

Das Angebot an Sessions in Hamburg verstetigte sich nach und nach. Die Nachfrage seitens interessierter Teilnehmender stieg. Leuchtende Kinderaugen am Ende der Kurse zeigten uns: Begeisterung fürs Programmieren zu entfachen, ist möglich. Mit dieser positiven Erkenntnis standen wir vor der Frage, was wir damit nun konkret machen wollten und sollten. Wir spürten: Es ist möglich, und wenn man weiß, wie man die Welt ein bisschen besser machen kann, dann entsteht irgendwie auch eine kleine Verpflichtung.

Teilnehmende schaffen Motivation – nicht nur für sich selbst

Lernen ist das eine, Spaß haben das andere? Nein! Ziel der Hacker School war und ist es immer, beides zusammen möglich zu machen. Ist uns das bisher gelungen? Lassen wir doch ein paar Teilnehmende zu Wort kommen, die uns zumeist schon sehr früh in der Hacker School kennengelernt haben und deren Feedback uns darin bestärkt hat, den Weg der Hacker School weiterzugehen oder sie überhaupt erst mal richtig groß zu denken.

Len: Data Scientist und Daten-Guru

Len war einer der ersten Teilnehmer an der Hacker School, die 2014 ihre Türen öffnete. Er erinnert sich lebhaft an die Aufregung, die er damals empfand, als er in einem Klassenraum voller Computer stand. Der Anblick dieser technischen Ausstattung war für ihn eine Offenbarung und zugleich eine Einladung in eine Welt, die ihn völlig faszinierte.

Der erste Kurs der Hacker School fand an der Berufsschule für Medien in Hamburg-Wandsbek statt. Len hatte sich für den Minecraft-Kurs angemeldet, ein Spiel, das er ohnehin liebte. Seine Begeisterung wurde noch gesteigert durch die Aussicht, die verborgenen Mechanismen hinter dem Spiel kennenzulernen und zu verstehen, wie das Programmieren im Kontext von Gaming funktioniert. Nach der Session bei der Hacker School bewarb er sich erfolgreich für ein dreiwöchiges Praktikum bei Timm Peters, in dem er mit 15 Jahren als »jüngster Data-Scientist der Welt« eine Google-Analytics-Zertifizierung erlangte. Diese Leistung wurde sogar von den Online Marketing Rockstars (OMR) hervorgehoben.

Len nahm später an einer weiteren Hacker School Session teil und programmierte erneut ein Spiel – diesmal ein Bootsrennen. Die Kenntnisse und Fähigkeiten, die er in der ersten Session erworben hatte, konnte er nun anwenden und vertiefen. Durch die Erfahrungen in den Hacker-School-Kursen stieß er im Lauf der Zeit immer wieder auf ähnliche Themen und konnte sich an sie erinnern, während er zwei Websites für die Schule erstellte.

Heute studiert Len Architektur. Obwohl er nicht direkt in der IT-Branche gelandet ist, betrachtet er seine Erfahrungen aus der Hacker School als äußerst wertvoll. Im Kreis seiner Studienfreunde gilt er als der »Daten-Guru«. Trotz seiner Bescheidenheit und der Tatsache, dass er sich selbst nicht als Fachmann sieht, wird er regelmäßig bei Fragen zu IT und Programmierung hinzugezogen.

Len sagt heute lachend, er sei sich etwas unsicher, ob er ein positives oder negatives Beispiel sei, da er nicht zu einem Vollzeitprogrammierer geworden ist. Aber er glaubt – zu Recht –, dass das, was er aus den Kursen der Hacker School mitnehmen konnte, für sein Verständnis der Welt von unschätzbarem Wert ist. Er trifft ständig auf Aspekte der Informatik und hat eine grundlegende Idee davon, wie die Dinge zusammenhängen. Sein Interesse besteht darin, die Themen der Programmierung mit allen Aspekten seines normalen Lebens zu vernetzen, wodurch er einen umfassenderen Einblick in die Welt um ihn herum gewinnt.

Neun Jahre nach seiner ersten Hacker School Session zeigte Len als Role Model (Vorbild), wie wertvoll die Grundprinzipien des Programmierens sind, die man in der Hacker School erlernen kann. Er ist ein leuchtendes Beispiel dafür, dass diese Fähigkeiten weit über den reinen IT-Kontext hinaus Anwendung finden und einen unschätzbaren Einfluss auf das Verständnis der Welt und das eigene Leben haben können.

Théo und Zoé: micro:bits und der Bundespräsident

Théo und Zoé sind die beiden Kids, die die meisten der frühzeitig teilnehmenden Unternehmen zu Gesicht bekamen – sie waren Teil unseres ersten und immer noch einfach sehr schönen Hacker-School-Films mit der legendären nachfolgenden Szene aus dem Jahr 2017:

Zoé: »Ich bin heute wegen meines Bruders hier und auch wegen meines Vaters, der hat mich dazu ermuntert.«

Théo: »Wir haben heute beide das Gleiche programmiert: micro:bits! Das war echt cool. micro:bits sind diese kleinen Minicomputer, es macht sehr viel Spaß, wenn man das Display davon programmiert. Es ist auch witzig zu sehen, wie klein ein Computer wirklich sein kann, und man kann trotzdem so viel Spaß damit haben.«

41

Die beiden wurden Wiederholungstäter und nahmen in der Folge an vielen Kursen teil – teilweise in unterschiedlichen Besetzungen, gemeinsam oder mit Freunden.

Zoé erinnert sich:

»Ich habe durch meinen Vater von der Hacker School erfahren und war im ersten Moment nicht so begeistert, vor allem wegen des Klischees, dass nur Jungs programmieren können. Aber ich muss gestehen, dass es mir ab der ersten Stunde sehr gefallen hat und ich sehr begeistert war von der Programmierwelt und von dem, was man durch das Programmieren erreichen kann. Ich erinnere mich besonders an den Kurs mit dem micro:bit: Ich war begeistert davon, wie schnell man damit ein beeindruckendes Ergebnis erhielt.

Der Besuch des Bundespräsidenten war für mich sehr aufregend. Ich habe mit meinem Bruder Théo in den Wochen vor dem Besuch ein Spiel auf einem micro:bit programmiert und hatte Angst, dass der Bundespräsident es nicht mögen würde – was dann natürlich nicht der Fall war.

Die Hacker School hat mir vor allem gezeigt, dass Mädchen genauso gut wie Jungs programmieren können und es auch noch Spaß macht. Heute interessiere ich mich sehr für die Entwicklung von Künstlichen Intelligenzen und wie wir diese in künftige Jobs implementieren können. Es wäre ja vielleicht auch eine Idee für die Hacker School, einen Prompt-Engineering-Kurs anzubieten ;).«

Im Oktober 2023 wurde Zoé 17 Jahre alt und plant, beruflich in die Richtung Digital Marketing, Business und Design zu gehen, um herauszufinden bzw. weiterzuentwickeln, wie man diese Felder mit KI verbinden kann. So stolz!

Théo erinnert sich:

»Ich habe von der Hacker School erfahren, als die Kurse immer einmal pro Woche eine Stunde nachmittags stattfanden. Ich hatte einen Kurs gewählt, in dem es darum ging zu lernen, die Hardware von Computern besser zu verstehen. Das bedeutete eigentlich nur, dass wir uns daran austoben konnten, alte Computer auseinanderzubauen und nachzusehen, was wir darin so fanden.

Als dann das Format zu den Wochenendkursen geändert wurde, war die Stimmung noch besser. Besonders cool fand ich, dass alle etwas Unterschiedliches gemacht und sich ihre Projekte gegenseitig vorgestellt haben, sodass man am Ende dachte: ›Boah, ist das cool! Nächstes Mal will ich das auch machen.‹

Selbst Jahre, nachdem ich nicht mehr bei der Hacker School war und meine Prioritäten ganz anders gesetzt hatte, werde ich trotzdem immer noch davon beeinflusst. Wie bei der Profilwahl für die Oberstufe, wo für mich nur eines mit Informatik infrage kam. Durch meine Vorerfahrungen bei der Hacker School kam mir die Schulinformatik dann recht einfach vor. Schließlich hatte ich ja bei euch schon gelernt, wie man als Programmierer denken muss. Bei der Studienwahl entschied ich mich dann auch bewusst für einen Studiengang mit Informatik im Basisjahr.«

Liam und Oliver: Stand-up-Paddling und Einzelkurse

Hier folgt das Transkript eines wundervollen Interviews von ganz früh nach dem Start der Hacker School mit Liam und seinem Vater Oliver Busch. Liam ist einer der Jungen, von denen wir echt was lernen konnten.

Liam: »Ich bin Liam, ich bin elf Jahre alt und gehe in die 6b.«

Oliver: »Ich bin Oliver und arbeite bei Facebook. Mein Hobby ist Stand-up-Paddling.« (Lautes Lachen von Liam)

Liam: »Ich spiele gern Fußball.«

Oliver: »Die Hacker School weckt in Kindern das Interesse am Programmieren und an Computern und bringt einen Stein ins Rollen, der so schwer im aktuellen Bildungssystem in Bewegung zu bringen ist.«

Liam: »Das Spannendste, das ich jemals in der normalen Schule erlebt habe, waren die Pausen. Ich war bei der Hacker School schon zweimal. Da habe ich einmal die Programmiersprache Javascript und einmal Scratch[1] gelernt. In Javascript habe ich einen Einzelkurs bekommen, da alle so viel älter waren als ich. Der Inspirer hat mir alles ganz genau erklärt. Wir haben zusammen ein kleines Spielchen gebaut – mit einer Figur, die Münzen und Schlüssel sammeln muss, um ins nächste Level zu kommen.«

Oliver: »Mein Sohn wird in 15 Jahren irgendwas gegründet haben und leiten, was ich wahrscheinlich nicht annähernd verstehen werde.«

Liam: »Ist schon okay, Papa. Ich fand die Hacker School super cool – sie hat mir Spaß gemacht. Sie war nur zwei Tage, nicht eine Woche oder ein paar Monate, wie die richtige Schule. Du hast eine Sache gelernt, wo du mega viel Spaß hattest. Ich empfehle es wirklich.« (Lachen aus dem Off: »Cool, das war so nicht abgesprochen.«)

---

[1] Visuelle, einfach zu erlernende Programmiersprache
(https://scratch.mit.edu/)

Oliver: »Wir stecken gerade mitten in einem riesengroßen digitalen Wandel, und es ist für jeden Menschen schon schwer, da Schritt zu halten mit dem, was da gerade passiert.«

Liam: »Papa, du musst nicht so wie ein Professor sprechen, red doch normal!« *lacht*

Oliver: »Es ist unerträglich, ich mag nicht mit dem arbeiten.« *lacht auch*. »Ich glaube, dass wir noch gar nicht erahnen, wie sehr Programmieren in künftigen Jahren einmal Kernkompetenz für große Teile der Jobs sein wird. Die Hacker School ist eine Initiative, die es mir ermöglicht, meine Kinder an etwas heranzuführen und etwas in ihnen zu wecken, was ich derzeit nicht leisten kann und auch die Schule nicht leisten kann. Die Hacker School hat gerade die Chance, einigen Kindern einen ganz tollen Start zu geben. Aber es sind am Ende noch sehr wenige. Aber die Möglichkeit, weiter auszurollen, auf weitere Städte, und die Frequenz zu erhöhen und weiteren Kindern die Chance zu geben, das ist das, wo alle mithelfen können.«

Dies ist nur ein bezauberndes Beispiel für die Kinder, die wir schon damals erreichen durften. Aber, wie Oliver Busch ganz korrekt sagte, da sollte noch mehr gehen. Nicht nur, weil es so unglaublich viel Spaß gemacht hat, die Kinderaugen leuchten zu sehen, sondern weil wir erfahren durften, dass wir wirklich einen Unterschied machen.

Julie – auch 20 Kurse im Jahr sind möglich

Eine weitere zauberhafte Erfolgsgeschichte rankt sich um Julie. Ich hatte die große Ehre, diese beeindruckende junge Frau vor Ort in Frankfurt bei einem Kurs der Lufthansa Industry Solutions kennenzulernen – der erste Schritt eines langen gemeinsamen Weges:

Wenn Mädchen Informatikwettbewerbe gewinnen

Julie, Kursteilnehmerin

Meine Reise mit der Informatik hat bereits in der 3. Klasse angefangen, als ich Kurse zur Programmierung von Mikrocomputern besucht habe. Dort habe ich jemanden kennengelernt, der mir von der Hacker School erzählte, damit begann meine Geschichte. Mein erster Kurs war noch vor der Coronazeit und damit vor Ort in Frankfurt bei Lufthansa Industry Solutions, wo ich viele tolle Leute kennengelernt habe, unter anderem die wunderbare Dr. Julia Freudenberg. Dieser erste Kurs war so toll, dass er mich dazu bewogen hat, insgesamt über 20 Kurse der Hacker School zu besuchen und sogar selbst einige zu geben, obwohl ich noch Schülerin bin.

Es hat angefangen mit Anfängerkursen für diverse Programmiersprachen und hat dazu geführt, dass ich nun zum dritten Mal in Folge gemeinsam mit einem Team aus anderen begeisterten Mädchen erste Preise bei Wettbewerben für Informatik gewinne und die Chance hatte, bei einem großen Python-Kurs fürs Open HPI

46

sowie einem Vorbereitungskurs für den Bundeswettbewerb für Informatik mitzuwirken. Ebenso hatte ich die Chance, Teil des Filmes über die coole Arbeit der Hacker School zu sein. Ich habe über die Zeit viel im Bereich der Informatik gemacht und kann nun mit großer Freude über meine Erfahrungen berichten.

Wir alle haben schon gehört, dass Computer und Informatik die Zukunft bestimmen, und die Hacker School ist ein toller Ort, um Fähigkeiten zu entwickeln, die im Umgang mit diesen Technologien helfen. Ich habe im Rahmen von Hackathons bereits Webseiten erstellt, Sensoren gesteuert und kleine Projekte gebaut. Das alles ist nun meine Leidenschaft, und nur durch die Hacker School habe ich die Fähigkeiten erlangt, dieser Leidenschaft nachzugehen. Die Hacker School hat mir auch die Möglichkeit gegeben, mein Wissen in Form von Anfänger- und Fortgeschrittenenkursen für die Entwicklung von Webseiten und Python an andere weiterzugeben. Ich bin sehr froh, dass es die Hacker School gibt.

Und ich freue mich unglaublich, dass wir dich ein Stück auf diesem Weg begleiten konnten und können, liebe Julie!

Das erste Mal »Hauptamt« – zur wirksamen Organisation von Ehrenamt

Über die ersten Monate nach der Gründung erreichte die Hacker School in Hamburg erste Bekanntheit und Unterstützung – gepaart mit dem Wunsch, das Angebot mit seiner Wirkung deutlich mehr Kindern zuteilwerden zu lassen und zudem auch andere vulnerable Zielgruppen dadurch stärker in die Mitte der Gesellschaft zu holen – zum Beispiel junge Geflüchtete. Im Jahr 2015, als viele, auch junge Menschen, insbesondere aus Syrien und Afghanistan, zu uns kamen, setzte die Stadt Hamburg einen sogenannten Integrationsfonds auf, um Geflüchteten den Weg in die städtische Gesellschaft zu vereinfachen.

Eine großartige Frau und Hamburger Politikerin, Dr. Stefanie von Berg, hatte über ihren Sohn den Einsatz und die Ergebnisse der Hacker School schätzen gelernt. Sie war begeistert von der Idee, da sie den Eindruck hatte, dass digitale und informatische Bildung in der Schule praktisch nicht stattfand und der niedrigschwellige und spielerische Zugang ihr adressatengerecht für Kinder und Jugendliche erschien. Außerdem fand sie es überzeugend, dass die Kurse von jungen Leuten aus IT-Unternehmen durchgeführt wurden, mit viel Authentizität und vor allem Praxisnähe, eben als Role Models. Das brachte sie auf die Idee, wir könnten einen Beitrag leisten, um junge Geflüchtete mit IT-Skills für die Entwicklung von Hacker-School-Kursen und Praktika in Unternehmen zu vermitteln. So würden wir ein gutes Kennenlernen ermöglichen und ihnen dadurch den Weg zu einer Ausbildung ebnen. Was folgte, war der Weg zu unserer ersten Förderung und die dafür notwendige Entscheidung, auch offiziell gemeinnützig zu werden.

Auf dem Weg zur ersten Förderung und zur Gemeinnützigkeit: Sorry, Hacker School e. V. klingt zu kriminell – ja, nee, ist klar.

Um die Hacker School für das von Dr. Stefanie von Berg vorgeschlagene Projekt über die Bürgerschaft den jungen Menschen zugänglich zu machen, war es notwendig, die Gemeinnützigkeit auch steuerlich darstellen zu können. Obwohl wir die Hacker School nie auf Profit ausgerichtet hatten, war sie damals noch nicht offiziell als gemeinnützig anerkannt.

Der erste Versuch, einen gemeinnützigen Verein namens »Hacker School e. V.« zu gründen, scheiterte jedoch, da das Vereinsregister diesen Namen als zu kriminell bezeichnete. Nach einigem Schmunzeln und Staunen wurde die Idee geboren, den Verein stattdessen »i3 e. V.« zu nennen, was für »Initiative Informatik Inspiration« steht. Nachdem diese Herausforderung bewältigt und der i3 e. V. offiziell gegründet war, erhielt er auch die Gemeinnützigkeit.

Es folgte der Antrag auf Förderung durch die Sozialbehörde für Arbeit, Soziales, Familien und Integration in Hamburg. Hacker School PLUS war geboren. Das Ziel dieser Förderung war es, junge geflüchtete Menschen zwischen 18 und 25 Jahren in entsprechende Ausbildungsplätze zu vermitteln. Dabei sollten diese jungen Menschen in und mit Unternehmen Hacker-Kurse entwickeln und halten und so Zugang zu einer Ausbildung in diesen Unternehmen bekommen, unabhängig von ihrer Vorbildung.

Grundsätzlich funktionierte die Idee. Bestes Erfolgsbeispiel ist Safiullah Taher. Er kam als unbegleiteter Minderjähriger nach Deutschland und ist inzwischen fertiger ITler – auch dank Hacker School.

Vom Kursteilnehmer zum Inspirer

Safiullah Taher, Softwareentwickler

Ich war damals in der Schule und habe meine Mittlere Reife gemacht. In der Schule gab es nicht viel Informatik. Da ich mich sehr für IT interessierte und

bisher wenig Erfahrung darin hatte, wollte ich mehr
darüber lernen. Ich war neugierig, welche Möglichkeiten es gibt und was man alles damit machen kann.
Also habe ich im Internet nach Vereinen und Organisationen gesucht, die Jugendliche in diesem Bereich
unterstützen. Dabei bin ich auf die Hacker School
gestoßen und habe mich für einen Kurs angemeldet.
Ich habe zuerst den HTML- und CSS-Kurs belegt.
Zuvor hatte ich mich schon ein wenig mit HTML
und CSS auseinandergesetzt, doch mir fehlte eine
klare Struktur und ich hatte viele Fragen. Ich war
aufgeregt und wusste nicht genau, was mich erwarten
würde.

Doch im Kurs habe ich mich sofort wohlgefühlt. Das
Team der Hacker School und die Inspirer waren sehr
nett und es herrschte eine angenehme Atmosphäre,
in der man sich willkommen fühlte. Der Kurs selbst
hat mir viel Spaß gemacht. Gemeinsam mit einem
Partner habe ich eine Website erstellt. Dabei habe ich
viel Neues gelernt. Nach diesem Kurs habe ich mich
weiter ausprobiert und besuchte weitere Kurse bei der
Hacker School, um herauszufinden, was ich später
genau machen möchte. Ich hatte den Wunsch, nach der
Schule eine Ausbildung in diesem Bereich zu beginnen.
Es ist nicht einfach, einen guten Ausbildungsplatz zu
finden. Aber durch die Hacker School und dank Julia
habe ich eine Ausbildungsstelle gefunden. Während
meiner Ausbildung habe ich mich weiterentwickelt und
wurde schließlich selbst zum Inspirer. Ich habe meine
eigenen Kurse angeboten und Jugendliche für die IT
begeistert.

Heute arbeite ich als ausgebildeter Entwickler in
einer Softwarefirma in Hamburg. Meine Tätigkeiten

umfassen die Arbeit an verschiedenen interessanten Projekten, die sowohl zur Förderung des Klimaschutzes als auch zur Digitalisierung beitragen. In meinem täglichen Arbeitsalltag nutze ich modernste Technologien und arbeite eng mit einem Team von Fachleuten zusammen, um Lösungen zu entwickeln, die einen positiven Einfluss auf unsere Gesellschaft und Umwelt haben. Es ist erfüllend, Teil von Initiativen zu sein, die dazu beitragen, unsere Welt nachhaltiger und vernetzter zu gestalten.

Es war jedoch echt herausfordernd, interessierte junge Geflüchtete zu finden, da diese teilweise schon lange in Deutschland waren und bereits Frustrationserlebnisse durch lange Wartezeiten hinter sich hatten. Dazu kamen häufig die Unklarheit über ihre Vorkenntnisse und Bildungsabschlüsse auf der einen Seite und die hohen Erwartungen der Unternehmen auf der anderen Seite. Diese Phase war ein stetiger Lernprozess und flankiert von wertvollen Erfahrungen und dem Learning, wie wichtig Netzwerke für das Erreichen von Zielen sind.

In dieser Zeit hatten wir das Glück, einen wunderbaren Freund kennenzulernen: Farid Bidardel, den Mitbegründer von CodeDoor. Sein Ziel war und ist es, geflüchteten Menschen fundierte Programmierkenntnisse zu vermitteln und sie so leichter in den Arbeitsmarkt zu integrieren. Wir bauten eine Kooperation auf und verschafften den Teilnehmenden von CodeDoor gemeinsam Kontakte zu Unternehmen. Farid erinnert sich:

Man verändert die Welt nur gemeinsam

Farid Bidardel, Vorstand Start Foundation

Unser Kennenlernen? Untypisch für unsere Jobs – das war in Paris. Wir waren von der UN eingeladen, unsere Ideen zu präsentieren. Nur eine Woche nachdem mein Kollege Karan mir gesagt hatte: »Da hat eine Julia angerufen, die klingt spannend, mit der musst du reden, das passt zwischen euch!« Mit unseren Themen hatten wir ja Überschneidungen – die Refugee-Inspirer der Hacker School konnten in unsere Kurse kommen, unsere Leute konnten bei euch »inspirieren«, super. Was mich aber von Anfang an so begeistert hat, war der Elan. Egal, ob bei der UN, auf der Buchmesse oder in allen Projekten: niemals Konkurrenz, stattdessen immer »Wie können wir gemeinsam wachsen?«. So verändert man die Welt – am besten gemeinsam.

Auch wenn wir mit Hacker School PLUS einiges erreichen konnten und wir ohne diese Förderung durch die Sozialbehörde heute nicht dort wären, wo wir jetzt sind, war es insgesamt schon ein Sprung ins Eiswasser. Wenn ich heute wieder vor der Wahl stünde, ein solches Projekt als Leiterin zu übernehmen, kann ich nicht einschätzen, ob ich es tatsächlich tun würde. Es gab zahlreiche ungeklärte Aspekte zu Beginn, und die Erwartungshaltungen waren nicht eindeutig definiert. Aber selbst wenn nicht alles genauso weitergeführt wurde, wie es ursprünglich geplant war, konnten wir viele der gelegten Grundsteine weiterentwickeln und insbesondere wertvolle

Kontakte in Hamburg knüpfen. Ohne die Möglichkeit, Hauptamtliche einzustellen, hätten wir wahrscheinlich auch nicht die Chance gehabt, uns bei der Google Impact Challenge zu bewerben und erste Erfahrungen mit öffentlichen Geldern zu sammeln.

Besonders die Erfahrung mit öffentlichen Geldern hat meine gesamte Führung der Hacker School im Lauf der Jahre geprägt. Wir haben vermutlich alles falsch gemacht, was man falsch machen konnte. Es war ein großer Lernprozess, nicht nur die Formulare zu kennen, zu lesen und zu verstehen, sondern sich auch entsprechend zu verhalten und das unternehmerische Moment zwar im Blick zu behalten, um die Steuergelder möglichst effizient einzusetzen, aber – mindestens genauso wichtig – auch alles detailliert belegen zu können. Die Abrechnung des Projekts erstreckte sich über einen längeren Zeitraum als die eigentliche Förderperiode – heute haben wir übrigens oft die Verwendungsnachweise schon wenige Wochen nach Projektabschluss fertig.

Orientierung: Wie zerbrechen sich andere unsere Köpfe – unser Weg zu Startsocial

In dieser Zeit lernte ich Dr. Sunniva Engelbrecht kennen, die das Startsocial-Programm mit großer Leidenschaft leitet. Dabei handelt es sich um ein Förderprogramm für Sozialunternehmen. Der Bewerbungsprozess für das Programm war umfangreich, einschließlich eines Finanzplans und einer detaillierten Projektbeschreibung. Für vier Monate wurden uns zwei Coaches aus dem Businessbereich zugewiesen, die mir bei meinen Überlegungen und Herausforderungen halfen.

Hacker School und Startsocial

Dr. Sunniva Engelbrecht, Vorstand Startsocial

Die Hacker School gehört zu den Startsocial-Alumni, die das Angebot von Startsocial nicht nur optimal nutzen, sondern immer wieder bereichern. Julia Freudenberg und ihr Team haben in drei Durchgängen bei Startsocial gezeigt, dass Weiterentwicklung von Programmen und Konzepten dann am besten funktioniert, wenn man sich darauf einlassen kann, dass es auch mal kritisches Feedback gibt. Nach der ersten Runde Startsocial war die Enttäuschung groß, nicht in die Startsocial-Bundesauswahl gekommen zu sein. Ich behaupte, dass das dazu beigetragen hat, dass Julia und mich mittlerweile eine Freundschaft verbindet, in der wir auch mal unverblümt Klartext reden können.

Für die zweite Runde war der Anspruch auf beiden Seiten hoch. Die Hacker School war bereits auf einem klaren Wachstumspfad, und dabei sollten die Startsocial-Coaches optimal unterstützen. Das hat gut funktioniert, und auch in der dritten Runde konnten die Startsocial-Coaches zum Erfolgskurs der Hacker School einen Beitrag leisten. Besonders hervorheben möchte ich, dass Julia Freudenberg immer bereit ist, ihre Erfahrungen im Kontext von Startsocial mit anderen sozialen Initiativen zu teilen. Das inspiriert andere, ebenfalls über sich hinauszuwachsen. Das Motto der Hacker School, »We inspire«, wirkt dadurch weit über das eigene Unternehmen hinaus. Kein Wunder also, dass es neben einem Startsocial-Bundespreis noch viele weitere Auszeichnungen für die Hacker School gegeben hat.

Das Programm wurde und wird durch ein Alumninetzwerk und umfassendere Unterstützungsangebote begleitet. Bei einem Treffen in der Berliner Kalkscheune, bei dem ich zum ersten Mal Johannes Büchs – bekannt u. a. aus der »Sendung mit der Maus« oder von »Kann es Johannes?« – traf, wurde mir klar, wie viele Themen rund um den Bereich des professionellen Social Entrepreneurships existieren. Es war faszinierend, das gesamte Spektrum von Fundraising über rechtliche Aspekte bis hin zur ehrenamtlichen Betreuung strukturiert zu erfassen.

In der ersten Beratungszeit konzentrierten wir uns hauptsächlich auf das Projekt Hacker School PLUS und wie wir es innerhalb der Förderung der BASFI (der Hamburger Sozialbehörde) vorantreiben konnten. Wir entwickelten Ideen, wie wir das komplexe Projekt sowohl bei Unternehmen präsentieren als auch die erforderlichen Unterlagen erstellen und die richtige Ansprache wählen konnten. Die strukturierte Vorgehensweise half mir, da das Projekt aufgrund seiner Komplexität sehr herausfordernd war – auf einem bis dato ehrenamtlichen Projekt eine Art Jobvermittlung aufzubauen, ist wirklich eine riesige Anforderung.

Wir hatten in kurzer Zeit viel erreicht und machten gute Fortschritte. Bei einer Bewertung durch Juroren erhielten wir jedoch von einer sehr geschätzten Unterstützerin nur ein mittelmäßiges Zeugnis, da wir es nicht geschafft hatten, das Projekt verständlich darzulegen. Damit kamen wir leider nicht in die Bundesauswahl. Obgleich ich anfangs enttäuscht war, konnte ich das Feedback annehmen und daraus lernen.

An dieser Stelle springe ich zeitlich kurz in die Zukunft, denn es blieb natürlich nicht bei dieser einen Bewerbung. Unser zweiter Startsocial-Durchgang begann ein Jahr verzögert, vielleicht sogar zwei, ich bin mir nicht sicher. Wir mussten zu Beginn der Coronapandemie zahlreiche Anpassungen vornehmen, um die Hacker School online zu starten und unsere Kurse virtuell anzubieten. Ich sprach mit Sunniva darüber. Wir überlegten, ob es möglich wäre, einen Coach zu finden, der Erfahrung damit hat, die Reichweite virtueller Angebote im digitalen Raum zu erhöhen (Skalierung) und der uns bei der Definition und der Marktdurchdringung (Roll-out) der Hacker School unterstützen könnte. Zwar erhielten wir keine konkreten Versprechungen, doch das Feedback ermutigte uns, es zumindest zu versuchen. Also passten wir unsere Bewerbungsunterlagen entsprechend an und skizzierten, dass wir Unterstützung bei der Umsetzung unseres virtuellen Modells suchten.

Auch in dieser Stipendienrunde wurden wir berücksichtigt. Die Zeit des Stipendiums war von hoher Anspannung geprägt, da wir bereits die ersten Monate der Coronapandemie hinter uns hatten. Wir waren mit Kurzarbeit im Team, einem bevorstehenden Umzug und grundlegender Unsicherheit bezüglich Finanzierung und Weiterentwicklung konfrontiert.

Die wunderbaren Coaches, die uns zugewiesen wurden, brachten einen sehr spannenden beruflichen Hintergrund mit. Der erste Coach, Prof. Dr. Martin Klaffke, hatte lange bei Roland Berger gearbeitet und konnte mit einem großen Weitblick provokative Fragen stellen, die mir halfen, Dinge klarer zu kalkulieren und zu rechnen. Obwohl ich bei meiner Daumenregel blieb und nicht auf Kommastellen kam, war seine Unterstützung stets wertvoll. Unsere Coachin, Frauke Burmeister, ist bis heute eine lieb gewordene Unterstützerin der Hacker School. Durch ihre Erfahrung im SAP-Umfeld konnte sie praktische Aspekte der Unternehmensbedürfnisse einbringen und unsere Konzepte immer wieder auf den Bedarf der Unternehmen hin überprüfen. Mit ihr sind im Nachgang zwei tolle Förderprojekte entstanden; eines davon ist im Juli 2023 in der ganz heißen Phase angekommen und birgt bis heute ein riesiges Potenzial für die Zukunft – dazu später mehr.

Nach einer sehr intensiven Phase, in der wir versuchten, den Abschlussbericht auf nur zehn Seiten zu beschränken, erhielten wir eines Tages die unfassbare Nachricht, dass wir es unter den 100 beworbenen Initiativen in die Finalrunde der Top 7 geschafft hatten. Durch die Pandemieauflagen verlief in diesem Jahr alles komplett anders als die Jahre zuvor, denn es gab keinen Besuch im Kanzleramt und kein gemeinsames Foto mit Angela Merkel. Alles wurde virtuell organisiert. Der spannende Teil für uns war die Möglichkeit, einen großartigen Film über die Hacker School zu drehen und mit einem talentierten Fotografen einige lustige Fotos zu machen.

Die Aufnahmen für die Hacker School zeigten deutlich, welche positive Wirkung unser Projekt hat. Die virtuelle Preisverleihung mit der Bundeskanzlerin war übrigens dennoch eine unglaubliche Erfahrung für uns.

Beflügelt von diesem Erfolg wollten wir es ein drittes Mal wissen und eine Entscheidung erproben, die wir bereits am Ende des Stipendiums des vorherigen Durchgangs als Prototyp umgesetzt hatten. Zu Beginn des Jahres 2021 hatten wir beschlossen, gemeinsam in Schulen zu gehen und mit ganzen Schulklassen zu programmieren. Dies war der Kern des Programms Hacker School @yourschool, das wir während der dritten Beratungsphase erforschen, verbessern und umsetzen wollten.

Ein weiteres Mal hatten wir spannende Coaches. Hartmut Jedicke mit seinem Hintergrund im Verlagswesen hat mich immer wieder dazu angeregt, die Grundlagen dieses Buches zu überdenken unter dem Aspekt: »Wenn du das auch auf zehn Seiten unterbringen kannst, wird niemand dein Buch lesen – also, was willst du damit erreichen?« Und dann war da noch Birte Prinzhorn, eine unglaubliche Frau, die eine große Leidenschaft für »playing the numbers game« mitbrachte und mir geholfen hat, viele Aspekte der Hacker School greifbarer zu machen. Sie hinterfragte die Idee, ganz Deutschland auf einen Schlag anzugehen, und betonte eher die Vorteile einer Spezialisierung auf Bundesländer. Durch Gespräche mit unseren Coaches konnten wir den Fokus konkretisieren und uns zunächst auf das achte

Schuljahr als Zielgruppe konzentrieren. Eine Entscheidung, die wir nach Abschluss der Beratungsphase im Grundsatz beibehalten – auch wenn wir derzeit laut überlegen, den Fokus um zwei Jahre auf die 6. Klassen abzusenken.

Diese Zeit hat den Grundstein gelegt, mich zu ermutigen, dieses Buch zu schreiben, und dank der wundervollen Unterstützung von Birte konnte ich andere Ideen zur Quantifizierung und Hochrechnung von Plänen entwickeln. Ich bin ihr heute noch sehr dankbar und schätze unsere Verbindung, in der wir Ideen austauschen und gemeinsam an der Quantifizierung und Skalierung der Hacker School arbeiten.

Bei der Preisverleihung in Berlin im Kanzleramt, die diesmal Unter den Linden stattfand, habe ich mich gefreut, alle Menschen wiederzusehen und den Spirit von Startsocial zu erleben. Es war eine besondere Ehre, zusammen mit unserem früheren Bürgermeister und jetzigen Bundeskanzler, Olaf Scholz, auf der Bühne zu stehen, selbst wenn wir keinen Bundespreis gewonnen haben.

Zusammenfassend kann ich sagen, dass uns das Beratungsprogramm und das Stipendienprogramm von Startsocial über die drei Jahre unglaublich weitergebracht haben. Wir konnten die richtigen Fragen stellen und uns weiterentwickeln. Diese Unterstützung hat mir Zugang zu einer Welt ermöglicht, die ich zuvor nicht kannte, und mir gezeigt, welche Möglichkeiten es im sozialen Bereich gibt, sei es durch Stipendien oder Auszeichnungen. Empfehlung für jedes Social Enterprise.

Unterstützung der besonderen Art: Der Besuch von Bundespräsident Steinmeier, seiner Frau Elke Büdenbender und Olaf Scholz

Im Dezember 2017 erhielten wir während eines Meetings plötzlich einen Anruf vom BKA.

Wir luden 2018 unsere »Wiederholungstäter« Zoé und Théo ein, beim
Antrittsbesuch des Bundespräsidenten dabei zu sein. Die beiden ließen es
sich natürlich nicht nehmen, ihm zu zeigen, was man mit dem micro:bit
so programmieren kann. *(Foto: Lukas Faust / Ministry Group)*

Andreas Ollmann berichtet: »Auf unserem Anrufbeant-
worter wartete eine Sprachnachricht. ›Guten Tag. Rufen Sie
uns bitte schnellstmöglich zurück. Es geht um den Besuch des
Bundespräsidenten.‹ Interessanterweise wussten zum damaligen
Zeitpunkt die Leute vom Senat nicht einmal, dass es uns in
Hamburg gibt. Sie erfuhren es vom Bundespräsidenten selbst
und trafen dann entsprechende Vorbereitungsmaßnahmen.«
　　Es stellte sich heraus, dass Bundespräsident Steinmeier
seinen Antrittsbesuch in Hamburg machen und dabei – auf
eigenen Wunsch – die Hacker School besuchen wollte. Was für
eine Auszeichnung, dass wir zu den wenigen Stationen gehörten, die der Bundespräsident während seines Besuchs in der
Hansestadt ausgewählt hatte!

Es war eine riesige Chance und Ehre für uns. Die Vorbereitung war umfangreich und intensiv. Es gab viele Termine und Gespräche mit verschiedenen Institutionen, darunter das Hamburger Rathaus, das LKA, das BKA, das Bundespräsidialamt und die Senatskanzlei in Hamburg. Die Planung war nicht nur organisatorisch, sondern auch sicherheitstechnisch eine Herausforderung. Sogar eine Hundestaffel war zur Sicherheitsprüfung am Start.

Wir wollten während des Besuchs das von der Hamburger Sozialbehörde geförderte Projekt Hacker School PLUS vorstellen und den Fokus auf die Integration von Geflüchteten in den Arbeitsmarkt und die Begeisterung junger Menschen legen. Wir entschieden uns, auch Kinder einzuladen, um zu zeigen, warum wir die Hacker School machen und was daran begeistert. Die Auswahl der Kinder fiel uns leicht, und natürlich luden wir ebenso Inspirer der ersten Stunde ein, die ihre Erfahrungen und Ziele bei der Hacker School teilen konnten.

Es gab zahlreiche Absprachen und Planungen, bis hin zu den Minutenabständen für bestimmte Programmpunkte. Wir hatten am Ende 45 Minuten Zeit, unsere Geschichte zu erzählen. Es war aufregend, aber letztlich verlief alles reibungslos. Das Kennenlernen des Bundespräsidenten war herzlich und offen. Die Politprominenz zeigte sich sehr freundlich und nahbar, was den Tag zu einem einzigartigen Erlebnis machte.

Ein besonderes Highlight war, als die Kinder voller Begeisterung dem sichtlich interessierten Bundespräsidenten ein von ihnen selbst programmiertes Spiel vorstellten. Der Besuch hat uns viel bedeutet und deutlich gemacht, dass das Interesse an dem, was wir tun, vorhanden ist.

Was mich aber auch heute noch begeistert, war das Kennenlernen von Elke Büdenbender und ihrer Assistentin, Jutta Casdorff. Aus dem ersten Besuch in Hamburg hat sich eine wertvolle Freundschaft entwickelt, eine großartige Unterstützung.

Durch hilfreiche Kontakte, aktives Anstoßen von Ideen und ein stets offenes Ohr können wir jeden Tag von einer wunderbaren Schirmherrschaft profitieren, die uns und unserer Mission zu noch größerer Wirkung verhilft. Danke dafür.

Selfie muss sein: Zoé und Théo mit dem Bundespräsidenten und seiner Frau. *(Foto: Lukas Faust / Ministry Group)*

Wir werden Leuchtturm: Google Impact Challenge

Einer der entscheidenden Schritte der Hacker School war zweifellos die Google Impact Challenge, von der wir Ende 2017 erfahren haben. Es war bereits die zweite Challenge dieser Art, bei der Google eine Förderung für gemeinnützige Projekte auslobte. Man konnte sich entweder als kleines lokales Projekt für 20 000 € oder als eines von zehn Leuchtturmprojekten für eine Viertelmillion Euro bewerben, vorausgesetzt, man hatte eine Vision, wie man digitale Bildung vorantreiben kann.

Wir wurden von verschiedenen Seiten angesprochen, ob wir an dieser Challenge teilnehmen würden. Zuerst dachten wir, dass 20 000 € schon eine große Summe wären, mit der wir viel bewirken könnten. Aber es wurde schnell klar, dass wir, wenn wir uns bewerben würden, dies als Leuchtturmprojekt tun wollten. Der Bewerbungsprozess war mehrstufig und startete mit einer unglaublich kurzen Vorab-Bewerbung, in der wir unser Konzept in nur wenigen Worten zusammenfassen sollten. Es war eine herausfordernde Erfahrung festzustellen, wie komplex es ist, einen kurzen Text zu schreiben. Diese Bewerbung habe ich gemeinsam mit David verfasst, einem der Gründer der Hacker School.

Als wir die Vorauswahl bestanden hatten, gab es einen sehr persönlichen Moment für mich. Ich habe den Großteil der Unterlagen für die Google Challenge am Sterbebett meines Vaters ausgefüllt. Anfang 2018 hatte er entschieden, diese Welt zu verlassen, und ich konnte viel Zeit an seinem Bett verbringen, um diese Bewerbung zu schreiben und gleichzeitig meinen Beruf auszuüben und meinen Vater zu begleiten. Ich erinnere mich an den Gedanken, dass ich, wenn wir diese Challenge gewinnen, die Hacker School groß machen würde. So schwierig die Zeit auch war, die Bewerbung war erfolgreich, und plötzlich hatte ich nun genau diese Herausforderung – nämlich die Hacker School groß zu machen. Ich stehe immer zu meinem Wort. Dann also ran.

Wir erhielten positives Feedback. Zum nächsten Termin kamen die Kolleginnen und Kollegen von Google mit einer Kamera. Es stellte sich heraus, dass das Treffen nicht nur ein weiteres Meeting war, sondern die Bekanntgabe, dass wir als sehr kleine Hacker School die Google Impact Challenge gewonnen hatten. Das war unglaublich.

Ein denkwürdiger Moment war auch bei der Preisverleihung in Berlin, wo unsere Präsentation mit dem Satz »Hacker, sind die nicht böse?« begann, gefolgt von einer Pause und dann weiteren Ausführungen. Ich zitiere das immer noch gern, besonders wenn ich im Bereich der IT-Sicherheit spreche, weil letztlich diese Lebenserfahrung und die durchaus ambivalente Konnotation des Namens Hacker School immer wieder begeistert.

Entscheidung für Skalierung: Jeder Weg beginnt mit dem ersten Schritt

Eine Entscheidung zur Skalierung trifft man eigentlich nicht zufällig. In der ursprünglichen Vision der Hacker School – dass jedes Kind ein Mal programmieren soll, bevor es sich für einen Beruf entscheidet – ist bereits eine gewisse Größe angelegt. Ich neige dazu, Dinge sehr wörtlich zu nehmen und grundsätzlich eher groß zu denken. Als wir in den vergangenen Jahren sahen, welche Wirkung wir erzielen können (auch wenn wir es damals noch nicht Wirkung genannt haben), wurde uns klar, dass die Begeisterung und das Leuchten in den Augen der Kinder und der Inspirer es verdient haben, in großem Maßstab gedacht zu werden. Wenn es uns gelingt, immer mehr Inspirer, immer mehr Unternehmen und immer mehr Schulen einzubinden, können wir tatsächlich einen Einfluss auf die digitale Bildung in Deutschland nehmen.

Obwohl der Einstieg in die hauptberufliche Tätigkeit für die Hacker School über die Förderung der Hamburger Sozialbehörde für das Projekt Hacker School PLUS begann, war uns klar, dass wir bei einer Skalierung im ersten Schritt stets das Grundkonzept der Hacker School ausrollen müssten: zwei Inspirer, 10 (heute 12) Kids und ein Treffen vor Ort in einem Unternehmen. Und dann kam doch alles wieder völlig anders. Letztendlich kann man die Skalierungsphasen der Hacker School in drei große Bereiche unterteilen:

1. die ersten ehrenamtlichen Kurse am Wochenende in Unternehmen in ganz Deutschland, analog und vor Ort

2. die zweite Phase, angetrieben durch die Coronakrise, mit dem Übergang in den virtuellen Bereich

3. der große Schritt, auch in Schulen zu gehen, um dort alle Kinder und Jugendlichen zu erreichen und digitale Bildung integrativ zu denken

Eine andere Dimension der Skalierung, nicht vom Format her, sondern vom Angebot gedacht, betrifft die Frage, mit welchen Inspirern wir unser Wachstum bestreiten wollten. Diese Skalierungsebene wird später genauer beschrieben: von Angeboten am Wochenende zur Siebentagewoche, vom reinen Ehrenamt zum Miteinbezug der Arbeitszeit und schließlich der Schritt, alles im Sinne der ESG (Environmental, Social and Corporate Governance) wirklich als strategische Kooperation aufzusetzen. Alle diese Schritte werden nacheinander dargestellt, um euch einfach mal zu zeigen, wie der Weg dorthin eigentlich gewesen ist.

Mit 100 Kids bei Otto

Regional in Hamburg und auch nur am Wochenende – das war zu Beginn unser Setting. Mehr ging erst mal nicht.

Die ersten Schritte in Hamburg

In den frühen Tagen der Hacker School wurde ein rein ehrenamtliches Modell genutzt, mitorganisiert und durchgeführt vom Gründungsteam aus der Ministry-Group, das unter der Woche – wie auch andere Inspirer – voll berufstätig war.

Die allerersten Hacker-School-Kurse fanden in der Berufsschule für Medien in Hamburg statt, damals noch über vier Wochen für zwei Stunden an jeweils einem Nachmittag, ein sehr skalierungsunfreundliches Modell. Die nachfolgenden Kurse orientierten sich schon bald in Richtung der Wochenenden und wurden in den Räumlichkeiten der Ministry-Group umgesetzt. Wie bereits erwähnt, hatten wir anfangs mehr Inspirer als teilnehmende Kinder. Die Gründungsmitglieder waren selbst auch oft als Inspirer mit dabei, und auch mein Mann Andy, ebenfalls ITler, ließ es sich nicht nehmen, begeistert Kurse zu geben. Sie waren immer davon geprägt, dass wir ein breites Spektrum an Themen anbieten konnten. Wir hatten Line-Follower-Roboter-Kurse, wir experimentierten mit Tamagotchis und Robotern, wir arbeiteten mit Scratch und Minecraft und vielen anderen spannenden Angeboten.

Dieser ehrenamtliche Ansatz und die Freude an den Kursen haben den Grundstein für die Entwicklung der Hacker School gelegt.

Die Otto GmbH & Co. KG war einer unserer ersten Unternehmenspartner, und wir haben mit ihr nicht nur unsere ersten Kurse durchgeführt, sondern auch die ersten echten Unternehmenskurse, wie wir sie heute nennen, umgesetzt. Es entstand eine Partnerschaft, für die wir bis heute sehr dankbar sind.

Andreas Ollmann erinnert sich: »Die Kooperation mit Otto kam durch unseren Inspirer Benedikt Stemmildt zustande, der uns mit der Otto Corporate PR in Kontakt brachte. Eine gemeinsame Pressemeldung erleichterte den Zugang zu den Medien. Die Hacker School erhielt dadurch mehr Aufmerksamkeit und konnte ihre Ziele besser kommunizieren. Die Otto Group war auch das erste Unternehmen, das uns Laptops zur Verfügung stellte, damit wir den größer werdenden Bedarf in den Kursen decken konnten.«

Als wir überlegten, Kurse in den Räumlichkeiten von anderen Unternehmen anzubieten, kam das Angebot, dies im Collabor8, dem wirklich tollen Co-Working-Space von Otto, zu tun. Gesagt, getan. Ganz uneigennützig geschah das wunderbarerweise nicht, denn es gab durchaus auch ein Interesse vonseiten des Ausbildungsmarketings, mehr dafür zu tun, dass junge Menschen sich für den Beruf interessieren.

In der Folge fanden dort quartalsweise bis zu zehn Kurse an einem Wochenende statt. Das bedeutete: 100 Kinder und Jugendliche vor Ort, was unglaublich laut, aber auch unglaublich begeisternd war. Wir haben alle so viel gelernt bei der ersten Session. Ich erinnere mich mit einem Schmunzeln daran, dass es beim ersten Mal für die Kinder riesige Berge Schokolade und Cola gab. Ein gut gemeintes Angebot, das ausgiebig genutzt wurde. Wer Kinder hat, weiß, dass zu viel Zucker zappelige Konsequenzen haben kann. Als ich dann scherzhaft nach Panzertape fragte, um die Kinder auf den Stühlen festzubinden, entschieden wir, für die Versorgung der Teilnehmenden eher Brezeln und Mineralwasser zu empfehlen. Spezielle Learnings eben. Doch die Geschichten aus dieser Zeit sind legendär.

Wir sind mit großen Tragekisten und Koffern in privaten Autos zu Otto gefahren, um die Hardware für zehn Kurse mitzubringen. Tage vorher fingen wir an zu packen, um auch wirklich alle passenden Kabel und Stecker dabeizuhaben. Es ging ein bisschen zu wie auf einem Piratenschiff.

Es war spannend zu sehen, dass bei den Kursen, die wir bei Otto selbst durchgeführt haben, der Anteil der hauseigenen Inspirer – sie nennen sich Ottonen – jedes Mal deutlich höher war als an anderen Locations, wie z. B. in der Ministry-Group. Sehr typisch, den Hausvorteil erleben wir immer wieder und machen ihn uns bzw. den Kids zunutze. Nichtsdestotrotz waren auch bei Otto natürlich Inspirer anderer Unternehmen herzlich willkommen, und es sind dort viele legendäre Kurse entstanden. Wir haben 3-D-Drucker erstellt, einen Daddeltisch zusammengebastelt, ich glaube, der hieß damals Ikea Hack, wo die Kinder letztendlich kleine Flipperautomaten installiert haben, auch mit entsprechendem Soundcheck. Sie haben Fernbedienungen für Spotify mit Raspberry Pi programmiert. Die Vielfalt dieser Kurse war gigantisch.

Wichtiger Bestandteil der Sessions war von Beginn an die Präsentationsrunde am Ende. Die Kinder zeigten ihren stolzen Eltern, was sie über das Wochenende gestaltet, gebaut, programmiert und welche Möglichkeiten sie sich selbst in der digitalen Bildung erschlossen hatten. Es war auch spannend zu beobachten, wie Kinder in den Pausen umherschlenderten und dabei Unterhaltungen entstanden, etwa darüber, was sie im nächsten Kurs machen wollten.

Ach ja, und nicht zu vergessen: die T-Shirts. Den Gründern der Hacker School ist es zu verdanken, dass das Branding direkt mitgedacht wurde. Jedes teilnehmende Kind bekam von uns ein T-Shirt mit dem Hacker-School-Schriftzug. Und so hatten wir eben als Teamaufgabe zusätzlich ein Klamottenmanagement und sind bei 100 Kindern mit Tonnen von T-Shirts aufgetaucht. Wir wussten ja zu dem Zeitpunkt noch nicht, welche Größen die Kinder hatten. Diese Abfrage haben wir erst später integriert. Also mussten wir erst einmal von einer Normalverteilung ausgehen. Es hat oft geklappt, aber mit 150 T-Shirts anzureisen, was fast eine Wagenladung bedeutete, war eine ganz eigene Herausforderung. Seitdem verfüge ich über die fragwürdige Fähigkeit, T-Shirts auf der flachen Hand zusammenzulegen – da sage noch einer, man könnte nicht überall was lernen.

Über die Programmierkurse hinaus konnten wir bei den Sessions bei Otto schon die Berufsorientierung stark erproben. Frauke Wengerowski, dort Senior Managerin im HR Marketing, hat viele dieser Veranstaltungen direkt begleitet und stellte zur Begrüßung die Ausbildungsberufe vor, die man im Unternehmen erlernen kann. Wir hatten eines der schönsten Feedbacks von einem Jugendlichen, der sagte: »Ich hatte vorher weder Otto auf dem Schirm noch den Beruf des Anwendungsentwicklers oder Fachinformatikers für Anwendungsentwicklung. Aber wisst ihr was? Ich habe mich jetzt bei Otto für ein Studium beworben und ich finde es richtig geil.«

Die Kurse zu dieser Zeit waren noch zu wenige, als dass wir allein über das Word of Mouth die neuen Kurse gefüllt bekommen hätten. Unsere Website war damals etwas fragmentarisch, zwar gut aufgesetzt, aber natürlich nicht mit der vollen Funktionalität der ganzen Features, die wir heute brauchen. Die Kommunikation mit den Unternehmen selbst steckte ziemlich in den Kinderschuhen. Aber wir konnten sehen, dass zumindest knapp die Hälfte der Kinder immer unternehmenseigener Nachwuchs war, wenn wir bei Otto Kurse machten. Heute empfehlen wir den kooperierenden Unternehmen eindringlich, die Mitarbeiter- und Kundenkinder unbedingt über das eigene Kursangebot zu informieren.

Die Weiterentwicklung der Kurse, insbesondere regional in Hamburg, ist auch von unserem ersten Partnerunternehmen ausgegangen. Ich erinnere mich, dass Simon Praetorius, ein erfahrener Web-Entwickler und früher Unterstützer, seinen ersten Kurs bei Otto gab und anschließend sagte: »Das möchte ich in meiner Firma auch unbedingt machen.« Das brachte die Agentur Zeitgeist in unser Partnernetzwerk.

Der Fokus lag in dieser Zeit auf Hamburg und der Erprobung weiterer Kurskonzepte. Aber das Angebot fing an, sich in anderen Bundesländern herumzusprechen. Doch dazu später mehr.

Eine der frühen Kooperationen für unsere Wochenendaktivitäten entstand mit den Hamburger Bücherhallen. Wir haben wiederholt Veranstaltungen in mehreren Bücherhallen gleichzeitig durchgeführt, bei denen wir am Freitagnachmittag und Samstagvormittag gemeinsam mit Kindern programmiert haben. Unser Ziel war es, den Kindern in ihren Stadtteilen nahezukommen und ihnen die Begeisterung für das Programmieren zu vermitteln.

Die Bücherhallen in Hamburg sind zentral gelegen und sehr gut erreichbar. Die Öffnungszeiten waren für uns dennoch eine kleine Herausforderung, da wir normalerweise am Samstag und Sonntag aktiv waren.

Nach meinem Kenntnisstand handelt es sich bei den Hamburger Bücherhallen um einen der größten Verbünde öffentlicher Bibliotheken in Deutschland. Sie betreiben in Hamburg ein Netzwerk von über 30 Standorten und einer zentralen Bibliothek, die mittlerweile am Hühnerposten angesiedelt ist. Es wird dort großer Wert auf digitale Bildung gelegt. Damit soll insbesondere verdeutlicht werden, dass Bücher nicht das einzige Medium sind, über das Informationen vermittelt werden können. Das Feedback, das wir aus diesen Kursen erhalten haben, war unglaublich wertvoll und hat uns gezeigt, dass unsere Arbeit geschätzt wird und einen Unterschied macht.

Unsere ersten Ausflüge nach »außerhalb«

Nachdem wir uns 2017 noch darauf konzentriert hatten, anzukommen und herauszufinden, wer überhaupt an Hacker Schools in anderen Gegenden interessiert sein könnte, und uns einarbeiteten, um zu verstehen, wie die öffentliche Förderung funktioniert, begann ich im Jahr 2018, den Roll-out der Hacker School und das Hamburger Hacker-School-PLUS-Projekt vernetzter zu denken. Immer noch mit Exceltabellen und dem G-Drive, aber schon mit der grundsätzlichen Idee, dass wir uns gedanklich nicht nur auf Hamburg beschränken sollten.

Unser Partnernetzwerk wuchs: Wir hatten inzwischen Kontakte zu Kooperationspartnern in ganz Deutschland. Auch mit Institutionen und der Wirtschaft, ebenso mit Büchereien und der Initiative Schule-Wirtschaft arbeiteten wir zusammen. Viele dieser Kontakte ergaben sich durch persönliche Netzwerke.

Durch die Impact Challenge wurde die Zusammenarbeit mit Google vorangetrieben und wir erhielten ein wertvolles Coaching, insbesondere für das Projekt Hacker School Classic.

Eine Kooperation mit Facebook entstand durch den Kontakt mit Oliver Busch. Sein Sohn hatte bereits Erfahrungen in den ersten Kursen gemacht und seine Begeisterung auf seinen Vater übertragen (siehe »Stand-up-Paddling und Einzelkurse«, ein herrliches Vater-Sohn-Interview). Die Möglichkeit, Kurse in den Räumlichkeiten von Facebook abzuhalten, war großartig, vor allem mit dem beeindruckenden Blick über Hamburg.

Die Zusammenarbeit mit Cellular ermöglichte es uns, junge Menschen in verschiedene Themenfelder einzuführen, die mit der Programmierung zusammenhängen. Es gab bereits erste Versuche, mit Schulen und Berufsschulen in Hamburg zu kooperieren, wenn auch auf niedrigem Niveau.

Wir hatten von Anfang an gute Kontakte zu Iteratec. Einige der legendären Projekte, die dort entstanden sind, werden immer noch als Geschichten und Vorträge präsentiert. Es entstand ein supercooler kleiner Daddelautomat mit einer Mate-Teekiste, der es den Kindern ermöglichte, LED-Verbindungen herzustellen und zu sehen, welche vielfältigen Funktionen Mate-Tee im Leben haben kann.

Der Kontakt zu Miriam Wohlfarth von Ratepay kam über eine Vermittlung von Elke Büdenbender zustande – ich habe erwähnt, dass sie einfach die besten Menschen kennt. Nachdem Elke Büdenbender Andreas Ollmann und mich eingeladen hatte, einmal auf einen Kaffee vorbeizukommen und ihr mehr über die Hacker School zu erzählen, begann ein wunderbares Netzwerken.

Nach diesem kurzen, aber intensiven Austausch sagte mir Elke, damals noch Frau Büdenbender, dass ich unbedingt mit Brigitte sprechen müsse, Brigitte Zypries, der ehemaligen Bundeswirtschaftsministerin. Direkt am nächsten Tag kam dann die Anfrage über unser Kontaktformular: »Hi, Elke Büdenbender schlägt vor, dass wir mal sprechen … melden Sie sich, viele Grüße, Brigitte Zypries.« Ich rief sie sogleich an – schon nach 30 Sekunden hatte sie verstanden, was ich brauchte. Wir tauschten weitere 30 Sekunden lang erste Ideen aus – und sie stellte mich dann direkt Miriam Wohlfarth vor.

Miriam Wohlfarth ist eine serielle Gründerin in Deutschland, die insbesondere den Bereich Fintech maßgeblich vorantreibt und sich dafür einsetzt, noch mehr Frauen für diese Branche zu begeistern. Als ich ihr von der Hacker School erzählte, waren wir uns sofort einig, dass wir auf jeden Fall gemeinsam etwas tun mussten.

Mit wenig Planungszeit und ihrem tollen Netzwerk gelang es uns, in Berlin eine Hacker School auf die Beine zu stellen, zu der dann auch Elke Büdenbender und Brigitte Zypries eingeladen waren. Ich glaube, wir boten sieben Kurse an, die alle ausgebucht waren. Miriams Engagement und ihre Position als weibliche CEO trugen sicherlich dazu bei, dass wir einen recht hohen Frauenanteil hatten. Bei der Präsentationsrunde am Ende ließen sich Elke, Brigitte und Miriam jedes Projekt zeigen und gingen von Tisch zu Tisch, begeistert von den Ergebnissen.

Auch die ersten Kurse bei Breuninger mit Benedikt Stemmildt, der ins Unternehmen nach Stuttgart gewechselt war, waren ein riesiger Spaß. Es war ungewohnt, an einem Wochenende in einem Kaufhaus zu sein, das sonntags geschlossen war, und die Verwaltungsabteilung im obersten Geschoss den Kindern für Hacker-Kurse zur Verfügung zu stellen. Vor allem die Herausforderung, Rechner für sieben Kurse durch ganz Deutschland zu schicken, war bemerkenswert.

Das Jahr 2018 war außerdem von besonderen Ereignissen geprägt. Wir waren auf der Frankfurter Buchmesse und boten dort kurze Workshops an. Messeerfahrungen sammelten wir auch auf der Tincon, einer Teenagerkonferenz, die junge Menschen ansprach und Zugänge schuf, die es ohne diese Konferenz nicht gegeben hätte. Es gab erste Versuche, mit Schulen und Berufsschulen in Hamburg zusammenzuarbeiten, allerdings in sehr kleinem Umfang. Diese ersten Versuche bildeten jedoch die Grundlage für unsere weitere Arbeit. Aber wir hatten auch noch zwei Events der Sonderklasse auf dem Plan – unsere ersten Großveranstaltungen sozusagen.

Chip 40 Jahre – wir wissen, wie man feiert – mit Schulklassen

Im Jahr 2018 entstand auch eine besondere Kooperation mit Burdaforward und der Zeitschrift Chip, die ihr 40-jähriges Jubiläum feierte. Der damalige Chef unserer späteren Kollegin Cleo war begeistert von der Idee, dass Cleo in ihrer Freizeit für die Hacker School arbeitete, und er lud uns ein, einen wichtigen Beitrag zur 40-Jahr-Feier von Chip zu leisten – eine Veranstaltung in München mit gleichzeitigem Programmieren mit 200 Kindern.

Das war ein riesiges Event mit einer großen Anzahl an Computern. Um die Klassen auseinanderhalten zu können, gab es T-Shirts in verschiedenen Farben, die neben dem klassischen Branding mit dem Hacker-School-Schriftzug erstmals auch den Namen unseres Kooperationspartners aufgedruckt hatten. Angereist sind wir mit allen, die wir aus dem Team mobilisieren konnten.

Wir waren in München und haben das Event mit (ich glaube) acht Schulklassen oder mehr organisiert, mit diversen eigens dafür entwickelten und altersgerechten Kursen auf iPads und Raspberry Pis. Ich kann mich nicht mehr an alle Kurse erinnern, aber das Event hatte ein großartiges Echo und war sogar nachhaltig. Einer der damaligen Redakteure von Chip, der eine Produktbeschreibung gemacht hat, tat dies im Hacker-School-T-Shirt, das mit dem Chip-40-Jahres-Logo gebrandet war, was wir sehr lustig fanden.

Der Besuch von Markus Söder, die Moderation von Cherno Jobatey, die Interviews mit Andreas und mir über die Bedeutung von digitaler Bildung für Kinder – das werde ich nie vergessen. Dass uns damals 200 Kinder als unglaublich viel erschienen und wir mit großem Respekt nach München gefahren sind, war ebenfalls sehr eindrucksvoll.

Der 18.12.2018 – die Ernst-Reuter-Schule rockt

Doch wie das mit Rekorden so ist, nur drei Monate später zeichnete sich der nächste ab. Ich hatte das große Glück gehabt, im Jahr 2017 Micha Pallesche auf einer wunderbaren Veranstaltung der Körber-Stiftung, Connecting Cities, kennenzulernen. Micha ist einer der engagiertesten Schulleiter, die man sich vorstellen kann. Während des Jahres 2018 entstand bei Micha und mir der Wunsch, etwas ganz Verrücktes zu machen. Es gipfelte in der Idee, am 18.12.2018 mit der gesamten Ernst-Reuter-Schule eine Hacker School zu veranstalten.

Dieser Tag war und ist ein bisher einmaliges Erlebnis in der Geschichte der Hacker School. 300 Kinder und 70 Inspirer vor Ort in einer Schule in Karlsruhe zu haben war ein Abenteuer. Durch die wunderbare Unterstützung von Unternehmen vor Ort wie LogMeIn und auch anderer wie z. B. Breuninger (Benedikt Stemmildt kam mit 20 Laptops und einer Handvoll Kollegen extra aus Stuttgart hochgeflitzt), die sich total begeistert in die Thematik stürzten, und durch das tolle Engagement des Teams, das neue Kurse entwickelt hatte, konnten wir dieses Event durchführen.

Von dieser Veranstaltung stammten auch einige der legendären Zitate der Hacker School, wie »Brich mir keine Nägel ab« und »Darf ich bitte weiterprogrammieren, das macht so viel Spaß«. Micha Pallesche berichtet, dass er noch heute Kinder mit den T-Shirts von damals herumlaufen sieht (teilweise echt bauchfrei) und dass immer noch so warm und positiv von diesem Erlebnis berichtet wird, dass ich eigentlich denke, wir sollten das noch mal machen.

Neben dem wachsenden Engagement in Hamburg war die Erweiterung des nationalen Roll-outs nun unser erklärtes Ziel. Ende 2018 war es uns gelungen, in zehn deutschen Städten präsent zu sein, darunter Berlin, München, Stuttgart, Karlsruhe und Köln.

Wir waren stolz darauf, dass die Hacker School bereits in sieben Bundesländern bekannt war. Es war eine enorme Herausforderung, das Konzept dessen, was in Hamburg rein ehrenamtlich begonnen hatte, so anzupassen, dass es auch in anderen Städten skalierbar war. Von einem nationalen Roll-out hatten wir zu diesem Zeitpunkt noch nicht gesprochen. Wir konnten 40 Veranstaltungen anbieten und über 150 Kurse mit 1 500 Teilnehmenden, die sich fürs Programmieren begeisterten. Im Vergleich zu 2017 war das fast eine Verzehnfachung, und wir waren natürlich sehr stolz auf diese Fortschritte. Mit über 11 000 Stunden Programmieren, sowohl mit als auch ohne Computer, konnten wir viele Kinder begeistern. Zu dieser Zeit wurden wir bereits von rund 200 Inspirern in ganz Deutschland unterstützt.

44 Städte als Ansage

Die Anfänge der Hacker School beinhalteten, dass die Inspirer eigene Kursinhalte und Ideen mitbringen sollten. Die Möglichkeit, sich einfach selbst etwas ausdenken zu können, löste große Begeisterung aus. Doch wir wuchsen, immer mehr Inspirer aus ganz Deutschland kamen an Bord, und wir erkannten, dass es eine enorme Hürde sein kann, selbst einen Kurs vorbereiten zu müssen, wenn man noch nicht genau weiß, was er eigentlich beinhalten soll. Wir fingen also an, ebenfalls Kurse vorzubereiten. Wir erstellten Vorlagen und Beispielkurse, die umgesetzt und angepasst werden konnten. Das gab den Inspirern ein besseres

Gefühl dafür, was bei Kindern funktioniert, welcher Umfang sinnvoll ist und welche Freiheiten sie haben.

Auch in der Logistik hatten wir inzwischen dazugelernt: wie man sinnvoll eine Menge an Hardware verschickt, welche Schutzhüllen für Laptops taugen, welche Kartons funktionieren und welchen zeitlichen Vorlauf man einplanen sollte. Der Informationsaustausch mit den Unternehmen wurde ebenfalls strukturierter und wir lernten, welche Informationen wann und wohin fließen müssen. Wir waren inzwischen auf ein Team von etwa fünf Vollzeitstellen angewachsen, für uns damals eine gigantische Steigerung. Wir begannen, interne Strukturen auf- und auszubauen. Videokonferenzen mit kooperierenden Unternehmen stellten 2019 noch eine Herausforderung dar, weil wir uns häufig als Einzige von extern zuschalteten. Wer ahnte schon, dass das Jahr 2020 uns da allen viel beibringen würde.

In diesem Jahr starteten auch große Sonderprojekte, die wir immer wieder aufsetzen und weiterentwickeln wollten. So organisierten wir die erste CITY Hacker School in Karlsruhe. An einem Wochenende öffneten zehn Unternehmen zeitgleich ihre Türen, und junge Menschen aus der ganzen Stadt nahmen am Programmieren teil. Hätten wir die Auslastung besser koordinieren können, wären wahrscheinlich sogar zwanzig Unternehmen dabei gewesen. Es war das erste Mal, dass wir erfahren mussten und durften, dass Schulen unterschiedlich sind – unsere wunderbaren Erfahrungen mit der Ernst-Reuter-Schule in Karlsruhe-Waldstadt von Micha Pallesche ließen sich nicht ganz so einfach übertragen, wie wir gehofft hatten. Der Aufbau lokaler Bekanntheit erfordert mehr als nur eine Anzeige auf unserer Webseite. Auch wenn nicht alles reibungslos verlief, war es ein unglaubliches Erlebnis und ein Zusammengehörigkeitsgefühl, das sowohl Unternehmen als auch Kinder und das Hacker-Team begeisterte.

Am Ende des Jahres hatten wir es geschafft, 5 000 Kinder zu erreichen. In 44 Städten zeigten wir jungen Menschen, wie Mikrocontroller funktionieren oder wie man einen Wahl-O-Mat oder eine Wetterstation baut. Uns unterstützten inzwischen bereits 55 Unternehmen und stellten ihre Räumlichkeiten an Wochenenden zur Verfügung.

Mit 600 Inspirern war unser Netzwerk natürlich deutlich größer als im Vorjahr, und insbesondere das Wochenendformat wurde dadurch enorm gestärkt.

2019 spürten wir aber auch zum ersten Mal die Einschränkungen durch mangelnde Ressourcen. Ich war mit meiner Familie nur an ungefähr vier Wochenenden im ganzen Jahr zu Hause, wir haben quasi in der Bahn gewohnt – meine Kinder kannten die Speisekarte des Bordrestaurants auswendig. Konsequenz? Kartoffelsuppe zum Frühstück. Na dann. Trotz der Herausforderungen war es ein großartiges Jahr. Wir haben viele Freunde in verschiedenen Städten besuchen können, aber es war auch anstrengend, die Wochenenden im Voraus zu planen.

Moment! Wir wollten doch Chancengleichheit

Der Beginn des Jahres 2020 folgte weitgehend den alten Regeln. Als erstes Highlight starteten wir mit einem modifizierten Format der Hacker School PLUS, bei dem wir einen starken Fokus darauf legten, jungen Menschen mit soziologischen Benachteiligungen Zugang zur IT zu ermöglichen. Dieses Angebot richtete sich an Jugendliche in Dortmund. Wir hatten die Möglichkeit, mit 40 Kindern vor Ort bei Wilo zu programmieren, und konnten ein Drittel der Plätze für Kinder aus dem Netzwerk von Teach First reservieren.

Teach First ist eine großartige Bildungseinrichtung, die Kindern und Jugendlichen in Übergangsphasen hilft und sie dabei unterstützt, sich neue Perspektiven zu eröffnen. Die Idee einer Kooperation entstand, als wir sagten, dass wir als Hacker School nicht in der Lage sind, langfristige Bindungen einzugehen, aber Begeisterung wecken und das Sahnehäubchen auf dem Kuchen sein können.

Es war beeindruckend zu sehen, wie enthusiastisch die Jugendlichen mit zusätzlicher Betreuung am Geschehen teilgenommen haben. Sie haben sich über alle Kurse verteilt, und am Ende ist meine Lieblingswebsite entstanden. Ein Junge hat eine Website unter der URL »diese Webseite hat überhaupt gar keinen Sinn und das ist okay« erstellt. Er sagte, dass er alles ausprobiert habe und man mit der Website wirklich gar nichts anfangen könne, aber das war völlig wurscht.

Ein weiteres Highlight war ein Junge mit ausgeprägtem Autismus-Syndrom, der sich trotzdem vor das versammelte Publikum stellte und bei der Abschlussveranstaltung berichtete, wie er ein Tic Tac Toe mit Minecraft programmiert hatte.

Dank der wunderbaren Unterstützung der Hans-Weisser-Stiftung erhielt ich die Möglichkeit, am Programm von Common Purpose teilzunehmen. Es handelt sich dabei um eine der wichtigsten und spannendsten Fortbildungen, die ich je erleben durfte. Dieses Programm ermöglicht eine Vernetzung von Führungskräften über verschiedene Sektoren hinweg. So treffen hochrangige Verwaltungsmitarbeiter auf Social Entrepreneurs und die Wirtschaft lernt soziale Initiativen kennen und umgekehrt. Es ist ein Austausch, der sich mit dem Lernen an sich und dem Verständnis von uns als Menschen auseinandersetzt. Innerhalb dieser Fortbildung durfte ich viele wundervolle Menschen wie Lutz Birke kennenlernen, mit denen ich noch heute in Hamburg viel bewegen kann.

Während eines Treffens, bei dem wir uns eigentlich nur bei der Hans-Weisser-Stiftung bedanken wollten, entstanden viele neue Gedanken, insbesondere in Bezug auf eine direkte Kooperation mit der Hacker School. Es stand mein erster eigener Antrag im Raum, und obwohl ich bereits am Rande in die vorherigen Anträge involviert war, war es das erste Mal, dass ich einen Antrag selbst führte. Ich schätze bis heute, dass Michaela Wintrich und Michael Kurz als Vorstand der Hans-Weisser-Stiftung sehr geduldig mit mir an diesem Antrag gearbeitet haben.

Die Idee bestand darin, eine Stelle im Team der Hacker School zu schaffen, die sich mit der Integration sozial benachteiligter Kinder in die Hacker School beschäftigt. Es ging um die Entwicklung eines Grobkonzepts und die Erprobung von Veranstaltungen in Berufsschulen und anderen Schulen vor Ort. Anfangs konnte ich nicht wirklich verstehen, warum ich mich mit den Zahlen beschäftigen sollte. Meine Vorstellung war, dass die Stiftung einen Geldbetrag bereitstellte, mit dem wir eine Stelle schaffen konnten, und das sollte ausreichen. Ich konnte doch noch nicht absehen, wie viele Kids wir wirklich erreichen würden. Auch wenn es vielleicht lustig klingt, es war für mich neu zu erkennen, dass eine Stiftung eine Art Kopf-Preis-Kalkulation benötigt, um den Nutzen der Fördergelder im Sinne des Stiftungszwecks abzuwägen. Letztlich lieferte ich die Zahlen und wir schufen die neue Stelle.

Never waste a good crisis: Corona macht uns intern und extern digitaler als ursprünglich geplant

Auch wenn disruptive Krisen sehr unangenehm sind, haben sie doch das Potenzial, positive Veränderungen zu bewirken. Insbesondere die Coronapandemie hat uns vor Augen geführt, dass wir neue Formate dringend benötigen – sowohl im Sinne eines allgemeinen virtuellen Ansatzes als auch beim Zugang zu Mädchen, sei es über Girls-only-Kurse oder eben über den Zugang zu Schulen.

Die Hacker School @home – wenn wir uns nicht mehr treffen können

Anfang 2020 waren wir noch ganz normal wie in den Vorjahren unterwegs. Auch wenn die Anzeichen sich mehrten, dass wir möglicherweise sehr kurzfristig unsere Idee des Programmierens in Unternehmen aufgeben müssten, hatten wir nicht sofort Anfang des Jahres eine Antwort parat.

Ein großes Event 2020 war am dritten Märzwochenende geplant – die zweite CITY Hacker School in Karlsruhe. Wie wir inzwischen wissen, sollte es das erste Wochenende im Lockdown werden. Alles war vorbereitet: Alle Unternehmen waren abgestimmt, alle Kurse waren detailliert geplant und gut gebucht, die Hardware versandbereit. Doch Anfang März begannen die ersten Absagen von Unternehmenskursen. Diese Gespräche waren oft von großer Unsicherheit und Traurigkeit darüber geprägt, dass man nicht wie geplant etwas Gutes tun konnte. Doch sie waren zu diesem Zeitpunkt auch weitgehend alternativlos.

Auf der einen Seite waren wir traurig zu sehen, wie ein Kurs nach dem anderen, in den wir bereits alle Arbeit gesteckt hatten, abgesagt wurde. Auf der anderen Seite mussten wir uns parallel der Frage stellen: Was jetzt?

Ich gebe zu, dass ich eine Woche lang ein echtes Mindset-Problem hatte. Ich hatte große Schwierigkeiten, mir vorzustellen, wie eine Hacker School ohne den Kernpunkt – die Interaktion mit den Unternehmen vor Ort – funktionieren sollte.

Würden wir es wirklich schaffen, die Zusammenarbeit, die Begeisterung, den Spirit in Onlinekursen rüberzubringen? Und wie sollte das überhaupt alles funktionieren? Welche Tools waren möglich und rechtlich umsetzbar? Wir hatten unglaublich viele Fragen und keine direkten Antworten.

Aber als offensichtlich war, dass wir die CITY Hacker School absagen mussten, war auch klar: Wir brauchten eine

Alternative. Also haben wir all unseren Mut zusammengenommen und gesagt: Hacker School @home, das ist unser Weg. Warum probieren wir es nicht einfach aus und definieren für uns die Punkte, die so wichtig sind, dass wir sie auch online unbedingt vermitteln müssen? Nicht zuletzt taten wir dies auch für die Kinder im Land, die genauso im Lockdown festsaßen und darauf angewiesen waren, dass wir zu ihnen kamen.

Über Nacht digital

Der große Lockdown bedeutete für uns bis auf Weiteres das Ende der Hacker School und der Hacker-Kurse, so wie wir sie kannten. Es war für uns klar, dass wir das Pair Programming (also zu zweit vor einem Computer zu sitzen und eine Aufgabe gemeinsam zu lösen) beibehalten wollten ebenso wie den Schlüssel zur Selbstständigkeit und Begeisterung der Kinder. Wir entschieden, einfach mit Zoom zu versuchen, die Hacker School im Homemodus umzusetzen. Für den ersten Kurs haben ein Kollege und mein Mann ein bestehendes Konzept genommen, mit dem wir gute Erfahrungen gemacht hatten. Es war noch nicht wirklich auf virtuelle Nutzung angepasst, aber es ließ sich gut umsetzen. Innerhalb des Teams und des Freundeskreises haben wir alle Kinder zusammengesucht, die kurzfristig verfügbar waren. Ich glaube, es waren acht; und nach drei Tagen hatten wir tatsächlich die erste Veranstaltung.

Ich erinnere mich noch, wie mein Mann diesen Kurs aus unserem damaligen Gästezimmer und meinem jetzigen Büro gegeben hat und wie die Begrüßung begann. Wir waren mindestens genauso aufgeregt wie die Kinder. Aber die Teilnehmenden haben uns durch diesen Kurs getragen, sie sagten: »Hey, ihr seid cool. Macht keinen Unsinn, seid doch mal nicht so nervös und lasst uns machen.« Und wir haben sie machen lassen. Das

Feedback am Ende des Kurses war super. Sie meinten: »Hacker School, also eigentlich alles wie immer, nur dass wir nicht vor Ort sind. Bekommen wir jetzt auch Brezeln?«

Dieses Feedback gab uns das Vertrauen zu sagen: Ja, es kann funktionieren. Wir können es umsetzen. Wir müssen viele Dinge anpassen, aber grundsätzlich ist es möglich. Das war der entscheidende Schritt zu sagen, dass wir alles tun werden, um die Hacker School durch diese Zeit zu führen. Wir wollten nicht akzeptieren, dass ein Virus oder die gesellschaftliche Reaktion darauf unsere Mission behinderten. Gerade jetzt, wo die soziale Interaktion heruntergefahren wurde, mussten wir jungen Menschen zeigen, dass man auch virtuell zusammenarbeiten kann.

Diese Zeit ab März war für uns aus mehreren Gründen sehr herausfordernd. Wir waren parallel dabei umzuziehen, weil wir uns schweren Herzens aus dem mit der Ministry-Group gemeinsam genutzten Büro verabschieden mussten. Aus dem dritten Stock mit echt vielen Laptops und ohne Aufzug war das eine große Herausforderung. Wir fanden aber letztendlich Räumlichkeiten, die deutlich mehr Platz boten und in denen wir das neue Modell des verteilten Arbeitens testen konnten.

Unser Aufenthalt in den neuen Räumlichkeiten war jedoch zeitlich begrenzt. Besonders aufgrund der allgemein hohen Anspannung in jenen Tagen stellte sich heraus, dass die Abstimmung mit unserem Vermieter nicht ideal war und wir uns am Ende des Jahres erneut umsehen mussten. Dennoch haben die größeren Räumlichkeiten uns geholfen, auch in Coronazeiten mit Abstand unsere Mission weiterzuführen und immer wieder zu testen, wie und mit welchen Mitteln wir das virtuelle Angebot umsetzen konnten.

Die Notlösung hält länger als geplant –
die ersten Wochen @home

Insgesamt war die erste Coronazeit von großer Unruhe geprägt. Gesellschaftlich war klar, was nicht funktionierte, doch herrschte große Verwirrung darüber, was tatsächlich möglich war. Da ich selbst Kinder in der Schule hatte, erlebte ich aus erster Hand, wie die Schulen unter hohem Druck versuchten, digitalen Unterricht anzubieten. Manchmal mussten die Kinder zu Hause bleiben und bekamen Arbeitsblätter geliefert, manchmal fand Wechselunterricht in den Schulen statt. Es war eine Zeit von großer Unsicherheit und unruhiger Betriebsamkeit.

In dieser Zeit mussten auch wir in der Hacker School uns den neuen Bedingungen anpassen. Es war klar, dass wir nicht schließen wollten, aber aufgrund der geänderten Umstände mussten wir Kurzarbeit anmelden. Wir stellten uns auf eine Situation ein, in der wir keinen Hardwareversand mehr hatten und keine Vor-Ort-Kurse abhalten konnten. Stattdessen lag der Fokus auf der Organisation virtueller Kurse und der Herausforderung, Buchungen für diese Kurse zu erhalten.

In diesen Zeiten erlebten wir oft eine starke Schwankung zwischen sehr langen Wartelisten und fast ungebuchten Kursen. Der Wechsel von einer lokalen zu einer nationalen Verfügbarkeit war eine große Herausforderung.

Auf der Angebotsseite konnten wir uns jedoch recht schnell auf die neue Situation einstellen. Innerhalb von sechs Wochen lief die Hacker School @home schon recht zuverlässig. Nach dem ersten Prototyp am 19.3. konnten wir bald größere Sessions mit mehreren parallel laufenden Kursen anbieten sowie zahlreiche Einzelkurse an Wochenenden und Nachmittagen.

Vor Corona hatten wir für das Jahr 2020 einen großen Wachstumsschritt vorgesehen. Wir wollten natürlich deutlich über die 5 000 Kinder vom Vorjahr kommen. Es zeigte sich jedoch nach kurzer Zeit, dass dies nicht möglich sein würde.

Trotzdem sind wir unglaublich stolz darauf, dass wir fast das Vorjahresniveau erreicht haben. Insgesamt boten wir 190 Kurse an und konnten durch unser Onlineangebot Kinder im gesamten Bundesgebiet erreichen. Die 1 800 teilnehmenden Kinder im Jahr 2020 waren das Ergebnis harter Arbeit.

Die Probleme dieser Zeit, wie nicht ausgelastete Kurse und Kurse mit langen Wartelisten, sowie die allgemeine Unsicherheit und die Einführung von Kurzarbeit stellten das Team vor große Herausforderungen.

Eigentlich doch ganz geil, so virtuell – behalten wir bei

Die Notwendigkeit, die Hacker School @home zu gründen, wurde sicherlich durch die Pandemie angestoßen. Anfangs bereitete uns dies Kopfzerbrechen, doch im Laufe der Zeit erkannten wir, dass es eine unglaubliche Erleichterung war und die Möglichkeit bietet, Kinder und Jugendliche virtuell und ortsunabhängig zu erreichen.

Wir stellten fest, dass wir mit diesem Ansatz nicht nur Schulen und zentrale IT-Einrichtungen erreichen, sondern auch Lösungen für den ländlichen Raum bieten können. Wir können Teilnehmende und Inspirer regional unabhängig gemeinsam arbeiten lassen – einfach super. Wir können zudem Kooperationsprojekte über ganz Deutschland hinweg aufsetzen – was will man mehr?

Ein solches großartiges Kooperationsprojekt fand im Juni 2020 statt, als wir mit den MINT-Regionen (regionale Netzwerke für eine gute, zukunftsfähige MINT-Bildung vor Ort) und der Körber-Stiftung zehn Onlinekurse in einer umfassenden Session abhalten konnten. Das war ein weiterer Versuch, unsere Erfahrungen zu teilen und zu zeigen, dass wir manchmal improvisieren und wirklich hart arbeiten, aber durchaus erfolgreich Onlinekurse anbieten können und dass eine Krise auch immer eine Chance ist.

Aber auch während der Code Week, einer Initiative der Europäischen Kommission, um Kinder, Jugendliche und Erwachsene in Europa für das Programmieren zu begeistern, warf der Wandel durch die Coronakrise große Schatten. Begeistert von den bisherigen Erfolgen, hatten wir 31 Kurse angeboten, von denen wir aber leider viele absagen mussten. Das lag nicht nur daran, dass die Teilnehmenden teilweise nicht kommen konnten, sondern auch daran, dass wir innerhalb des Teams große Krankheitsausfälle zu verzeichnen hatten. Es war immer wieder eine Herausforderung, gesund und leistungsfähig durch diese Krise zu kommen.

Obwohl das Erlebnis vor Ort in Unternehmen eine andere Dimension bietet, ist der Ansatz der virtuellen Kurse etwas, was wir auf jeden Fall beibehalten werden. Neben dem Schul- und Unternehmensbereich wird der virtuelle Bereich in Zukunft eine große Rolle bei uns spielen.

Schneller gewachsen als gedacht – wie bilden wir das rechtlich ab? Der Weg zur Hacker School gGmbH

Als ob das nicht genug Aufregung gewesen wäre, stellte uns das zunehmende Wachstum unserer Tätigkeit vor die Herausforderung, dass es sich mit den bestehenden Vereinsstrukturen nicht wirklich realisieren ließ. Die Gründer der Hacker School hatten sich über die Zeit bereits weitgehend aus dem Tagesgeschäft zurückgezogen, nun war es nur konsequent, dies auch in den rechtlichen Strukturen so abzubilden. Der lebendige Weg der Hacker School, die als Hacker School UG gestartet war und dann zum i3 e. V. mit lizenzierten Markenrechten wurde, sollte als Hacker School gGmbH in die Skalierung gehen – sprich: kräftig wachsen. Dabei hatten wir das große Glück, 2020 mit Unterstützung der Kanzlei Freshfields die Umwandlung des i3 e. V. in die Wege leiten zu können. Die Hacker School gGmbH wurde am 17.12.2020 ins Handelsregister eingetragen und ist die rechtliche Nachfolgerin für alle bestehenden Prozesse.

Die GIRLS Hacker School – virtuell viel größer möglich

Ein Format, das wir schon früh aufnahmen, um Chancengerechtigkeit und Teilhabe von Mädchen zu unterstützen, ist die GIRLS Hacker School. Zu sehen, dass wir viel zu oft Kurse hatten, die sich ausschließlich aus Jungs zusammensetzten, empfanden wir als unbefriedigend und nicht hinnehmbar.

Frühere Prototypen – nicht virtuell, aber trotzdem cool

Die Anfänge reichen zurück ins Jahr 2018. In Kooperation mit den CoWomen starteten wir einen ersten Test in Berlin, wo wir an einem Wochenende mit sechs Computern in einem kleinen Raum die damals sogenannte Pink Hacker School organisierten. Es gab sogar passende pinke T-Shirts – die Mädels und wir fanden das superwitzig, auch wenn wir das heute vielleicht nicht mehr so machen würden. Im Jahr 2019 folgte ein größerer Test mit dem Namen GIRLS Hacker School. Bei diesem Ansatz arbeiteten wir mit der Berliner Stadtreinigung (BSR) zusammen.

An einem Wochenende, an dem Stephanie Otto den BSR-Vorstandsvorsitz übernahm, planten wir eine ziemlich große GIRLS-Session vor Ort. Das Motto war: Bring your daughter. Dabei programmierten 16 Mutter-Tochter-Paare gemeinsam zu verschiedenen Themen. Wir haben zwar nicht alle (geplanten 40) Plätze voll bekommen, aber zu sehen, dass diese Idee funktionierte, war großartig. Die Zusammenarbeit zwischen Müttern und ihren Töchtern ist immer spannend. Und wenn sie in einem neuen Kontext stattfindet, wo die Mütter nicht immer alles besser wissen, birgt das besondere familiäre Erfahrungen. Zu sehen, wie sich manche Paare hervorragend ergänzten und liebevoll die ganze Zeit zusammenarbeiteten, dabei großartigen

Code entwickelten und voneinander lernten, hat mich tief beeindruckt.

Das hat uns dazu motiviert, dieses Format weiterzuverfolgen. Allerdings erkannten wir zu diesem Zeitpunkt, dass wir noch nicht die Reichweite hatten, um 40 Mädchen in Berlin an einem Wochenende zu erreichen. Dieser erfolgreiche Test hat uns dazu gebracht, innezuhalten und über das Projekt noch einmal anders nachzudenken.

Wann immer möglich, inspirieren bei einer GIRLS-Session weibliche IT-Profis die teilnehmenden Mädchen und Frauen. *(Foto: Matthias Oertel)*

Frauen verbinden – aber wirklich:
die GIRLS Hacker School 2.0, auch virtuell ein Erfolg

Ein großer Schritt zur GIRLS Hacker School 2.0 wurde auch zu Beginn der Pandemie gemacht. Ich hatte Ende 2019 die wunderbare Margit Dittrich kennen- und lieben gelernt, die das Netzwerk »Frauen-Verbinden« der Messe München ins Leben gerufen hatte. Wir wollten zusammen unbedingt etwas bewegen, da konnte uns auch keine Pandemie stoppen. Angetrieben von der anfänglichen Euphorie darüber, dass wir es geschafft hatten, digital zu gehen, erreichten wir im Jahr 2020 am ersten Maiwochenende einen bedeutenden Meilenstein. Basierend auf den Erfahrungen der vorherigen Jahre mit kleinen GIRLS-Kursen vor Ort haben wir das Format der GIRLS Hacker School ins Leben gerufen.

Die Vorbereitungen waren von großer Euphorie geprägt – manchmal hilft ein positives Engagement dabei, Herausforderungen anders zu konnotieren. Wir hatten diverse Calls mit großartigen Frauen aus Maggis Netzwerk – Kirsten Hedinger und Carolin Rottländer waren regelmäßig dabei und unterstützten mit toller Kommunikation. Dominique Leikauf engagierte sich mit Social Media und Filmbeiträgen. Mein Team übernahm den Rest und sammelte an Inspirern, was eben ging. Wir besprachen Grußbotschaften wie die von Diana zur Löwen, wir klärten Formate und Schirmherrschaften, wir lernten jeden Tag was Neues.

Am ersten Maiwochenende war dann der große Tag. Obwohl wir mit den Herausforderungen der Pandemiesituation zu kämpfen hatten und es schien, dass nichts möglich war, wollten wir unseren Beitrag dazu leisten, Frauen und Mädchen gerade in dieser Zeit für digitale Fähigkeiten zu begeistern. Über beide Netzwerke konnten wir Unterstützerinnen und Unterstützer gewinnen, und es wurde viel erreicht, um auch Teilnehmerinnen zu finden. Gemeinsam gelang es uns, am ersten Wochenende mit vielen Angeboten 120 Teilnehmerinnen zu erreichen. Oft haben Mütter mit ihren Töchtern gemeinsam neue Wege beschritten und gezeigt, dass eine Einschränkung auf der einen Seite auch eine große Chance auf der anderen Seite sein kann.

Seit 2015 gibt es das Frauennetzwerk »Frauen-Verbinden«, und 2019 wurden dafür neben dem Standort München auch noch Hamburg und Berlin vernetzt. Das war das Jahr, in dem ich Dr. Julia Freudenberg kennenlernen durfte und von der ersten Sekunde an von ihrer unendlichen Tatkraft, ihrem Engagement und ihrer Begeisterung hingerissen war. Es entstand der Gedanke einer Zusammenarbeit für die GIRLS Hacker School. Und ich ließ es mir natürlich nicht nehmen, auch selbst an einem Kurs teilzunehmen: Female Empowerment der Extraklasse. Teilweise arbeiteten wir am selben Ort als Tandempartner sitzend, teils von unterschiedlichen Plätzen aus zugeschaltet. Wir alle lernten innerhalb der 2x4 Stunden die ersten Programmiergrundlagen und hatten wirklich richtig Spaß und Freude dabei.

Im Juli 2023 kann ich sagen: Wenn die Idee, die Begeisterung, das Miteinander, die Kontakte, der Austausch und die Freude daran überwiegen, etwas in die Welt zu bringen, dann gelingt es auch. Unser gemeinsamer Spirit zeigt uns, dreieinhalb Jahre später, dass mittlerweile monatlich eine GIRLS Hacker School stattfindet und es mittlerweile sogar eine verantwortliche Mitarbeiterin in der Hacker School dafür gibt. Wir sind stolz, damals einen kleinen Stein gemeinsam mit Julia ins Rollen gebracht zu haben.

Der Auftakt im Mai 2020 und auch viele anschließende Sessions wurden übrigens von verschiedenen Role Models flankiert, darunter Deutschlands First Lady Elke Büdenbender, die ehemalige Bundeswirtschaftsministerin Brigitte Zypries, die damalige Staatsministerin für Digitalisierung Dorothee Bär und einige mehr. Das zeigte uns deutlich, dass Initiativen wie die Hacker School geschätzt werden, weil wir nicht den Kopf in den Sand stecken, sondern versuchen, einen Unterschied zu machen, auch wenn das manchmal wirklich hart ist.

Noch ganz viel Potenzial – unsere Vision für mehr Mädchen in der IT – Verstetigung

Die Schaffung eines Formates, das Mädchen und Frauen (im Alter von 11 bis 99 Jahren) effektiv und nachhaltig erreicht, war ein bedeutender Meilenstein für uns. Wir haben uns entschieden, dieses Format auf jedes erste Wochenende im Monat auszudehnen, was sich als recht spannend herausstellte – die Umsetzung war nicht ganz einfach. Das Finden von interessierten jungen Frauen und Mädchen, die Kurse geben wollten, war die eine Herausforderung. Die andere bestand und besteht darin, unser Angebot breit zu streuen, damit mehr Mädchen davon erfahren und teilnehmen können und auch Frauen die Möglichkeit nutzen, die erste Hürde zu überwinden und die GIRLS Hacker School für sich zu entdecken.

Ein weiterer großer Schritt wurde zu Beginn des Jahres 2023 gemacht, indem eine Teamkollegin den Bereich als Projektmanagerin übernommen hat. Sie ist verantwortlich für die Konzeptionierung der Kurse speziell für Mädchen und die zuverlässige Durchführung der Wochenendveranstaltungen. Zudem liegt bei ihr die Verantwortung, Veranstaltungen wie den Girls' Day richtig groß zu machen und Unternehmen dabei zu unterstützen, hier attraktive Angebote zu präsentieren. Am Girls' Day 2023 konnten wir deutschlandweit rund

450 Mädchen für Zukunftsberufe begeistern, das ist schon super.

Auch Kooperationen für langfristigen Erfolg sind unerlässlich, wenn wir mehr Mädchen für Programmieren und IT begeistern wollen. Wir haben jetzt schon eine tolle Kooperation mit den ITgirls, mit CyberMentor, den VeranstalterInnen vom Girls' Day und vielen anderen Initiativen. Geplant sind Kooperationen zum Beispiel auch zur Erschließung neuer Bundesländer, wie beispielsweise im Fall von Baden-Württemberg. Über einen großartigen Austausch mit dem American Council on Germany lernte ich Jens-Peter Knemeyer und seine Frau Prof. Dr. Nicole Marmé sowie die gemeinsame Tochter kennen, die zusammen in sieben der zwölf Wirtschaftsregionen in BW die Girls Digital Camps organisieren. Bis heute besprechen wir, wie wir gemeinsam noch einfacher Angebote zu den Mädchen bringen können, wenn wir als Hacker School beispielsweise nicht erst in die 8. Klassen, sondern schon in die 6. Klassen gehen würden.

Unser Ziel ist es, jedes erste Wochenende im Monat mehrere Kurse anzubieten und das Angebot zu erweitern. Um dies zu erreichen, ist es unerlässlich, unsere strategische Zusammenarbeit mit den wichtigsten Frauennetzwerken in Deutschland zu verstärken.

Der Verband deutscher Unternehmerinnen (VdU) hat einen speziellen MINT-Bereich, und es gibt tolle Netzwerke wie nushu und Panda, die alle in angrenzenden Bereichen arbeiten und mit denen wir eine Zusammenarbeit anstreben. Netzwerke und Initiativen sind Kernerfolgsfaktoren, um mehr Mädels zu erreichen.

ITgirls

Lena und Laura John

Mit unserer Initiative ITgirls verfolgen wir das Ziel, mehr Mädchen und junge Frauen für IT-Berufe zu begeistern. Wir wollen erreichen, dass alle Mädchen während ihrer Schulzeit mindestens einmal mit IT als Berufsbild positiv in Berührung gekommen sind. In den letzten Jahren hat sich hierbei klar gezeigt: Herkömmliche Maßnahmen wie Berufsmessen oder Recruiting-Veranstaltungen reichen nicht aus. Wir müssen frühzeitig und kontinuierlich Identifikationsmöglichkeiten schaffen und die Mädchen dort begeistern, wo sie einen großen Teil ihrer Zeit verbringen – in den sozialen Medien. Für unsere Generation, die viel diskutierte Gen Z, haben die Inhalte, die wir konsumieren, einen immensen Einfluss auf unsere Wahrnehmungen und Berufswünsche. Genau deshalb zeigen wir auf Instagram und TikTok die vielfältigen Einstiegsmöglichkeiten (wie die Kurse der Hacker School), Berufsbilder und Karrierechancen von IT-Berufen – oder eben einfach unseren Alltag in IT-Berufen oder Studiengängen. Von jungen Frauen für junge Frauen.
Diese Begeisterung kann aber nur der Anfang sein. Es braucht Unternehmen, die die richtigen Rahmenbedingungen bieten, damit junge Frauen ihren Berufsweg in der IT beginnen und dabei bleiben. Daher arbeiten wir in Form von Kooperationen eng mit Unternehmen zusammen, um aus Sicht der Zielgruppe die richtigen

Maßnahmen zu gestalten. Von den allermeisten Führungskräften erfahren wir eine große Unterstützung für unsere Vision. In der Umsetzung tauchen dann aber doch immer wieder Hürden auf.

Erstens bleibt es oft bei der Bekundung, dass unser Engagement beeindruckend sei. Das hilft uns wenig. Wirkliche Veränderung erreichen wir nur, wenn Unternehmen Initiativen wie ITgirls und die Hacker School unterstützen und gemeinsam mit uns an der Veränderung arbeiten. Zweitens wird das Thema nach dem wichtigen Anstoß durch eine Führungskraft häufig an das Recruiting-Team delegiert. Hier geht die Abstimmung zur Kooperation nicht selten in den langen Prozessen der Konzerne verloren. Letztlich ist es vor allem eine Frage des Commitments für die Zukunft.

Natürlich profitieren Unternehmen auch kurzfristig von der Kooperation mit den ITgirls: Dadurch positionieren sie sich auf dem heiß umkämpften Markt um Talente als engagierter, attraktiver Arbeitgeber (Employer Branding). Im Wesentlichen ist unsere Zielgruppe allerdings noch sehr jung. Es ist also vor allem ein Investment in die Talente der 2030er-Jahre. Ähnlich wie in der Politik haben Themen, die ihre Wirkung erst nach einer Wahlperiode (oder im übertragenen Sinne in der Zeit der nachfolgenden Führungskraft) entfalten, oft nicht die höchste Priorität. Ein Investment aller gesellschaftlichen Akteure in die nächsten Generationen muss aber der Kern von Corporate Volunteering 2.0 sein. Daher hoffen wir, dass noch mehr Unternehmen den existierenden großartigen Beispielen folgen.

Wie fühlt ihr euch nach diesem Wochenende?

Nach jeder GIRLS Hacker School gibt es eine Umfrage, um ein Stimmungsbild zu generieren. Hier dargestellt als Mentimeter-Wortwolke. *(Quelle: Mentimeter)*

CyberMentor

Was macht CyberMentor?

CyberMentor ist Deutschlands größtes Online-Mentoring-Programm im MINT-Bereich für Mädchen ab der 5. Klasse. Sie werden ein Jahr lang von einer Mentorin begleitet, die selbst entweder im MINT-Bereich arbeitet oder studiert. Als Rollenvorbild gibt sie Hinweise zu Studien- und Berufswahl und initiiert die gemeinsame Bearbeitung verschiedener Projekte. Das Ziel ist es, Mädchen für MINT zu begeistern und so den weiblichen Nachwuchs in Naturwissenschaft, Technik und IT zu fördern. Damit sind sie sehr erfolgreich: 62 Prozent aller befragten ehemaligen Mentees entschieden sich für ein Studium oder einen Beruf aus dem MINT-Bereich. Das heißt, die ehemaligen Mentees wählen doppelt so häufig MINT-Studiengänge und -Berufe wie Frauen der Alterskohorte (31 Prozent).

Warum ergänzen sich die Programme von CyberMentor und Hacker School?
Während die Kurse der Hacker School als Einstieg in den IT-Bereich besonders geeignet sind, kann ein Programm wie CyberMentor das Interesse der Mädchen weiter vertiefen und langfristig aufrechterhalten. Cyber-Mentor setzt viele Aspekte um, die laut Forschung notwendige Grundlagen für eine erfolgreiche nachhaltige Förderung sind: Das Mentoring – auch mit jungen Mentees – ist zunächst auf ein Jahr angelegt, in dem regelmäßiger Austausch mit geschulten Mentorinnen stattfindet. Aber andersherum funktioniert es auch: Am Programmieren interessierte Mentees von CyberMentor können an Workshops der Hacker School teilnehmen und so wertvolle Fähigkeiten erlernen.

Warum sind Kooperationen für mehr Mädchen in IT wichtig?
Einzelne Fördermaßnahmen können zwar kurzzeitige Veränderungen z. B. in der Motivation und den Interessen bewirken, doch reichen sie für eine nachhaltige Veränderung der Situation nicht aus. Denn nach der Teilnahme kehren die Mädchen in ihr Umfeld zurück, das MINT möglicherweise wenig wertschätzt, und werden dort mit Stereotypen konfrontiert (z. B. MINT ist nichts für Mädchen). Das führt dazu, dass Fördereffekte schnell verpuffen. Um Mädchen nachhaltig für MINT zu begeistern, ist es wichtig, möglichst viele Bereiche ihres Lebens einzubeziehen.

Der wichtigste Faktor, um wirklich alle Mädchen zu erreichen, liegt jedoch woanders. Die Zusammenarbeit mit Schulen ist für die frühe Begeisterung von Mädchen der mit Abstand wichtigste Aspekt unserer Strategie. In den Schulen erreichen wir sie alle, indem wir das Ausweichverhalten vermeiden und sie quasi aus Versehen begeistern. Und es klappt fast immer. Alles, was es braucht, sind vier Stunden und WLAN – leider mit die größte Herausforderung in deutschen Schulen.

ALLE Kinder erreichen wir nur durch die Schulen: Hacker School @yourschool

Die außerschulischen Kurse sind großartig und haben den Teilnehmenden und uns immer viel Freude bereitet. Und das tun sie auch noch heute. Aber leider waren und sind wir mit diesem Classic-Format für Freizeit und Wochenende darauf angewiesen, dass die Kinder aktiv, von sich aus oder eben mit Unterstützung ihres Umfeldes zu uns kommen. Uns war klar, dass wir damit auf einige Kinder seeeehr lange würden warten müssen bzw. dass wir sehr viele Kinder einfach nie erreichen würden. Das war ebenfalls inakzeptabel. Also, was tun? Der Weg in die Schulen drängte sich mit hoher Intensität auf, um digitale Bildung wirklich unter dem Aspekt der Chancengerechtigkeit anzubieten.

Frühere Schulversuche, mitunter richtig groß!
Wir hatten bereits mehrere Schulversuche durchgeführt, bevor wir unser Konzept Hacker School @yourschool im Januar 2021 erprobten und umsetzten. Diese Versuche wurden nicht mit der Absicht unternommen, ein Konzept zu finden, mit dem wir in die Schulen gehen konnten, aber wir konnten dennoch viel daraus lernen.

Ein wichtiger Schritt war die Zusammenarbeit mit jungen Geflüchteten in Hamburg. Diese jungen Menschen besuchten keine allgemeinbildenden Schulen, sondern Berufsschulen im Bereich der Ausbildungsvorbereitung. Bereits 2018 und 2019 konnten wir mit diesem Ansatz erfolgreich Programmieren ohne Computer (dabei geht es vor allem um algorithmisches Denken), Scratch-Programmierung und erweiterte Berufsorientierung anbieten. Dies wurde lokal in Hamburg in den Schulen durchgeführt und hat viel Spaß gemacht. Allerdings war es ein großer Schritt, dies im Januar 2021 auf nationaler Ebene umzusetzen.

Auch wenn wir die Großevents mit »Chip 40 Jahre« sowie den tollen Tag in der Ernst-Reuter-Schule ebenfalls im direkten Austausch mit Schulen und Schulklassen aufgesetzt hatten, begannen wir erst im Jahr 2021 zu verstehen, was eine systematische Kooperation mit Schulen für uns bedeuten würde … und wir hatten echt Respekt. Nicht ganz zu Unrecht, wie sich herausstellte.

Der Berg und der Prophet:
Durchziehen ist auch eine Stärke

Der Januar 2021 war aus verschiedenen Gründen sehr spannend. Nach fast einem Jahr Corona war das Team angespannt. Wir hatten immer noch mit Schwankungen in der Auslastung zu kämpfen, insbesondere zwischen Kursen mit Warteliste und leeren Kursen. Es gab hohe Spannungen im Team, sowohl aufgrund externer Belastungen als auch durch interne Herausforderungen wie Wachstum und Personalressourcen. Zudem erhielt ich zwischen den Feiertagen die Information, dass zwei Förderungen, von denen wir sicher angenommen hatten, dass sie kommen würden, nun doch nicht genehmigt wurden. Das ließ mich unsicher werden, ob ich mein Gehalt überhaupt würde bezahlen können – für die anderen Teammitglieder hätte es auf jeden Fall noch gereicht. Wer sich an dieser Stelle fragt: Wie finanziert die Hacker School überhaupt alles, was für ihr erfolgreiches Arbeiten nötig ist? Dazu komme ich später noch.

In dieser Situation führte ein Gespräch mit Angela Alder von Continental zu einem interessanten Gedankenaustausch. Wir überlegten, welches Modell sich anbieten könnte, um Auszubildende während ihrer Arbeitszeit zur Hacker School zu bringen. Wir hatten bereits über eine Zusammenarbeit nachgedacht, waren jedoch daran gescheitert, dass Auszubildende offiziell nicht am Wochenende arbeiten durften. Dieser Gedanke entstand auch aus einem Gespräch, das ich mit Martin Fuhrmann, dem stellvertretenden Schulleiter des Gymnasiums Farmsen, geführt hatte. Bei einem Elternabend sagte Martin Fuhrmann, dass große Schwierigkeiten bestünden, planmäßig vorgesehene Pflicht-Schul-Praktika im Januar anzubieten. Viele Unternehmen hatten aufgrund der Coronasituation Schwierigkeiten mit Praktikumsplätzen, und die Schulen in Hamburg, möglicherweise sogar deutschlandweit, hatten große Probleme und suchten nach Alternativen.

Ich konnte in dieser Sitzung mal wieder meine große Klappe nicht halten und meinte spontan, dass es doch toll wäre, wenn wir mit den Kindern programmieren könnten. Das schien auf großes Interesse zu stoßen. Ich hatte bereits eine langjährige Freundschaft und Zusammenarbeit mit einigen Schulen, insbesondere mit der Ernst-Reuter-Schule in Karlsruhe und der Waldschule Hatten. Noch am selben Abend rief ich die Schulleiterinnen und Schulleiter Silke Müller und Micha Pallesche an, um ihnen von meiner Idee zu erzählen. Auch hier gab es begeisterte Zusagen. Der erste Test, bei dem ich persönlich vor Ort war, fand am 14.1.2021 am Gymnasium Farmsen in Hamburg mit einer Klasse statt. Anschließend folgten Tests in der Waldschule Hatten für den gesamten 6. Jahrgang mit fünf Klassen sowie in der Ernst-Reuter-Schule Anfang Februar mit vier 8. Klassen.

Informatik in der Schule

Martin Fuhrmann, stellvertretender Schulleiter
des Gymnasiums Farmsen

Ich war unter zwei Aspekten von der Idee der Hacker School begeistert: Zum einen war ich in der Pandemiezeit sehr dankbar, dass wir ein unkompliziertes, kostenfreies und schnell organisiertes Angebot für Berufsorientierung bekommen haben, das hat richtig gut gepasst. Zum anderen war ich auch inhaltlich sehr angetan. Wenn man selber die Erfahrung mitbringt, wie in meinem Fall auch nur aus Studium und Fortbildung zum Thema IT und Programmieren, dann weiß man, wie schwer es im Unterricht ist, den Schritt in Richtung echte Informatik zu gehen. Im schulischen Informatikunterricht (wenn es ihn denn gibt) braucht es sehr lange von »Wir daddeln mit Textverarbeitung herum« zu »Wir programmieren das erste Mal richtig, mit einer richtigen Programmiersprache«.

Das ist bei der Hacker School prima, da startet es quasi direkt. Dass man am Ende des Tages echte Ergebnisse hat, das fand ich großartig. Und es hat ja auch gut funktioniert: Die Kids waren begeistert, mit leuchtenden Augen. Ich freue mich, dass unsere Schule immer ein sehr offenes Mindset für das Erproben neuer Formate hat. Die Hacker School hat mich so überzeugt, dass wir sie seit dem ersten Test als festen Bestandteil bei uns eingeplant haben.

Teil dieses Tests war auch, dass wir den Lehrkräften ver-
pflichtende Schulungen anbieten wollten, insbesondere zur
visuellen Programmiersprache Scratch. Die Schulleiterin der
Waldschule Hatten, Silke Müller, erinnert sich noch heute
an eine lustige Anekdote mit Bezug auf einen älteren Kollegen, der nicht besonders digitalaffin war. Er kam nach der
Schulung auf sie zu und berichtete mit sichtlichem Stolz:
»Frau Müller, meine Katze ist gelaufen!« Diese Tests und die
Schulungen für Lehrkräfte waren insgesamt sehr erfolgreich
und lieferten einen unglaublichen Mehrwert für die Hacker
School.

Im Jahr 2021 hatten wir eine sehr bewegte Zeit und
konnten viele Learnings aufsetzen und das Produkt Hacker
School @yourschool nachhaltig verbessern und skalierbar
machen. Es ist ein permanenter Lernprozess, wie wir Schulen angehen, welche Themen wir sicherstellen müssen, um
die jungen Menschen zu begeistern und ihnen nicht nur das
Programmieren, sondern auch direkte Einblicke in digitale
Berufe zu ermöglichen. Der Start eines Quasiflächentests
begann aufgrund einer Förderung in Berlin. Daraus ergab
sich auch die Erfahrung, weshalb wir seitdem nahezu alle
Tests, wo sinnvoll und möglich, in Hamburg machen: Hier
kennen wir unseren Kiez und die Leute, aber in Berlin waren
wir in einer fremden Umgebung mit einem neuen Konzept –
eindeutig eine Portion zu neu. Wir probierten, über Partner
in Schulen zu kommen, wir testeten Kaltakquise (in Schulen
eine echt schlechte Idee, denn Sekretariate sind gut trainiert
und leidgeprüft, da kommt man nicht durch), wir versuchten,
unser neues Format an die ständig wechselnden Situationen,
bedingt durch die nach wie vor unsichere Coronalage, anzupassen. Ich glaube, wir haben bei keiner Förderung je zuvor
so viel draufgezahlt – sowohl finanziell als auch hinsichtlich
des Seelenheils des Teams.

Im Jahr 2022 begann sich das Wachstum etwas zu strukturieren. Und das Konzept verfestigte sich: Mit @yourschool sollte es online in die Schulklassen gehen, mit @yourschool PLUS starteten wir in Hamburg in die Erprobung für Vor-Ort-Kurse an Schulen in herausfordernden Stadtteilen.

Wir hatten mit dem Aufbau eines Schulteams begonnen: Ein Lead wurde eingesetzt, neue Kolleginnen und Kollegen bekamen ihre Rollen im Team. Die Konzepte wurden stärker auf den Schulbedarf zugeschnitten, in unserem Kunden-Management-Tool (Customer-Relationship-Management, kurz CRM) wurden strategische Optimierungsbedarfe aufgezeigt, die Aufgaben wurden geteilt – nahezu wie in jedem normalen Unternehmen. Größte Herausforderung bei den wachsenden Anfragen von Schulen: Woher bekommen wir genug Inspirer, wie schaffen wir wirklich Verbindlichkeit? Diese und andere Fragen führten letztlich zu einem sagenhaften Workshop bei Capgemini mit dem Thema: Scaling Hacker School. Das Interesse an der Hacker School und an einem gemeinsamen Engagement im Rahmen von Social Responsibility war groß, und so kam ein legendärer Think-Tank zustande: Dr. Michael Müller-Wünsch von Otto, Julia Koch von Finanz Informatik, Katharina Hopp von Bosch, Rainer Karcher und Tanja Olbert von der Allianz, Ralf Kleber, ehemaliger Deutschlandchef von Amazon, Oliver Queck (jetzt Chief Revenue Officer bei Skaylink) sowie von Capgemini Daniela Rittmeier, Matthias Wolf, Claudia Feldmann, Andreas Schaufler, Deniz Topcu, Daniel Garschagen und Deutschlandchef Henrik Ljungström. Von den Ergebnissen dieser beiden Tage profitieren wir nach wie vor.

Viel Kompetenz und geballtes Know-how beim Scaling Workshop im Dezember 2022. *(Foto: Marie Matern / Hacker School)*

Seit 2023 denken wir die Schulen und die Unternehmen viel vernetzter als zuvor. Das Zusammenbringen von Förderungen und dem Roll-out der Skalierung kann nur vernetzt gehen, und daran arbeiten wir hart. Ein sehr gelungenes Beispiel ist hier die Förderung der Stiftung Crespo-Foundation für Hessen, die in Hessen und der Rhein-Main-Region über tolle Kontakte verfügt. Parallel in die strukturierte Akquise von Schulen und Unternehmen einzusteigen war und ist ein tolles Abenteuer.

Ein weiteres Thema hat uns im Schulkontext begleitet: wie wir mit ehemals sogenannten Brennpunktschulen umgehen, also mit Schulen, die in wirklich herausfordernden Bezirken liegen und deren Kinder mit ganz anderen Bedürfnissen aufwarten. Wir hatten hier ja bereits durch die Förderung der BASFI Erfahrungen gesammelt und wollten darauf aufbauen – denn wenn wir wirklich jedes Kind in Deutschland einmal erreichen wollen, müssen wir auch Antworten für diese Schulformen haben.

Den ersten großen Versuch wollten wir mit der Digital Hacker Week an der Schule Maretstraße mit einem adaptierten Konzept angehen und damit erproben, ob wir insbesondere sozioökonomisch benachteiligte junge Menschen ebenfalls mit Corporate Volunteers für Programmieren und Zukunftsberufe begeistern können. Aufgrund der überwiegend coronabedingten Herausforderungen wurde das Projekt mehrfach verschoben. Wir konnten insgesamt für 770 junge Menschen ein Angebot machen, das von 639 Teilnehmenden angenommen wurde. Es wurde mit 29 Schulklassen programmiert und es waren 24 Corporate Volunteers von SAP mit dabei, viele von ihnen mehrfach.

Wir hatten drei altersbedingt unterschiedliche Konzepte mit entsprechenden Präsentationen zu »Programmieren ohne Computer« entwickelt sowie zwei unterschiedliche Konzepte in der Programmiersprache Scratch.

Über die Lehrenden haben wir das Feedback bekommen, dass die jungen Menschen sehr begeistert mitmachten und auch oft fragten, ob wir nicht wiederkommen könnten. Auch eine Vielzahl an Kindern hat uns beim direkten Feedback nach jedem Kurs gefragt, wann sie die nächsten Kurse mit uns machen könnten. Durch die Freude und die Bestätigung zusammen mit der empfundenen Wertschätzung hat das Erlebnis den Kindern sehr gut getan.

Vom Wochenende zur Sieben-Tage-Woche: Woher kriegen wir die Inspirer? #scalingHackerSchool

Zu Beginn der Hacker School war es nur ein Spiel, sozusagen. Hey, wollen wir am Wochenende was Cooles zusammen machen? Ein neues Hobby, eine begeisternde Freizeitaktivität,

Ehrenamt, großer Spaß. Insbesondere bis 2020 war es relativ leicht, ITlerinnen und ITler zu finden, die sich an Wochenenden für ihr eigenes Hobby engagierten. Okay, der Aufwand war groß, da jeder vorher schon überlegen musste, wie er oder sie die Kids begeistern will – aber das war ja Teil des Spiels. Der Zeit-Invest am betreffenden Wochenende war hoch, aber okay, wenn man es nicht soooo oft gemacht hat …

Aber dann kam Corona. Egal, mit wem ich in meiner Bubble gesprochen habe: Die Zeiten haben sich verdichtet. Die Doppelbelastung von Kindern und Job zu Hause war gigantisch (Menschen, die sagen, Kinderbetreuung und Homeoffice lassen sich gut kombinieren, haben beides nicht wirklich verstanden), die Wochenenden wurden immer mehr zur Erholung gebraucht – und: Wir bekamen eine immer größere Verschiebung vom Wochenende in die Woche, da wir zuerst nur versuchten, die Kids aufzufangen und spontan unter der Woche vormittags zu beschäftigen, aber dann wirklich strukturiert in die Schulen gingen. Tja, und in der Woche (total überraschend) arbeiten ITlerinnen und ITler echt oft – und mit hoher Belastung und verständlicherweise geringer Begeisterung, Urlaub fürs Ehrenamt zu nehmen. Was also tun?

Nach den ersten Versuchen (»Hey, es gibt doch bei euch Corporate-Volunteering-Tage, könnt ihr die nicht für uns einsetzen?« Oder »Es ist doch vorlesungsfreie Zeit, wärst du verfügbar?«) merkten wir: So kommen wir nicht weiter. Diese Einzelfallbeatmung prägte das Jahr 2022 mitunter schmerzhaft, da wir immer wieder Kurse absagen mussten, weil wir die Inspirer nicht organisiert bekamen. Nachdem das Zerbrechen meines eigenen Kopfes offensichtlich nicht mehr ausreichte, tat ich das, was ich am besten kann: Leute um Hilfe bitten, die es vielleicht besser wissen. Das Ergebnis? Ein Workshop mit einigen der großartigsten Menschen, die ich kenne. Der Titel des Workshops? #scalingHackerSchool. Das Ergebnis? Die beste Skalierungsstrategie für die Hacker School, die auf die Bedürfnisse der Unternehmen auch perspektivisch einzahlt: Wir sind das S in ESG (Environmental, Social and Corporate Governance).

Unterstellt, dass nicht alle geschätzten Leserinnen und Leser mit dieser Abkürzung, die am Anfang des Buchs nur kurz erwähnt wurde, direkt was anfangen können: Was sind die Kerngedanken, mit denen wir heute arbeiten? 2015 wurde von allen Mitgliedsstaaten der Vereinten Nationen (UN) die Agenda 2030 für nachhaltige Entwicklung verabschiedet. Somit wurde von der UN eine Grundlage geschaffen, wirtschaftliche Ziele im Rahmen unserer ökologischen Grenzen und sozialen Verantwortung zu gestalten. Die Basis der Agenda sind 17 Ziele für nachhaltige Entwicklung, die Sustainable Development Goals (SDGs). Die SDGs zahlen als Grundlage auf das ESG ein.

Durch eine Partnerschaft mit der Hacker School wird das »S« des ESG mit Inhalt gefüllt:

Wir engagieren uns, digitale Bildung integrativ zu gestalten, unsere Motivation ist, Ungleichheiten zu überwinden, um spannende und begeisternde Bildung, unabhängig von Geschlecht und Herkunft, jedem Menschen zugänglich zu machen. Mit unseren Partnern wollen wir bis 2025 pro Jahr 100 000 Kinder und Jugendliche erreichen.

Dafür suchen wir strategische Partnerschaften im Sinne des ESG – wir setzen also im Schwerpunkt auf strategische Kooperationen. Natürlich gilt immer noch, dass jede Hand hilft (und jeder Euro auch), aber wir fokussieren unsere Arbeit darauf, Partnerschaften aufzusetzen, bei denen wir mit den Unternehmen Zielzahlen vereinbaren, wie viele Kinder sie mit uns erreichen wollen. 500 Kinder im Kalenderjahr? MEGA – Bronze. 1 000 Kinder? Silber. 2 500 Kinder? Gold. Und Platin? 5 000 Kids im Kalenderjahr – schon eine Ansage. Was bedeutet das für die Unternehmen? Wir brauchen je einen Inspirer für sechs Kinder, also für Platin ca. 835 Inspirervormittage – um Kindern Zukunft zu zeigen, aber auch, um sich als Mitarbeitende aktiv weiterzubilden. Die Learnings der Inspirer sind fast so groß wie die der Kinder.

Für uns bringt dieses Konstrukt Planungssicherheit. Natürlich müssen die Zahlen auch kommen. Aber wir merken, dass das Verständnis bei den Unternehmen steigt und dass wir nur auf diesem Weg sicherzustellen vermögen, dass wir auch die Schulen ins Boot holen können. Wenn ich im Dezember jeden Tag fünf Schulklassen parallel erreichen will, brauche ich täglich 25 Inspirer – 125 in der Woche und auf den Monat gerechnet (okay, abzüglich Weihnachten) über 400 Inspirer im Monat. Das kann ich nicht mehr kurzfristig planen. Ja, wir sind noch mittendrin. Aber die Zeichen stehen auf Erfolg und Planbarkeit. Geil für die Unternehmen, die Schulen und für uns!

Fuss von der Bremse: Was brauchen wir, um 2030 jedes Kind einer 8. Klasse deutschlandweit zu erreichen?

Welche Voraussetzungen müssen wir erfüllen, um wirklich eine signifikante Wirkung zu erzielen? In Hamburg und in ganz Deutschland stehen wir als Sozialunternehmen vor der Herausforderung, die Lücken im bestehenden System auszugleichen. Doch nur diese Lücken zu schließen ist für uns nicht wirklich befriedigend. Wenn wir eine stärkere Wirkung erzielen wollen, müssen wir unsere Reichweite vergrößern – wir müssen skalieren. Und die Grundlage für Skalierung ist wie in fast allen Sozialorganisationen zunächst einmal der Nachweis, dass wir Wirkung erzielen. In diesem Sinne ist die Darstellung unserer Wirkung eine Form des Marketings für uns.

Das Thema Wirkung:
Warum tun wir, was wir tun – Vision und Wirkung
(mit wunderbarer Unterstützung von Liana Heinrich)

Der Aufruf zum Handeln
Sowohl die individuelle digitale Handlungskompetenz als auch die Zukunftsfähigkeit Deutschlands als Wirtschaftsstandort hängen entscheidend davon ab, ob, wann und wie digitale Bildung für alle Kinder und Jugendlichen bereitgestellt wird. Es ist allgemein bekannt, dass wir bereits vor der Coronapandemie erhebliche Herausforderungen in Bezug auf die Bildungsgerechtigkeit

für unsere Kinder hatten. Um junge Menschen durch ein grundlegendes Verständnis digitaler Zusammenhänge zu motivieren und sie damit auch auf zukunftsorientierte Berufe vorzubereiten, müssen wir sofort handeln – wir haben nicht mehr viel Zeit, um die immer größer werdende Kluft zu schließen.

Digitale Grundkompetenzen sind durchaus weit verbreitet in der Bevölkerung. Besonders einfache Anwendungsfähigkeiten wie die Durchführung von Internetrecherchen oder das Versenden von Smartphonenachrichten sind gut entwickelt. Bei komplexeren Anwendungen wie z. B. gestalterischen oder problemlösenden Fähigkeiten besteht jedoch breitflächig Nachholbedarf. Während bestimmte Gruppen, insbesondere höher Gebildete, in einzelnen Bereichen hohe Kompetenzen aufweisen, besteht insgesamt der größte Handlungsbedarf beim Aufbau von Verständniskompetenzen, das heißt dem Verständnis von Zusammenhängen und den zugrunde liegenden Mechanismen digitaler Anwendungen und Geräte.

Unser Ziel: Veränderung und Wirkung
Wirkung umschreibt das Verbesserungspotenzial, das wir für Kinder, Jugendliche und die Gesellschaft insgesamt anstreben. Durch unsere Kurse tragen wir dazu bei, dass mehr junge Menschen Fähigkeiten im Bereich Programmieren (Coding) und IT erwerben und sich für IT-Berufe begeistern. Unsere Umfragen belegen: Wir erzielen positive Effekte! Unsere Kurse dienen als Katalysator zur Selbstbefähigung und fördern die autonome Weiterentwicklung digitaler Kompetenzen.

Der Purpose der Hacker School

Wir möchten junge Menschen dabei unterstützen, durch digitale Mündigkeit ihre eigene Zukunft und die Digitalisierung

Purpose – unser Why
Hack the World a Better Place!

Gewünschter Zielzustand in 5 bis 10 Jahren

Vision

Jeder junge Mensch soll das Programmieren kennenlernen, bevor er sich für einen Beruf entscheidet.

Das tun wir konkret

Mission

Mit unseren niedrigschwelligen Kursen begeistern wir junge Menschen, insbesondere auch Mädchen und Jugendliche aus sozioökonomisch benachteiligtem Umfeld, fürs Programmieren und vermitteln die nötigen Skills für die Zukunft.

Alleinstellungsmerkmal

USP

Wir bauen Brücken zwischen Unternehmen und jungen Menschen: In der Hacker School unterrichten keine klassisch ausgebildeten LehrerInnen – stattdessen begeistern IT-ExpertInnen aus der freien Wirtschaft. Spaß und Interaktivität stehen an erster Stelle. Dank dem ehrenamtlichen Engagement von Unternehmen und IT-Begeisterten bieten wir unsere Kurse sehr günstig bzw. z. T. sogar kostenlos an.

(Grafik: Hacker School)

aktiv mitzugestalten, und dazu beitragen, den Fachkräftemangel in diesem Bereich zu verringern. In unseren Kursen können die Jugendlichen entdecken, dass sie über unentdeckte Potenziale und Fähigkeiten verfügen, die sie weiterentwickeln und nutzen können. Denn digitale Kompetenzen sind für viele Berufe essenziell und der Schlüssel zu einer selbstbestimmten und unabhängigen Zukunft.

Die Messung von Wirkung im sozialen Kontext ist nicht immer einfach, da es sich oft um qualitative Phänomene mit sehr vielen Einflussfaktoren handelt. Wir können leider nicht messen nach dem Motto: Wie viel Gramm leuchtende Kinderaugen bekommen wir pro Minute und Euro. Daher ist eine Mischung aus verschiedenen Methoden sinnvoll. Wir differenzieren bei der Wirkungsmessung zwischen quantitativen und qualitativen Ansätzen.

Um quantitative Daten zu erfassen, führen wir regelmäßige Online-Umfragen durch, sowohl bei unserer direkten Zielgruppe – den Teilnehmenden unserer Kurse – als auch bei der indirekten Zielgruppe, zu der beispielsweise Eltern und Lehrkräfte gehören. Diese Umfragen helfen uns, numerische Daten über die wahrgenommene Wirkung unserer Programme zu sammeln und zu analysieren.

Ergänzend zu den quantitativen Daten setzen wir auf qualitative Methoden, um ein umfassenderes Verständnis der Wirkung zu erhalten. Wir führen individuelle Interviews mit Teilnehmenden, Eltern, Lehrkräften und anderen Interessensvertreterinnen und -vertretern durch, um ihre persönlichen Erfahrungen und Meinungen zu erfassen. Zusätzlich beobachten wir aktiv den Ablauf unserer Kurse, um die direkten Auswirkungen auf Teilnehmerinnen und Teilnehmer besser zu verstehen.

Für das Jahr 2024 planen wir zudem eine wissenschaftliche Evaluierung unserer Kurse und strukturierte Interviews. Dies wird uns dabei helfen, eine noch tiefgreifendere und umfassendere Analyse der Wirkung unserer Kurse durchzuführen und evidenzbasierte Erkenntnisse zu gewinnen.

Was wir bewirken wollen / Wirkungsorientierung nach der IOOI-Wirkungslogik

Wir setzen aktiv auf eine wirkungsorientierte Herangehensweise, um sicherzustellen, dass unsere Programmierkurse tatsächlich einen Einfluss haben. Dafür nutzen wir die IOOI-Methode als Grundlage für unsere Wirkungslogik. Mit dieser Methode können wir systematisch die Auswirkungen unserer Aktivitäten analysieren und verstehen. Uns ist wichtig, dass der Fokus auf der erzielten Wirkung unserer Programme liegt und nicht nur auf den erbrachten Leistungen.

Die IOOI-Methode hilft uns, die verschiedenen Aspekte der Wirkung zu unterscheiden – Input, Output, Outcome und Impact. Dadurch können wir uns gezielt auf die erreichte Wirkung konzentrieren. Ergänzend zur IOOI-Methode verwenden wir die Wirkungstreppe von Phineo. Sie ermöglicht es uns, die Wirkung auf verschiedenen Ebenen zu betrachten. Wir schauen nicht nur auf die unmittelbaren Auswirkungen unserer Bildungsangebote, sondern auch auf langfristige Veränderungen und den Beitrag, den wir zur Lösung gesellschaftlicher Probleme leisten können.

Die IOOI-Methode und die Wirkungstreppe von Phineo sind wichtige Werkzeuge für unsere Wirkungsorientierung. Wir denken vom Ergebnis aus und stellen uns zu Beginn die Frage, welche gesellschaftlichen Probleme wir lösen möchten. So stellen wir sicher, dass unsere Programme einen wirkungsvollen Beitrag zur Lösung dieser Probleme leisten. Die Analyse mit der IOOI-Methode führt uns von den Inputs und Aktivitäten zu den Outputs, Outcomes und letztendlich zum Impact. Dabei berücksichtigen wir die Wirkung auf unsere Zielgruppen und die Gesellschaft insgesamt.

Um unsere Wirkungsorientierung weiter zu stärken, arbeiten wir aktuell an der Entwicklung einer Theory of Change. Sie wird uns helfen, die Kausalität zwischen den verschiedenen Wirkungsbereichen unserer Organisation und unseren Aktivitäten noch präziser festzustellen. Dadurch können wir unsere Wirkungsorientierung kontinuierlich verbessern.

Wirkung nach Zielgruppen

Bei der Hacker School arbeiten viele engagierte Stakeholder zusammen, um sicherzustellen, dass unsere Kurse die gewünschten Wirkungen bei Kindern und Jugendlichen erzielen – unserer Hauptzielgruppe. Doch wir gehen noch einen Schritt weiter, indem wir spezifische Wirkungsziele für Mädchen sowie sozioökonomisch benachteiligte Kinder formulieren. Dies ermöglicht uns festzustellen, ob und in welchem Maße die erwünschten Veränderungen bei diesen Gruppen eintreten.

Während unser Hauptfokus auf den teilnehmenden Jugendlichen liegt, nehmen Unternehmen und Inspirer eine ebenso zentrale Rolle ein. Auch für diese beiden Gruppen messen und analysieren wir die Wirkung unserer Aktivitäten. Auf diese Weise verfolgen wir einen ganzheitlichen Ansatz, der es uns ermöglicht, eine vielfältige und weitreichende positive Wirkung zu erzielen.

Wirkung auf Kinder und Jugendliche

Die Wirkung der Hacker School wird durch zahlreiche wissenschaftliche Studien gestützt, die zeigen, wie Kinder und Jugendliche am effektivsten lernen. Dabei orientieren wir uns stark an den Arbeiten des Neurologen Gerald Hüther. Hüther hat über Jahre hinweg untersucht, unter welchen Bedingungen die Lust am Lernen, Entdecken und Gestalten bei Kindern aufblüht und wann sie leider auch verloren geht.

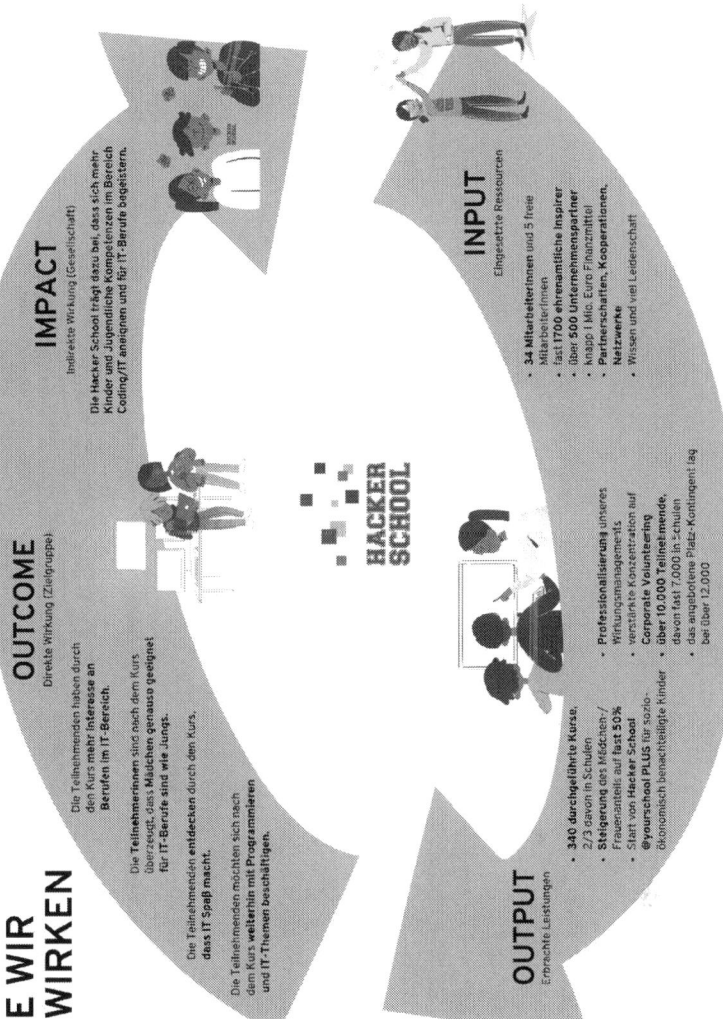

Unsere Wirkungslogik nach dem IOOI-Modell (2022). (*Grafik: Hacker School, Illustration: Bitteschön TV*).

Kinder sind von Natur aus neugierig

Dr. rer. nat. Dr. med. habil. Gerald Hüther,
Neurobiologe

> Ich bin davon überzeugt, dass Kinder von Natur aus eine unglaubliche Neugierde und Kreativität besitzen – ein Schatz, den wir besser bewahren und hüten müssen, anstatt zu versuchen, ihnen mithilfe von Förderprogrammen immer schneller immer mehr Wissen beizubringen.

Die Notwendigkeit besteht eher in Programmen, die verhindern, dass Kinder und Jugendliche irgendwann die Lust am Lernen verlieren und Schule als lästige Pflicht ansehen. Sie benötigen Aufgaben, die sie herausfordern und an denen sie wachsen können, sowie geeignete Rahmenbedingungen, um sich diesen Herausforderungen zu stellen. Dabei geht es nicht nur um fachliche Inhalte, sondern auch um Erfahrungs- und Gestaltungsräume, die die intrinsische Motivation der Kinder und Jugendlichen zum Lernen und Gestalten, zum Mitdenken und Mitgestalten wecken und stärken.

Laut Bernie Trilling und Charles Fadel, den Autoren von »21st Century Skills: Learning for Life in Our Times« (2009), eignet sich insbesondere problembasiertes Lernen zur Entwicklung dieser wichtigen Kompetenzen für das 21. Jahrhundert. Diese Methodik fördert nicht nur kreatives Problemlösen und analytisches Denken, sondern auch kollaboratives Verhalten und Anpassungsbereitschaft.

In Anlehnung an diese Erkenntnisse haben wir bei der Hacker School unser Kurs- und Lernkonzept entwickelt. Unser

Ziel ist es, die sogenannten 21st Century Skills erfahrbar zu machen und uns dabei an den Kenntnissen, Inhalten und auch an den Haltungen und Werten zu orientieren, die die Lernenden von heute benötigen, um in der Welt erfolgreich zu sein und sie zu gestalten. Durch effektives Pair Programming lernen die Teilnehmenden voneinander, helfen sich gegenseitig bei Fragen und Fehlern und entwickeln gemeinsam funktionierende Programmierprojekte. Dabei vermitteln wir auch eine positive Einstellung zu Fehlern, die als Lernchancen und nicht als Hindernisse gesehen werden sollten.

Unsere Kurse sind darauf ausgelegt, Spaß und Interaktivität in den Vordergrund zu stellen, denn wir glauben, dass das Lernen am effektivsten ist, wenn es Freude bereitet. Außerdem legen wir großen Wert darauf, bestimmte OECD-Schlüsselkompetenzen zu vermitteln. Dazu gehören beispielsweise die interaktive Anwendung von Medien und Werkzeugen (z. B. Sprache, Technologie), die Fähigkeit, in heterogenen Gruppen zu interagieren und dabei gute Beziehungen aufzubauen, das eigenständige Handeln und die Fähigkeit, persönliche Projekte zu gestalten und zu realisieren, sowie eine positive Fehler- und Lernkultur.

Seit 2020 führen wir regelmäßig Wirkungsanalysen durch, um die Effektivität unserer Kurse zu messen und stetig zu verbessern. Dazu haben wir verschiedene Fragebögen entwickelt, die wir nach Abschluss der Kurse an die Teilnehmenden, Inspirer und Lehrkräfte verteilen. Die Ergebnisse dieser Befragungen bestätigen, dass unsere Kurse einen signifikanten Einfluss auf die Einstellung der Teilnehmenden zur IT haben und ihre Fähigkeiten und Interessen in diesem Bereich stärken.

Einige Highlights aus der Wirkungsmessung 2022 sind:

- 94 Prozent der Teilnehmerinnen sind nach dem Kurs überzeugt, dass Mädchen genauso geeignet für IT-Berufe sind wie Jungs.[2]
- 88 Prozent der Teilnehmenden haben durch den Kurs entdeckt, dass IT Spaß macht; bei den Mädchen sind es sogar 90 Prozent.[3]
- 88 Prozent der Teilnehmenden möchten sich nach dem Kurs sehr wahrscheinlich oder wahrscheinlich weiter mit Programmieren und IT-Themen beschäftigen.[4]
- 86 Prozent der Kursteilnehmenden haben die Unterstützung durch die Inspirer als sehr gut bis gut bewertet.[5]
- 77 Prozent der Schülerinnen und Schüler haben nach dem Kurs eine bessere Vorstellung davon, welche Berufs- und Studienmöglichkeiten es in der IT gibt.[6]
- Über 80 Prozent der Teilnehmenden bewerteten das selbstständige Arbeiten im Kurs als sehr gut oder gut.[7]
- 75 Prozent der Teilnehmenden fanden die Teamarbeit in kleinen Gruppen sehr gut bis gut.[8]

---

[2] Quelle: Eigene Online-Befragungen im Jahr 2022 (Teilauswertungen aufgrund neuer Fragebögen und dadurch differenzierte Zahlenerhebung ab Mai 2022: 772 Antworten von Teilnehmenden

[3] ebenda: 271 Antworten von Teilnehmerinnen und Teilnehmern, davon 196 Mädchen

[4] ebenda: 169 Antworten von Teilnehmerinnen und Teilnehmern

[5] ebenda: 1575 Antworten von Schülerinnen und Schülern, davon 712 Mädchen

[6] ebenda: 993 Antworten von Schülerinnen und Schülern (davon 501 Jungs, 464 Mädchen, Rest ohne Angabe)

[7] ebenda: 1744 Antworten von Teilnehmerinnen und Teilnehmern, davon 72 Mädchen

[8] ebenda: 1744 Antworten von Teilnehmerinnen und Teilnehmern, davon 772 Mädchen

- Insgesamt 56 Prozent der Teilnehmenden haben vor dem Kurs noch nicht programmiert; bei den Mädchen sind es 68 Prozent.[9]

Diese Ergebnisse zeigen, dass unsere Kurse dazu beitragen, das Interesse an IT-Themen zu wecken, digitale Kompetenzen zu vermitteln und den möglichen beruflichen Einstieg in den IT-Bereich zu erleichtern. Einige ehemalige Teilnehmende, die inzwischen Informatik studieren oder eine IT-Ausbildung machen, bestätigen uns darin, dass die Teilnahme an den Hacker-School-Kursen einen nachhaltigen Einfluss auf die berufliche Orientierung haben kann.

Seit diesem Jahr liegt unser besonderes Augenmerk auf der Messung des Outcomes, insbesondere auf der fünften Stufe der Wirkungstreppe. Auf Stufe 4 haben wir bereits Veränderungen im Wissen, den Fertigkeiten und den Einstellungen im Blick. Auf Stufe 5 geht es um die konkreten Veränderungen im Verhalten und Handeln unserer Teilnehmenden. Hier möchten wir die langfristigen Auswirkungen und den anhaltenden Effekt unserer Programme aufzeigen. Zudem möchten wir sicherstellen, dass unsere Programme einen anhaltenden Einfluss auf das Leben unserer Teilnehmenden haben und ihnen helfen, ihr volles Potenzial zu entfalten.

Die Lebenslage der Zielgruppe (Stufe 6) kann sich erst ändern, wenn Stufe 4 und Stufe 5 erfüllt sind. Das hieße z. B., junge Menschen finden gut bezahlte, zukunftsfähige Jobs und haben dadurch mehr Einkommen, Wohlstand und Lebensqualität und die Chance auf finanzielle Unabhängigkeit. Sie sind zufriedener und blicken optimistischer in die Zukunft, da sie die 21st Century Skills beherrschen, mehr digitale Teilhabe und mehr

---

[9]   ebenda: 1744 Antworten von Teilnehmerinnen und Teilnehmern, davon 772 Mädchen

Möglichkeiten haben, die Welt lebenswert und nachhaltig mitzugestalten.

Ein wichtiges Ziel unserer Maßnahmen ist es, die Kinder und Jugendlichen dazu zu motivieren, sich aktiv mit digitalen Berufsbildern und IT-Karrierewegen auseinanderzusetzen. Wir streben an, dass sie sich bewusst für (oder eben auch gegen) einen technischen Bildungszweig in der Schule entscheiden oder eine MINT-Berufsausbildung bzw. ein IT-Studium anstreben. Zudem möchten wir sie dazu ermutigen, sich eigenständig in IT-Themen fortzubilden und eigene Programmierprojekte umzusetzen.

Ein weiterer Schwerpunkt liegt auf der Förderung des Teamgeistes und der Zusammenarbeit. Wir möchten, dass unsere Teilnehmenden lernen, effektiv in Gruppen zu arbeiten, ihre Ideen einzubringen und gemeinsam Lösungen zu finden. Darüber hinaus ist es uns wichtig, das Selbstvertrauen und die Selbstwirksamkeit unserer Teilnehmenden zu stärken. Wir möchten, dass die Jugendlichen ihre Fähigkeiten erkennen und mutig neue Herausforderungen angehen. Dies gilt besonders für Mädchen und sozioökonomisch benachteiligte Kinder.

Für Mädchen wollen wir erreichen, dass sie sich in ihrer Freizeit verstärkt mit IT-Projekten beschäftigen und ihre Begeisterung für technische Themen entdecken. Zudem möchten wir, dass sie sich im Unterricht selbstbewusst fühlen und sich bei technischen Themen aktiv beteiligen, indem sie ihre Meinung äußern und mitdiskutieren. Ein weiteres Ziel ist es, den Peer-Group-Effekt zu nutzen, indem wir Mädchen ermutigen, ihre IT-Begeisterung zu teilen und andere Mädchen für das Programmieren zu begeistern.

Role Models spielen in unseren Kursen eine entscheidende Rolle, insbesondere für Mädchen. Sie dienen als positive Vorbilder und zeigen den Lernenden, dass es möglich ist, in technischen Bereichen erfolgreich zu sein, unabhängig von Geschlecht oder

Stereotypen. Mädchen sehen durch diese Vorbilder, dass auch sie in der Technik und im Programmieren großartige Leistungen erbringen können. Durch die Sichtbarkeit von erfolgreichen Frauen in technischen Bereichen werden Mädchen ermutigt, ihre eigenen Interessen und Talente zu verfolgen und sich nicht von traditionellen Rollenbildern einschränken zu lassen.

Besonders sozioökonomisch benachteiligte Kinder sind oft der Meinung, dass sie nicht die Fähigkeiten besitzen, um einen digitalen Beruf zu ergreifen. Deshalb ist es unser Ziel, dass sie nach unseren Kursen vom Gegenteil überzeugt sind. Unsere Programme sollen sie ermutigen, eine Ausbildung oder ein Studium im digitalen Bereich anzustreben, und wir möchten ihnen die dafür notwendigen Fähigkeiten und Ressourcen zur Verfügung stellen.

Wirkung für Unternehmen

Unternehmen verfolgen grundsätzlich immer eine konkrete Absicht, wenn sie sich über ihr Kerngeschäft hinaus engagieren und mit uns zusammen junge Menschen für die Zukunft begeistern wollen. Doch was ist diese intrinsische Motivation von Unternehmen?

Wir sehen, dass der Fachkräftemangel eine klare Realität in unserer heutigen Wirtschaft ist. Bei geringer Zuwanderung könnten 2040 bereits etwa 4,2 Millionen Fachkräfte fehlen. Die Zahl fehlender MINT-Arbeitskräfte stieg im April 2022 auf einen Rekordwert von 320 600 (IVW Report 2021). Laut Bitkom wird der Bedarf an Erwerbstätigen in der Digitalbranche 2023 um weitere drei Prozent auf 1,29 Mio. Menschen steigen (Bitkom-Studie 2022). Stellenbesetzungen ziehen sich in die Länge, insbesondere in Berufen der Informatik. Unternehmen erproben verschiedene Ansätze, wie sie für Arbeitssuchende attraktiver werden können, um offene Positionen schneller zu besetzen. Der Fachkräftemangel spielt uns und den Unternehmen dabei in zweifacher Hinsicht in die Hände.

Einerseits besteht die Notwendigkeit, junge Menschen für Berufe im MINT-Bereich zu begeistern. Unternehmen erkennen, dass die jungen Menschen, die sich nach der Schule für eine Ausbildung bewerben, oft nicht über die Qualifikationen verfügen, die sie insbesondere im IT-Bereich voraussetzen. Dies ist eine Motivation für sie, sich zu engagieren und den Erwerb dieser Fähigkeiten den jungen Menschen anzubieten.

Auf der anderen Seite ist das Streben, bestehende Jobs attraktiver zu gestalten, ebenfalls ein wichtiges Ziel von Unternehmen. Mitarbeiterinnen und Mitarbeiter, die einen Teil ihrer Arbeitszeit für soziale Zwecke aufwenden dürfen, ziehen Begeisterung und Motivation aus diesem Engagement. Viele junge Menschen, die heute in Unternehmen einsteigen, legen großen Wert auf das soziale Engagement und die Möglichkeiten zur sinnstiftenden Arbeit. In diesem Sinne ist das Employer Branding eine wichtige Stellschraube für die intrinsische Motivation von Unternehmen.

Ein weiterer wichtiger Aspekt ist die gesetzliche Berichtspflicht im Rahmen der ESG-Kriterien (Environmental, Social and Corporate Governance). Sie fordert von Unternehmen, über nichtfinanzielle Kennzahlen zu berichten, einschließlich ökologischer Aspekte und sozialem Engagement. Während es viele Ansätze für den ökologischen Teil gibt, fehlen im Bereich der sozialen Wirkung nahezu vollständig Orientierungshilfen auf dem Markt. Hier besteht ein großes Interesse der Unternehmen, proaktiv zu werden.

Durch die Anforderungen des ESG bekommen wir die Aufmerksamkeit ganz anderer Unternehmensabteilungen und werden insbesondere auch für den CFO, den Chief Financial Officer, interessant, da diese Position die potenziellen Strafzahlungen im Falle von nicht eingehaltenen Berichtspflichten im Blick hat.

Ein weiterer Aspekt der Wirkung für Unternehmen liegt in der Planbarkeit und Verbindlichkeit von nachhaltigem

Engagement. Wenn wir es schaffen, über die intrinsische Motivation und die gesetzlichen Anforderungen der nichtfinanziellen Berichterstattung eine Nachhaltigkeit im sozialen Engagement zu erreichen, hat das für Unternehmen langfristige Auswirkungen. Sie können sich als verlässliche Partner für ihre Mitarbeiter und die Gesellschaft positionieren und dazu beitragen, die Zukunftsfähigkeit junger Menschen im Beruf zu ermöglichen.

Die Implementierung von Nachhaltigkeit in Unternehmen ermöglicht eine ganz neue Konnotation von sozialem Engagement, die bisher in Deutschland aufgrund des geringen Angebots kaum möglich war. Dies ermöglicht eine neue Selbstverständlichkeit von sozialem Engagement von Unternehmen.

Wenn die Wirkung von Unternehmen erzählt und umgesetzt wird, ermöglicht dies auch eine ganz andere interne und externe Kommunikation, die über rein quantitative Ziele hinausgeht. Insbesondere die Bedeutung von zunehmender Akquise von Frauen für den Arbeitsmarkt ist unter diesem Aspekt wichtig. Unternehmen, die gesellschaftliche Bedeutung in ihrem Handeln und Tun ermöglichen, sind oft auch für junge Frauen viel attraktiver, die eine Kontextualisierung ihres Wirkens fordern. Und damit ergeben sich zusätzliche Möglichkeiten, dem Fachkräftemangel in der IT, insbesondere mit dem hochgepriesenen Diversitätsaspekt durch weibliche oder auch Mitarbeiter aus anderen Kulturkreisen, zu begegnen.

Wirkung für Inspirer
Um wirkungsvoll für Kinder und Jugendliche zu sein, bedarf es auch einer Wirkung auf der Seite der Unternehmen und der Inspirer, die mit uns zusammenarbeiten.

Bei denjenigen, die sich im Rahmen des Inspirer-Programms bei der Hacker School engagieren, steht eine tiefe Erfahrung von Sinn und sozialem Engagement im Mittelpunkt.

Diese Erlebnisse sind oft geprägt von Wertschätzung und Respekt, was dazu führt, dass die Beteiligten ihre Fähigkeiten intensiver erfahren und ihre Kommunikationsfähigkeiten verbessern. Dadurch erhöht sich die Motivation, und die Freude an der eigenen Arbeit steigt.

Doch welche Auswirkungen hat das Geben von Programmierkursen konkret auf die Inspirer? Auf der sachlichen Ebene können die Beteiligten ihre eigenen Fähigkeiten erweitern. Es heißt oft: »Wenn du es deiner Oma erklären kannst, hast du es selbst verstanden.« In unserem Kontext haben wir zwar wenige Großmütter, aber unglaublich viele Kinder. Wir bieten die Möglichkeit, Kinder und Jugendliche mit ihren eigenen Themen abzuholen und diese so aufzubereiten, dass sie besser verstanden werden. Dies hat einen erheblichen Einfluss auf die eigene Wahrnehmung und insbesondere auf die Wahrnehmung der eigenen Fähigkeiten.

Kommunikationsfähigkeiten werden in diesem Prozess stark trainiert. Das Programm bietet ein praxisorientiertes Training für zielgruppengerechte Kommunikation. Oft begegnen wir jungen Menschen, die anfangs vielleicht nicht allzu begeistert sind und davon ausgehen, dass sie etwas lernen müssen, was sie eigentlich gar nicht wollen. Unsere Aufgabe ist es, ihnen zu zeigen, dass sie durch spielerisches Lernen und praktische Anwendungsfälle, wie z. B. das Einbetten von YouTube-Videos in ihre eigenen Webseiten, Spaß an der Materie finden können.

Dieses Vorgehen vermittelt den lehrenden Inspirern eine hohe Souveränität und eine entspannte Haltung im Bestreben, gemeinsam mehr zu erreichen. Die kurzzeitige und teilweise spontane Interaktion mit Fragen, die im Alltag nicht häufig gestellt werden, fördert die Spontanität und die Fähigkeit, auf Herausforderungen zu reagieren.

Was wir bei den Inspirern beobachten, ist die Erfahrung der eigenen Wirksamkeit, das Erleben der Begeisterung junger

Menschen, die durch die neu erlernten Fähigkeiten die Zukunft mit anderen Augen sehen. Sie erkennen, dass sie ein Recht auf Teilhabe haben und dass sie selbst in der Lage sind, Dinge zu steuern, bei denen sie zuvor nicht gedacht hätten, dass sie dazu in der Lage wären. Diese Erfahrungen sind ein zentraler Punkt der Wirkung, die wir bei den Inspirern sehen.

Unser Ziel ist es, eine eigene Wirkungslogik sowohl für die Unternehmen als auch für die Inspirer zu erstellen. Wir wollen herausarbeiten, wie sich die Selbstwahrnehmung der Lehrkräfte und ihr Handeln in der Gesellschaft verändern, um digitale Bildung als gesamtgesellschaftliche Aufgabe zu verstehen. Dabei wollen wir ein Szenario unterstützen und schaffen, in dem es uncool ist, nicht mitzumachen.

Unsere Erfahrungen auf dem Weg zur Wirkungsorientierung

Nachdem wir das Thema Wirkung in unsere tägliche Arbeit integriert hatten, ist es über die vergangenen Jahre bei uns immer weiter gewachsen. Anfänglich beinhaltete es noch sehr viel Learning by Doing, aber mit zunehmendem Fokus. Inzwischen hilft uns die IOOI-Methode, die verschiedenen Aspekte der Wirkung zu unterscheiden. Was sind dabei die größten Herausforderungen oder auch die größten Learnings?

Herausforderungen: Es geht der Hacker School nicht anders als anderen Nonprofitorganisationen, die sich mit ihrer Wirkung befassen. Es gibt einige Herausforderungen bei der Wirkungsanalyse und dem Wirkungsmanagement. Um das hier mal kurz zu verdeutlichen:

Ein zentrales Problem ist die Komplexität der Wirkungszusammenhänge. Da wir eine Vielzahl von Zielen verfolgen, ergeben sich die Wirkungen an verschiedenen Stellen. Das wiederum erschwert die Identifizierung und Quantifizierung der

Ursache-Wirkungs-Beziehungen zwischen unseren Aktivitäten und den angestrebten Wirkungen. Vor allem die systematische Messung von höheren Ebenen (Outcomes) wie Einstellungs- und Verhaltensänderungen ist durchaus anspruchsvoll.

Dazu kommen die Verfügbarkeit und die Qualität der Daten. Die Erfassung und Bewertung sozialer Wirkungen sind oft schwer quantifizierbar, und die langfristige Nachverfolgung der Auswirkungen erfordert umfangreiche Daten. Allerdings sind die Ressourcen für die Datenerhebung und -analyse begrenzt.

Zudem ist es schwierig, bestimmte Wirkungen eindeutig unseren Aktivitäten zuzuordnen. Externe Faktoren und Einflüsse tragen ebenfalls zur beobachteten Wirkung bei. Dies unterstreicht aber die Bedeutung des Collective Impact, bei dem die Zusammenarbeit verschiedener Akteure notwendig ist, um langfristige Veränderungen zu erzielen.

Dann ist da die Vielfalt der Indikatoren. Unterschiedliche Förderpartner haben unterschiedliche Anforderungen an die zu messenden Indikatoren, was zu Zielkonflikten führen kann und unser eigenes Wirkungsmanagement beeinflusst.

Operativ stehen wir vor Hürden wie den hohen administrativen Anforderungen staatlicher Förderprogramme und umfangreichen Berichtspflichten nichtstaatlicher Förderer. Der damit verbundene zeit- und ressourcenintensive Aufwand kann die Umsetzung von Wirkungsmanagement-Maßnahmen behindern.

Nicht zuletzt haben wir begrenzte Ressourcen zur Verfügung, sowohl personelle als auch zeitliche. Unser Tagesgeschäft geht ja weiter. Dadurch bleibt wenig Raum für umfassende Wirkungsaktivitäten, um die Messgenauigkeit zu erhöhen oder aus den gewonnenen Erkenntnissen die Wirkungssteuerung zu verfeinern. Und dass wir mangels spezifischer Förderung hier ein knappes Budget haben, macht es auch nicht einfacher.

So, aber nun genug über die Herausforderungen gejammert. Kommen wir dazu, was wir schon gelernt haben.

Learnings: Es ist zweifellos eine anspruchsvolle Aufgabe, in Unternehmen eine klare Ausrichtung auf Wirkungsorientierung zu etablieren, so natürlich auch in der Hacker School. Im Folgenden teilen wir ein paar wichtige Erkenntnisse, die wir während unserer Reise gewonnen haben.

Einfach loslegen: Unsere Erfahrung zeigt, dass ein pragmatischer Start mit realistischen Zielen am besten funktioniert. Im ersten Jahr auf diesem Weg hatten wir damit begonnen, alle verfügbaren Daten systematisch zu erfassen, unsere Wirkungslogik schrittweise zu entwickeln und einen ersten Wirkungsbericht zu erstellen. Im nächsten Jahr lag unser Fokus vor allem darauf, unsere Wirkungsmessung deutlich zu verbessern und den nächsten Wirkungsbericht gemäß dem Social Reporting Standard zu verfassen.

Aufbau von internem Fachwissen: Angesichts der knappen Ressourcen in NGOs ist es umso wichtiger, internes Fachwissen aufzubauen. Wir verfolgen diesen Fokus erfolgreich, indem wir bewährte Praktiken anderer Sozialunternehmen suchen und uns daran orientieren, uns mit anderen sozialen Innovationsunternehmen und Bildungsorganisationen austauschen und dabei auf Wissensressourcen wie Skala Campus und die Wirkungsakademie zurückgreifen.

Einsatz von Frameworks und Werkzeugen: Wir nutzen bewährte Frameworks wie die Wirkungstreppe von Phineo, die IOOI-Methode und die Theory of Change, um unsere eigene Wirkungslogik zu entwickeln und Instrumente zur Wirkungsmessung zu gestalten.

Teambeteiligung: Wirkungsmanagement erfordert die Beteiligung des gesamten Teams, nicht nur der Wirkungsmanagerinnen und -manager. Wir sorgen dafür, dass die Theorie des

125

Wirkungsmanagements für alle verständlich ist, bieten interne Schulungen an und fördern das Peer-to-Peer-Learning.

Anpassung von Instrumenten: Wir nutzen passende Instrumente für das Wirkungsmanagement und die Wirkungsmessung und passen sie an unsere spezifischen Bedürfnisse an. Dabei behalten wir immer im Blick, was unsere Organisation gerade braucht und wie wir zukunftssicher aufgestellt werden können.

Einbindung externer Unterstützung: Wir ziehen externe Unterstützung und wissenschaftliche Expertise hinzu, indem wir beispielsweise mit Masterstudentinnen und -studenten zusammenarbeiten. Im nächsten Schritt planen wir zudem eine externe Evaluierung, z. B. mit einer Universität. Die für mich diesmal wichtigste externe Unterstützung des Wirkungsberichts kam von der wunderbaren Sarah Ulrich, die angeboten hatte, falls wir wirklich auf SRS, also die Social Reporting Standards, umschwenken wollen, uns »mal über die Schulter zu gucken«. Das hat sie gemacht, nicht nur einmal. Von Herzen Dank für diesen tollen Support.

Verankerung in den OKRs: Um Transparenz und Sichtbarkeit im Team sicherzustellen, integrieren wir unsere Wirkungsziele in unsere OKRs (Objectives and Key Results). Dadurch schaffen wir eine klare Verbindung zwischen unseren übergeordneten Zielen und den Maßnahmen zur Wirkungserreichung.

Letztlich ist Wirkungsmanagement eng mit Change Management verbunden und sollte als integraler Bestandteil von organisatorischen Veränderungsprozessen betrachtet werden. Es ist ein fortlaufender Prozess, der kontinuierliche Anpassungen und Verbesserungen erfordert. Wenn wir ihn erfolgreich umsetzen, hat er einen bedeutenden Einfluss auf unser Lernen und unser Wachstum. Unser Ziel ist es, eine Kultur des kontinuierlichen Lernens und der stetigen Verbesserung auf allen Ebenen unserer Organisation zu schaffen.

Klarheit über quantitative Ziele

Ergänzend für unsere qualitative Wirkung, die wir immer weiter verfeinern, ergibt sich eine zweite Dimension, die unsere Wirkung maßgeblich beeinflusst. Die quantitative Dimension des Wirkungsmanagements ist entscheidend. Es geht nicht nur darum, was wir erreichen wollen und warum wir das tun wollen, sondern auch in welchem Umfang. Wir sehen viele wunderbare Initiativen, die eine kleinere Anzahl von Mädchen für technische Berufe begeistern – und das mit einer beeindruckenden Erfolgsquote. Allerdings sind diese Bemühungen im Vergleich zur Größe der Herausforderung, vor der wir stehen, nur ein Tropfen auf den heißen Stein. Wenn wir die Vision ernst meinen, dass jedes Kind ein Mal programmiert haben sollte, bevor es sich für einen Beruf entscheidet, dann können wir uns nicht allein auf solche begrenzten Initiativen verlassen. Wir mussen unseren Ansatz skalieren.

Ein Teil der Wirkung sind Zahlen – die Macht der 100 000

Wir brauchen eine gemeinschaftliche Kraftanstrengung, die das Interesse an technischen Berufen in großem Rahmen weckt, und zwar sowohl bei Mädchen als auch bei ökonomisch benachteiligten Kindern. Ansonsten besteht die Gefahr, dass viele Initiativen ihre Zielgruppe verfehlen, weil die Jugendlichen das Berufsfeld gar nicht auf dem Schirm haben.

Die Entscheidung, mit Unternehmen zu kooperieren und verbindliche Vereinbarungen zu treffen, ist für uns von großer Bedeutung. Insofern dient die Zielzahl, 100 000 Kinder pro Jahr erreichen zu wollen, hier als eine Art Nordstern. Skalierung ist ein entscheidender Faktor in unserem Wirken. Wir sind auf die zuverlässige Zusammenarbeit mit Unternehmen angewiesen – und das nicht nur sporadisch, sondern kontinuierlich.

Was bedeutet das konkret? Wenn wir beispielsweise in einem Monat jeden Tag fünf Schulklassen erreichen wollen, um unsere Ziele zu erfüllen, brauchen wir zahlreiche Mitwirkende: pro Tag etwa 25 und pro Woche etwa 125 Ehrenamtliche. Ausgehend von vier Wochen sind das fast 500 Ehrenamtliche pro Monat.

Es ist wichtig, diese Dimensionen zu verdeutlichen und insbesondere den Unternehmen klar zu machen: Wir brauchen euer Engagement. Wir brauchen die Menschen in den Unternehmen, um einen Unterschied machen zu können. Deshalb sind solche Zahlen in der Kommunikation so wichtig.

Vollabdeckung eines ganzen Jahrgangs im Jahr 2030

In Deutschland gibt es rund 6,5 Millionen Kinder zwischen 11 und 18 Jahren. Wenn wir wollen, dass jedes Kind ein Mal programmiert hat, bevor es sich für einen Beruf entscheidet, müssen wir die Fähigkeit erlangen, einen kompletten Jahrgang zu erreichen. Das ist unser Ziel für 2030. Eine Million Kinder bis 2030 klingt nach einer riesigen Hürde. Doch wenn wir die Vision der Hacker School ernst nehmen, dann müssen unsere Ziele ehrgeizig sein. Unser Fokus könnte auf einem bestimmten Schuljahr liegen, ob es nun die 6., 7. oder 8. Klasse ist. Derzeit liegt er auf dem 8. Jahrgang, doch wir denken laut darüber nach, tendenziell früher zu starten, in der 6. oder 7. Jahrgangsstufe, um die Kinder bei der Wahl potenzieller Schwerpunktfächer besser zu unterstützen und insbesondere die Mädchen früher zu erreichen.

2023 belief sich die Zahl der Schülerinnen und Schüler in diesem Jahrgang auf etwa 750 000 bis 800 000, abhängig von den spezifischen Zielgruppen, die man berücksichtigt. Wir werden wahrscheinlich auch künftig nicht in der Lage sein, in speziellen Förder- oder Sonderschulen aktiv zu sein, da wir dort mit sprachlichen Barrieren rechnen. Wir prüfen jedoch, ob wir auch berufsbegleitende Schulen oder Berufsklassen integrieren können.

Wenn wir es 2030 schaffen, einen ganzen Schuljahrgang zu erreichen, und ergänzend davon ausgehen, dass eines von fünf Kindern, die wir erreichen, weitermacht, nähern wir uns der Marke von einer Million. Es ist wichtig, diese Zahl zu kommunizieren, um zu verdeutlichen, dass digitale Bildung und Nachwuchsförderung eine gesamtgesellschaftliche Aufgabe sind. Sie hängen nicht davon ab, in welchem Haushalt ein Kind aufwächst oder welche Schule es besucht. Wir können uns nicht darauf verlassen, dass die Schulen diese Herausforderung allein bewältigen.

Aufgrund der beschleunigten Innovationszyklen tragen wir alle eine Mitverantwortung dafür, unsere Kinder auf ein Leben vorzubereiten, in dem sie sich digital souverän verhalten können. Dafür brauchen wir ein starkes Engagement der Unternehmen.

Ja, wir werden sehr viele Kinder pro Tag erreichen müssen, und wir werden in den kommenden Jahren immer wieder auf Herausforderungen in Bezug auf digitale Ausstattung und Infrastruktur stoßen. Wir dürfen an den Schulen keine Perfektion erwarten, wenn es um Hardware, Software und digitales Verständnis geht. Es wird Situationen geben, in denen zu Beginn eines Kurses erst einmal die Geräte aufgeladen werden müssen. Es ist unsere Aufgabe, einen Weg und eine Infrastruktur zu finden, wie wir dieses Wissen über die Zukunft, insbesondere von Freiwilligen aus Unternehmen, zu den Kindern bringen können.

Wir arbeiten intensiv an der Entwicklung von Projekten, die auch einen Zugang zu Schulen in sozioökonomisch herausforderndem Umfeld ermöglichen.

Das ist eine enorme Aufgabe, die das Engagement vieler verschiedener Akteure erfordert – Unternehmen, Universitäten,

Politik und Geldgeber. Als Social Start-up hängen wir von vielen Faktoren ab und können dieses Ziel nicht allein erreichen. Aber wir sind überzeugt, dass wir es mit gemeinsamer Anstrengung, Commitment und der Leidenschaft, zukunftsorientierte Berufe attraktiv zu machen, schaffen werden.

What Does It Take? Aufbau eines Social Edtech Start-ups: Chancen und Herausforderungen in ganz alltäglichen Dingen

Um ein Sozialunternehmen aufzubauen, ist sicherlich eine Vision hilfreich, und eine große Vision ist sogar noch besser. Letztlich handelt es sich jedoch um gewöhnliches Unternehmertum, das mit der zusätzlichen Herausforderung verbunden ist, ein soziales Geschäftsmodell zu entwickeln und so zu skalieren, dass es in der Lage ist, soziale Wirkung zu entfalten.

Wie baut man dabei ein Team auf, um die anfallenden Aufgaben umzusetzen? Unsere aktuelle Teamaufstellung lässt sich am besten als ein fünfgliedriger Führungszirkel beschreiben. Derzeit gibt es bei uns das Schulteam, das Unternehmerteam, ein Team für Kommunikation, eines für digitale Integration und Controlling sowie eines für Kommunikation.

Der Start war mit »wuselig« liebevoll umschrieben

Teamentwicklung in der Hacker School
von Merle Runge, Geschäftsführerin der
facilitating cooperation

Im Juni 2021 wurde ich von der Hacker School um Hilfe gebeten, da es trotz hoher Motivation der Mitarbeiterinnen und Mitarbeiter zu immer größeren

131

Konflikten kam. Damals bestand die Hacker School aus der Geschäftsführerin Dr. Julia Freudenberg sowie ca. zehn Mitarbeiterinnen und Mitarbeiter.

Die Organisation faszinierte mich – sie hatte einen Purpose, der mich begeistert hat, sehe ich doch täglich durch meine Tätigkeit als Veränderungsberaterin, wie sehr der Mangel an IT-Fachkräften die Wirtschaft ausbremst. Und ich war sehr angetan, weil sich alle Mitarbeiterinnen und Mitarbeiter genau wie Julia sehr stark und mit dem Herzen für die Hacker School engagierten. Ursache für die Konflikte waren also sicher nicht fehlendes Wollen, schlechte Menschen o. Ä., was sich Konfliktparteien in Konfliktsituationen oft gegenseitig vorwerfen.

Schnell stellte sich heraus, dass sich das Team im Übergang in der Differenzierungsphase (nach Friedrich Glasl[10]) befand – durch schnelles Wachstum war die Festlegung von Rollen, Aufgaben, Prozessen usw. notwendig geworden. Da es noch keine gute Feedback-Kultur gab, wurden aufkommende Themen auch nicht hilfreich angesprochen.

Mit meinem wunderbaren Kollegen Jonas Blecher führte ich dann in der Zeit bis Ende 2021 insgesamt sieben Workshops durch. Am Anfang ermöglichten wir Feedback innerhalb des Teams sowie von und zu Julia, damit es überhaupt wieder möglich wurde, sinnvoll über Sachthemen zu diskutieren.

Anschließend organisierten wir die Selbstorganisation, indem wir den Purpose der Hacker School, Rollen und Meetingstrukturen an die aktuelle Situation anpassten.

---

[10] Glasl, Lievegood; Dynamische Unternehmensentwicklung: Von Pionierbetrieb zum schlanken Unternehmen, 2016

Dabei gingen wir nach dem Loop Approach[11] vor, u. a. um schnelles Wachstum durch das Arbeiten in Rollen zu ermöglichen. Anschließend war das Team in der Lage, zukünftig nötige Anpassungen selbst vorzunehmen.

Im November 2022 wurden wir erneut für einen Workshop gerufen – das Team hatte sich in der Zwischenzeit verdoppelt, einige Personen hatten das Team verlassen, bei Rollen, Aufgaben, Prozessen und Meetings hatte sich die Organisation weiterentwickelt. Die Wachstumsgeschwindigkeit war allerdings so rasend, dass es trotz aller Anpassungsbemühungen erneut zu Herausforderungen gekommen war.

Die notwendige organisatorische Anpassung war leicht zu bewerkstelligen – wir brauchten sie nur zu organisieren. Für die Konflikte führten wir als Erstes wieder einen Feedback-Prozess untereinander durch.

Das größte Thema war allerdings der Konflikt zwischen zwei Positionen: zum einen dem Wunsch, flexibel auf die »Welt draußen« reagieren zu können, zum anderen dem Wunsch nach Planbarkeit und Fokus. Die erste Position wurde vor allem von Julia vertreten, die wie ein Wirbelwind durch die Welt fegte und Unternehmen und andere Stakeholder für die Hacker School begeisterte. Sie sah auf ihrem Weg immer wieder neue Chancen, die sie für die Hacker School nutzen wollte. Die Mitarbeiterinnen und Mitarbeiter hingegen hatten stets viel zu viel zu tun und benötigten klare Prozesse und Planbarkeit, um ihre Arbeit schaffen zu können.

Beide Positionen hatten ihre Berechtigung; es ging also darum, diesen Konflikt so aufzulösen, dass beide trotzdem ihren Platz hatten. Wir lösten das, indem wir mit

---

[11] Der Loop-Approach, Klein, Hughes und Fleischmann, 2023

dem Team den Grundkraftprozess von Lukas Hohler[12] durchführten. Er bewirkt, dass beide Seiten ein tiefes Verständnis füreinander entwickeln und so Wege finden konnten (und immer noch finden), beiden Bedürfnissen gerecht zu werden.

Im August 2023 bestand die Hacker School aus rund 40 Mitarbeiterinnen und Mitarbeitern, die nach wie vor hoch motiviert ihren Aufgaben nachgingen. Das Team ist inzwischen in der Lage, sich an Veränderungen regelmäßig anzupassen, es herrscht ein hoher Grad von Selbstorganisation. Das Unternehmen und seine Mitarbeiterinnen und Mitarbeiter begeistern uns nach wie vor, und wir freuen uns sehr, dass wir einen Beitrag zum Erfolg leisten durften.

Der Aufbau und das Team der Hacker School

Die Strukturierung des Hacker-School-Teams war eine entscheidende Herausforderung und wurde maßgeblich von zwei Überlegungen getrieben: die Bündelung von Aufgaben und die Vereinfachung der Kundenansprache. Beide Maßnahmen zielten darauf ab, wiederholbare Prozesse zu implementieren und das Management der Teamstruktur zu erleichtern.

Darüber hinaus ist Eigenverantwortung ein wichtiges Thema in unserer Organisation. Sie wird offiziell von allen gewünscht, muss aber auch bis zum Ende durchdacht werden. Eigenverantwortung bedeutet nicht nur, Rechte zu haben und alles entscheiden zu können, sondern auch das größere Ganze im Blick zu behalten und sich der Tragweite der eigenen

---

[12] Potenzial und Weisheit kollektiver Intelligenz, Lukas Hohler, 2021

Entscheidungen bewusst zu sein. Wir arbeiten im Team daran, wie Eigenverantwortung definiert werden kann und sollte und welche Rolle dabei Führungspositionen und das Team spielen. Hier haben wir sicherlich noch etwas Potenzial.

Die Aufgaben wurden so gebündelt, dass ähnliche Prozesse zusammengefasst und effizient erledigt werden konnten. Auf der anderen Seite mussten wir auch unsere Kunden, vorwiegend Schulen und Bildungseinrichtungen, so ansprechen, dass wir eine effektive und konsistente Kommunikation gewährleisten konnten.

Diese strukturierten Überlegungen mündeten in der Gründung von fünf Subteams, jedes mit spezifischen Aufgaben und Verantwortungsbereichen. Doch trotz der individuellen Ausrichtung jedes Teams waren sie alle durch ein gemeinsames Ziel vereint: die Vision, dass jedes Kind ein Mal programmiert haben sollte, bevor es einen Beruf ergreift. Diese zentrale Idee bildete den Leitfaden, der die Aktivitäten und Bestrebungen aller Teams zusammenführte. Die fünf Teams, die neben der Geschäftsführung aufgebaut wurden, sind:

• Schule
• Corporate und Inspirer Management
• Kommunikation
• Controlling, Datenintegration und Finanzierung
• People & Culture

Schule: Das Schulteam koordiniert alles, was vonseiten der Lehrkräfte, Schulen und Schülerinnen und Schüler relevant für die Teilnahme an Hacker School @yourschool und @yourschool PLUS ist und übernimmt die Abstimmung mit den Schulen. Gleichzeitig arbeitet es kontinuierlich an Verbesserungen der Prozesse, an neuen Kurskonzepten und innovativen Pilotprojekten. Wir müssen sicherstellen, dass das Setting der Kurse gut funktioniert, die Infrastruktur bereitsteht, die Lehrkräfte gut eingebunden sind, die Laptops aufgeladen sind und die Terminabsprachen eingehalten werden. Aber es ist auch wichtig, dass wir die Inhalte der Kurse so gestalten, dass sie die Kinder aktivieren, zum Mitdenken und Nachahmen anregen, eigene Gedanken intensiv unterstützen und die Kinder auch mit nötigen Pausen versorgen.

Zum Messen dieser Aufgaben ist auch die Einholung von Feedback nach jedem Kurs entscheidend. Wir müssen sicherstellen, dass wir sowohl von den Kindern als auch von den Lehrkräften und den Instruktoren Feedback bekommen, um zu verstehen, ob das, was wir im Kurs umgesetzt haben, so bei den Kindern ankommt, dass sie es positiv annehmen können und darauf ihre Veränderung gründen.

Corporate und Inspirer Management: Dieses Team kümmert sich darum, enge Kooperationen mit Unternehmen aufzubauen und inspirierende Unternehmen sowie Inspirer zu managen, umfänglich zu informieren und zu betreuen. Die Arbeit ist vielschichtig, da unterschiedliche Akteure involviert sind. Die Erstellung von Ansprachekonzepten, Kooperationsvereinbarungen, die finanzielle Unterstützung von Unternehmen und die stetige Weiterentwicklung von Kommunikationsmaßnahmen sind ebenfalls hier verortet. Außerdem arbeiten wir eng mit Hochschulen zusammen, um Studierenden die Möglichkeit zu geben, sich im Rahmen eines Wahlpflichtfaches oder eines Seminars bei uns zu engagieren und dafür angerechnete Studienleistungen zu bekommen. Ein dritter Bereich, in dem wir zunehmend Erfahrung sammeln, ist die Zusammenarbeit mit Berufsschulen. Hier ermöglichen wir jungen Menschen, sich außerhalb ihrer Ausbildungszeit bei uns zu engagieren, um soziales Lernen zu fördern und wichtige Kompetenzen zu erwerben. Der Mix aus diesen verschiedenen Gruppen stellt uns zwar immer wieder vor

Herausforderungen, bietet aber auch faszinierende Möglichkeiten für unsere Mitarbeiterinnen und Mitarbeiter.

Kommunikation: Das Team ist in die Bereiche Marketing, Social Media und Öffentlichkeitsarbeit unterteilt. Es jongliert täglich mit einer Vielzahl unterschiedlicher Aufgaben, darunter die Erstellung von Kommunikationsmaterialien, die stete Aktualisierung der Webseite, der Newsletter, das Befüllen der Social-Media-Kanäle, der Podcast, Terminabstimmung für Vorträge und vieles mehr. Auch die Mitgestaltung des Wirkungsberichts ist eine Aufgabe dieses Teams. Hier versuchen wir immer, neue Wege zu gehen, und berichten seit 2022 nach Social Reporting Standards.

Controlling & Datenintegration: Das Team hat einen speziellen Bereich, in dem alle zahlen- und controllinggetriebenen Informationen über unser Projekt zusammenlaufen. Dies war mir ein besonderes Anliegen, da ich mir nicht zutraue, all diese Dinge selbst im Kopf zu behalten. In der CDI sind das CRM (Customer Relationship Management), Fundraising, Controlling, die Automatisierung von Prozessen über Tools und das große Thema Big Data verortet. Letzteres hat für das Wachstum unseres Projekts eine enorme Bedeutung. Wir arbeiten täglich mit vielen Daten und müssen darauf achten, Prozesse so zu vereinfachen, dass unnötige Wiederholungen eliminiert werden und das Team insbesondere nicht durch unnötige Aufgaben frustriert wird. Es ist immer eine Herausforderung, Mittel für diesen Bereich zu akquirieren, denn von Sozialorganisationen wird oft erwartet, dass sie alles können und immer bereit sind, alles zu liefern. Dass wir jedoch selbst Mittel für die Entwicklung benötigen, insbesondere für die Digitalisierung, wird oft nicht bedacht.

Das Fundraising ist ein weiterer wichtiger Bereich dieses Teams. Wir benötigten Ende 2023 etwa 110 000 € pro Monat, um die Personalkosten zu decken. Diese Gelder müssen natürlich beschafft und entsprechend berichtet werden. Unser Ziel, langfristige Kooperationen im Fundraising auch mit größeren Beträgen einzugehen, konnten wir bisher weitgehend erreichen. Dennoch sehen wir perspektivisch die Notwendigkeit, unsere Förderansätze auf mehrere Schultern zu verteilen und beispielsweise auch mit den Unternehmen in Gespräche darüber einzusteigen, dass das, was wir tun, für sie eine Dienstleistung, konkreter eine Fortbildung, ist und damit Freistellung und Finanzierung durchaus zusammenkommen können.

Seit Februar 2023 gibt es eine teamübergreifende Gruppe für Growth Hacking. Sie überlegt sich immer neue Ideen und probiert sie aus, um herauszufinden, welche Ideen am besten funktionieren und die Hacker School innovativer machen. Dieses Team hat unter anderem ein neues Messekonzept entwickelt, sodass wir jetzt auch auf vielen Messen einen Mitmachstand anbieten können, und mögliche Kurskonzepte erprobt, um besser auf Jugendeinrichtungen abgestimmt zu sein.

People & Culture: Dieser Bereich hat für mich eine besondere Bedeutung, da ich aus Erfahrung weiß, was passiert, wenn ich aufgrund von operativen Notwendigkeiten oder Zeitmangel nicht persönlich für die einzelnen Teammitglieder da sein kann. Im Sozialbereich können wir unzureichende Betreuung nicht mit hohen Gehältern kompensieren und der Anspruch an sinnvolle Zusammenarbeit und Erfüllung durch die Arbeit ist enorm hoch. Daher haben wir ein People & Culture Team, das sich insbesondere um die Art und Weise der Zusammenarbeit kümmert, aber auch um viele andere Aspekte, wie z. B. respektvolles Zusammenarbeiten, Meetingstrukturen, Standardisierung von Arbeitsverträgen und den Einsatz von Tools. Ein weiterer wichtiger Teil der Arbeit des Teams besteht darin, die richtigen Personen zu finden, die in unserem Team arbeiten möchten. Insbesondere in diesen Zeiten, in denen wir ein starkes

Wachstum verzeichnen, ist das von entscheidender Bedeutung. Die Organisation der Teammeetings, die wir dreimal pro Jahr in Hamburg abhalten, sowie die Teamassistenz sind im Bereich People & Culture verortet. Dort kümmern wir uns um eine Vielzahl von administrativen Aufgaben.

Die Geschäftsführung oder die Frau Dr. mit dem Hoodie

Die Herausforderung in der Geschäftsführung besteht zum einen darin, beständig und überall das Gesicht der Hacker School zu sein und für eine Kooperation mit uns zu begeistern. Dies führt zu vielen Reisekilometern und dazu, dass ich mich zu den digitalen Teammeetings häufig aus der Bahn – mal mit besserem, mal mit schlechterem Funknetz – zuschalte.

Die andere, viel größere Herausforderung besteht jedoch darin, Entscheidungen zu treffen – insbesondere darüber, welche der vielen großartigen Ideen, die wir haben, wir nicht sofort umsetzen können. Vieles kann einfach nicht so schnell Realität werden, wie man sich das vielleicht vorstellt. Trotzdem muss man sich immer wieder ins Gedächtnis rufen, wie gut es uns hier in Deutschland geht und welche gigantischen Möglichkeiten wir haben.

Die Herausforderung, für alles endgültig verantwortlich zu sein, stellt sich mir noch heute, da ich allein zeichnungsberechtigt bin. Der Lernprozess, Sachen abzugeben, Menschen in wichtige Entscheidungen einzubeziehen und abzuwägen, wann ich tatsächlich bestimmen sollte und wann ich das Ruder dem Team überlassen kann, ist lang und stetig.

Ich betrachte Feedback als Spiegel für meine eigene Entwicklung. Das Unternehmen und die damit verbundenen Herausforderungen werden oft positiv bewertet. Ich spreche von der Hacker School gern als einem Enten-Projekt: Es gleitet majestätisch übers Wasser und strampelt darunter wie verrückt. Ich glaube, dass diese Beschreibung gut passt. Es ist ein Spagat: Die Ente ist schnell, sie ist beweglich und sie kann sogar fliegen. Was für ein schöneres Bild könnte es für die Hacker School geben?

Ja, ich trage wirklich Hoodies. Nein, ich trage nicht immer Hoodies, ich trage auch T-Shirts, aber in einem beruflichen Kontext wird man mich selten ohne mein Lieblingskleidungsstück sehen.

Dr. Wibke Jürgensen

Nur wenige Menschen verfolgen konkrete Ziele, weitaus weniger noch darüber hinaus im Sinne eines Gemeinwohls. Nur wenige Menschen können ihre Ziele und Ideen dabei auch noch ebenso strategisch planvoll wie kreativ innovativ umsetzen. Hätten wir mehr Menschen, die Denken und Machen in solch einer Konsequenz vereinen und wirken, wären wir bei Digitalisierung, Innovation, Bildung und Frauenförderung so viel weiter. Julia ist genau so ein Mensch. Seit wir uns vor einigen Jahren kennengelernt haben, erlebe ich sie in diesem Sinne handelnd. Immer auf der Suche nach der »Next Best Action« für digitale Bildung. Eine Frau mit großem Herzen, immer für andere da, tolle beste Freundin und immer dabei, ihr Umfeld und unsere Welt ein bisschen besser zu machen. Und dann schafft sie es mit dem Team der Hacker School auch noch, Helfen einfach zu gestalten. Durch die Begleitung einzelner Kurse, durch Partnerschaften, die in Unternehmen eine Win-win-Situation schaffen, durch direkte Wirkung. Das kann man einfach nur unterstützen.

Vera Schneevoigt

Über Julia könnte ich ein eigenes Buch schreiben, echt und wahrhaft. Warum?

Das sind die Eigenschaften, die ich an Julia am meisten schätze, und natürlich ihre Natürlichkeit, ihre Verbindlichkeit und ihren superköstlichen Humor. Wir beide haben sehr viel gemeinsam und sind beide davon überzeugt, dass Unternehmerin sein, sich mit Hacken und Technologie zu beschäftigen, so ziemlich das Beste auf der Welt ist. Außer sich mit Familie und Freunden zu umgeben und Spaß zu haben und zu diskutieren, um die Welt zu einem etwas besseren Ort zu machen.

Julia ist eine meiner liebsten Gesprächspartnerinnen, wenn es um Chancen und Herausforderungen der Gesellschaft, der Netzwerke und der Wirtschaft geht. Sie ist mindestens genauso spontan und direkt wie ich, und das heißt schon was. Ihr Engagement für diejenigen, die das Leben nicht von Anfang an verwöhnt hat, ist vielfältig. Sie unterstützt Kinder, Generationenverbindungen und Geflüchtete, meist sehr leise, und dafür liebe ich sie. Im Gegensatz zu vielen Lauten macht sie einfach und redet nicht lange daher.

Sie ist die zielstrebigste und zuversichtlichste, aber auch die fleißigste Unternehmerin, die ich in unserer Zeit sehe, und meine Bewunderung und Unterstützung sowohl für sie persönlich als auch für die Hacker School sind ein Genuss und bedeuten Bereicherung für mein Leben.

Ich wünsche ihr allen Erfolg der Welt (den sie sowieso schon jetzt mehr als verdient hat) und uns beiden noch viele tolle und verrückte Projekte und Ideen.

Mein erster Kontakt zur Hacker School fällt ungefähr in die Zeit, als ich mit meinem Promotionsstudiengang begann. Während der ersten Flüchtlingswelle 2014/2015 hatte ich die Idee, mich im »gelben Dorf«, der Flüchtlingsunterkunft in Rahlstedt, zu engagieren. Da ich ehrenamtliches Engagement für einen essenziellen Teil des allgemeinen Lebens halte, wollte ich meinem Sohn zeigen, wie wichtig es ist, sich für andere einzusetzen. Dort engagierte ich mich für Arbeitsmarktintegration, gründete das Projekt »Lebenslauf PLUS«, das von der Stadt Hamburg ausgezeichnet wurde[13], war Teil und Gründungsmitglied des Bündnisses der Hamburger Flüchtlingsinitiativen und lernte Yukiko Kobayashi, die Gründerin des Impact Docks, kennen. Diese Initiative verfolgte die Idee, hochqualifizierte Geflüchtete in passgenaue Mentorings zu vermitteln, um beispielsweise der Hamburger Port Authority (HPA) einen Nautiker als Mentee zur Verfügung zu stellen. Über den Impact Dock habe ich Andreas Ollmann kennengelernt, einen der Gründer der Hacker School. Obwohl wir bei den ersten Treffen noch nicht direkt miteinander in Kontakt waren, ergab sich nach einem der Treffen eine gemeinsame Heimfahrt. Dabei kamen wir ins Gespräch über die Pläne der Hacker School und die Möglichkeit der Förderung durch den Integrationsfonds. Andreas' Ideen, basierend auf seinen Erfahrungen im Ehrenamtsprojekt, erschienen mir äußerst hilfreich.

Es folgte ein sympathisches Gespräch, das mit mehr Fragezeichen endete, als es begann, aber bei mir den ersten Funken der Begeisterung für die Hacker School entfachte. Wir verabredeten uns nach kurzer Zeit zu einem gemeinsamen Mittagessen, bei dem wir uns im Teambereich eines wunderbaren Restaurants trafen. Dort haben wir nicht nur einmal zu Mittag gegessen. Während des Gesprächs entwickelten sich meine

---

[13] Im Rahmen der Aktion »Mit Dir geht mehr«, Staffelstab-Aktion 2017

Ideen und meine Fragestellung, ob ich weiterhin im großen Konzern bleiben oder den Mut und die Energie für ein soziales Start-up im Bereich für Geflüchtete und der digitalen Bildung aufbringen sollte.

Letztendlich entschied ich mich dafür, diesen neuen Weg zu gehen. Rückblickend muss ich zugeben, dass mir damals nicht klar war, auf welches Abenteuer ich mich damit einließ. Nach drei Jahren Elternzeit war ich bereits eine Weile aus dem beruflichen Umfeld heraus und hatte keine klaren Vorstellungen. Ich war dankbar dafür, die Möglichkeit zu haben, mich zu entscheiden, ob ich zurückkommen oder in ein neues Abenteuer starten wollte. Zu dieser Zeit gab es auch Entlassungen, und wir fanden eine gute Lösung, bei der ich fortan die Hacker School leiten konnte.

Die Transformation, die ich selbst und insbesondere die Hacker School durchgemacht haben, kann ich retrospektiv als ziemlich groß beschreiben. Am Anfang waren wir zu zweit – ich und zwei andere auf halber Stelle – und wir haben erst einmal von Grund auf begonnen, Sachen zu skizzieren und eine Idee, die mit Ministrukturen in der Freizeit ganz gut lief, in die Grundlage eines skalierbaren Sozialunternehmensmodells zu gießen.

Als Team nur mal kurz die Welt retten

Es gibt viele Lektionen, die ich während meiner Zeit bei der Hacker School gelernt habe. Eine davon ist die Wichtigkeit externer Unterstützung. Wenn man ein Sozialunternehmen führt, ist es meiner Ansicht nach absolut entscheidend, sich die Expertise von außen einzuholen – das heißt, andere Menschen zu bitten, sich mit unseren Herausforderungen auseinanderzusetzen. Ich vermute, dass dies für fast alle Unternehmen gilt, aber besonders dann, wenn man verantwortlich

Entscheidungen treffen muss und nicht alle Perspektiven selbst abdecken kann.

Der Austausch mit Menschen, die möglicherweise mehr Erfahrung oder Ideen haben, verbessert meiner Meinung nach immer die Entscheidung selbst. Ich bin sehr dankbar, dass ich meine ersten Erfahrungen in diesem Bereich mit Send Social sammeln konnte. Wir wurden auch bei Wettbewerben wie »digital engagiert« in der dritten Runde angenommen und konnten sogar gewinnen. Auf diese Weise konnten wir professionelles Wissen in das Sozialunternehmen Hacker School einbeziehen, ohne diese Experten einstellen zu müssen – und dadurch die gesamte Idee unglaublich weiterentwickeln.

Ich bin davon überzeugt, dass in sozialen Organisationen das Einführen von Führungsebenen oder Führungsstrukturen eine erhebliche Herausforderung darstellen kann. Das Bedürfnis nach Mitbestimmung, Gehörtwerden und Einbringung ist in der Regel sehr stark ausgeprägt und ein wesentlicher Teil des Verständnisses von sozialen Organisationen.

In der Vergangenheit gab es ein stark nach innen gerichtetes System, in dem Entscheidungen von wenigen Führungskräften getroffen wurden. Was die Führung sagte, wurde umgesetzt. Heute haben wir oft leider wieder ein nach innen gerichtetes System, in dem es darum geht, alle einzubeziehen und stets alle Stimmen zu hören. Dies weckt die Illusion einer gleich verteilten Mitbestimmung, die jedoch dazu führen kann, dass die konkreten Bedürfnisse des Teams und die Erfüllung von Kundenbedürfnissen in den Hintergrund geraten. Die Umsetzung einer nach außen gerichteten Organisation, die sich auf Impact und Kundenwünsche fokussiert, tritt dabei leider manchmal in den Hintergrund.

Dieses Phänomen ist mir auch in unserer Organisation aufgefallen. Wir versuchen, dem durch klare Rollenzuweisungen und eine bessere Verständigung darüber entgegenzuwirken, dass in einem Scale-up andere Prozesse dominieren als in einem Start-up. Es geht nicht mehr darum, alles ständig neu zu entscheiden und jeder macht alles, sondern vielmehr darum, den Fokus auf Wachstum zu legen und die Entwicklung intensiv voranzutreiben.

Unser Verständnis von Führung entwickelt sich ebenfalls in diese Richtung. Für mich geht es bei Führung nicht darum, dass wenige vorgeben, wo es langgeht. Vielmehr sollte das, was das Team einbringen möchte und was wir gemeinsam erreichen wollen, so konsolidiert werden, dass wir die bestmöglichen Lösungen erreichen. Jeder sollte in seinem Bereich so gestalten und arbeiten können, dass das Ergebnis optimal wird.

Dies stellt viele Menschen vor größere Herausforderungen, als sie zunächst denken. Aber auch das ist ein Lernprozess!

Mindset, Fehlerkultur und Eigenverantwortung sind grundlegende Elemente eines erfolgreichen Sozialunternehmens. Es ist entscheidend, eine gemeinsame Sprache zu etablieren, die für alle funktioniert und dennoch qualitativ hochwertige Ergebnisse ermöglicht. In jeder Organisation, insbesondere in sozialen Organisationen, und vielleicht sogar bei uns mehr als anderswo, gibt es Herausforderungen. Die Herausforderungen der digitalen Zusammenarbeit sind immer noch groß, Missverständnisse können schnell entstehen, insbesondere wenn wir uns nicht mehr so oft persönlich sehen und auf Distanz zusammenarbeiten.

Es ist essenziell, sich intensiv kompromisslos darauf zu verständigen, eine Kultur zu schaffen, die grundsätzlich von »in dubio pro reo« ausgeht. Das bedeutet: Wenn eine Aussage zwei mögliche Interpretationen haben kann und eine davon verletzend ist, dann sollte immer davon ausgegangen werden, dass die andere gemeint ist.

Das Thema Fehlerkultur und Feedback ist ein weiteres, das wir immer wieder besprechen. Es gibt verschiedene Ansichten darüber, ob Feedback zu jeder Zeit erwünscht ist oder angeboten werden sollte. Meiner Meinung nach ist konstruktives Feedback, auch wenn es anfangs unangenehm sein mag, immer wertvoll. Es hilft uns, zu wachsen und zu lernen. Allerdings benötige ich manchmal etwas Zeit (bei mir sind es konkret zwei Stunden), um es anzunehmen und darauf zu reagieren. Diese Offenheit und Transparenz sind essenziell für eine gute Feedback-Kultur.

Lernen ist ein wertvolles Gut. In unserem Team ist es wichtig, Bildungsurlaub auch in einem Sozialunternehmen zu ermöglichen und unsere Kolleginnen und Kollegen aktiv dazu zu ermutigen, diese Möglichkeit zu nutzen. Einige Team-Leads gehen dabei mit gutem Beispiel voran, indem sie beispielsweise an Schulungen zur Resilienz oder zum achtsamen Führungsverhalten teilnehmen.

Für mich, sowohl als CEO als auch als Privatperson, ist kontinuierliches Lernen absolut essenziell. Während meiner bisherigen Zeit bei der Hacker School habe ich beispielsweise eine Zertifizierung als Aufsichts- und Beiratsmitglied absolviert, um einen umfassenden Blick auf das Unternehmen zu erhalten und besser zu verstehen, welche Rolle Compliance (Einhaltung von Richtlinien und Gesetzen), Risikomanagement und Finanzierung spielen. Dabei behalte ich immer im Blick, welche Risiken ich persönlich eingehe und warum es wahrscheinlich trotzdem lohnenswert ist. Das Wichtigste, was ich bisher aus meiner Zeit bei der Hacker School mitnehmen konnte, ist, dass der gesamte Bereich, in dem wir arbeiten, eine Lizenz für lebenslanges Lernen hat. Wenn wir das Konzept des lebenslangen Lernens wirklich ernst nehmen, müssen wir vor nichts wirklich Angst haben, denn jede berufliche Fertigkeit kann auf irgendeine Weise erlernt werden. Wenn wir dies unseren Kindern vorleben, können sie auf jeden Fall einen Unterschied machen.

Das Team der Hacker School setzt sich aus einer Vielzahl von Personen zusammen, die überall in Deutschland sitzen. Daher müssen wir alternative Wege der Zusammenarbeit finden und verschiedene Tools und auch häufig virtuelle Räume für den Austausch und die Verarbeitung einsetzen. Der persönliche Kontakt und die persönlichen Treffen bleiben aber ein wertvoller Bestandteil der Arbeit, obwohl die klassische Büropräsenz nicht mehr im traditionellen Sinne erforderlich ist.

Spread the Word: Es muss uncool sein, nicht mitzumachen!

Die Bedeutung von Kommunikation für unsere Zielgruppen und Stakeholder ist immens. Als soziales Start-up ist es für uns entscheidend, unsere Botschaft effektiv zu verbreiten. Dies erfordert eine klare Identifizierung unserer Zielgruppen. Davon haben wir einige: Kinder, Eltern, Unternehmen, Schulen und Lehrkräfte, potenzielle und aktive Inspirer, Förderer, Stiftungen.

Als Multiplikatoren nutzen wir vermehrt soziale Medien, dazu einen Newsletter und unsere Website. Ein eigener Podcast richtet sich vor allem an Unternehmen und soll durch die Geschichten und Erfahrungen interessanter Persönlichkeiten zur Teilnahme inspirieren.

Wirksam für unsere öffentliche Wahrnehmung sind auch Awards und Auszeichnungen, von denen sowohl die Hacker School als auch ich persönlich schon einige entgegennehmen durften.

All das ermöglicht es uns, mit unserer Arbeit wahrgenommen zu werden und unsere Botschaft zu verbreiten. Öffentlichkeitsarbeit und Marketing ist auch für uns ein wichtiger Teil der Arbeit. Wenn man Gutes tut, muss man darüber sprechen, damit die Wirkung sich tatsächlich entfalten kann.

Statusmeldung: Inzwischen beobachten wir immer mehr Unternehmen, die ihr Engagement bei der Hacker School offen nach außen tragen – vor allem in den sozialen Medien. Sie posten begeistert Bilder ihrer Inspirer-Sessions, teilen ihre Erfahrungen und rufen eigene Mitarbeitende, aber auch andere Unternehmen dazu auf, sich ebenfalls zu engagieren. Im Sinne von: Schaut einmal, wie man sich einbringen kann und wie cool es ist, anderen etwas zurückzugeben.

Krass! Und wie finanziert ihr euch?

Die erste bedeutende Unterstützung kam von der Stadt Hamburg, die zwei Jahre lang zwei Vollzeitstellen und zusätzliche Kosten wie die Miete abdeckte. Dies ermöglichte die Umwandlung der Hacker School in ein Sozialunternehmen mit dem Ziel, Geflüchteten den Zugang zur Arbeitswelt zu erleichtern. Eine weitere zentrale Finanzierung wurde durch die Google Impact Challenge ermöglicht, die uns eine erhebliche Förderung für den Ausbau der Hacker School auch außerhalb Hamburgs bereitstellte.

Diese frühen und großzügigen Förderungen hatten einen signifikanten Einfluss auf die Entwicklung der Hacker School. Sie ermöglichten uns nicht nur, die notwendige Technik anzuschaffen, sondern auch die Umsetzung strategischer Ziele zu planen und durchzuführen.

Aufbau des 5-Säulen-Modells:

• Ein kleiner, aber wichtiger Teil der Einnahmen wird durch private Spenden generiert. Dabei ist die Erwähnung von leuchtenden Kinderaugen und digitaler Bildung oft weniger attraktiv für private Spender, da sie häufig als

»First World Problems« betrachtet werden, also als nicht lebensnotwendig.

- Ebenso spielen Gebühren für die Kurse in unserem außerschulischen Modell (egal ob virtuell oder in den Unternehmen vor Ort) eine (kleine) Rolle. Sie werden auf einer freiwilligen Basis erhoben und sorgen nicht nur für eine gewisse Verbindlichkeit in Bezug auf die gebuchten Kurse, sondern stellen auch eine zusätzliche Einnahmequelle dar.

- Öffentliche Gelder sind eine dritte wesentliche Finanzierungsquelle, obwohl sie mit einer hohen Bürokratie verbunden sind. Sie decken jedoch mitunter große Volumina ab und sind oft über mehrere Jahre festgelegt.

- Die zweitwichtigste Säule unserer Finanzierung sind Unternehmensspenden. Immer mehr Unternehmen erkennen, dass die sozialen Dienstleistungen der Hacker School einen Fortbildungscharakter für die teilnehmenden Mitarbeitenden haben – bei Fortbildungen wird ja auch nicht darüber diskutiert, dass Kosten entstehen und Menschen für die Zeit freigestellt werden. Diese Art der Finanzierung zeigt eine erste erfreuliche Tendenz zur Verstetigung.

- Die wichtigste Einnahmequelle sind allerdings Stiftungsgelder. Einige große Stiftungen unterstützen uns seit Jahren mit teils sechsstelligen Beträgen. Eine ganz besondere Förderung erhalten wir seit 2023 von der Postcode Lotterie, da wir dort als Förderpartner aufgenommen wurden: Wir können die Gelder im Rahmen unseres Satzungszwecks frei verwenden, ohne definierte Gegenleistungen dafür zeigen zu müssen, sodass wir die finanziellen Mittel flexibel nutzen und in notwendige Investitionen stecken können.

Nichts geht ohne Fundraising und Stiftungen

Ohne die Zuwendungen von Stiftungen könnte die Hacker School in ihrer aktuellen Form nicht existieren. Die bisherige finanzielle Unterstützung hat uns geholfen, zu wachsen und das zu verwirklichen, wofür wir uns engagieren – und dafür sind wir sehr dankbar. Nun wird die Verstetigung spannend. Klar, Neues zu fördern ist super, aber auch das, was wirklich gut funktioniert, braucht Geld, insbesondere zum Skalieren. Wer sich für unsere engagierten Stiftungsförderer interessiert, findet sie übrigens, wie es sich gehört, auf unserer Webseite: https://hacker-school.de/unterstuetzen/foerderer.

Eine besondere Facette der Stiftungsförderung ist das themenspezifische Fundraising. Das schafft zum einen Möglichkeiten, zum anderen aber auch sehr konkrete Vorgaben. Viele Stiftungen legen spezielle Schwerpunkte fest, wie zum Beispiel die Förderung von digitaler Bildung für Kinder, die gezielte Unterstützung für Mädchen oder die Integration sozioökonomisch benachteiligter Gruppen. Die Förderung von Digitalisierungsprojekten für Mädchen stellt für uns einen wichtigen Baustein dar, da wir insbesondere Mädchen erreichen möchten – einer der Hauptgründe, warum wir in Schulklassen gehen.

Es ist das gute Recht der Stiftungen sowie ihre generische Aufgabe, Verwendungszwecke für Fördermittel vorzugeben und sicherzustellen, dass Gelder nach ihrem Stiftungszweck eingesetzt werden. Wir nutzen die Gelder gern und gezielt genau nach den Fördervereinbarungen, müssen aber für außerplanmäßig entstehende Zusatzaufgaben auch innerhalb der geförderten Projekte wieder neue Gelder auftreiben. Herausfordernd ist auch, dass unsere Vision nicht dem Geld folgen darf oder sollte, es manchmal aber gewisse Sachzwänge gibt, Schwerpunkte auch nach finanzieller Unterstützung zu setzen. Nicht immer einfach.

Eine weitere Herausforderung ist, dass wir von einigen Geldquellen nachhaltig ausgeschlossen sind, da wir z. B. keine Venture-Capital-Fonds oder Ähnliches in Anspruch nehmen können. Denn 85 bis 90 Prozent unseres Budgets verwenden wir dafür, um unsere Angebote überhaupt machen zu können – also für unsere Personalkosten, und mit uns Geld zu verdienen ist einfach nicht möglich.

Es gibt allerdings auch Stiftungsgelder, wie zum Beispiel von der Deutschen Stiftung für Engagement und Ehrenamt (DSEE), bei denen wir spezielle Mittel beantragen können, um die Digitalisierung der Hacker School voranzutreiben. Diese Gelder sind quasi die Königsklasse des Fundraisings. Zum einen sind sie eher selten zu beantragen, da es nur wenige Förderpartner gibt, die sich hier engagieren. Zum anderen sind sie dann sehr begehrt, da viele gemeinnützige Organisationen den Mehrwert für sich und ihre Mission erkannt haben. Diese Geldmittel können einen enormen positiven Einfluss auf unsere Arbeit haben. Insbesondere die (Teil-)Automatisierung von Prozessen hilft uns, mit den eingeworbenen Mitteln viel zielgerichteter zu arbeiten und somit eine größere Wirkung zu erzielen. Dieses sogenannte Capacity Building ist eine sehr nachhaltige, aber auch recht seltene Form der Förderung – das Schleifen der Axt zahlt einfach unglaublich auf das Ergebnis ein.

Die meisten Stiftungsgelder müssen im jährlichen Zyklus beantragt werden, da langfristige Förderzusagen immer sofort große Geldmengen bei den Stiftungen binden. Und es ist keinesfalls sicher, dass wir sie immer bekommen. Eine große Herausforderung besteht darin, dass wir häufig mit der Erwartung konfrontiert werden, immer etwas Neues und Innovatives zu schaffen, anstatt auf dem Guten aufzubauen und weiter zu wachsen.

Es ist verständlich, dass das Interesse an einer langfristigen Finanzierung gering ist, da viele Stiftungen gern neue Projekte unterstützen möchten. Aber nachhaltige Bildungsinvestitionen erfordern eine kontinuierliche Finanzierung.

Es ist wichtig zu sehen, dass unsere Dienstleistungen einen Mehrwert für die Stiftungen und Unternehmen bieten. Wir kümmern uns um die Kinder, fördern ihre Selbstwertschätzung und vermitteln ihnen wichtige Fähigkeiten für das 21. Jahrhundert. Unternehmen können durch ihre Mitarbeitenden von dieser Zusammenarbeit profitieren und die Talent-Pipeline für ihr Unternehmen stärken. Es ist daher durchaus angemessen, dass Unternehmen einen prozentualen Anteil der Finanzierung übernehmen, da sie Nutznießer der Zusammenarbeit sind. Und für die Stiftungen sind wir die Umsetzer der geplanten Förderzwecke – wir machen aus den finanziellen Ressourcen leuchtende Kinderaugen.

Daneben müssen wir die Abhängigkeit von externer Finanzierung auch kritisch betrachten. Digitale Bildung sollte unabhängig vom Geldbeutel der Eltern oder der Kinder zugänglich sein und wir müssen uns als sozialer Dienstleister besser vermarkten, um den Mehrwert unserer Arbeit deutlich zu machen. Unser Ziel ist es, sowohl das Corporate Volunteering als auch die finanzielle Unterstützung desselben selbstverständlicher zu machen – das ist noch ein weiter Weg.

Letztlich kann und muss auch institutionelle Förderung ins Spiel kommen. Allerdings sind die Herausforderungen, die mit der Akquisition solcher Gelder verbunden sind, enorm. Es wird immer schwieriger, die benötigten Beträge einzusammeln – 1,6 Millionen im Jahr 2023, 2,4 Millionen im Jahr 2024 – und es wird dringend eine Verstetigung dieser Gelder benötigt.

Zusätzlich zur Stiftungsförderung haben wir aktuell die Möglichkeit, mit der Arbeitsagentur im Rahmen der Berufsorientierung gemäß SGB III §48 zusammenzuarbeiten. Dies ist ein wegweisendes Modell, da wir hoffen, über die Zeit in eine langfristige Förderbeziehung übergehen zu können. Im Bereich der Zuwendungsförderung unterstützt die Arbeitsagentur mit bis zu 50 Prozent, im Vergabeverfahren später mit bis zu 35 Prozent – das macht das Fundraising der anderen Gelder auf jeden Fall unkomplizierter.

Es gibt einige besondere Herausforderungen bei den Finanzierungen, die im Rückblick zum Schmunzeln anregen. Ein Beispiel dafür ist das fehlende allgemeine Verständnis für Social Entrepreneurship. Was sind wir? Was tun wir? Wie funktionieren wir? Dankenswerterweise haben wir kurzfristig die Coronasoforthilfen des Bundes und der Stadt Hamburg erhalten, aber zu einem gewissen Zeitpunkt kam auch eine Abrechnung mit der Aufforderung, alles zurückzuzahlen, weil wir ja nicht am gewerblichen Geschäftsbetrieb teilnehmen würden. Das hat uns überrascht.

Die Herausforderung besteht darin zu verstehen, wie Social Entrepreneurship funktioniert im Vergleich zu einem gewöhnlichen Geschäftsbetrieb. Wir kalkulieren bewusst defizitär, um digitale Bildung nicht am Geldbeutel der Eltern auszurichten, haben aber trotz nicht eingeplanter Geldzugänge über den Vertrieb ein Wirtschaftsmodell, für das wir Fördergelder einsammeln. Die Abrechnung der Coronasoforthilfen war für uns schon krass spannend – und ist immer noch nicht final durch. Ohne meine Unterstützerinnen und Unterstützer bei der Stadt Hamburg hätten wir vermutlich größeren Herausforderungen gegenübergestanden.

Hans-Weisser-Stiftung (HWS)

Die Hans-Weisser-Stiftung (HWS) ist ein langjähriger Förderpartner der Hacker School und fördert Projekte am Übergang. Die Motivation dafür: Förderung von

Eigenverantwortung, Hilfe zur Selbsthilfe, Fähigkeiten im Einzelnen wecken und stärken, Chancen zur Selbstentfaltung denen geben, die sonst keine Chancen haben, sowie Stärken stärken helfen.

Die HWS konzentriert sich dem Willen des Stifters entsprechend im Schwerpunkt auf das Thema von gelingenden Abschlüssen und Anschlüssen für heranwachsende Jugendliche zwischen 15 und 25 Jahren, die schlechtere Startbedingungen haben als andere, um ihnen herkunftsunabhängige Bildungschancen und Lebensperspektiven zu eröffnen. Konkret unterstützt die Stiftung ihre Förderpartnerinnen und -partner bei der Durchführung von Projekten und Programmen zur Förderung von Eigenverantwortung, Talenten und Potenzialen sowie von Maßnahmen der Berufsorientierung und der Integration in den Arbeitsmarkt.

Mit unseren Ressourcen fördern wir gemeinnützige, in Hamburg arbeitende Organisationen, die sich als Bildungsermutigerinnen und -ermutiger verstehen und strukturell benachteiligte Jugendliche in der Schule und beim Übergang in den Beruf unterstützen. Die Menschen, die jeweils für die Organisationen stehen, müssen uns überzeugen. Wir haben zwei Zielgruppen im Blick: Sozialunternehmen, die innovative Angebote für mehr Bildungsgerechtigkeit entwickeln und verbreiten wollen und damit für uns Treiber für große Lösungen sind. Organisationen und Netzwerke in Hamburger Quartieren, die benachteiligte Jugendliche in ihrer Lebenswelt dauerhaft begleiten und sie ermutigen, Bildungschancen zu ergreifen.

Die Hacker School verstehen wir in dem zuvor genannten Sinne als Treiberin für *große* Lösungen mit Skalierungspotenzial – auch in Hamburg. Wir finden die

Vision sowie die dahinterstehenden Personen überzeugend, insbesondere auch ihre Offenheit und Bereitschaft, an einer Weiterentwicklung sowohl der Organisation wie auch der verantwortlichen Personen zu arbeiten.

Die HWS versteht sich als Ermöglicherin und Unterstützerin des mit ihren Förderpartnerinnen und -partnern gemeinsamen Ziels, dass kein junges Talent verloren gehen darf. Vertrauen, Wertschätzung, Neugier, Respekt und Anerkennung der Förderpartnerinnen und -partner als Expertinnen und Experten auf dem Gebiet des Übergangs von der Schule in den Beruf prägen die Stiftungsarbeit. Unsere Ausgangsfrage lautet: Was braucht ihr? Nur starke Organisationen machen starke Arbeit! Daher fördert die HWS in der Regel nicht nur mit längerfristigen Zusagen, Vermeidung unnötiger Bürokratie, Unterstützung nicht nur für Personal- und Sachkosten, sondern auch für externe Beratungskosten, z. B. für Organisationsentwicklung, Fundraising, Wirkungsorientierung, Coaching, und auch mit dem Türöffnen zum Stiftungsnetzwerk.

Zusammen gewinnen. Zusammen helfen. Der #PostCodeEffekt

Interview mit Friederike Behrends, Chairman of the Management Board, Deutsche Postcode Lotterie

Die Deutsche Postcode Lotterie gehört zu den größten Soziallotterien auf dem deutschen Markt. Was genau macht eine Soziallotterie eigentlich?

Friederike: Eine Soziallotterie ist eine Lotterie, bei der man ganz normal gewinnen kann, aber gleichzeitig mit seinem Losbeitrag immer etwas Gutes tut. Bei der Deutschen Postcode Lotterie bedeutet das, dass unsere Teilnehmenden nicht nur jeden Tag, jede Woche, jeden Monat etwas gewinnen können – mit ihren Losen unterstützen sie zeitgleich auch soziale und grüne Projekte in ihrer Nähe. Ganz nach unserem Motto »Zusammen gewinnen. Zusammen helfen« können ganze Nachbarschaften zusammen gewinnen, und sie helfen zusammen. Das ist ein in Deutschland einzigartiges Konzept. Und die Zahlen machen uns stolz: Seit Gründung der Deutschen Postcode Lotterie im Jahr 2016 konnten wir mehr als 4 400 Projekte mit über 175 Millionen Euro fördern. Und dank unserer Teilnehmerinnen und Teilnehmer werden es jedes Jahr mehr.

Was ist eure Mission?
Friederike: Ganz einfach: Wir möchten die Welt zu einem besseren Ort machen. Wir glauben fest daran, dass unsere Gesellschaft starke gemeinnützige Organisationen und Partner braucht. In diesen herausfordernden Zeiten ist das wichtiger denn je. Wir sind in Deutschland eine eigenständige gemeinnützige deutsche Lotterie, aber das Konzept der Postcode-Lotterien gibt es auch in weiteren Ländern, wie den Niederlanden, Schweden, UK und Norwegen. Uns alle eint die Mission, die Welt zusammen besser zu machen. Alle Postcode-Lotterien haben zusammen bereits mehr als 12,5 Milliarden Euro für gemeinnützige Zwecke gesammelt. Damit gehören wir zu den größten privaten Fördermittelgebern der Welt. Zusammen können wir wirklich etwas bewirken.

Wie wählt ihr Förderpartner aus und warum fördert ihr die Hacker School langfristig?

Friederike: Im Fokus unserer Förderungen stehen Schutz von Natur und Umwelt, soziale Gerechtigkeit und Chancengleichheit. Jeder kann sich über unsere Website www.postcode-lotterie.de für eine Förderung bewerben, dort stehen auch Bedingungen und Fristen. Über eine Förderung entscheidet dann ein unabhängiger Beirat unter Vorsitz von Prof. Dr. Rita Süssmuth und Sabine Leutheusser-Schnarrenberger. Wir unterstützen dabei große und kleine Organisationen im ganzen Bundesgebiet. Entscheidend für uns ist der Impact, den die Organisation mit ihrem Engagement entwickeln kann.

Und da sind wir auch schon bei der Hacker School: Dank unserer Teilnehmerinnen und Teilnehmer könnt ihr beispielsweise die Formate @home und @yourschool ausbauen. Gleichzeitig sehen wir aber auch die wunderbare Arbeit, die ihr bei der Hacker School leistet, weswegen wir uns – zusammen mit unserem unabhängigen Beirat – im Jahr 2023 dazu entschieden haben, euch in die Reihe der sogenannten Postcode-Partner aufzunehmen. Diese besonderen Partnerschaften gibt es auch erst seit 2022. Postcode-Partner sind für uns besonders ausgewählte Organisationen, die einen starken Mehrwert für die Gesellschaft haben und mit denen ein langfristiges Vertrauensverhältnis besteht. Das ist eine besondere Würdigung eures Engagements. Postcode-Partner erhalten von uns eine möglichst langfristige Förderung, die nicht an einzelne Projekte gebunden ist. Schließlich wisst ihr am besten, wo der finanzielle Bedarf und damit auch die Chance auf den höchsten Impact derzeit am größten ist.

Welche Rolle spielt für euch Corporate Volunteering sowohl intern als auch bei euren Förderpartnern?

Friederike: Ich glaube, dass wir etwas sehr Besonderes sind: Dank unserer Teilnehmerinnen und Teilnehmer können wir ja nicht nur zahlreiche Organisationen bei ihrem Engagement, die Welt zu verbessern, unterstützen – wir als Team packen jedes Jahr mehrmals tatkräftig bei Förderpartnern mit an und unterstützen dies auch bei unseren Mitarbeiterinnen und Mitarbeitern. Anlässlich unserer Monatsgewinne, bei denen unser Team ganze Nachbarschaften mit ihren Gewinnen überrascht, laden wir auch immer geförderte Organisationen in der Nähe ein, damit auch hier eine Vernetzung stattfinden kann, und feiern danach zusammen. Alle Mitarbeitenden haben die Möglichkeit, sich bei einer der Förderorganisationen zu engagieren. Corporate Volunteering ist für uns keine Worthülse. Unsere Mitarbeitenden sind diejenigen, die diesen Begriff durch ihr Engagement mit Leben füllen: Wir gehen bei Wind und Wetter raus und sammeln Plastikmüll an Flussufern oder Kippenreste in den Innenstädten. Wir singen an Weihnachten in Seniorenheimen für die Bewohnerinnen und Bewohner, misten Ställe aus oder wir verteilen Lebensmittel an Bedürftige. Corporate Volunteering ist fest in unserer DNA verankert. Und das Beste daran ist, dass es Freude bereitet, zusammen etwas zu bewegen – für Mensch und Natur.

Way forward Finanzierung – was braucht es denn, um richtig groß zu werden?

Derzeit sitzen wir an den Roll-out-Plänen bis zum Jahr 2030 – dem Jahr der großen Zahl: eine Million von der Hacker School erreichte Kinder. Aber neben ganz aktivem Daumendrücken, dass dies auch wirklich klappt, drängen sich andere Zahlen auf: Wir werden im genannten Jahr dann vermutlich über 10 Millionen Euro brauchen, um eine Organisation zu stemmen, die so großzahlig Kinder erreichen kann. Ja, die Zahl hat mich auch ein bisschen erschreckt – mit unseren heutigen Ansätzen und nur über Stiftungen wird das kaum möglich sein. Also, was tun?

Wir planen ganz konkret drei Schritte, die wir gerade evaluieren. Erstens wollen wir ermitteln, wie und in welchem Umfang auch staatliche Förderung aus Bundesmitteln möglich ist; fünf Ministerien bieten konkrete Ansatzpunkte, die zu uns passen könnten. Zweitens wird es viel mehr detaillierte Blicke in die einzelnen Bundesländer geben. Wir sehen, dass hier ein anderer Zugang zu Fördermitteln möglich ist, den wir sowohl hinsichtlich öffentlicher als auch in Bezug auf Stiftungsgelder prüfen müssen. Beispielsweise sind wir sehr froh, dass wir mit der Vector Stiftung einen tollen Förderpartner für Baden-Württemberg gewinnen konnten, sodass wir dort einen intensiven Roll-out planen können. Und drittens müssen wir, bei stetiger Weiterentwicklung unserer Programme, auch über eine Repositionierung von Corporate Volunteering nachdenken. Wenn wir durch die Weiterentwicklung der Wirkungsmessung für Unternehmen aufzeigen können, dass der Erfahrungsgewinn bei den Inspirern als begeisternde Fortbildung gewertet werden kann, können wir auch diesen Gedanken größer machen. Bei Fortbildungen wird auch nicht infrage gestellt, dass hier eine zeitliche mit einer finanziellen Komponente kombiniert wird. Wir werden sehen.

Grundsätzlich hilft es uns, neben allen guten Plänen, wenn die Förderlandschaft sich der derzeitigen Entwicklung öffnet. Investitionen in Digitalisierung, Führungskräftetrainings, Finanzierung von wichtigen Teamtreffen, die man einfach braucht, wenn man sonst nahezu ausschließlich virtuell arbeitet … Es geht nicht nur um Köpfe und es muss auch nicht immer alles neu sein, man kann auch gute, entwickelte Programme supporten, die einfach groß werden.

Man könnte nun meinen, dass das Weltverbessern ohne riesige finanzielle Ressourcen, dafür mit einem sehr begeisterten Mindset schon aufregend genug wäre und sich quasi diesem hehren Ziel alle Türen von selbst öffnen. Ähm ja, fast. Also, es läuft schon vieles gut und wir kriegen viel Support, aber wir erleben genau wie alle Unternehmen die aktuellen Herausforderungen – nur leider häufig ohne einen erweiterten Puffer.

Umgang mit Krisen und exogenen Schocks

Meine Akzeptanz von Krisen ist auf eine etwas schräge Art in gewisser Hinsicht gestiegen. Im direkten Moment sind sie hochgradig unangenehm, schlafraubend und schmerzhaft und gehen immer mit vielen, zumeist unschuldigen Verlierern einher – aber sie können eben durchaus Veränderungspotenzial mit sich bringen. Aus unserer kleinen Welt heraus konnten wir bisher mit großer Kraftanstrengung positive Abstrahleffekte erzielen und wahrnehmen – das hilft beim Resilienzaufbau.

Digitalisierung the Hard Way: Coronakrise

Die Aussage »Never waste a good crisis« hat ihre Berechtigung, außer wenn man sich mitten in einer solchen Krise befindet. In solchen Zeiten kann der Fokus auf den Überlebensmodus das

Einzige sein, was bleibt. Für uns als kleines Social Start-up war der Ausbruch der Covid-19-Pandemie eine massive Herausforderung.

Wir hatten gerade neue Teammitglieder für den Bereich IT und Hacker School PLUS eingestellt. Unsere Pläne, verstärkt in sozial herausgeforderten Schulen zu arbeiten und insbesondere die CITY Hacker School in Karlsruhe zu eröffnen, wurden abrupt gestoppt. Alles auf Remote-Arbeit umzustellen war eine große Aufgabe, die nicht nur uns, sondern viele Menschen im Berufsleben traf.

Die größere Herausforderung für uns war jedoch, diese Umstellung mehr oder weniger kostenneutral zu gestalten. Als Social Start-up, das mit zugesagten Fördergeldern arbeitet, hat man oft lange Vorlaufzeiten, in denen man die Verwendung der Mittel sicherstellen muss. Einer unserer großen Förderpartner in dieser Zeit, die Heinz Nixdorf Stiftung, hatte uns Gelder zur Verfügung gestellt, um insbesondere in Bayern aktiv zu werden. Da die meisten von uns in Hamburg ansässig und Reisen nicht möglich waren, wurde die Erschließung eines neuen Bundeslandes während der Krise nahezu unmöglich. Glücklicherweise konnten wir in enger Abstimmung mit der Stiftung die Gelder umwidmen und sie für den Aufbau der Hacker School @home verwenden, um die digitalen Prozesse beim Lernen der Kinder zu stärken.

Parallel verlief die nötige Digitalisierung unserer eigenen Prozesse, die wir schnell und auf die harte Tour umsetzen mussten. Zu Beginn der Pandemie hatten wir gerade die ersten Schritte mit unserem CRM (Customer-Relation-Management-Tool, also dem Programm zum Managen unserer Kundendaten und -beziehungen) Salesforce gemacht. Wir waren dabei zu lernen, wie wir unsere Prozesse dort abbilden konnten, und plötzlich mussten wir überall digital darauf zugreifen. Diese Herausforderung wurde durch die Schwierigkeit verstärkt, die richtigen IT-Kompetenzen für ein kleines Social Start-up zu finden und zu finanzieren.

Darüber hinaus mussten wir inmitten der Krise unser gesamtes Geschäftsmodell umstellen, um weiterhin Geldmittel einzuwerben und unsere Mission zu erfüllen.

Nicht nur, dass unsere gesamten Arbeitsabläufe und Meetings nun online verliefen, zu Beginn der Krise war auch unklar, wie und wo wir unsere Schüler und Inspirer treffen würden. Wir mussten herausfinden, welche zeitlichen Verfügbarkeiten sowohl die Kinder als auch die Inspirer hatten und welches Tool wir nutzen konnten, um eine Brücke zwischen ihnen zu bauen.

Ja, wo laufen sie denn? – Keine Inspirer wegen des Ukrainekrieges – unser Push zur Kooperation mit Hochschulen

Mit dem Ausbruch des Krieges in der Ukraine wurden wir mit einer völlig neuen Herausforderung konfrontiert. Dieser Krieg führte in der gesamten Gesellschaft zu großer Verunsicherung, verschob alle Prioritäten und stellte uns vor komplexe Probleme. Unternehmen hatten auf einmal zahlreiche interne Fragen zu klären: Wie geht man mit den verunsicherten Mitarbeitenden um? Wie bewältigt man die Herausforderung, dass wichtige Teammitglieder fehlen, weil sie aus der Ukraine stammen und nicht mehr arbeiten können? Wie fängt man die dadurch entstandene zusätzliche Arbeitslast auf?

In dieser Situation wurde die Förderung der digitalen Bildung in Deutschland zu einer untergeordneten Priorität. Andere Dinge waren wichtiger, und wir mussten akzeptieren, dass wir zunächst einmal nur die übrig gebliebenen Ressourcen nutzen konnten.

Zu dieser Zeit wurde das gesamte Ehrenamt in Deutschland von der Ukrainekrise dominiert. Es ist verständlich, dass sich viele Menschen in dieser Situation stark für die Ukraine engagieren wollten. Doch für uns wurde die Luft dünner. Unsere Kurse liefen weiter, aber die Verfügbarkeit von Freiwilligen war stark eingeschränkt.

In solchen Krisenzeiten ist es schwierig, den Menschen klar zu machen, dass das Leben auch hier weitergeht und Bildung wichtiger denn je ist. Wenn das Leben dir Zitronen gibt, musst du Limonade daraus machen. Unsere Limonade war in diesem Fall die Erkenntnis, dass wir neue Wege finden mussten, um an engagierte Inspirer für unsere Kurse zu kommen. Diese Erkenntnis führte zur Idee, mit Hochschulen und Berufsschulen zu kooperieren, um den Mangel zu beheben. Wir sahen darin die Möglichkeit, jungen Menschen während ihrer Ausbildung oder ihres Studiums zu zeigen, wie wichtig gesellschaftliches Engagement ist und wie sie selbst davon profitieren können. Dies war der Beginn einer neuen Ära in unserer Arbeit.

Gemeinnützig muss man sich leisten können – Umgang mit Inflation und fehlenden Finanzierungsangeboten

Vergessen wir nicht die hohe Inflation, die noch immer die Weltwirtschaft erschüttert. Für soziale Start-ups, die sich in der Regel auf langfristige Fördervereinbarungen verlassen, in denen sowohl die Verwendung der Gelder als auch die Gehaltsstrukturen klar definiert sind, stellt diese Situation eine ernsthafte Herausforderung dar.

Inflation führt zu einer realen Entwertung des Geldes, die insbesondere im sozialen Sektor spürbar ist. Obwohl sie vielleicht noch nicht existenzbedrohend wirkt, wirft sie enorme Probleme auf, etwa wenn Mitarbeiter mit berechtigter Dringlichkeit Gehaltsanpassungen fordern. Die von der Bundesregierung eingeführte Inflationsausgleichsprämie war eine willkommene Hilfe, aber die Beschaffung der Mittel dafür war eine gewaltige Herausforderung.

Wir haben versucht, ein faires Modell zu berechnen, das sowohl die Dauer der Zugehörigkeit des Mitarbeiters bzw. der Mitarbeiterin als auch die Arbeitsstunden berücksichtigt. Wir konnten jedem/jeder eine Inflationsausgleichsprämie gewähren, obwohl dies Mittel beanspruchte, die wir eigentlich nicht zur Verfügung hatten. Dafür haben wir freiwillige und ungebundene Spenden genutzt.

Obwohl wir Spendengelder sammeln, um unseren Hauptzweck zu erfüllen, erschwert die Starrheit unserer Förderstrukturen notwendige Reaktionen auf unvorhersehbare Situationen wie eine Inflation. Diese Herausforderungen sind enorm, doch sie unterstreichen die Notwendigkeit sicherzustellen, dass unser Team weiterhin zusammenarbeiten kann und dass wir auf solche Veränderungen reagieren können. Dies ist eine weitere Lektion, die wir in unserem Streben nach Gemeinnützigkeit gelernt haben.

Erstens kommt es anders – und zweitens als man denkt

Die Mitarbeiterinnen und Mitarbeiter in einem Sozialunternehmen benötigen eine hohe Fähigkeit zum abstrakten Denken, um die zahlreichen und vielschichtigen Aufgaben bewältigen zu können. Sie müssen auch ein großes Herz und eine starke Empathie mitbringen, um die Notwendigkeiten zu erkennen und die Bereitschaft zu haben, sie auch in Leistung umzusetzen. Diese Eigenschaften müssen wir in den Menschen finden und gleichzeitig mit den alltäglichen Herausforderungen umgehen, die in diesem Arbeitsfeld auf uns zukommen.

Es ist eine Mischung aus dem hohen Idealismus eines Start-ups und den Herausforderungen eines neuen Produkts auf einem teilweise unbekannten Markt. Dazu kommt die Tatsache, dass die potenziellen Förderungen oder Einnahmen nicht immer die Kosten decken. In diesem Umfeld ist es oft schwierig, Mitarbeiterinnen und Mitarbeiter zu finden, die bereit sind, dieses Risiko einzugehen.

Umgang mit Lernen »on the run«

Eines meiner größten Lernmomente ist die Erkenntnis, dass egal, was wir uns vornehmen oder planen, das Leben uns oft in eine andere Richtung führt. Eine alte Weisheit besagt »Planen bedeutet, den Zufall durch Irrtum zu ersetzen«, und diese Aussage birgt mehr Wahrheit, als man auf den ersten Blick vermuten könnte. Diese Erkenntnis hat mich immer wieder in meiner persönlichen und beruflichen Entwicklung begleitet.

Das bedeutet jedoch keineswegs, dass ich das Planen als solches verurteile. Ganz im Gegenteil, Visionen und klare Ziele sind unerlässlich, um voranzukommen. Doch zugleich sollten wir die Fähigkeit erlernen, in Ungewissheit zu entscheiden und mit unvorhergesehenen Situationen umzugehen. In diesem Zusammenhang bin ich immer wieder auf die sogenannte VUCA-Welt gestoßen, eine Abkürzung, die Volatilität, Unsicherheit, Komplexität und Ambiguität beschreibt.

Es ist eine Herausforderung, in einer VUCA-Welt Entscheidungen zu treffen. Denn oft sind die Dinge nicht eindeutig, und eine klare Vision zu entwickeln, kann unmöglich erscheinen. Eine weitere Aufgabe besteht darin, dieses Verständnis an ein Team zu vermitteln und ein Bewusstsein dafür zu entwickeln, dass Entscheidungen in unserer heutigen Zeit eine kürzere Halbwertszeit haben können, als wir es gern hätten.

Auf persönlicher Ebene bedeutet dies, dass wir lernen müssen, mit dem ständigen Wandel und den daraus resultierenden Unsicherheiten umzugehen. Es erfordert ein hohes

Maß an Offenheit für neues Lernen und die Bereitschaft, selten langfristige Verpflichtungen einzugehen, da wir aufgrund der VUCA-Situation stets in der Lage sein müssen, unsere Prozesse und Entscheidungen anzupassen, um unser Überleben am Markt zu sichern. So entsteht ein Lernen »on the run«, ein kontinuierliches Lernen im Lauf des Lebens.

Spannungsfeld zwischen Wachstum und Struktur

Als Leiterin der Hacker School stehe ich oft vor der Herausforderung, ein Gleichgewicht zwischen der raschen Expansion unserer Initiative und der Entwicklung effektiver Strukturen zu finden. Mit dem Ziel, einen disruptiven Impuls in den Schulen zu setzen und Chancengleichheit zu gewährleisten, versuche ich stets, eine Vision für großes Wachstum zu skizzieren. Doch gleichzeitig frage ich mich oft, ob ein langsames, bedachteres Wachstum nicht eine luxuriösere Option wäre, die ich gern wahrnehmen würde.

In einer idealen Welt hätten wir Zeit für langsames, reflektiertes Wachstum. Doch die Realität zwingt uns, zu handeln, denn wir müssen alle Kinder und Schulen erreichen, um wirklich einen Unterschied zu machen. Diese Aufgabe bringt jedoch eigene Herausforderungen mit sich. Während wir auf dem Weg sind, Strukturen zu schaffen, die ein schnelles Wachstum unterstützen, stoßen wir immer wieder auf Hindernisse.

Ein solches Hindernis ist das klassische Dienstleistungsdilemma: Entweder wachsen wir zu schnell mit Schulkontakten (Nachfrage) oder mit den Unternehmens-Inspirern (Angebot) und kommen aus der Balance. Manchmal haben uns Unterstützerinnen und Unterstützer zugesagt, die dann doch nicht kamen, und in einigen Fällen haben wir Kurse mit Studierenden organisiert, nur um kurzfristige Ausfälle zu erleben.

Es ist eine ständige Herausforderung, all diese Widrigkeiten zu akzeptieren und dennoch die Fahne der Hacker School hochzuhalten. Wir müssen uns immer wieder pushen, um etwas zu bewegen, um Aufmerksamkeit aus unterschiedlichen Bereichen zu erlangen.

Erschwerend kommt hinzu, dass meine Rolle innerhalb der Hacker School auch eine gewisse Lobbyarbeit beinhaltet. Ich bin als Cheflobbyistin registriert und mein Ziel ist es, Mitglieder des Bundestages für unsere Sache zu gewinnen – für digitale Bildung und Chancengerechtigkeit. Obwohl ich diesen Einfluss nicht leugnen kann und auch nicht will, ist es manchmal schwierig, diese Rolle mit meinem Selbstbild in Einklang zu bringen.

Mein Geheimtipp: Dankbarkeit und Demut (und die weltbeste Werbefläche)

Dankbarkeit und Demut sind meine ständigen Begleiter auf dieser bemerkenswerten Reise mit der Hacker School. Sie dienen als Pfeiler meiner persönlichen Widerstandskraft und als Motivation für meine Arbeit. Sie sind ebenso wichtig wie das Logo auf meinem T-Shirt, das mir stets die Chance bietet, die weltbeste Werbefläche zu sein.

Ich fühle mich unglaublich dankbar und demütig für die Möglichkeiten, die mir geboten wurden. Ich habe Kinder kennengelernt, die mir immer wieder zeigen, dass jede Anstrengung und jedes Investment lohnenswert sind, um diese wunderbaren jungen Menschen auf ihrem Weg zu unterstützen. Dass die Hacker School heute dort steht, wo sie ist, ist nicht ausschließlich mein Verdienst. Sicherlich habe ich viel dazu beigetragen und ich habe viele Entscheidungen getroffen – einige davon waren richtig, andere wahrscheinlich nicht. Aber eines habe ich gelernt: Wenn man bereit ist, für andere die Extrameile zu gehen, finden sich auch Menschen, die dasselbe für einen tun.

Ein Beispiel für diese Reziprozität ist die bereichernde Freundschaft mit Dr. Julia Borggräfe und Zeljko Branovic, die beide für Metaplan tätig sind. Wie schon weiter vorn in diesem Buch gezeigt, haben sie mir ihre Zeit geschenkt, um ein zukunftsweisendes Skalierungsmodell für die Hacker School zu entwickeln, das es uns ermöglicht, gut aufgestellt in die Zukunft zu gehen. Für diese Freundschaft bin ich unglaublich dankbar.

Für mich ist Dankbarkeit einer der größten Bausteine für den Aufbau von Resilienz. Zusammen mit Optimismus und einer zukunftsorientierten Einstellung hilft sie dabei, Herausforderungen zu überwinden und das Vertrauen in das Projekt zu stärken. Die Idee der Hacker School ist größer als ich selbst, und ich glaube fest daran, dass wir durch die Einbeziehung von Unternehmen und die digitale Bildung junger Menschen Hoffnung und Begeisterung für zukunftsweisende Berufe wecken können. Für diese Gelegenheit bin ich jeden Tag dankbar und ich freue mich darauf, die Hacker School in eine glänzende Zukunft zu führen.

Warum wir es nicht allein schaffen – unsere Mission als gesamtgesellschaftliche Verantwortung

Wir sind Brückenbauer. Brücken sind ja auch als Kunstwerke schick, aber ihren eigentlichen Nutzen entfalten sie erst, wenn Menschen darübergehen. Die Idee der Hacker School ist in sich so einfach, dass sie jeder verstehen kann, auch wenn es bis zur Umsetzung manchmal braucht. Aber ohne die Unternehmen, die es ihren Mitarbeitenden ermöglichen, in der Arbeitszeit die Welt zu verändern, ohne die Inspirer, die ihre Begeisterung transportieren wollen, ohne die Hochschulen, die Seminare von uns aufnehmen und ihren Studentinnen und Studenten damit ehrenamtliches Engagement für Credit Points ermöglichen (für alle, die mit dem neuen Universitätssystem nicht vertraut sind: Credit Points sind die heutige Währung im europäischen Bildungswesen. Sie werden im Rahmen des European Credit Transfer Systems vergeben (ECTS). Ein Credit Point entspricht etwa 25 bis 30 Arbeitsstunden. Für einen Bachelor-Studiengang benötigt man zirka 180 Credit Points), ohne die Schulen, die sich öffnen, auch wenn sie über viele Jahre eigentlich eher einen sehr großen Abstand zu Unternehmen suchten – ohne all diese Institutionen und vor allem ohne die Menschen wird das nix, wir brauchen sie hier und jetzt.

Es braucht ein ganzes Dorf, um ein Kind zu erziehen, und vermutlich eine ganze Gesellschaft, um hier jahrgangsweise zu unterstützen, um vor allem alle Kinder und Jugendlichen im Land zu erreichen, gerade auch die aus vulnerablen und benachteiligten Gruppen. Also, um hier ganz ausführlich mit der möglichen Rolle der Unternehmen zu starten: Wie kann es denn klappen, was braucht es und warum hängen wir da alle zusammen drin?

PART II

GETTING TO YES – HOW TO HACK THE WORLD A BETTER PLACE – WIE UNTERNEHMEN DIE WELT VERBESSERN KÖNNEN

23.2.2023: Es war der zweite Tag der Hamburger IT-Strategietage, des coolsten Klassentreffens der CIO-Szene Deutschlands. Diese Konferenz, die es seit über 20 Jahren gibt, wird von Hamburg@work, Faktor 3, CIO-Magazin und Computerwoche mit Unterstützung vom IT-Executive Club und Voice ausgerichtet. Sie ist eine der wenigen wunderbaren Veranstaltungen, bei der frau nie am Klo anstehen muss - es sind halt gefühlte 90 Prozent der Anwesenden männlich. Es war die letzte Keynote vor der Preisverleihung des ITEC-Cares Awards für soziale Initiativen, die junge Menschen für Programmieren, IT und Digitalisierung begeistern wollen – und ich durfte auf die Bühne.

Wie viele Menschen waren im Raum? 450? Wie viele online zugeschaltet? Doppelt so viele? Ich weiß es nicht genau. Ich erinnere mich sehr konkret an drei Punkte: Ich ging mit Namensschild auf die Bühne, gosh! Das direkte Einbeziehen von Claudia Plattner, der jetzigen Präsidentin des BSI, auf der Bühne war mega – sie ist die spontanste und coolste Frau der Welt. Und: Nach einer knappen halben Stunde standen alle. Möglicherweise war ein Faktor, dass der Hacker School Fanclub in der ersten Reihe sehr überzeugend war und ist. Zudem war der Impulsvortrag auch echt ganz gut, ich war zufrieden. Vielleicht war aber auch ein Umdenken dabei, sich bereit zu machen. Das Wissen, dass Engagement seitens der Unternehmen kein Nice-to-Have mehr ist oder sein darf. Die Erleichterung, dass es mit mir und der Hacker School jemanden gibt, der hier unbequem fordert und erinnert, sich mit den Unternehmen zu engagieren. Und möglicherweise auch die pragmatische Freude, dass wir mit dem messbaren Engagement mit der Hacker School einen Beitrag leisten, das S von ESG messbar und reportbar zu machen. Ein guter erster Schritt.

Dr. Julia Freudenberg auf der Bühne der IT-Strategietage in Hamburg.
(Foto: Frank Erpinar / Faktor 3)

Allein am obigen Datum bekam ich 150 neue LinkedIn-Kontakte, nahezu ausschließlich C-Level (also Chefetage), sowohl aus den Reihen der Menschen vor Ort als auch viele von denjenigen, die sich online zugeschaltet hatten. Tolle Kontakte, oh ja, aus denen sich viel ergeben hat. Aber – reicht das? Eine Schwalbe macht noch keinen Sommer, ein iPad keine Digitalisierung und Standing Ovations noch kein Commitment.

Der obige Tag war ein Meilenstein in der Sichtbarkeit der Hacker School, für uns der Höhepunkt von drei großartigen Tagen inmitten von Menschen, die viel verändern können und wollen. Aber: Es scheint auch nach tollen Impulsen immer noch kein Selbstläufer zu sein.

Wir wissen, dass wir gut sind. Auch wenn es wie überall im normalen Leben immer wieder mal rumpelt – warum rennen uns die Inspirer nicht tagtäglich die Bude ein? Unternehmen und ihre Führungsmannschaften wissen, dass sie sich engagieren müssen, da die digitale Bildung in den Schulen keine ausreichend umfangreiche Grundlage für digitale Kompetenzen bietet und auch die Berufsorientierung im Großraum Digitalberufe nur rudimentär erfolgt und auch oft aufgrund von Unkenntnis nicht gerade von Begeisterung getrieben wird.

Warum engagieren sich Unternehmen dann nicht proaktiv? Wir wissen, es ist nie böse gemeint. Wir alle haben den Tisch voll bis dorthinaus, die coolen, guten und begeisterungsfähigen Menschen können das Wort Langeweile nicht mal mehr buchstabieren. Alles verstanden. Aber das hilft uns allen nicht weiter. Uns ist vollkommen klar, dass Unternehmen nicht in erster Linie zum Weltverbessern antreten, aber wir brauchen sie hier in der digitalen Bildung und in der Begeisterung für IT- und Digitalberufe unbedingt. #isso.

Wie können wir es uns also allen zusammen ein bisschen leichter machen, damit Hack the world a better place kein schöner und lustiger Slogan eines Social Scale-ups bleibt, sondern damit wir es leben? Die Idee des Schwerpunkts dieses Buches ist es, Best Practices aus den Unternehmen zu teilen, die uns schon länger begleiten, mit denen wir schon sehr viel geilen Scheiß gemacht haben. Wir wollen nachstehend Strategien vorstellen, wie (oft wiederholt vorkommende) Herausforderungen gemeistert werden können. Wir wollen die Menschen sichtbar machen, die mutig, lustig und engagiert für ihre Unternehmen die Extrameile gehen. Wir wollen mit ein bisschen Augenzwinkern die meisten lösbaren Gründe vorstellen, warum das vermeintlich unmögliche Ehrenamt doch gelingen kann, und wir wollen vor allem dazu anregen, dass ihr euch alle inspirieren lasst, dabei zu sein. Es muss uncool sein, nicht mitzumachen. Es haben schon Leute vor euch geschafft, seid ihr jetzt auch dabei?

Einfach die Welt retten kann jeder! Wo hakt's denn?

Die drei größten Herausforderungen, die wir immer wieder erkennen, sind Commitment, Timing und eine Kooperation auf Augenhöhe. Wenn wir groß denken und einen signifikanten Einfluss erreichen wollen, ist es unerlässlich, dass es eine Verbindlichkeit gibt, die uns ermöglicht, zu planen und zu agieren.

Verbindlichkeit oder Engagement im Ehrenamt erfordern eine Neuausrichtung und neue Ansätze. Es benötigt eine neue Form des Engagements, das über die herkömmlichen Modelle des Ehrenamts hinausgeht. Anstatt sich auf sporadisches und unkoordiniertes Engagement zu verlassen, müssen wir systematischer und professioneller vorgehen.

Wenn wir in einer Größenordnung agieren wollen, in der wir 100 000 Kinder pro Jahr erreichen möchten, reicht es nicht aus, nur gelegentlich eine oder zwei IT-Fachkräfte zu haben, die sich engagieren dürfen. Wir müssen Jahrespläne erstellen, Verbindlichkeiten definieren und sie dann auch erfüllen, ähnlich wie es in der professionellen Welt der Fall ist.

Das bedeutet, dass wir nicht nur Engagement benötigen, sondern auch eine verlässliche Planung und eine konsequente Umsetzung. Es geht darum, unsere Vision und Mission in greifbare, praktische Schritte zu übersetzen und sicherzustellen, dass jeder, der sich engagiert, versteht, was von ihm erwartet wird, und bereit ist, die Erwartungen zu erfüllen. Nur so können wir sicherstellen, dass wir unsere Ziele erreichen und einen nachhaltigen Einfluss auf die Bildung und Entwicklung von Kindern und Jugendlichen in der IT haben.

More than words – Plan und Wille für Corporate Volunteering

Einer der wichtigsten und wirklich kritischen Erfolgsfaktoren für Corporate Volunteering ist der klar durchdachte Wille, Corporate Volunteering zu fördern – eine bewusste Entscheidung, die nicht nebenbei, sondern bei vollem Bewusstsein getroffen wird. Klingt verrückt, ist aber so. Ganz entscheidend ist dabei die Einstellung, es wirklich ernst zu meinen – Corporate Volunteering als echtes Ziel zu betrachten, nicht nur als etwas, das nett ist, wenn es im Angebot enthalten ist. Die Möglichkeiten der verbindlichen Verankerung sind vielfältig: sei es in der Ausbildung, beim Einstieg von neuen Werkstudentinnen und -studenten, durch Planung von Teamevents, durch Einstufung als Fortbildung, durch Zielabsprachen als ESG-Partner und vieles mehr.

Es muss das richtige Maß gefunden werden zwischen »Es ist sehr erwünscht, also verbindlich« und »Na gut, wenn du unbedingt willst, dann kannst du es machen« . Es braucht eine klare Botschaft: »Komm mit, das ist etwas, was wir wollen, und wir meinen es ernst.«

Es muss von der Unternehmensseite her gewollt sein, mit allen Konsequenzen, auch wenn nicht alle Zeiten abgerechnet werden können. Es muss positiv konnotiert sein und nicht so aussehen, als ob jemand nur deshalb ehrenamtlich tätig ist, weil er in seinem Job unzufrieden ist.

Ein entscheidender Erfolgsfaktor ist es, die Bedürfnisse der Menschen, die sich engagieren möchten, zu erkennen und zu befriedigen. Wir sehen, wie wichtig generell Wertschätzung ist. Die Wertschätzung vonseiten des Unternehmens für die Mitarbeitenden, die sich engagieren, nimmt einen sehr hohen Stellenwert ein.

Die Wertschätzung und der Stolz darauf, dass Menschen sich engagieren und dafür gefeiert werden, sind unabdingbar. Und dazu braucht es Sichtbarkeit – nach innen und außen.

Sichtbarkeit der Menschen, die sich engagieren, und Sichtbarkeit des Engagements an sich – auch von den Führungskräften, insbesondere den direkten Führungskräften und der Unternehmensführung. Die Vorbildfunktion spielt dabei eine große Rolle.

Und wir sehen, dass es zwei Bereiche im Unternehmen braucht, die einbezogen sind: die Erlaubnis und die Umsetzung. Keiner kann ohne den anderen existieren – nur gemeinsam kann man wirklich gute Ergebnisse erreichen. Auf diesen beiden Ebenen braucht es das Commitment – wenn nur eine der beiden Ebenen einbezogen wird, kann ein ernst gemeintes Corporate Volunteering kaum erfolgreich sein.

Lange Planung braucht es nicht: Macht es einfach – jetzt!

Wir wissen, dass die Idee der Hacker School sehr gut ankommt. Auch die Bereitschaft von Unternehmen, sich zu engagieren, ist hoch. Allerdings sehen wir auch, dass die Entscheidungswege von Unternehmen mitunter sehr lang sind, nicht nur wenn es um Geld geht, sondern sogar noch länger, wenn das Engagement geplant werden muss.

Wir haben wunderbare Unternehmen kennengelernt, die mit tollen Ideen starten, aber bei denen sich der Start der Zusammenarbeit über zwei Jahre hinzieht. Und die Lektionen, die wir gelernt haben in Bezug auf das, was beim Start funktionieren kann, möchten wir an dieser Stelle teilen.

Wir brauchen keine großen Vorläufe, um die Inspirer perfekt zu machen, und wir müssen nicht unbedingt die optimale Schule direkt in der Nähe des Unternehmens finden, um alles so zu haben, dass nichts schiefgehen kann. Nein, das ist nicht die Idee. Wir wollen den jungen Menschen zeigen, dass das Paradigma »better done than perfect« gelebt werden kann.

Wir müssen gemeinsam verstehen, dass das Engagement der Unternehmen an sich ein beidseitiges Geschenk ist. Die jungen Menschen lernen echt viel, die Inspirer aus den Unternehmen sowie die Unternehmen selbst aber auch. Etwas zu tun, was nicht zweistellig abgesichert ist, sondern es zu erproben und es jetzt zu tun – das ist eines der größten Geschenke, das sich ein Unternehmen selbst machen kann. Just start – es wird schon gut gehen! Bei über 35 000 Kids haben wir schon einiges gesehen, wir kriegen das zusammmen hin. Denn wir müssen die Kinder jetzt erreichen, wir können nicht mehr warten.

Nicht nur wir wollen Kooperation auf Augenhöhe

Die Kooperation auf Augenhöhe ist eine weitere Dimension, die in unserer Arbeit als Hacker School notwendig ist. Wir sehen uns nicht als Bittsteller bei Unternehmen, die darum flehen, dass sie sich ehrenamtlich bei uns engagieren. Wir wissen, dass das, was wir tun, gut, wichtig und richtig ist. Wir haben bereits über 40 000 junge Menschen erreicht und begeistert, und wir haben immer wieder die leuchtenden Augen gesehen – nicht nur von den Kindern, sondern insbesondere auch von denjenigen, die mit uns und durch uns diese Erfahrung machen können.

Eine Partnerschaft auf Augenhöhe hat für uns mehrere Komponenten: Wir benötigen Menschen, wir benötigen Ressourcen und wir benötigen Geld. Schließlich haben auch wir Rechnungen zu bezahlen, und wir organisieren Hacker Sessions, die für Mitarbeiterinnen und Mitarbeiter auch den Charakter einer Fortbildung haben. Es ist daher wichtig, dass diese Arbeit nicht nur durch die Menschen, sondern auch finanziell wertgeschätzt wird.

Wir können mit Zuversicht sagen, dass wir unseren Ansatz nur gemeinsam mit euch umsetzen können – und umgekehrt. Wir als gemeinsame Träger haben die Möglichkeit, mit Schulen zu kooperieren und Unternehmen in die Schulen zu bringen. Dabei geht es nicht um Werbung oder umsatzorientierte Überlegungen, sondern um echte Orientierung und die Begeisterung für zukunftsweisende Berufe. Gemeinsam können wir so viel mehr erreichen.

Nicht zu handeln ist auch keine Lösung. Die Kosten der Nichtbeteiligung sind zu hoch. Wir sehen, dass es im Bereich der Fachkräfte keine Entspannung gibt, und der Wert, den Mitarbeitende bringen können, steigt ständig. Eine aktive Beteiligung von Mitarbeitenden an solchen Aktivitäten schafft einen großen Mehrwert aus gesamtgesellschaftlicher Sicht, bringt individuellen Purpose, steigert die Attraktivität als Arbeitgeberin oder Arbeitgeber und tut echt aktiv was gegen den Fachkräftemangel: also los!

Und wie es klappen kann, zeigen wir euch gern. Nachstehend findet ihr einige tolle Geschichten und Learnings, die wir mit Unternehmen zusammen machen konnten – und danach die besten Entschuldigungen, warum es denn einfach nicht geht. Glaubt uns, wir haben auch hier schon alles gehört. Traut euch, es macht Spaß!

How to Hack Unternehmen

Die Erfahrungen mit Unternehmen sind von Anfang an Teil der Hacker-School-DNA, sei es über die ganz frühe Kooperation mit Otto oder indirekt durch die Inspirer der ersten Stunde. Die Begeisterung ist immer sehr groß, wenn ich das Konzept der Hacker School vorstelle, also pitche, aber dann kommt die Realität. Die Umsetzung ist doch manchmal etwas herausfordernder: Wie verbucht man denn nun ehrenamtliches Engagement, will der Ausbilder wirklich, dass man sich engagiert, was sagt eigentlich der Betriebsrat dazu, was auch immer. Und dann kommt immer wieder der Alltag dazwischen. Nun, wenn wir zusammen etwas verändern wollen, müssen wir ran, da hilft alles nichts. Und so viele tolle Unternehmen haben sich schon auf den Weg gemacht. Wir kooperieren derzeit mit über 500 Unternehmen, oft noch auf sehr kleinem Level, aber das wollen wir jetzt ausbauen. Lest und schmunzelt über die schönen Geschichten, die jetzt folgen. Das Best-of der Ausreden kommt dann danach.

Wie kann es denn funktionieren?
Geschichten, die das Leben schreibt

Wie haben wir die Auswahl der Unternehmen getroffen, deren Geschichten wir hier teilen? Unser Wunsch war es, besondere Learnings vorzustellen, First-Mover (Unterstützerinnen und Unterstützer der ersten Stunde) zu zeigen und Fragen aufzugreifen, die nach unserer Wahrnehmung viele von uns und euch beschäftigen. Warum sind manche Firmen nicht dabei? Teils haben vielversprechende Versuche aus unterschiedlichen Gründen nicht geklappt, sodass die Geschichten zwar toll gedacht waren, aber doch noch zu sehr im Aufbau steckten. Teils waren

Geschichten sehr ähnlich und wir haben eine Auswahl getroffen. Zudem kamen manche Antworten auf Anfragen schlichtweg nicht zu dem Zeitpunkt, wo wir sie gebraucht hätten: nämlich bis zur Abgabe des Manuskripts.

Wir lieben und wertschätzen alle unsere Partnerunternehmen sehr und wir sind dankbar für jede Stunde, in der sie mit uns die Welt ein bisschen besser machen. Wenn euer Unternehmen nicht dabei ist, dann ist das keine böse Absicht. Unsere gemeinsamen Erlebnisse sind deshalb kein bisschen weniger wichtig oder weniger wertvoll. Nehmt meinen und unseren allerherzlichsten Dank – wir werden die Geschichten an anderer Stelle erzählen. Schreibt mir!

Für Collective Impact können und müssen wir alle voneinander lernen – los geht's.

Accenture – warum Inspirer und Personaler mitmachen

Die Kooperation mit Accenture begann im Sommer 2019, kurz nachdem Meike Molnar, Personalmarketingexpertin, bei mir nachgefragt hatte, welche Kooperationsmöglichkeiten es denn gebe und wie sich Accenture bei der Hacker School einbringen könne. Bereits im September 2019 begannen wir mit der Planung von Terminen, die wir bei Accenture vor Ort durchführen wollten. Für uns wurde auch sofort eine finanzielle Unterstützung mitgeplant, sehr umsichtig. Schon beim zweiten Kurs wurde die Teilnehmerzahl von 20 auf 30 erhöht, es lief prima. Das IT-Beratungsunternehmen bekundete weiterhin großes Interesse und meldete gleich mehrere Kurse an. Im Gegenzug konnten wir auch Accenture bei deren Formaten unterstützen, wie etwa bei Girls digital go school.

Accenture war für uns also schon früh ein wichtiger und vielseitiger Unternehmenspartner. Wir konnten beispielsweise Rückmeldung zu unseren neu erstellten Unterlagen, damals

»Hacker School von A bis Z«, einholen und haben sie mit dem konstruktiven Feedback deutlich verbessert. Auch die Transformation von »Wir machen Kurse vor Ort« zu »Okay, jetzt müssen wir online unterstützen« für die Hacker School @home wurde sehr positiv aufgenommen.

In den vergangenen Jahren wurde Accenture zu einem starken Partner, der schon seit Beginn des Roll-outs der Hacker School konstant viele Kurse angeboten hat und eine zuverlässige Vorausplanung ermöglichte. Besonders Stephanie Cichon, die immer wieder als Inspiress dabei war, hat sich bei Accenture konsequent und nachhaltig für die Kooperation eingesetzt.

Was ich eigentlich in so einem Kurs mache?

E-Mail von Stephanie Cichon, Full Stack Developer, Accenture, vom 20.7.2023

Liebe Julia,

ich habe mal die Hacker-School-Kurse gezählt, bei denen ich mitgewirkt habe (inkl. Support beim Girls Digital / Girls' Day und bei einem Kurs der BWI) – seit Juni 2020 waren es 24 Hacker-School-Kurse!

Mein erster Kurs war eine GIRLS-Session in Scratch mit Mädels, von denen keines älter als 13 Jahre war. Ich kann mich noch gut an deren strahlende Gesichter erinnern, weil sie ihr eigenes Spiel auf die Beine gestellt haben und voller Stolz ins Wochenende gingen. Genau dieser Moment spornt mich an, Inspiress zu sein. Was ich da eigentlich tue in so einem Kurs? Unterm Strich: Kindern, Jugendlichen und Frauen von meinem tollen Job vorzuschwärmen und sie bestenfalls für die IT zu begeistern. Das mag vermutlich nur ein kleiner Stein sein, der da ins Rollen gebracht wird. Dennoch war das bei mir genau dieser kleine Stein, der mich letztendlich motiviert hat, Programmiererin zu werden. Ein Lebenstraum von mir ist es, dass die Softwareentwicklung nicht mehr sinnbildlich für eine Männerdomäne gehalten wird. Denn sie ist viel mehr als das, und dafür bin ich gern Inspiress bei der Hacker School.

Viele Grüße
Stephi

PS: Ich bin bestimmt bald wieder bei einem Kurs dabei 😊!

Jugendliche für Technologie begeistern

Meike Molnar, Personalmarketing / Recruiting,
Accenture

Warum wir mit der Hacker School zusammenarbeiten? Die Antwort ist einfach. Weil mich die Idee der Hacker School vom ersten Moment an begeistert hat und dieser Eindruck sich über die letzten Jahre immer wieder verfestigt.
Im Sommer 2019 war ich auf der Suche nach neuen Möglichkeiten, wie wir als Unternehmen Jugendliche für

die vielfältigen Möglichkeiten in der IT begeistern können. Eher per Zufall bin ich über ein Video des Hacker-School-Gründers Andreas Ollmann gestolpert und habe sofort gedacht, darüber möchte ich mehr erfahren.

Und so habe ich dann mit Julia Freudenberg gesprochen. Danach war es eigentlich nur noch eine Frage, wie wir zusammenarbeiten, und nicht ob. Die ersten Livekurse in Frankfurt haben im Februar 2020 stattgefunden und seitdem sind wir fester Partner der Hacker School @home und der GIRLS Hacker School.

Für Accenture war und ist es wichtig, Jugendliche für Technologiethemen zu begeistern. Nicht nur aus Recruiting-Sicht, damit sie irgendwann dual Studierende im Unternehmen werden, sondern auch aus gesellschaftlicher Verantwortung heraus. Das hat dazu geführt, dass auch unser Corporate-Citizenship[14]-Bereich bei der Hacker School eingestiegen ist. Auf freiwilliger Basis unterstützen unsere Mitarbeitenden die Hacker School @yourschool, und es sind weitere Kooperationen geplant. Mittlerweile ist ein großes Team involviert, sowohl von der organisatorischen Seite her als auch von unseren Mitarbeiterinnen und Mitarbeitern, die sich als Inspirer engagieren.

Die häufigste Rückmeldung nach den Kursen mit der Hacker School: »Es macht einfach so einen Spaß, die Begeisterung in den Gesichtern der Kinder und Jugendlichen zu sehen!«

---

[14]   Mit dem Begriff Corporate Citizenship wird gemäß »Wirtschaft und Schule« das Selbstverständnis von Unternehmen bezeichnet, die sich als »gute Bürger« verstehen und sich für das Gemeinwohl engagieren.

Fast jeder Beruf hat heute digitale Anteile

Dr. Hellen Fitsch, Corporate Citizenship Lead DACH, Accenture

Ich teile voll und ganz die Vision der Hacker School: Jeder junge Mensch soll das Programmieren kennenlernen, bevor er oder sie sich für einen Beruf entscheidet. Im Rahmen unseres gesellschaftlichen Engagements setzen wir uns für einen breiten Zugang zu digitalen Kompetenzen ein. Kinder und Jugendliche sollen nicht nur technische Geräte nutzen, sondern Technologie auch für die Gestaltung ihrer eigenen Ideen einsetzen können. Quasi jeder Beruf hat heute digitale Anteile. Und sie sollen eine echte Wahl haben, ob sie einen digitalen Beruf ergreifen oder nicht. Dazu müssen sie sich in einem geschützten Raum selbst ausprobieren und etwas gestalten können und die Bandbreite digitaler Berufe kennenlernen. In den von der Hacker School aufgesetzten Trainings inspirieren unsere Kolleginnen und Kollegen, wenn sie ihren persönlichen Werdegang darlegen und aus ihrem Projektalltag berichten. Zusammen können wir so mehr Kinder und Jugendliche für Technik begeistern und ihnen gute Berufschancen ermöglichen.

Meine Take-aways

– Gefunden zu werden ist toll – gefunden zu bleiben noch besser.

– Erproben, was auf Unternehmensseite geht, hilft bei Verankerung und Akzeptanz.

– Feedback aus Unternehmenssicht ist ein riesiges Geschenk.

185

Adesso – drei Tickets für die eigenen Kids, jedes Mal

Am Anfang war ein Podcast: Die Zusammenarbeit mit Adesso begann über ein gemeinsames Netzwerk und die Idee eines Podcasts namens SheforIT, der von der IT-Expertin Vivien Emily Schiller zusammen mit ihren Kolleginnen ins Leben gerufen wurde. Ich wurde zusammen mit meiner damaligen Kollegin Stefanie Susser eingeladen, unsere Perspektive in der Sendung zu teilen. Es war toll zu erleben, wie der Funke bei den Zuhörern übersprang und wie groß das Interesse an unserem Beitrag war.

Im Anschluss einigten wir uns darauf, eine Fördervereinbarung abzuschließen, die besagte, dass wir im Lauf des Jahres verschiedene Kurse gemeinsam durchführen wollten und diese finanziell unterstützt werden würden. Die Veranstaltungen liefen dann über unterschiedliche Niederlassungen von Adesso, und dank der Unterstützung durch Vivien Emily Schiller und Polina Grauberger konnten wir an vielen Standorten des IT-Beratungsunternehmens engagierte Mitarbeiterinnen und Mitarbeiter finden, die bereit waren, die Kurse am Wochenende anzubieten.

Teilweise haben wir auf unsere vorhandenen Kurskonzepte zurückgegriffen, teilweise wurden dafür auch neue Konzepte entwickelt. Es war großartig zu sehen, wie das Wissen weitergegeben wurde und die Adessi (cooler Eigenname der Adesso-Mitarbeitenden) die Einarbeitung und die Durchführung der Kurse souverän übernahmen, sodass wir schon bald nicht mehr bei jeder Veranstaltung persönlich anwesend sein mussten.

Und ebenfalls mega: Es wird immer dafür Sorge getragen, dass auch an die Adessini – das sind die Adessi-Kinder – mindestens drei Tickets verlost werden. Toll! HR-Managerin Polina Grauberger ist für uns die zentrale Ansprechpartnerin. Ihre Beweggründe, sich zu engagieren? Sie möchte, dass Kinder die Chance erhalten, alles, was die Welt zu bieten hat, auszuprobieren. Und es stimmt sie traurig, wenn das nicht möglich ist. »Mir ist klar, dass wir hier nicht die Welt retten – aber der Gedanke, dass wir von Adesso jeden Monat für ein paar Dutzend Kinder mehr die IT erlebbarer machen können, zaubert mir dann doch ein Lächeln ins Gesicht.« Sie ist stolz darauf, dass es so viele engagierte Adessi gibt, mit denen sie gemeinsam ehrenamtliche Wochenendkurse für Kids und Teens an den Firmenstandorten organisieren darf: »Wenn wir am Ende nur ein Kind darin bestärken konnten, dass IT das Richtige ist, haben wir schon einen wertvollen Beitrag geleistet!«

Auch Rico Komenda, Senior Security Consultant, engagiert sich als Inspirer. Er sagt: »Code ist die Sprache, mit der wir mit Maschinen kommunizieren. Wenn wir sie beherrschen, haben wir die Macht, unsere Ideen in digitale Realität zu verwandeln. Jugendliche zu sehen, wie sie ihre Ideen umsetzen und sich dabei freuen – das ist das, wofür ich es mache!«

Ein weiterer enger Kontakt zu Adesso ergab sich für mich über den IT-Executive Club aus Hamburg, wo ich Oliver Schobert, den Sales-Chef von Adesso, kennenlernte. Wir sollten zusammen einen Preis überreichen und hatten echt viel Spaß dabei. Olli war und ist sehr begeistert von dem Konzept der Hacker School und lud uns zum DigiDay2023 nach Düsseldorf ein. Mit der freundlichen Unterstützung von IT Senior Consultant Jennifer Latuski, die uns schon länger über die Arbeit ihres Mannes (Stefan Latuski ist seit August 2023 CIO der Bundesagentur für Arbeit) kennt, wurden wir herzlich in den Kreis der Adessi eingeführt. Ihre Motivation: »Ich möchte die Leute begeistern, dass sie aktiv werden.« So lernten wir an diesem Tag auch Volker Gruhn kennen, den Gründer und Aufsichtsratsvorsitzenden von Adesso. Erlauben und Umsetzen hängen auch hier wieder sehr eng zusammen – und ich freue mich, dass es noch viele Ideen gibt, um gemeinsam mehr Kids zu erreichen.

Know-how weitergeben

Vivien Emily Schiller, IT-Security-Expertin,
bis Mai 2023 bei Adesso

Mein erster Kontakt mit der Hacker School erfolgte während des Digitaltags 2021, als ich noch in meinem Mutterschutz die spannende virtuelle Diskussion zu Quereinstieg und Weiterbildung in digitalen Berufen verfolgte. Ich lud die Hacker School dann in unseren Podcast SheforIT ein und wollte, dass unsere Zusammenarbeit über den Podcast hinausgeht. Besonders angesprochen hat mich die Möglichkeit, mein eigenes Wissen weiterzugeben und meine beruflichen Verpflichtungen mit ehrenamtlichem Engagement zu verbinden. Ich war begeistert von der Idee, Mädchen für Technologie zu begeistern und mehr Frauen in die Technologiebranche zu bringen.

Um diese Idee voranzutreiben, sprach ich mit unseren HR-Verantwortlichen und dem Vorstand von Adesso. Wir wollten sicherstellen, dass die Kosten, die durch die Zusammenarbeit mit der Hacker School entstanden, von unserer Seite übernommen würden.

Ein Jahr nach dem ersten Kontakt mit der Hacker School konnten wir unseren ersten Kurs anbieten. Parallel dazu veröffentlichten wir unseren Podcast über die Organisation, um unsere Mitarbeiterinnen und Mitarbeiter über die Vorteile der Hacker School zu informieren. Das Feedback war durchweg positiv.

Wir boten mehrere Kurse an, und viele unserer Mitarbeiterinnen und Mitarbeiter, insbesondere Frauen, konnten sich ehrenamtlich einbringen. Das machte mich sehr stolz.

Mir war schon lange bewusst, dass es für viele meiner Kolleginnen und Kollegen schwierig war, sich ehrenamtlich zu engagieren, obwohl sie dies gern taten. Die Zusammenarbeit mit der Hacker School bot die Möglichkeit, sowohl das eigene Know-how weiterzugeben als auch die Arbeit auf sinnvolle Weise zu erweitern. Es war eine Win-win-Situation: Wir konnten uns ehrenamtlich engagieren und dabei etwas tun, was wir bereits gut beherrschten. Außerdem konnten wir Kinder für die Informatik begeistern und so zur Förderung der dringend benötigten Fachkräfte beitragen.

Obwohl ich Adesso inzwischen verlassen habe, schaue ich immer noch mit Stolz und Freude auf diese Zusammenarbeit zurück. Es war eine bereichernde Erfahrung, die mir das Gefühl gab, etwas Sinnvolles zu tun. Und ich bin stolz darauf, Teil der Geschichte der Hacker School zu sein, und werde sie immer als eine meiner schönsten beruflichen Erfahrungen in Erinnerung behalten. Und ich nehme euch auf jeden Fall mit zu meinem neuen Arbeitgeber!

Meine Take-aways

– Kooperationspartner lernen laufen: Schön, wenn wir nicht bei allen Sessions dabei sein müssen.

– Networking geht über alles: Menschen verknüpfen Menschen.

– Erlauben und Umsetzen gehören eng zusammen.

Allianz – Management und Konzernbetriebsrat müssen mit ins Boot – läuft!

Unsere ersten Kontakte zur Allianz entstanden durch Startsocial, ein Stipendiumsprogramm für Sozialunternehmen. Durch das viermonatige Beratungsstipendium, an dem wir wiederholt teilnehmen durften, lernte ich verschiedene Menschen kennen, die durch ihre konstruktive und wertschätzende Kritik wesentlich zur Weiterentwicklung der Hacker School beigetragen haben. Dazu gehören etwa Tanja Olbert, damals Head of CSR bei der Allianz, oder Claudia Berges von der Deutschen Bank, die uns im ersten Durchgang eine sehr aufrüttelnde Beurteilung als Jurorin schrieb. Selten habe ich aus einer Bewertung so viel lernen können. Auch wenn es mich im ersten Moment mental richtig triggerte, dass ich neben drei super Beurteilungen auch die von Claudia bekam, denke ich noch heute an ihren Rat: nicht zu viel auf einmal erreichen zu wollen, sondern jeden einzelnen Bereich gut zu durchdenken und zu strukturieren, damit ich eine klare Vision teilen kann. Die Hacker School hat riesig davon profitiert.

Aber eine Person machte dann doch noch einmal einen großen Unterschied: Rainer Karcher – seines Zeichens Klimaaktivist im Anzug und in Sachen Sustainability bei der Allianz Technology, der IT-Dienstleistungstochter des Versicherungskonzerns, an Bord. Er ist seit Jahren ein engagierter Unterstützer der Hacker School – und für mich übrigens auch ein großes Vorbild in puncto Hartnäckigkeit. Nach seinem Wechsel von Siemens zur Allianz im Oktober 2022 war klar, dass wir die Zusammenarbeit hier intensivieren würden.

Trotz der großen Anzahl von IT-Fachkräften bei der Allianz war es nämlich nicht selbstverständlich, unsere Angebote in diesem Konzern umzusetzen. Rainers Idee war es, seine Vorgesetzten direkt in den Prozess einzubeziehen und auf Managementebene möglichst viel Kommunikation über die Hacker School zu gewährleisten. Mit der Unterstützung durch Rainer und andere engagierte Personen sowie der internen Genehmigung und der Zustimmung des Konzernbetriebsrates legten wir mit einer ersten Schulsession los. Abgesehen von einigen technischen Herausforderungen war das ein voller Erfolg.

Ich habe mich unglaublich gefreut, dass neben Rainer selbst auch Gülay Stelzmüllner, damals noch CIO, inzwischen CTO bei der Allianz Technology, als Inspiress dabei war – was für ein Vorbild! Dazu hat sie auch auf LinkedIn begeistert gepostet:

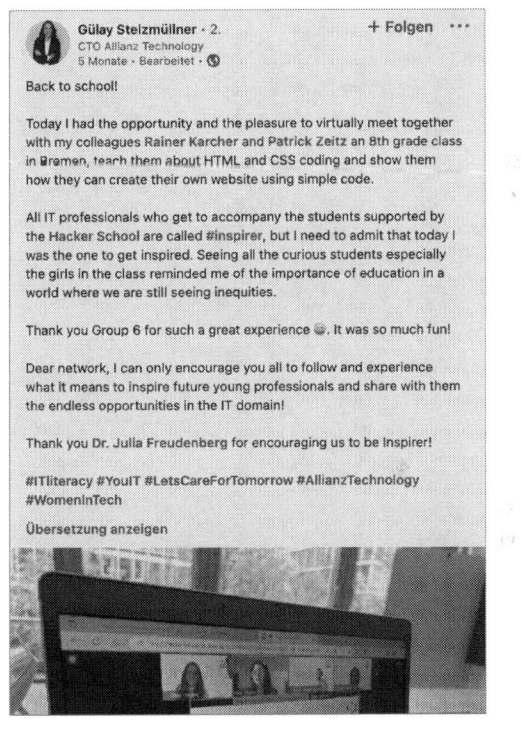

LinkedIn Post von Gülay Stelzmüllner zum Engagement der Allianz bei der Hacker School (2023). *(Foto: Gülay Stelzmüllner)*

Generell hilft die Sichtbarkeit unserer Aktionen in dem Münchner Versicherungskonzern, weitere Inspirer zu gewinnen. So freuten wir uns über entsprechende Angebote wie die Möglichkeit, bei einem All-Hands-Meeting der Allianz-Gruppe eine Präsentation halten zu können.

C-Level ist gefragt

Gülay Stelzmüllner, CTO, Allianz Technology

IT ist spannend und aufregend, IT bedeutet Innovation, bedeutet Zukunft. Durch die Digitalisierung der Wirtschaft und der Arbeitswelt wird IT immer relevanter, und heute schon gibt es kaum mehr Berufe ohne IT-Bezug. Informatik ist nicht mehr das veraltete Bild eines in sich gekehrten stillen Nerds, der in seinem dunklen Zimmer sitzt und die Zeit vor seinem PC verbringt. Diese Message in unsere Schulen zu transportieren und dabei junge Menschen und vor allem junge Mädchen für IT-Berufe und für das Programmieren zu begeistern, sollte unsere Aufgabe insbesondere auch auf C-Level sein.

Eine gemeinsame Auszeichnung zusammen mit dem Allianz-CEO Oliver Bäte beim German Diversity Award 2022 hat ebenfalls dazu beigetragen, uns innerhalb des Unternehmens bekannt zu machen. Seit 2020 wird dieser Preis von der Initiative Beyond Gender Agenda verliehen, die sich für Diversity, Equity und Inclusion in Wirtschaft, Politik und Gesellschaft einsetzt. Während Oliver als Persönlichkeit des Jahres ausgezeichnet wurde, bekam ich den Award in der Kategorie Generation für unser Engagement für die nachwachsende Generation.

Eine Besonderheit bei der Allianz ist das interne Portal »Sei dabei«. Es wurde unter Einbeziehung von Startsocial entwickelt, um innerhalb der Allianz das soziale Engagement zu fördern. Wir sind sehr daran interessiert, dieses Portal zu nutzen, um mehr IT-Fachkräfte für unser Engagement zu gewinnen. Indem wir hier unsere Veranstaltungen und Aktivitäten eintragen, haben wir schon erste Inspirer begeistern können. Und ich bin sicher, da geht noch mehr.

Wir haben in der Allianz engagierte Unterstützer gefunden, die mit Begeisterung dabei sind, die Ziele der Hacker School umzusetzen. Die Herausforderungen, die mit der Arbeit in einem großen Konzern wie der Allianz einhergehen, haben uns dabei keineswegs entmutigt. Dazu gehören etwa der Umgang mit dem Konzernbetriebsrat (frühzeitige, gut vorbereitete und umfassende Information auf höchster Ebene, insbesondere bei mehreren Betriebsräten) oder die Bewältigung von strukturellen Hürden wie das Einbeziehen aller CIOs – denn die Allianz ist ein weit verzweigtes Unternehmen mit vielen IT-Verantwortlichen!

Begeistern und skalieren

Interview mit Rainer Karcher, Global Head of Sustainability, Allianz Technology

Rainer, warum bist du persönlich ein Fan der Hacker School?
Rainer: Was mich am meisten an der Hacker School begeistert, ist die Umsetzungsorientierung. Hier wird nicht nur geredet, sondern Lösungen werden angepackt und geliefert. Es ist unglaublich erfrischend und

motivierend zu sehen, wie viel Freude man jungen Menschen bescheren kann, während man gleichzeitig selbst Spaß hat und die Dinge aus einer neuen Perspektive betrachtet. Diese Perspektive unterscheidet sich oft stark von dem, was man im Alltag oder im Job gewohnt ist.

Wie steht es um das soziale Engagement der Allianz?
Rainer: Unser soziales Engagement ist stark auf Umweltschutzaktivitäten ausgerichtet, wie zum Beispiel die Zusammenarbeit mit Sea Shepherd oder die Initiative Plastikfischer. Aber wir sind auch in vielen anderen Bereichen aktiv, wie etwa bei der Women in Tech oder bei der Raspberry Pi Foundation.

… oder der Hacker School. Was sind die Vorteile?
Rainer: Durch die Beteiligung an Projekten wie der Hacker School können Unternehmen dazu beitragen, Wirkung zu erzielen, Mitarbeiterinnen und Mitarbeiter zu begeistern und junge Menschen an die IT heranzuführen. Mittel- bis langfristig kann dies helfen, Talente zu gewinnen und die Wahrnehmung des Unternehmens zu verändern.

Welche Rolle spielen die Social Development Goals der UNO und wie passen digitale Bildung und Nachhaltigkeit da hinein?
Rainer: Die SDGs definieren sehr genau das Ziel einer qualitativ hochwertigen Bildung (SDG 4) und den Aufbau von Partnerschaften zur Erreichung der Ziele (SDG 17). Das Thema Digitalisierung ist zwar nicht explizit in den SDGs verankert, doch es ist ein wesentlicher Faktor zur Umsetzung von nachhaltigen Zielen. Daher

ist es von entscheidender Bedeutung, Menschen aus der IT zu schulen, damit sie begeistert ihre Leidenschaft weitergeben und ihre Rolle in Bezug auf Nachhaltigkeit erkennen.

Wie macht ihr Corporate Volunteering bekannt im Unternehmen?
Rainer: Um unser Engagement für Corporate Volunteering intern sichtbar zu machen, nutzen wir verschiedene Plattformen und Kanäle, von Newslettern und Intranet bis hin zu Social Media. Außerdem haben wir einen Arbeitstag pro Jahr eingeführt, den der Mitarbeiter oder die Mitarbeiterin freiwillig für soziale Arbeit aufbringen können.

Muss man das Management an Bord holen?
Rainer: In vielen Fällen war es nicht notwendig, das Management explizit an Bord zu holen. Viele Kolleginnen und Kollegen, einschließlich meiner Direktorin und damals noch CIO, waren von Anfang an begeistert und unterstützen aktiv unsere Initiativen.

Was können andere Unternehmen von euch lernen?
Rainer: Abschließend möchte ich betonen, wie wichtig es ist, Begeisterung zu teilen. Und hier kann ich nur empfehlen, Julia zuzuhören und ihre Begeisterung zu erleben. Es ist wichtig, sich daran zu erinnern, dass wir nicht nur anderen helfen, sondern auch uns selbst. Durch unser Engagement finden wir den Kontakt zur Realität wieder und kommen dem Boden der Tatsachen näher. Mein letzter Ratschlag: Skalieren Sie! Machen Sie das Konzept international verfügbar und verbreiten Sie es in der Welt, denn die Themen, mit denen wir uns

beschäftigen, sind keine rein deutschen Probleme, sondern internationale Herausforderungen.

Meine Take-aways

– Konzerne ticken anders.

– Es ist wichtig, das Management und alle (!) Betriebsräte frühzeitig einzubeziehen.

– Sichtbarkeit ist megawichtig, um weitere Inspirer zu gewinnen.

– Keine Angst vor Herausforderungen:
Wo ein Wille ist, ist ein Weg.

– Skalierung hilft.

Amazon – das lernt Goliath von David: Wirkungsmessung

Klar hatten wir Amazon auf unserem Zettel – für uns vollkommen klar, bei der Marktmacht des Unternehmens. Aber nicht wir kamen auf den Onlinehandelsriesen zu, sondern umgekehrt: Vanessa Koller, Executive Assistant, meldete sich per Kontaktformular bei uns und äußerte Interesse an einem Austausch mit der Hacker School. Also trafen wir uns Anfang 2020 in München und diskutierten darüber, wie wir gemeinsam Kurse bei Amazon durchführen könnten, wobei auch Kinder aus Einrichtungen wie der Arche berücksichtigt werden sollten.

Was, wenn alle nur Englisch sprechen?

Die Diskussionen über potenzielle, neu zu erstellende Kurskonzepte seitens Amazons wie Talking Emojis mit der Sprach-KI Polly (dazu später mehr) liefen dann direkt in die Coronapause hinein, bevor die Zusammenarbeit überhaupt richtig beginnen konnte. Trotzdem blieb die Idee bestehen, gemeinsam Wege zur digitalen Bildung aufzuzeigen. Während der Coronazeit ermöglichten wir vielen Kindern, darunter auch denen der Mitarbeitenden, virtuelle Kurse beim Handelskonzern zu absolvieren. Dies geschah im Rahmen einer Woche, die wir als digitale Woche bezeichneten, in der wir täglich zwischen zwei und vier Amazonkurse anboten.

Na klar, es gab auch Herausforderungen. Die haben wir aber konstruktiv gelöst: Ein Thema war und ist zum Beispiel, dass viele potenzielle Inspirer bei Amazon nur Englisch sprechen. Die Lösung: Wir haben dann englischsprachige Kinder (etwa die der Mitarbeitenden) oder andere englischbegeisterte Kids adressiert. Das geht allerdings nur im außerschulischen Bereich.

Sprechende Emojis und regelmäßige Kurse

Eine andere Herausforderung war, dass Amazons Engagement am liebsten etwas mit einem eigenen Produkt zu tun haben sollte. Das geht zwar nicht immer, aber hier hat es zu einem sehr coolen Kurs geführt, den wir gemeinsam entwickelt haben: Über die Amazon-KI Polly (sie macht Text-to-Voice) konnten wir zusammen den Kurs Talking Emojis entwickeln. Hierbei manipulierten die Kids die Mundstellungen von Smileys und entwarfen dann einen Text, der über Polly in Sprache umgewandelt wurde. Plötzlich konnten die Smileys sprechen. Ein herrliches kleines Projekt zum Angeben in der Klasse! Dazu bekamen wir sehr viel tolles Feedback.

Richtig toll ist auch, dass am Standort Dresden eine neue Art der Kooperation entsteht – außerschulische Kurse werden

im Rahmen von langfristigem Corporate Volunteering angeboten und sollen auf andere Standorte ausgeweitet werden.

Während dieser Zeit wurden wir auch endlich – im dritten
Anlauf – für den Wettbewerb und das dazugehörige Förderprogramm »digital.engagiert« zugelassen. Diese Gemeinschaftsak-
tion von Amazon, AWS und dem Stifterverband belohnt und
fördert Initiativen, die junge Menschen darin unterstützen,
digitale Fähigkeiten zu erwerben. Im Rahmen dieser Zusammenarbeit haben wir viel gelernt, unter anderem, wie wir das
Projekt Hacker School @yourschool aufsetzen und skalieren
können und welche Finanzierungsmöglichkeiten in Betracht
gezogen werden sollten.

Mit einem der coolsten Coaches der Welt, Markus Kress-
ler von der Kiron University, haben wir Ideen erarbeitet, eine
GmbH als Tochtergesellschaft auszugründen, oder Ansätze diskutiert, wie wir auf Länderebene noch schneller im Schulbe-
reich wachsen können. Mega!

Dass wir diesen Wettbewerb gewinnen konnten, ist für
mich immer noch eine der wichtigsten Auszeichnungen – und
die Überreichung des Preises durch Ralf Kleber, den früheren
Country Manager Deutschland bei Amazon, war der Beginn
einer wunderbaren Freundschaft und nicht zuletzt ein großer
Treiber auch für dieses Buch.

Die perfekte Win-win-Situation

Ralf Kleber, ehemals Deutschlandchef von Amazon

Die Auswahl der Siegerinnen und Sieger beim »digi-
tal.engagiert«-Förderwettbewerb ist immer extrem
schwierig, das weiß ich aus einigen Jahren in der Jury.
Umso mehr freut es mich, dann eine Gewinnerin wie

Julia Freudenberg auf der Bühne zu sehen. 100 Prozent Energie und 100 Prozent Leidenschaft für die Hacker School! Die Hacker School macht übrigens genau das, bei dem auch ich überzeugt bin, dass Deutschland viel mehr davon braucht – nämlich Kinder und Jugendliche ohne Informatikvorkenntnisse bereits in jungen Jahren für das Programmieren zu begeistern. Ein wichtiger Motor für die Arbeit der Hacker School ist neben den Spenden- und Fördermitteln das Corporate Volunteering. Dabei gelingt es Julia und ihrem Team aus meiner Sicht, eine perfekte Win-win-Situation zu generieren: Alle lernen Neues, alle tun Gutes und alle haben dabei Spaß. Besser geht es nicht. Ich kann nur jedem Unternehmen empfehlen, die Hacker School zu unterstützen und das selbst zu erleben!

Wir hatten zudem die Gelegenheit, Partner des Amazon-Future-Engineer-Programms (AFE) zu werden – ein großartiger Ansatz, Bestehendes größer zu machen und nicht immer das Rad ganz neu zu erfinden. AFE unterstützt und vergrößert punktuell durch Kooperationen erfolgreiche Initiativen mit Kommunikation, Volunteers und Förderungen. Das ist ein wunderbares Netzwerk und fast immer wie ein Familientreffen. Der Leiter dieses Programms, Michael Vollmann, ist ein enger Vertrauter, von dem wir regelmäßig wertvolles Feedback erhalten.

Corporate Volunteering bei Amazon – Innenansicht 1

Interview mit Michael Vollmann,
Leiter Amazon Future Engineer

*Welche Chancen verbindet Amazon mit dem Konzept
des Corporate Volunteering?*

Michael: Eines der Amazon-Führungsprinzipien heißt
»Erfolg und Größe kommen mit Verantwortung« und
verankert Volunteering und gesellschaftliches Engagement damit direkt in der Unternehmenskultur.
Wenn gut gemacht, dann birgt Corporate Volunte-
ring großartige Lernmöglichkeiten für Mitarbeitende
sowie für gemeinnützige Organisationen und ihre
Zielgruppen. Ich persönlich bin ein großer Fan vom
sogenannten skill-based Volunteering, bei dem Mitarbeitende ihre Talente, Fähigkeiten und Erfahrungen
einbringen können. Das ermöglichen wir bei Amazon in Deutschland vor allem in der direkten Zusammenarbeit mit Non-Governmental Organizations
(NGOs).

Hast du ein Beispiel?

Michael: In zahlreichen Programmen, wie etwa dem
monatlichen MeetWoch, der Coachinginitiative
Startsocial oder der Berlin Social Academy, coachen
und beraten Amazonians Mitarbeitende von gemeinnützigen Organisationen zu den verschiedensten Themen, vom richtigen Einsatz (digitaler) Technologien bis
hin zu Projektmanagement-Skills.

Gibt es auch Herausforderungen?

Michael: Auch in der direkten Zusammenarbeit mit Kindern und Jugendlichen liegt ein großes Potenzial von Corporate Volunteering. Für Amazon vor allem im Bereich digitale Bildung und Berufsorientierung. Aufgrund der sensiblen Natur dieser Einsätze arbeiten wir hier immer nur in Partnerschaft mit erfahrenen Bildungsorganisationen. Denn hier braucht es sehr gute Vorbereitung, pädagogische Begleitung und hohe Kinderschutzmaßnahmen. So setzen wir zahlreiche Mentoringprogramme um, zum Beispiel in Zusammenarbeit mit Rock Your Life für die Stipendiatinnen und Stipendiaten von Amazon Future Engineer oder in Berufsorientierungsprogrammen mit der Organisation Joblinge.

Was begeistert dich an AFE?

Michael: Amazon Future Engineer bringt Kinder und Jugendliche aus sozial benachteiligten Gegenden in Kontakt mit Informatikbildung und zeigt mögliche Karrierewege in der Tech-Branche auf. Das hat aus meiner Sicht zwei Wirkungshebel: Zum einen fördert das Programm soziale Mobilität, da in Tech-Jobs großer Fachkräftemangel herrscht und sie deshalb auch sehr gut bezahlt sind, und gleichzeitig sind es diese Jobs, die den Code und die Algorithmen der Zukunft schreiben. Gerade in diesem immer mächtiger werdenden Bereich der IT ist es extrem wichtig, dass Menschen aller Hintergründe möglichst diverse Blickwinkel mit einbringen.

Warum?

Michael: Nur so können wir verhindern, dass sich menschliche Vorurteile und Ressentiments in zukünftige Algorithmen und künstliche Intelligenzen einschleichen.

Um in Zukunft einen gut bezahlten Job zu finden und ein mündiger Bürger oder eine mündige Bürgerin zu sein, ist ein grundlegendes Technikverständnis unerlässlich. Doch leider wird dieses im regulären Bildungssystem noch viel zu wenig vermittelt. Deshalb sind Programme wie Amazon Future Engineer und die Hacker School so wichtig.

Wie wollt ihr Corporate Volunteering im Unternehmen weiterentwickeln?
Michael: Im Bereich Volunteering stellen wir uns derzeit zwei Fragen. Erstens: Wie können wir möglichst viele Mitarbeitende begeistern und zum Mitmachen animieren? Und zweitens: Wie schaffen wir es, die gesellschaftliche Wirkung des Volunteerings zu maximieren?

Wie aktiviert ihr denn die Mitarbeitenden?
Michael: Wir versuchen, niedrigschwellige Volunteering-Angebote zu schaffen und gleichzeitig eine breite Auswahl an Aktivitäten anzubieten. Unsere Hypothese ist: Wer einmal mitgemacht hat und Spaß hatte, der kommt wieder und entwickelt vielleicht sogar eine echte Engagementkarriere. Deshalb schaffen wir mit einfachen Angeboten eine Art Einstiegsdroge. Beispielsweise 45-minütige Events, in denen Teams im eigenen Büro Hilfspakete für Geflüchtete packen. Danach machen wir dann die bereits sensibilisierten Volunteers auf unsere mehrmonatigen Mentoringprogramme aufmerksam.

Und wie steigert ihr die soziale Wirkung?
Michael: Wir schaffen standardisierte, digitale Formate, die sich skalieren lassen. So vermitteln wir zum Beispiel im Rahmen der Berufsorientierung unsere Mitarbeitenden an Schulklassen als Rollenvorbilder, denn

viele Kinder kennen nur die Berufe, die sie im direkten familiären Umfeld erleben. Über unseren gemeinnützigen Partner AppCamps bringen wir Amazonians mit Lehrkräften in Kontakt, sodass sie dann ihre Biografie und ihren beruflichen Werdegang einer Schulklasse vorstellen können. Dabei gehen sie vor allem auch auf Herausforderungen wie etwa Phasen mit niedriger Lernmotivation ein und erklären, was ihnen geholfen hat, diese Phasen zu überwinden. Da wir das Angebot auch virtuell anbieten, konnten wir bereits über 200 Schulklassen und mehr als 5 000 Schülerinnen und Schüler erreichen (Stand 1. Halbjahr 2023). Diese Art von digitalen Angeboten wollen wir ausbauen.

Natürlich gibt es immer wieder offensichtliche Spannungsfelder zwischen einem Social Start-up und einem globalen Konzern. Die Vision, dass jeder junge Mensch programmieren lernen oder mit den zukunftsrelevanten Fähigkeiten in Kontakt kommen sollte, ist jedoch sehr ähnlich. Trotz einiger Herausforderungen haben wir einen guten Weg der Zusammenarbeit gefunden und können mit unseren bisherigen Erfahrungen im Bereich der Wirkungsmessung gut dazu beitragen, eine solche im Sinne des Collective Impacts auch für die Organisationen im AFE-Netzwerk zu erarbeiten.

Und jetzt gemeinsam: Wirkung!

Wie Wirkungsmanagement in dieser Zusammenarbeit funktioniert, erklärt mein Kollege Andreas Schalm (Achtung: Deep-Dive – es geht in die Tiefe):

Wirkungsmanagement funktioniert bei uns auf zwei Ebenen – intern und extern. Ein gutes internes Wirkungsmanagement ist die Grundvoraussetzung, um kollektiven Impact konzipieren zu können.

Intern bei uns in der Hacker School haben wir, wie schon im vorderen Teil des Buches beschrieben, das in folgenden Schritten aufgesetzt:

Wir haben zuerst eine Wirkungslogik nach der Phineo-Wirkungstreppe aufgebaut, die dem Logic Model folgt: Input-Output-Outcome-Impact. Dabei bezieht sich Input auf das, was wir investieren, also die notwendigen Ressourcen wie Mitarbeiter, Geld, Zeit, Räumlichkeiten etc. Der Output sind die Leistungen, die wir anbieten. Outcome identifiziert das, was wir bei der Zielgruppe verändern wollen. Der Impact schließlich bezieht sich auf die erweiterte Perspektive: das, was wir auf gesellschaftlicher Ebene beitragen wollen.

In einem zweiten Schritt haben wir für alle identifizierten Wirkungsziele Indikatoren abgeleitet. Um diese zu messen, erstellten wir einen Datenerhebungsplan. Last but not least: Um unsere Wirkung kontinuierlich zu messen und zu verbessern, bauten wir zudem ein Wirkungsmanagement-Team auf, das sich dediziert um die Analyse der Indikatoren, die Identifikation von Optimierungspotenzial sowie die Anpassung bestehender Konzepte kümmert.

Zu wissen, wie wir wirken (wollen), ist die Grundlage für kollektiven Impact, da es uns ermöglicht, unsere Schwerpunkte und Lücken zu identifizieren und darauf basierend passende Partnerorganisationen zu finden. Konkret angewendet, diesmal nur quasi extern bei AFE, sind wir in folgenden Schritten vorgegangen:

Im Rahmen einer Arbeitsgruppe »Wirkung« setzten wir uns mit mehreren Partnerorganisationen zusammen und arbeiteten eine Matrix aus. Wir analysierten das Mission Statement der

Förderorganisation AFE. Anschließend kategorisierten wir die Aktivitäten aller Partnerorganisationen nach Zielgruppe und nach Interventionsebene entlang der Wirkungskette Digital Access (Zugang) – Digital Taste (Interesse) – Digital Readiness (grundlegende Fähigkeiten) – Digital Literacy (Befähigung) – Coding Skills (Programmierkenntnisse) – Zugang zum Arbeitsmarkt. Anhand einer Matrix wurde der kollektive Impact grafisch dargestellt.

Der Vorteil für AFE ist: Man erhält eine schnelle Übersicht über Lücken in der Wirklogik. Wenn beispielsweise ersichtlich ist, dass sich keine Partnerorganisation mit dem Zugang zum Arbeitsmarkt beschäftigt, folgt daraus, dass das Netzwerk erweitert werden muss.

Der Vorteil für die Partnerorganisation ist: Sie erhält eine klare Argumentation dafür, warum sie Bestandteil des Netzwerks sein muss.

Andreas' Erkenntnis: »Die Herausforderung besteht darin, ein Framework zu finden, in dem sämtliche Aktivitäten aller Partnerorganisationen hinreichend dargestellt werden können, ohne die Gesamtübersicht zu verlieren.«

Corporate Volunteering bei Amazon – Innenansicht 2

Interview mit Rocco Bräuniger,
VP Country Manager Amazon DACH

Wie wichtig ist Corporate Volunteering für dich aus Geschäftsführungssicht für dein Unternehmen?
Rocco: Das spielt für mich und uns bei Amazon eine große Rolle. Wir sehen uns als Teil der Gesellschaft mit unseren Standorten (davon haben wir über 100 in Deutschland).

Mit Corporate Volunteering unterstützen wir langfristig die lokalen Gemeinden, in denen wir tätig sind und wo unsere Mitarbeiter und Mitarbeiterinnen leben und arbeiten. Wir schaffen für sie positive Erfahrungen und setzen uns gemeinsam für den guten Zweck ein.

Welche Vorteile hat das Engagement für die Mitarbeitenden?

Rocco: Corporate Volunteering stärkt den Zusammenhalt in Teams. Durch gemeinsame ehrenamtliche Aktivitäten können unsere Mitarbeiter und Mitarbeiterinnen außerhalb des gewohnten Arbeitsumfelds zusammenarbeiten und teamübergreifend Kontakte knüpfen. Das stärkt die Teamdynamik wie auch die Zusammenarbeit. Sie wissen, dass wir uns gemeinsam sozial für andere einsetzen, und können selbst einen Beitrag dazu leisten; sie kommen gern und motiviert zur Arbeit. Sinnerfüllte Arbeit steigert die Zufriedenheit. Deshalb ermöglichen wir Mitarbeitern und Mitarbeiterinnen, sich während ihrer Arbeitszeit ehrenamtlich zu engagieren.

Ihr arbeitet eng mit gemeinnützigen Organisationen wie auch der Hacker School zusammen. Wo liegen die Herausforderungen?

Rocco: Es ist nicht immer einfach, für den jeweiligen Anlass die richtige Anzahl an Volunteers mit den passenden Skills zu finden. Phasenweise ist es schwer, im Voraus abzuschätzen, wie viele Experten und Expertinnen wir unseren Partnerorganisationen für den jeweiligen Zweck zur Verfügung stellen können.

Warum ist es wichtig, dass Unternehmen durch (skill-based) Corporate Volunteering gesellschaftliche

Verantwortung übernehmen – wie in eurem Fall mit AFE konkret für digitale Bildung?

Rocco: Wie wichtig digitale Bildung ist, belegen zahlreiche Studien. Die Ergebnisse der IGLU-Studie vom Frühjahr 2023 zeigen, dass die Lesekompetenz der Viertklässler in Deutschland im internationalen Vergleich weiter zurückgeht. Hinzu kommt, dass die sozialen und migrationsbedingten Unterschiede bei den Lesekompetenzen seit 2001 kaum verändert sind und im internationalen Vergleich in Deutschland besonders hoch ausfallen. Wir bei Amazon sehen es als Teil unserer Verantwortung, diese Lücke zu schließen und jungen Menschen frühzeitig digitale Kompetenzen zu vermitteln.

Was könnt ihr als Tech-Unternehmen hier beisteuern?

Rocco: Als Vorreiter im digitalen Bereich können wir unsere Expertise und das umfangreiche Wissen unserer Freiwilligen nutzen, um jungen Menschen früh die Bedeutung der IT näherzubringen und zu zeigen, dass sie auch Spaß machen kann. Wie niedrigschwellig unsere Partnerorganisationen das hinbekommen, habe ich als Volunteer bei den Class Chats und bei Coding-Hackathons selbst erlebt. Es ist großartig zu sehen, wie Kinder und Jugendliche ihre Kreativität durch digitale Bildung entfalten. Es sind schließlich die Mitarbeiter und Mitarbeiterinnen von morgen.

Wie siehst du deine Vorbildfunktion? Du hast dich ja auch wiederholt zum Beispiel bei Class Chats eingebracht.

Rocco: Ich möchte mit gutem Beispiel vorangehen. Ich bin außerdem selbst neugierig und möchte die

Bildungsangebote kennenlernen, die Amazon und seine Partnerorganisationen anbieten, und mich persönlich einbringen. Damit möchte ich auch andere motivieren und zeigen, dass jeder Einzelne, unabhängig von seiner beruflichen Position, einen gesellschaftlichen Beitrag leisten kann. Vom Austausch mit Kindern, Jugendlichen und unseren gemeinnützigen Partnerorganisationen lerne ich bei jeder Veranstaltung etwas Neues.

Ein spannender Schritt für uns bei Amazon war die Nutzung einer internen Vermittlungsbörse für ehrenamtliches Engagement, auf der unsere Veranstaltungen gelistet werden und wo sich die Mitarbeitenden selbstständig einbuchen konnten.

Die größte Herausforderung, die wir sehen, liegt nach wie vor in der Mobilisierung von Ehrenamtlichen und in der Sprache. Hier sind wir immer noch in einem Ausbaustadium.

Insgesamt: Es ist mega, dass Amazon von uns etwas zur Wirkungsmessung lernen will. Hammer, dass wir gemeinsam Lernferien ausrichten können und dass die Kids dabei mit etwas aus ihrer Lebensrealität experimentieren können – eine Alexa oder ein anderes Echo ist ja nun mal mittlerweile Standard. Und: Manchmal entstehen aus Wettbewerben sogar Bücher und Mentorships.

Meine Take-aways

– Konzerne lernen auch von uns.

– Sprache ist eine Challenge.

– Wenn man offen ist, ist alles möglich.

Beiersdorf – interne und externe Vernetzung sind das A und O

Beiersdorf und ich, wir haben eine lange Verbindung, die bis 1998 zurückgeht. Als Studentin an der Wirtschaftsakademie Hamburg war ich begeistert von der einladenden Unternehmenskultur und der Herzlichkeit, die die Mitarbeitenden des Konsumgüterherstellers aus Hamburg ausstrahlten.

Später während der Flüchtlingszuwanderung rund um 2015 entschied ich mich, meine Doktorarbeit über die berufliche Integration von Geflüchteten zu schreiben, und so kam ich wieder mit Beiersdorf in Kontakt. Denn der Konzern war früh daran interessiert, Praktikumsangebote für Geflüchtete zu entwickeln und umzusetzen. Allerdings taten sie dies auf hanseatische Art: nicht mit dem Hauptziel, eine Geschichte zu erzählen, sondern um selbst zu lernen. Eine der ersten Kontaktpersonen im Unternehmen war Sonia Reichensperger, die darauf hinwies, dass ein Interview für meine Doktorarbeit Vocational Integration of Refugees wenig sinnvoll wäre, da Beiersdorf selbst noch in einer Lernphase war. Doch diese Phase gab uns die Möglichkeit, zusammen Lebenslauftrainings zu erarbeiten und zahlreiche Erfahrungen zu sammeln.

Lockdown und GIRLS Hacker School

Unsere Planung Anfang 2020, Kurse auf dem Beiersdorf-Campus zu geben, wurde durch den Lockdown unterbrochen. Doch trotz dieser Rückschläge blieb der Austausch zwischen uns stets bestehen und führte dazu, dass Beiersdorf sich aktiv in die Arbeit der GIRLS Hacker School einbrachte.

Heute findet die Zusammenarbeit auf vielen verschiedenen Ebenen und in unterschiedlichen Projekten statt. Ein wichtiger Aspekt ist der Zukunftstag, an dem Beiersdorf 60 Kinder aus umliegenden Schulen und aus dem Mitarbeiterkreis einlädt und den das Team um die wunderbare Valerie Kruck organisiert – ein toller Tag. Ziel ist es, den Jugendlichen Einblicke in das Unternehmen zu gewähren und sie mit IT-Berufen und künstlicher Intelligenz vertraut zu machen. Wir unterstützen hier mit unseren Hacker-School-Kursen und kurzen Vorträgen, um den Kids Lust auf Zukunftsberufe zu machen. Mit an Bord ist auch immer die ITgirls-Initiative von Lena und Laura John, die junge Frauen für IT-Themen begeistern (siehe Kapitel GIRLS Hacker School).

Ein weiterer wichtiger Aspekt unserer Zusammenarbeit ist das ehrenamtliche Engagement. Beiersdorf ermöglicht seinen Mitarbeitenden, einen Tag im Jahr für ehrenamtliche Arbeit frei zu nehmen. Gemeinsam suchen wir Wege, wie wir dieses Engagement in die Arbeit der Hacker School integrieren können, um Mitarbeiterinnen und Mitarbeiter dabei zu unterstützen, IT-Fähigkeiten zu erlernen und diese zielgerichtet für die Kurse der Kinder einzusetzen – großartig, dass es Begeisterung für die Unterstützung aller Formate gibt.

Besonders engagiert in unserem Austausch ist Marco Lehmer, ein Ausbilder im IT-Bereich des Unternehmens. Er ist überzeugt davon, dass es eine tolle Erfahrung ist für junge Menschen, die selbst noch in der Ausbildung sind, wenn sie sich als Inspirer engagieren: »Es macht ihnen einfach Spaß, die Sessions zu geben und die noch jüngeren Menschen zu erleben, wie sie in die IT-Welt einsteigen, und zu sehen, was diese bereits mitbringen.«

Ganz klar, dass wir das Feedback und die Anregungen (auch die konstruktiven!) von Beiersdorf berücksichtigen, um unsere Kurse für Unternehmen attraktiver zu gestalten.

Wir freuen uns über zahlreiche Erfolge, aber es gibt immer noch Herausforderungen. Die größten aus unserer Sicht: Wie können wir die gesamte Beiersdorf-Belegschaft dazu motivieren, ihren Ehrenamtstag zu nutzen, und das natürlich am liebsten für die Hacker School? Wie können wir die Sichtbarkeit von Unternehmen in unseren Kursen erhöhen? Und wie können wir unsere Kurse so gestalten, dass junge Menschen immer wieder motiviert sind, sich zu engagieren?

Walk the Talk: Role Model Annette Hamann

Eine herausragende Unterstützerin bei Beiersdorf möchte ich hier noch explizit erwähnen: Annette Hamann, eine der wenigen weiblichen CIOs in Deutschland. Sie unterstützt nicht nur die Hacker School, sondern setzt sich aktiv in ihrem Unternehmen und darüber hinaus dafür ein, dass Frauen in der IT sichtbarer werden und sich für eine Karriere in diesem Bereich entscheiden. So hat sie zum Beispiel auch Formate wie Unleash Female Tech Talent entwickelt, einen Workshop, den sie mit eigenen Mitarbeitenden und externen Gästen aus anderen Unternehmen veranstaltet, um gemeinsam Strategien und Handlungsanweisungen zu entwickeln. Ich freue mich riesig, dass Annette gemeinsam mit ihrer Tochter in unserem Podcast dabei war – Äpfel und Stämme und so, yeah!

Da man in Hamburg ja gern vernetzt denkt, gibt es immer wieder tolle übergreifende Aktivitäten. Eine davon, an der Beiersdorf maßgeblich beteiligt war und ist, heißt »Hamburg packt's zusammen«. Hier engagieren sich 34 Unternehmen und der gemeinnützige Verein Hanseatic help. Auslöser war im April 2020 der Ausbruch der Coronapandemie – es wurden zwei Millionen Sachspenden verteilt, über 200 000 ergänzende Geldspenden eingeworben und über 130 000 Menschen versorgt.

Durch das Engagement von Sonia Reichensperger wird die Hacker School Nachfolger der Hanseatic Help in einem neu definierten Format und mit dem Ziel, gemeinsam für die digitale Bildung in Hamburg einen neuen Maßstab zu setzen. Bereits zum

Start hat das Engagement von Sonia wieder zehn Firmen akquiriert. Nach dem Kick-off der Aktion im September 2023 will Beiersdorf hier 2024 richtig durchstarten. Hierbei unterstützt auch Scholz & Friends strategisch das Team der Hacker School.

Warum wir uns gesellschaftlich engagieren

Interview mit Sonia Reichensperger,
Corporate Engagement & Partnerships Managerin,
Beiersdorf

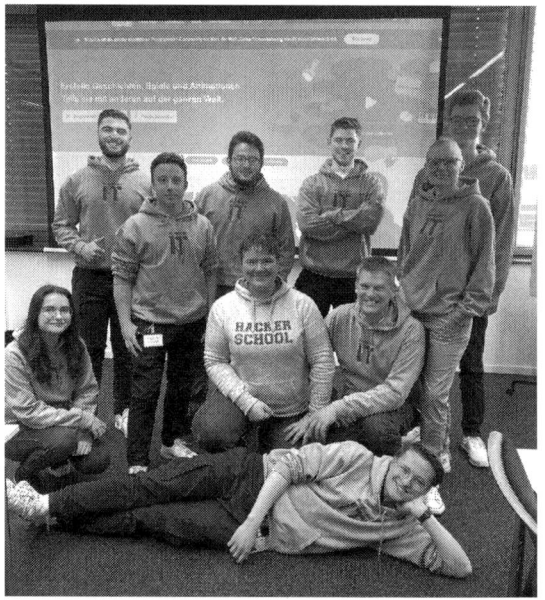

Zukunftstag 2023: Der IT-Nachwuchs von Beiersdorf in Hamburg begeisterte rund 60 Jugendliche, darunter 30 Mädchen, für Zukunftsberufe. *(Foto: Marie Matern / Hacker School)*

Was macht ihr schon in Sachen Corporate Social Responsibility (CSR)?

Sonia: Wir nehmen die gesellschaftliche Verantwortung seit Jahren sehr ernst. Es liegt sozusagen in der Hamburger DNA. Da Beiersdorf seinen Hauptsitz in Hamburg hat, gab es bereits eine verantwortliche Person und ein Spendenbudget, bevor die Bezeichnungen CSR, Sustainability oder Corporate Citizenship ihren Weg in die Unternehmenswelt fanden. Wir arbeiten stetig in den Bereichen Geld-, Zeit- und Produktspenden. Gerade im Headquarter mit etwa 4 000 Mitarbeitenden werden kontinuierlich Aktionen geplant, um alle mit einzubinden und unsere Gesellschaft zu stärken.

Habt ihr Beispiele?

Sonia: Fundraisingaktionen mit betterplace, Weihnachtsaktionen und weitere Events, inklusive einem Glückscent, Teamtage für Gesellschaft und Umwelt und mehr.

Was ist Glückscent?

Sonia: Das ist eine Aktion, bei der alle Mitarbeitenden gemeinnützige Projekte in der Region unterstützen können. Die Mitarbeitenden spenden freiwillig die Netto-Centbeträge unserer monatlichen Abrechnung – also zwischen 0,01 und 0,99 Cent. Dies geschieht nach der Anmeldung automatisch mit jeder Gehaltsabrechnung. Dieser Betrag wird vom Vorstand verdoppelt und der Gesamtbetrag an zwei unserer gemeinnützigen Partnerorganisationen (NPO) gespendet. Die Spendenübergabe an die jeweiligen beiden NPOs erfolgt auf einer Betriebsversammlung im Herbst, was ein gegenseitiges Kennenlernen ermöglicht.

Habt ihr eine Corporate-Volunteering-Strategie?

Sonia: Ja, sie heißt: We Care Beyond Skin, und dies möchten wir in unseren Aktivitäten und mit unseren Kolleginnen und Kollegen mit Leben füllen – auch global, nicht nur im Hauptquartier. Bisher gibt es einen Tag je Mitarbeitendem im jeweiligen Team dafür, eher aus Motivation (noch nicht als Weiterbildungsmaßnahme, das ist aber im Gespräch).

Warum arbeitet ihr mit der Hacker School zusammen?

Sonia: Wir unterstützen die Hacker School seit ca. 2021. Gerade der Slogan »Leave no kid behind« ist für uns eine Aussage darüber, wie wichtig es ist, allen Kindern gute Chancen zu bieten. Für uns ist das Engagement absolut gesellschaftsrelevant. Die Digitalisierung nimmt eine unglaubliche Geschwindigkeit auf.

Gibt es auch Herausforderungen?

Sonia: Die Challenges sind: Zeit zu finden und sich Zeit zu nehmen. Und die Stakeholder (HR, Ausbildungsbereich, Inspirer) an einen Tisch zu bringen und nötige, verbindliche Schritte abzustimmen. Selbst Abstimmungstermine zu finden, kann länger dauern als erwartet. Aber: Die Leidenschaft der Mitarbeitenden ermöglicht es uns, trotz allem Inspirer zu gewinnen.

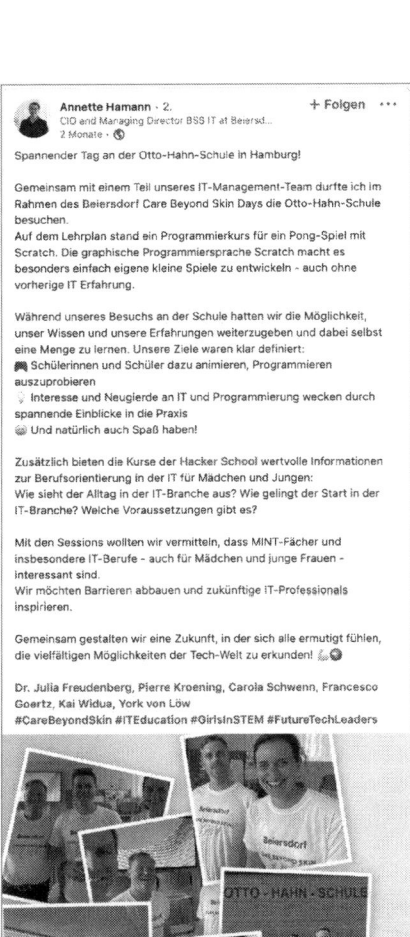

**LinkedIn Post von Annette Hamann zum Engagement von Beiersdorf
bei der Hacker School (2023).** *(Foto: Annette Hamann)*

Meine Take-aways

– Langfristige Verbindungen tragen auch langfristig Früchte.

– Hanseaten ticken anders – und das ist auch gut so.

– Wir brauchen mehr Role Models!

Bosch – mit Corporate Volunteering das Skillset erweitern

Mit Bosch und den Menschen, die dort arbeiten, verbindet mich eine lange Freundschaft. Eines meiner großen Vorbilder, Vera Schneevoigt, hat dort früher gearbeitet (als Chief Digital Officer bei Bosch Security and Safety Systems) und lange Zeit spannende Projekte initiiert und geleitet. Sie hat mir ein großartiges Intro zum Bosch-Tech-Frauennetzwerk heratec und zu Katharina Hopp, Senior Vice President Business Team Mobility (bei Bosch Digital), gemacht. Seitdem weiß ich, dass man die besten Menschen in Tiefgaragen kennenlernt – eben Katharina durch Vera.

Wir haben durch heratec gesehen, was für coole Menschen es bei Bosch gibt, die bei dem Engagement für die Hacker School richtig Spaß hatten. Technikaffin, Stiftungs-vertraut, gut drauf. Also wollten wir das größer denken. So planten wir eine Ganztagsaktion, um insbesondere junge Frauen und Mädchen für das Programmieren zu begeistern.

Wir dachten, es wäre einfacher, nun auch in einem großen Unternehmen wie Bosch etwas umzusetzen, zumal es ein Unternehmen ist, das sich aufgrund seiner Stiftungsstruktur sowieso sehr stark im sozialen Bereich engagiert. Durch verschiedene Netzwerkaktivitäten fanden wir auch erste

Kolleginnen, die uns wunderbar unterstützten – insbesondere Fabiana Decortes – und bereit waren, sich als Inspirer für einen Vormittag mit einer Schulklasse auseinanderzusetzen. Trotzdem kamen wir in der ersten Zeit nicht ganz so schnell voran.

Ein tolles neues Denken ergab sich im Sommer 2023: Der Stuttgarter Konzern listete das Engagement bei der Hacker School als eine Möglichkeit für Teilnehmende, ihr Mind- und Skillset zu erweitern. Bemerkenswert ist, dass auch diejenigen sich hier einbringen können, die nicht originär einen Tech-Hintergrund haben. Das ist eine großartige Chance für die Inspirer, sich weiterzuentwickeln, indem sie sich selbst vorher fit für einfache Programmierkurse machen.

Was mich motiviert

Katharina Hopp, Senior Vice President Team Mobility bei Bosch Digital

Eine klare Vision, ein hohes Engagement und viel Anpack-Mentalität – das ist es, was die Hacker School für mich ausmacht. Mit viel Herzblut leistet sie einen ganz essenziellen Beitrag für mehr Digitalisierung und mehr Begeisterung für Digitales in Deutschland, indem sie nämlich direkt bei Kindern und Jugendlichen ansetzt, dort Barrieren abbaut und den spielerischen Umgang mit IT fördert. Und deswegen freuen wir uns, dass wir mit der Hacker School zusammenarbeiten und dieses Engagement unterstützen dürfen.

Katharina Hopp von Bosch (links) und Julia Freudenberg auf der herCareer 2022. (*Foto: Katharina Hopp*)

Warum ich mich engagiere

Fabiana Decortes, Lead of Employer of Choice Bosch Digital

Ich habe die Hacker School durch Julia kennengelernt – sie trifft man ja auf dem einen oder anderen Female Empowerment Event. Ihre Überzeugung von der Hacker

School war unfassbar ansteckend und inspirierend. Insbesondere das Prinzip »Jede Person sollte mindestens ein Mal programmiert haben, bevor sie sich für einen Job entscheidet« hat bei mir etwas bewirkt und meine Motivation verstärkt, die Hacker School bei Bosch noch bekannter zu machen.

Darüber hinaus ist Corporate Volunteering sowohl aus Bosch-Sicht als auch aus meiner persönlichen Sicht enorm relevant. Hiermit bieten wir den Mitarbeitenden nicht nur die Möglichkeit, einen gesellschaftlichen Beitrag zu leisten, sondern auch die Chance, sich persönlich und fachlich weiterzuentwickeln. Eine Programmiersprache zu beherrschen, ist das eine. Diese Kenntnisse an Schulkinder zu vermitteln, erfordert aber andere Skills. Aus Unternehmenssicht ist es mit Sicherheit auch ein Benefit, bereits bei Schulkindern sichtbar zu werden. Sie sind unsere Talente von morgen. Dadurch verbinden uns die Kinder direkt mit den Technologien und den großartigen Bosch-Mitarbeitenden, die sie kennenlernen. Meines Erachtens ist das eine echte Win-win-Situation für die Hacker School und Bosch.

Digitale Bildung als Grundstein für Innovation

Dr. Andreas Nauerz, Executive Vice President, Products and Innovation – Robert Bosch GmbH

In einer zunehmend digitalisierten Welt sind Technologie und Innovation eng miteinander verbunden. Junge Menschen, die digitale Bildung erhalten, sind darauf vorbereitet, neue Technologien zu verstehen, mit ihnen zu arbeiten und sie selbst mitzugestalten. Dies legt den Grundstein für zukünftige technologische Innovationen. Darüber hinaus schafft diese frühzeitige Förderung eine Generation, die nicht nur die Chancen der Digitalisierung erkennt, sondern auch aktiv dazu beiträgt, die Grenzen des Möglichen zu erweitern. Je früher wir die Schülerinnen und Schüler damit in Berührung bringen, desto mehr kann bewegt werden.

Meine Take-aways

– Die besten Menschen lernt man in Tiefgaragen kennen.

– Groß heißt nicht schneller.

– Sich fit in Tech machen, damit man Inspirer werden kann: Cooler Ansatz!

BVG – wie man die Ausbildungspläne hackt, Teil 1

Die Zusammenarbeit mit den Berliner Verkehrsbetrieben (BVG, da zuvor Berliner Verkehrs-Aktiengesellschaft) begann durch die Bekanntschaft mit Dr. Henry Widera, damals noch CIO der BVG, heute bei der Personalberatung Egon Zehnder. Ich lernte ihn 2022 beim CIO des Jahres kennen, wo er für seine Jelbi-App-Entwicklung mit dem Sustainability Award ausgezeichnet wurde. Die BVG, die knapp 16 000 Mitarbeitende beschäftigt, fördert junge Menschen auf vielfältige Weise und bietet unterschiedlichste Ausbildungsberufe an, vom Fahrgeschäft bis zu IT-Profilen.

Bei den Hamburger IT-Strategietagen 2023 leitete ich eine Panel-Diskussion, an der Henry teilnahm. Es ging um die Frage: Was können wir als Arbeitgeber tun, um mehr Talente in diesem Bereich zu gewinnen und den Teich, aus dem wir alle fischen, zu vergrößern? Henrys Engagement zeigte sich in seiner spontanen Entscheidung, diese Herausforderung konsequenter anzugehen. Er betonte, dass alle 45 Auszubildenden seines Bereichs die Möglichkeit bekommen sollten, sich zu engagieren – und das nicht nur einmal.

Mit diesem Ansatz ging er voran und sagte: »Okay, als öffentliches Unternehmen ist es nur sehr schwer möglich, finanziell zu unterstützen. Aber was wir machen können, ist, unsere Mitarbeitenden zu befähigen und konsequent zu sagen: Ja, das wollen wir machen.«

Gesagt, getan. Bereits nach wenigen Wochen hatten wir eine komplette Woche, in der alle Kurse von wunderbaren Kolleginnen und Kollegen der BVG besetzt wurden – nicht alle wie geplant direkt mit Azubis. Warum? Thomas Göckert, jetziger Interims-CIO der BVG, sagte lachend: »Wir haben selber echt viel gelernt, wie wir so ein Programm kommunizieren müssen. Im ersten Schritt sind wir noch gar nicht in den Modus gekommen, dass die Azubis selbst gemerkt haben, wie viel und wie cool sie als Hacker-School-Inspirer Dinge selbst lernen können. Wir müssen die niedrigstmögliche Einstiegsschwelle für die Azubis finden und die Türen weit öffnen.«

Es gab zwar einige Hürden und nicht alles lief reibungslos, aber was mich besonders begeisterte, war das unmittelbare positive Feedback. Die Auszubildenden hatten Spaß und wollten das Erlebte wiederholen und sich verbessern. Die Aktion war ein großer Erfolg und hat gezeigt, was mit Engagement und dem Willen zur Verbesserung erreicht werden kann. Nun arbeitet die BVG daran, das Corporate Volunteering fest im Lehrplan der Azubis zu verankern. Das ist nicht so einfach, wie es sich anhört.

Fangt mit der Freiwilligkeit an

Interview mit Dr. Henry Widera, bis August 2023 CIO der BVG

Lieber Henry, wir haben uns 2022 bei der Preisverleihung zum CIO des Jahres kennengelernt. Du hast spontan gesagt, bei der Hacker School wollt ihr als BVG mitmachen. Warum?

Henry: Was mich überzeugt hat, war das Konzept, dass ihr Menschen schon sehr früh ansprecht, nämlich dann, wenn sie eigentlich noch keine bewusste Entscheidung für ihr weiteres Berufsleben getroffen haben.

Aber ihr macht doch auch bei der BVG schon einiges in der Richtung …

Henry: Ja, wir machen sehr viele und gute Aktionen wie die Girls' Days, wo die Kids erfahren können, welche Berufe es bei uns gibt. Aber das fokussiert sich als Verkehrsunternehmen natürlich weniger auf die IT. Wir machen als IT dann sehr viel ab dem Moment, wo wir Azubis gewinnen wollen, aber eben nicht so früh, wie das über die Hacker School möglich ist.

Wo hast du denn bei euch angefangen in Sachen Hacker School?

Henry: In einem Konzern muss man immer gucken, wo habe ich eigentlich den größten Gestaltungsraum? Und den hat man natürlich in seinem eigenen Bereich. Für mich war klar, wenn wir was mit der Hacker School machen, dann zuerst bei uns in der IT. Da haben wir zudem viele Azubis: Aktuell sind es rund 50, die wir jedes Jahr im Durchlauf haben, Tendenz steigend. Das ist eine ideale Gruppe, die sehr nah an den Schülerinnen und Schülern dran ist, sie können sich gut in sie hineinversetzen und wirken auch altersmäßig nicht so weit entfernt wie mögliche Eltern im Rahmen eines gemeinsamen Kurses.

Ihr seid dann in der Tat mit einer ganzen Woche gestartet, in der an jedem Tag Kurse gegeben wurden. Da waren um die 45 Inspirer engagiert. Wie habt ihr das organisiert?

Henry: Genau, wir haben die Woche voll bekommen, das war großartig. Was wir aber gelernt haben ist, dass es mindestens ein Jahr dauert, bis man das Corporate-Volunteering-Engagement in die Lehrpläne der Azubis hineinbekommt. Das heißt, wir konnten das Programm beim ersten Mal nur auf Freiwilligkeitsbasis machen. Wir haben also unsere Azubis angesprochen und gefragt, wer Lust hat mitzumachen, und mussten feststellen, dass die Hürde doch recht groß war bei der einen oder dem anderen.

Wo lagen denn die Bedenken?

Henry: Viele konnten sich schlicht nicht vorstellen, sich allein vor eine ganze Schulklasse zu stellen und eventuell die Kontrolle darüber zu verlieren. Das heißt, wir konnten die Kurse nicht komplett mit unseren Azubis bestücken und haben dann die freien Plätze mit interessierten Kolleginnen und Kollegen aus unserem IT-Schulungsteam und der IT im Allgemeinen aufgefüllt.

Oh, daraus lerne ich, dass auch wir hier noch klarer kommunizieren müssen, dass den Inspirern nur jeweils sechs Kids zugeordnet werden. Eine ganze Klasse

würde mich vielleicht auch leicht erschrecken *lacht*.
Und wie geht es jetzt weiter?

Henry: Wir wollen das Hacker-School-Engagement im nächsten Jahr in den regulären Lehrplan aufnehmen. Außerdem starten wir eine dezidierte Informationskampagne für die Azubis. Gerade bei dem Thema »Angst vor der großen Klasse« und dass man da die Kontrolle nicht bekommt, können wir jetzt aus der Erfahrung vom ersten Mal sagen: Keine Sorge, es werden kleinere Gruppen gebildet und es hat überall gut funktioniert.

Was können andere Unternehmen mitnehmen, um vielleicht eine Schleife weniger drehen zu müssen?

Henry: Ich glaube, allein das Aufstellen von Lessons learned ist schon gut, und die teilen wir auch gern. Ich bin da zum Beispiel ganz blauäugig rangegangen und habe gedacht, okay, super, wir packen das einfach in den Lehrplan. Aber es muss natürlich mit der Arbeitnehmervertretung und mit der Ausbildungsstätte abgestimmt werden. Das ist auch sehr sinnvoll, aber das hatte ich einfach nicht auf dem Radar und unser Zeitfenster war schlicht zu kurz. Jedem anderen würde ich aber dennoch sagen: Fangt auch mit der Freiwilligkeit an, startet erst einmal, weil ihr dann Leute habt, die davon berichten, und ein besseres Marketing gibt es nicht. Aber für den vollen Durchlauf werdet ihr im Zweifel auch ein Jahr benötigen, bis ihr das sauber in die Lehrpläne aufgenommen habt.

Wie sieht der Lehrplan kommendes Jahr konkret bei euch aus? Wie oft können sich die Azubis engagieren und in welchem Lehrjahr?

Henry: Da sind wir gerade in der Diskussion, ob wir das im zweiten Lehrjahr oder im zweiten und dritten Lehrjahr anbieten sollen. Dabei geht es auch um die Frage, ab wann die Azubis reif genug dafür sind; sie müssen und sollen ja auch erst einmal gut bei uns in der BVG ankommen.

Das Vermitteln von Skills ist ja auch für die Azubis eine großartige Erfahrung …
Henry: Genau, wir sehen es vor allem als Weiterbildung. Wir haben es beispielsweise nie so verstanden, dass wir hier Stunden nur für einen guten Zweck zur Verfügung stellen. Für Azubis ist es doch richtig cool, Didaktik »zum Anfassen« zu lernen. Es ist viel besser, wenn man mit seiner Fachkompetenz reell Menschen weiterhelfen kann, als nur künstlich irgendein Referat zu halten. Abgesehen davon wirkt hier auch der Purpose-Gedanke: Menschen sind motiviert, wenn sie helfen und etwas Sinnvolles auch jenseits der täglichen Arbeit tun können. Und wenn Unternehmen das ermöglichen, profitieren sie auch wiederum davon. Das hat allein schon das freiwillige Interesse bei uns in der IT gezeigt, von dem ich wieder einmal positiv begeistert wurde …

Meine Take-aways

– Auf Preisverleihungen knüpft man die besten Kontakte.

– Vor einer ganzen Klasse zu stehen kann einschüchternd sein. Da müssen wir besser aufklären.

— Wir sollten viel öfter einen Erfahrungsaustausch für interessierte Unternehmen organisieren zum Thema: Wie bekomme ich Corporate Volunteering in die Ausbildungspläne. Peer learning in echt eben.

BWI – die Balance finden zwischen Verbindlichkeit und Freiwilligkeit

Der Anbahnungsprozess mit der BWI, dem IT-Systemhaus der Bundeswehr, war, soweit ich mich erinnern kann, der längste, den ich jemals im Rahmen der Hacker School begleiten durfte. Unser erstes Telefonat mit Fabian Hillebrand, Employer Branding Advisor, fand während des ersten Lockdown-Wochenendes statt. Fabian hatte ein Interview mit mir im Behörden Spiegel gelesen und sich bei uns gemeldet (dabei habe ich noch gedacht, dass das Interview keine große Wirkung gehabt hätte. Klasse, dass es doch Interesse geweckt hat).

Fabian zeigte von Anfang an Begeisterung für eine Zusammenarbeit, vor allem im Hinblick auf die Gewinnung von Auszubildenden, insbesondere Mädchen. Doch dann kam die Covid-19-Pandemie und die Pläne mussten vorerst auf Eis gelegt werden.

Der Kontakt ging jedoch nie verloren. Wir hielten stets Ausschau nach Möglichkeiten für eine Zusammenarbeit. Durch einen glücklichen Zufall lernte ich Katrin Hahn, als Personalchefin in der Geschäftsführung der BWI, bei einer Preisverleihung in Hamburg kennen. In einem gemeinsamen Gespräch mit den Verantwortlichen kam die Idee auf, Auszubildenden die verbindliche Möglichkeit zu geben, die Hacker School aktiv zu unterstützen.

Es ist ein Balanceakt

Die Umsetzung dieser Idee war ein langwieriger Prozess. Es musste ein Gleichgewicht zwischen der Verpflichtung und der Freiwilligkeit der Beteiligten gefunden werden: Es sollte sich niemand unangenehm verpflichtet fühlen, aber es war gleichzeitig auch der Wunsch da, dass sich so viele wie möglich trauen sollten. Echt spannend. Zwischendurch erhielten wir immer wieder großartige Unterstützung bei spontanen Inspirer-Engpässen und konnten schließlich eine Absichtserklärung für eine Bronze-Partnerschaft festlegen.

Fabian und einige Auszubildende waren von Beginn an sehr engagiert. Wir organisierten mehrere Informationsveranstaltungen, bei denen alle Auszubildenden Fragen stellen und bereits erfahrene Inspirer ihre Begeisterung teilen konnten.

Wir stellten jedoch fest, dass auch ein gut durchdachter Plan zur Ansprache junger Menschen nicht zwangsläufig sofortige Ergebnisse liefert – auch wenn ich an drei Terminen persönlich als Ansprechpartnerin für viele Azubis dabei war, haben sich nicht alle sofort als Inspirer angemeldet.

Der Welcome Day als Kick-off

Künftig soll die Hacker School bei BWI noch präsenter für Azubis werden, indem zwei Kurse in den Ausbildungsstandard integriert werden. Start war im August 2023 mit 84 Auszubildenden.

Der Welcome Day war großartig, wie meine Kollegin Dr. Charlotte Echterhoff begeistert berichtet: »Aus den Erfahrungen, dass Begeisterung nicht immer ausreicht, um danach Engagement beobachten zu können, hat Fabian Hillebrand intern weiter Werbung für die Hacker School gemacht und nach Möglichkeiten gesucht, die Hacker School zum einen noch offensiver im Alltag der Azubis zu implementieren, zum anderen aber auch andere Quellen für Inspirer zu erschließen.«

Mit der Unterstützung durch Geschäftsführerin Katrin Hahn und die Kolleginnen aus dem HR-Bereich kam die Idee auf, dass sich die Hacker School im Rahmen der jährlich stattfindenden Welcome Days den Azubis direkt vorstellt.

Bei den Welcome Days werden alle etwa 80 neuen Azubis eines Jahrgangs begrüßt und mit zentralen Informationen zu ihren Ausbildungsgängen versorgt. Hier war die Hacker School eingeladen und hat den Azubis direkt aus erster Hand alle Informationen für ein Engagement als Inspirer mitgegeben. An den vielen Fragen aus dem Publikum wurde das hohe Interesse an diesem Angebot deutlich.

Toll ist, dass die BWI ganz deutlich sagt, dass die Tätigkeit als Inspirer während der Arbeitszeit stattfinden darf. Natürlich wollten die Azubis wissen, ob sie auch mehr als zwei Kurse geben dürfen. Neben den Azubis wird Fabian nun auch explizit Bachelor- und Masterstudierende sowie duale Studierende als potenzielle Inspirer ansprechen. Denn die Hacker School kann auch einen schönen Anlass für jahrgangsübergreifenden Austausch bieten – und Vernetzung tut meistens gut!

Die BWI hat sich zum Ziel gesetzt, pro Jahr 500 Jugendliche mit der Hacker School zu erreichen. Dafür reichen eigentlich 40 Azubis, die jeweils zwei Kurse geben. Kollegin Charlotte meint dazu: »Ist doch klar, dass wir davon ausgehen, dass wir mit der BWI bald 1 000 Jugendliche pro Jahr erreichen!«

IT erleben und ausprobieren

Interview mit Katrin Hahn, Chief Resources Officer, BWI

Wo hast du das erste Mal von der Hacker School gehört?

Katrin: Das war auf dem WIN Award in Hamburg im Frühsommer 2022, als mich eine sehr engagierte Geschäftsführerin angesprochen und dafür geworben hat.

Was hat dich an der Hacker School so begeistert, dass du grünes Licht gegeben hast, dass sie verbindlicher Teil des Ausbildungsplans wird?
Katrin: Ich bin fest davon überzeugt, dass ein Hebel, um mehr junge Menschen für MINT-Berufe, insbesondere in der IT, zu begeistern, eigenes Erleben und Ausprobieren ist. Das gilt erst recht für unser besonderes Umfeld mit Tätigkeiten für den Kunden Bundeswehr. Ein Job, unter dem ich mir nichts vorstellen kann oder wo ich gar niemanden kenne, der in einem solchen Themenfeld arbeitet, für den werde ich mich wahrscheinlich auch nicht entscheiden. Wer könnte Lust auf IT authentischer vermitteln als (fast) Gleichaltrige, die selbst gerade diese Entscheidung getroffen haben? Den Gedanken finde ich super. Außerdem lernen auch unsere Azubis dazu, indem sie ihr Wissen strukturiert weitergeben und vor größeren Gruppen sprechen.

Welche Bedeutung hat Corporate Volunteering aus deiner Sicht?
Katrin: Durch verschiedene Funktionen im Ehrenamt weiß ich, wie schwierig es ist, Unterstützerinnen und Unterstützer für wichtige Projekte und Themen zu gewinnen. Corporate Volunteering kann ein Element sein, um diese wichtige Säule unserer Gesellschaft zu stützen – auch im Sinne einer gesellschaftlichen Verantwortung von Unternehmen.

Inspirer der ersten Stunde

Lenny und Duong absolvierten bei BWI ihre duale
Studienausbildung in Wirtschaftsinformatik.

Lenny Nguyen, IT Process Manager

Als ich zum ersten Mal bei der Hacker School war, war ich sofort vom Format begeistert. Die Idee, das Thema IT und insbesondere das Programmieren aktiv an Schulen zu bringen, um dort Kinder und Jugendliche zu begeistern, stellt hierbei einen wichtigen Schritt für die digitale Bildung / Zukunft dar.

Da meine Schulzeit noch nicht allzu lange her ist, kann ich mich ganz gut in die Lage der Kinder hineinversetzen. Dort bestand der Informatikunterricht lediglich aus Theorie, weshalb mein Interesse für die IT-Welt erst während meines Studiums geweckt wurde.

Daher finde ich diese Initiative super. Ich habe mit der Hacker School nun die Möglichkeit, Kindern den praktischen Einblick in die IT-Welt zu geben, den ich mir damals gewünscht hätte. Darüber hinaus ist es einfach toll zu sehen, wie die Kinder währenddessen aufgehen und nach einem Kurs eigentlich direkt weiterprogrammieren möchten.

So habe ich während meiner Zeit als dualer Student bei der BWI verschiedene Hacker School @yourschool- und Messekurse gehalten und konnte dabei nicht nur neue Impulse sammeln und Menschen mit den unterschiedlichsten Hintergründen kennenlernen, sondern auch in einem nicht gewohnten Umfeld sprechen, wodurch ich viele wertvolle Erfahrungen gewinnen konnte. Dafür möchte ich mich noch einmal bei euch und bei Fabian herzlich bedanken.

Duong Nguyen,
Junior Expert SAM Technical Inventories

Das Konzept der Hacker School ist für mich eine Gelegenheit, die ich mir als Schüler auch gewünscht hätte. Im damaligen Schulunterricht bestanden die Informatikinhalte aus Excelformeln und abstrakten Klassenkarten, weswegen sich meine Begeisterung in Grenzen hielt. Es war ein Rätsel für mich, wie ich mit dem Wissen Automatisierungen, Apps oder Spiele programmieren kann. Mir fehlte der Bezug zur Praxis, da ich nicht verstand, welche Potenziale die Welt der Informatik bietet.

Dies wurde jedoch nun durch den freien Austausch zwischen Inspirern und Schülern ermöglicht, wovon beide Seiten profitieren konnten. Denn innerhalb der Kurse habe ich als Inspirer die Chance, mein Wissen und meine Erfahrungen weiterzugeben, die ich in meiner Zeit als Azubi / Student bei der BWI sammeln durfte, und die Schüler können ihre Fragen klären. Konkret konnte ich somit verschiedene Inhalte zu den Programmiersprachen Python oder Scratch sowohl online als auch auf einer Messe vor Ort unterrichten und meine fachlichen sowie sozialen Kompetenzen erweitern, wofür ich der Hacker School, meinem Ausbildungsleiter Fabian Hillebrand und der BWI sehr dankbar bin.

Einfach mal machen

Interview mit Fabian Hillebrand,
Campaign Manager Nachwuchs, BWI

*Wie hast du die Hacker School kennengelernt, was hat
dich an der Idee begeistert?*
Fabian: Ich bin auf die Hacker School im März 2020
durch einen Artikel im Behörden Spiegel aufmerksam
geworden und war von dem Thema aus unterschiedlichen Gründen direkt begeistert. Zunächst hätte ich
mir für meine eigene Schulzeit ein entsprechendes
Angebot gewünscht, des Weiteren weiß ich, wie wichtig diverse Angebote zum Thema Berufsorientierung
in der Schulzeit mit Unterstützung durch Unternehmen aus der Wirtschaft sind – nur so können
zukünftige Arbeitnehmerinnen und Arbeitnehmer
Interessen entwickeln und herausfinden, in welche
Richtung eine schulische und berufliche Ausbildung
gehen kann. Hinzu kommt der spielerische Ansatz,
den die Hacker School verfolgt, wodurch der Zugang
zu einem vielleicht erst mal sperrigen Thema enorm
erleichtert wird und was insbesondere Mädchen ihre
Hemmungen nimmt.

*Wie kam es dazu, dass ihr im August 2023 mit
84 Azubis direkt an den Start gegangen seid?*
Fabian: Die BWI sieht sich als IT-Systemhaus und
Digitalisierungspartner der Bundeswehr quasi in der
Pflicht, einen Beitrag zur Bekämpfung des Fachkräf-
temangels auf dem IT-Arbeitsmarkt zu leisten, und

hat sich daher entschieden, die Hacker School mithilfe ihrer Azubis und Studierenden zu unterstützen. Diese Kooperation haben wir bereits mit dem letzten Ausbildungsjahrgang begonnen und wollen sie mit dem neuen Jahrgang intensivieren, auch um unsere jungen Kolleginnen und Kollegen im Zuge ihrer Persönlichkeitsentwicklung zu unterstützen und neuen potenziellen IT-Interessierten die Möglichkeit zu geben, auf Augenhöhe von IT-Auszubildenden zu lernen.

Wie habt ihr es geschafft, dass zwei Kurstermine pro Jahr fest im Ausbildungsplan verankert werden sollen?
Fabian: Da hier alle relevanten Entscheider (HR und Geschäftsführung) das Thema von Anfang an sehr interessant fanden und immer unterstützt haben, ist die Idee einer dauerhaften Implementierung in den Ausbildungsplan entstanden. So stellen wir sicher, die Hacker School dauerhaft zu unterstützen. Das liegt uns sehr am Herzen, da wir dankbar sind, dass die Hacker School hier einen wichtigen gesellschaftlichen Beitrag leistet.

Was können andere Unternehmen von euch lernen?
Fabian: Vielleicht »einfach mal machen«. Die Hacker School ist in ihrer Zusammenarbeit so kooperativ und fürsorglich, dass man als Unternehmen jegliche Unterstützung erhält und nach kurzer Zeit schon erste Erfolge feiern kann, was wiederum für die Teilnehmenden, aber auch in der Innenwirkung der Unternehmenskommunikation einen positiven Impact hat.

Meine Take-aways

– Super Idee: Volunteering-Möglichkeiten gleich am ersten Tag den Azubis vorstellen.

– IT zum Anfassen, nicht aus dem Schulbuch: Das machen Inspirer für Kinder möglich.

– Es ist ein Balanceakt: Engagement zwischen Freiwilligkeit und Verpflichtung. Ist echt mega, wenn alle wollen, ohne zu sollen.

Capgemini – Verbindlichkeiten schaffen und wachsen

Capgemini lernte ich Ende 2020 über Daniela Rittmeier kennen. Daniela war zum damaligen Zeitpunkt für Artificial Intelligence in der BMW Group verantwortlich und wurde von einem Capgemini-Team unterstützt. Sie ist für mich eine der großartigsten Frauen überhaupt – und die Neudefinition von Erfolg bei Kurzvorstellungen von Geschäftsideen (Pitches).

Begegnet sind wir uns inmitten der Coronapandemie auf einem virtuellen und richtig tollen Event des Panda-Women-Leadership-Netzwerks im Rahmen eines Inspirations-Talks. Mein Pitch war parallel zu drei anderen, sehr spannenden Themen angesetzt, an denen ich viel lieber teilgenommen hätte. Und siehe da: Die anderen teilnehmenden Frauen hatten sich auch so entschieden – außer Daniela, die als einzige Zuhörerin zu mir kam. Ich hatte noch nie eine Keynote für nur eine Person gehalten und war zu Beginn etwas verwirrt – aber es war einer der besten Talks meines Lebens. Ich würde das jederzeit wiederholen, denn es war der Beginn einer wunderbaren persönlichen Freundschaft und einer unglaublichen Kooperation für die Hacker School.

Daniela verstand das Prinzip der Hacker School direkt und fragte nach, ob es auch einen Mutter-Kind-Kurs gebe. Gesagt, getan – schon war sie am darauffolgenden Wochenende mit ihrer damals elfjährigen Tochter zur GIRLS Hacker School angemeldet. Zu Danielas Bedauern wollte ihre Tochter keinen AI-Python-Kurs besuchen, sondern eine Flutter-App für die Familie programmieren. Seitdem ist Daniela eine der Hacker School Ambassadors, die jedem, der es (nicht) wissen möchte, voller Begeisterung von der Vision und Mission der Hacker School erzählt.

Menschen der ersten Stunde

So berichtete Daniela auch Andreas Schaufler davon (heute besser bekannt als Hacker-School-Andy), der sein ganzes Team mit der Idee infizierte und gemeinsam mit Deniz Topcu den Grundstein für die Hacker School Community innerhalb von Capgemini legte.

Sie sind von der Mission unglaublich begeisterte Menschen, die mit Herzblut, Witz und innovativen Extras wie Tik-Tok-Videos an Corporate Volunteering herangehen.

Und 2022 legten wir dann los: Während der ersten gemeinsamen Hacker School @yourschool und Sessions im Capgemini Office kamen weitere Ideen für Sonderprojekte. Nach Beginn des Angriffskriegs Russlands auf die Ukraine entstand durch die unglaubliche Hilfsbereitschaft der Mitarbeitenden die erste ukrainische Hacker School. Dabei ging es nicht nur darum, dass die Kids in ihrer Sprache in einer sicheren Umgebung erleben konnten, was Programmieren ist – es ging auch darum, einen Austausch unter den ukrainischen Müttern zu ermöglichen. Vieles hat mich an der Zusammenarbeit beeindruckt: die Begeisterung, mit der die Inspirer von Capgemini mit anpackten, das offene Mindset der Mitarbeitenden, neue Formate zu erproben, zusätzliche und unplanbare Herausforderungen in der Freizeit auf sich zu nehmen und gemeinsam mit den

Kindern große innovative Projekte umzusetzen. Und stets stehen der Mensch und seine Weiterentwicklung im Mittelpunkt.

Gemeinsames und lebenslanges Lernen

Die Teilnahme an Schulprojekten war vorbereitungsintensiv und hat im Capgemini-Team einen wichtigen Lernprozess ausgelöst. Auch wir als Hacker School lernten dazu und erhielten wertvolles Feedback von den Inspirern, was wir noch verbessern könnten. Zum Beispiel (eigentlich klar), dass die Tage von ITlerinnen und ITlern nahezu ausschließlich vom Kalender regiert werden und jeder zugesagte Termin darin sofort vermerkt und geblockt werden muss. Oder dass ein direktes Einbuchen in die Einführungstermine, die Onboardings, hilfreich und effizient ist. Ich bin jeden Tag dankbar für die Lerngeschenke, mit denen wir die Erfahrungen für die Inspirer (Inspirer-Journey) verbessern konnten. Mega.

Dazu gehören die Überlegungen, wie wir die Hacker School weiter ausbauen, wie wir Verbindungen zwischen den verschiedenen Standorten aufbauen und wie wir weitere Unternehmen für die Hacker School begeistern können. Das sind wertvolle Lösungsansätze, die absolut großartig sind und die Hacker School ein großes Stück vorangebracht haben.

Ein Skalierungsworkshop nur für uns

Im Rahmen dieser Zusammenarbeit entstand die Idee für How to Scale Hacker School – Corporate Volunteering 2.0 –, der für mich wichtigste unternehmensübergreifende Workshop. Gemeinsam mit Daniel Garschagen, Head of AIE – Applied Innovation Exchange –, und Daniela Rittmeier, seit Mai 2022 ebenfalls bei Capgemini als Head of Data & AI Center of Excellence, entwickelten wir ein agiles Workshopkonzept. In dem Workshop wollten wir Menschen mit unterschiedlichem und breit gefächertem Wissen zusammenbringen, um ein nachhaltiges Hacker-School-Skalierungskonzept zu erstellen, um die Kurse-Pipeline für Deutschland zuverlässig zu füllen. Eine wertvolle und unbezahlbare Erfahrung für alle Teilnehmenden.

Ende Dezember 2022 reisten extra dafür viele Menschen, die den Weg der Hacker School schon länger kennen und unterstützen, nach München: darunter Dr. Michael Müller-Wünsch (CIO von Otto), Julia Koch (Geschäftsführerin bei Finanz Informatik), Katharina Hopp (Senior Vice President bei Bosch Digital), Ralf Kleber (ehemals Country Manager Germany bei Amazon), Oliver Queck (Mitbegründer der LQ Enterprise GmbH und Chief Revenue Officer bei Skaylink) sowie viele Kolleginnen und Kollegen von Capgemini, insbesondere der Gastgeber und Capgemini-Deutschlandchef Henrik Ljungström.

Einen ganzen Tag lang haben wir daran gearbeitet, wie wir die Hacker School zusammen weiterentwickeln und die digitale Bildung in Deutschland verbessern können. Herausgekommen ist unser nachhaltiges Wachstumsmodell »Wir sind das S in ESG – Environmental – SOCIAL – Governance«. Mit uns lässt sich das soziale Engagement jedes Unternehmens messen. So einfach, so klar, so gut. In dem neuen Hacker-School-Modell haben wir konkrete Zielzahlen festgelegt, auf die sich Unternehmen ganz unabhängig von ihrer Größe mit ihrem Engagement committen können: Wer 500 Kids im Jahr erreicht, erhält Bronze-Status, mit 1 000 Silber-, mit 2 500 Gold- und mit 5 000 Kids Platin-Status. Durch die transparenten Incentivierungsprinzipien erhalten wir einerseits Verbindlichkeit seitens der Unternehmen und können andererseits besser und effizienter mehr Kinder in Deutschland erreichen.

Hätten wir dieses Modell allein erarbeiten können? Keine Ahnung – aber mit vereinten Kräften fühlen wir uns im Ergebnis bestärkt und bauen auf einem soliden Fundament auf. Auf jeden Fall war der Workshop mit den externen Supporterinnen und Supportern für uns eine sehr bereichernde, wertvolle und inspirierende Erfahrung, die zu einem großartigen Impuls geführt hat, den wir dann richtig gut ausgearbeitet haben. Gemeinsam sind wir stark und so viel besser. Nochmals danke an alle für alles!

100 Laptops machen einen Unterschied
Unverhofft kommt oft. Ein weiteres Highlight war die Spende von 100 Capgemini-Laptops, die unsere Arbeit deutlich vereinfacht haben. Eine noch zu meisternde Herausforderung besteht darin, dass die ITler – unsere Hacker School Inspirer – regelmäßig und immer wieder teilnehmen sowie sich engagieren können.

Die Zusammenarbeit mit Capgemini ist ein bemerkenswertes Beispiel dafür, wie ein Unternehmen Extrameilen geht, um sich für die Gesellschaft zu engagieren. Das ist absolut großartig und wir wünschen uns mehr davon.

Je mehr mitmachen, desto mehr kann man bewegen

Interview mit
Sabine Reuss, Vice President, Chief Marketing &
Communications Officer Germany,
Claudia Feldmann, CSR Specialist, und
Matthias Wolf, CSR Manager, Capgemini

Warum macht ihr bei der Hacker School mit?
Sabine: Digital Inclusion ist in unserer CSR-Strategie verankert und eines der wichtigsten strategischen Ziele. Aus meiner Führungsaufgabe heraus haben wir

in Deutschland die Rahmenbedingungen entwickelt. Um diesen Rahmen zum Leben zu erwecken, braucht es engagierte Mitarbeiterinnen und Mitarbeiter wie Matthias und Claudia, die dies in die Tat umsetzen, und Ambassadors wie Daniela, Andreas und Daniel, die die Initiative treiben.

Daniela: Für mich vereint die Hacker School auf wundervolle Weise die drei Herzen, die in meiner Brust schlagen: Scale AI, Women Empowerment und Coding for Kids.

Um die digitale Souveränität am Wirtschaftsstandort Deutschland und in Europa sicherzustellen, benötigen wir skalierbare, menschenzentrierte künstliche Intelligenz. In der Hacker School können die Kids in den Python-Kursen von klein auf lernen, was es mit der magischen AI so auf sich hat. Ich komme aus den neuen Bundesländern, bin jeden Tag dankbar dafür, heute friedlich in einem freien Land leben zu dürfen, und weiß, dass nicht jedes Kind die gleichen Chancen hat. Durch die Zusammenarbeit mit der Hacker School und deren Skalierung können wir jeden Tag mehr Kindern ermöglichen, zu coden und ihre Zukunft selbst zu gestalten.

Warum liegen dir gerade die Frauen am Herzen?
Daniela: Jeder zweite Mensch auf der Welt ist eine Frau, doch insbesondere in technischen Berufen und der IT sind Frauen mit unter 20 Prozent noch immer unterrepräsentiert. Mit den Hacker-School-Formaten und insbesondere der GIRLS Hacker School gibt man Frauen und anderen Minderheiten in der IT die Chance, Teil der zukünftigen Entwicklungen zu sein.

In welcher Form engagiert ihr euch bei der Hacker School?

Matthias: Wir unterstützen die Hacker School auf vielfältige Weise: mit Kursen, mit finanziellen Mitteln und mit Equipment. So erreichen wir nicht nur viele Kinder, sondern auch immer mehr Kolleginnen und Kollegen, die von der Initiative hören und sich selbst einbringen möchten, um so noch mehr Kinder zu erreichen.

Was habt ihr gelernt?

Claudia: Wir haben gelernt, dass man unglaublich viel bewirken kann, wenn Profits und Non-Profits zusammenarbeiten, Ressourcen bündeln und ein gemeinsames Ziel im Blick haben. Besonders spannend war der unternehmensübergreifende Workshop, in den jeder Teilnehmende eine wertvolle Sicht einbringen konnte.

Matthias: Wir können uns aufeinander verlassen und unterstützen uns gegenseitig. Es konnte unglaublich schnell gegenseitiges Vertrauen aufgebaut werden, und wir haben uns von der Begeisterung der Hacker-School-Mannschaft anstecken lassen.

Was können andere von euch lernen?

Daniela: »Machen ist wie reden – nur krasser.« Ich erlebe viele Unternehmen, die sehr vorsichtig und zurückhaltend agieren. Dabei frage ich mich, ob es an der Kombination unserer deutschen Mentalität und der IT liegt. Vielleicht kann man von uns lernen, mutig zu sein, sich aktiv für die Menschen, unsere Gesellschaft und unsere Werte einzusetzen. Wir haben einfach angefangen, uns von der Hacker School und den leuchtenden Kinderaugen begeistern zu lassen, und nach unterschiedlichen Lösungen gesucht, wie wir die Hacker School nachhaltig unterstützen können.

Claudia: Andere können lernen, geduldig zu sein, Partnerschaft langsam, aber stetig aufzubauen und das Thema breit und regelmäßig zu kommunizieren. Je mehr Mitstreiterinnen und Mitstreiter man hat, desto einfacher lässt sich viel bewegen.

Von Zauberern, Raumschiffen und #codingundcola

Deniz Topcu, Applications Consultant, Capgemini

Warum ich dabei bin? An diese Frage möchte ich aus Sicht eines Hacker-School-Inspirers und auch als jemand rangehen, der sehr behütet und privilegiert aufgewachsen ist. Während des Scaling-Hacker-School-Workshops durfte ich einen kurzen Impulsvortrag über unser Engagement bei der Hacker School halten. Ein Punkt dieses Vortrags war unter anderem die Beschreibung der Kursformate, die wir bisher durchgeführt hatten, und von deren Einfluss auf uns und auch auf die Kinder, die teilnahmen. Ich habe dabei erwähnt, dass wir persönlich und auch die Kinder von der Hacker School vor Ort am meisten mitnehmen konnten und die Hacker School @yourschool zum Teil immer etwas langsam und zäh ablief. So viel zu meiner Sicht zu dem Zeitpunkt.

Julia spiegelte mir wider, dass meine Sicht auf die Hacker School @yourschool ihre komplett verändert hat. Das hat mir das Gefühl gegeben, dass mein Beitrag zur digitalen Inklusion und Chancengleichheit deutlich tiefgreifender war, wann immer ich eine Hacker School @yourschool gemacht habe. Mit der Hacker School @yourschool war ich mit wenig Aufwand in der Lage, blinde Flecken aufzulösen und Kinder an die IT und das Programmieren heranzuführen, die das vorher nie in Betracht gezogen haben. Vermutlich würden diese Kinder sich nicht von sich aus bei einem unserer Kurse vor Ort anmelden und teilnehmen. Mir war das vorher gar nicht so bewusst. Ich hatte immer das Ziel, Kinder zu erreichen und in meinem Kurs voranzukommen. Aber so einfach ist es doch nicht, und man kann selbst mit sehr guten Intentionen diejenigen vergessen, die eine andere Lebensrealität haben als man selbst.

Das hat die Hacker School mit Julia an ihrer Spitze so stark auf der Agenda, dass ich nach unserem Workshop mit einem ganz anderen Bild zu den Kursformaten der Hacker School nach Hause gegangen bin. Das beschreibt, denke ich, auch ganz gut, wo ich seitdem als Inspirer hinmöchte, und auch die Richtung der Hacker School, die mir von Julia persönlich aufgezeigt wurde – jedes Kind, egal welchen Hintergrund es hat, soll mindestens ein Mal im Leben programmiert haben und mit der IT in Berührung gekommen sein.

An ein Erlebnis erinnere ich mich besonders gern: Bei einer Hacker School @home habe ich einmal einen Meteoritenalarm-Kurs mit JavaScript geleitet. Bei diesem Konzept passiert grafisch sehr viel und man kann ein kleines Raumschiff steuern, um Meteoriten auszuweichen. Am Anfang haben wir langsam losgelegt und ein paar Formen wie Dreiecke und Rechtecke programmiert. Irgendwann waren wir dann so weit und hatten die Meteoriten und das Raumschiff fertig. Als sich das Raumschiff das erste Mal bewegt hat, habe ich gemerkt, wie begeistert die Kinder sind. Das war ein richtig schöner Moment, und ich habe mich gefühlt wie ein Zauberer, der gerade Unglaubliches geschafft hat.

Solche Momente hat man immer wieder, und das größte Geschenk ist, wenn man merkt, dass die Kinder langsam verstehen, was da passiert, und eigene Ideen und Lösungen entwickeln.

Unabhängig von den prägenden Momenten, die ich direkt in den Kursen erlebte, hat es mir auch sehr in meiner Entwicklung innerhalb von Capgemini geholfen. Zum einen habe ich einen neuen Blick auf meine Tätigkeit und die IT allgemein bekommen und festgestellt, dass man mit dem, was wir machen, wirklich nachhaltig Begeisterung auslösen kann. Zum anderen können Projektroutinen und Alltag durchaus anstrengend sein, und wie das Wort Alltag auch schon sagt, ist die Sichtbarkeit innerhalb des Unternehmens nur mit Projektarbeit nicht wirklich gegeben. Seit ich innerhalb von Capgemini viele der Hacker-School-Themen gemeinsam mit den anderen großartigen Kolleginnen und Kollegen vom Team Schaufler, mit Daniela und CSR zusammen vorangetrieben habe, ist meine Sichtbarkeit spürbar gewachsen. Ich denke, das hat mir dann auch einige Türen geöffnet. Mir zaubert es auch ein Lächeln ins Gesicht, wenn die Kolleginnen und Kollegen im Projekt fragen, ob ich das war, der in der letzten Hacker School dabei war und im Artikel im Intranet erwähnt wurde.

Corporate Volunteering mit der Hacker School ist für mich im Lauf der Zeit so viel mehr geworden als nur das Leiten von Kursen. Anfangs war es nur ein Engagement als Capgemini Inspirer für eine Hacker School @yourschool. Damals konnte ich mir noch nicht vorstellen, welchen Impact ich für mich selbst, die Kinder, aber auch innerhalb von Capgemini haben kann. Das war auch für mich ein Prozess, als Inspirer zu wachsen und mich vom Kursleiter wirklich zum Ambassador für die Hacker School zu entwickeln. Auf diesem Weg habe ich gemerkt, dass ich auch durch die Unterstützung durch meinen Chef Andreas Schaufler dranbleiben und für mich und andere mehr bewirken konnte, als ich zuerst gedacht hatte. Das ist, denke ich, ein klares Learning für andere Vorgesetzte. Es bringt nur Vorteile, motivierte Mitarbeiterinnen und Mitarbeiter bei solchen Vorhaben zu unterstützen, zu befähigen und sogar selbst mitzumachen.

Wir sind als Team jedes Mal nach den Hacker Schools zusammengewachsen und waren immer heiß darauf, mit euch zusammen die nächste Stufe zu zünden.

PS: Was wir übrigens noch gelernt haben in Sachen #codingundcola: lieber weniger Cola als zu viel während der Kurse!

Purpose schweißt zusammen

Interview mit Daniela Rittmeier, Head of Data & AI
Center of Excellence, Capgemini

Was braucht es, um eine Hacker School erfolgreich in einem Unternehmen zu verankern?

Daniela: Das ist eine sehr gute Frage. Ich glaube, du brauchst zu Beginn wie immer ein geeignetes Einfallstor, einen Anker, eine Art Hacker School Ambassador, der sich persönlich engagiert und die Initiative an verschiedenen Stellen im Unternehmen vorstellt. Die relevanten Entscheider im Unternehmen müssen verstehen, dass die Hacker School ein Gewinn auf mehreren Ebenen ist. Zum Beispiel für CSR, also Corporate Social Responsibility, die zunehmend Relevanz bekommt und immer mehr ein Entscheidungskriterium für seltene Talente ist. Dementsprechend ist es interessant für die Produktentwicklung und die IT-Bereiche, die aufgrund des Fachkräftemangels neue Wege gehen, um ein attraktives Umfeld zu schaffen. Und natürlich die Marketing- und Kommunikationsabteilungen, die Kunden und Mitarbeiter von den Werten und der Unternehmenskultur überzeugen, nämlich sich nachhaltig für die Gesellschaft und die Zukunft unserer Kinder einzusetzen.

Wie sieht es mit der HR-Abteilung aus?

Daniela: Der Bereich Human Resources ist für mich die Schnittstelle zwischen den bereits genannten Entscheidungsträgern. Da wir insbesondere im IT-Umfeld steigenden Bedarf und einen zunehmenden Fachkräftemangel sehen, ist das ein besonders wichtiger Bereich. Der Purpose, das Warum über die alltägliche Arbeit hinaus, ist das, worauf die Mitarbeiterinnen und Mitarbeiter stolz sind. Das schweißt zusammen. Das sind die Initiativen, von denen man seinen Freunden und Bekannten voller Stolz erzählen darf. Daraus entsteht wie im Hacker School Team Andy ein unschlagbarer Spirit, der andere zur Zusammenarbeit animiert.

Wie kann man unterstützen, damit es für die Mitarbeitenden zielführend und operativ einfach ist?

Daniela: Als ich meinem früheren Team von der Hacker School berichtete, durfte ich lernen, dass es bei Capgemini für solches Mitarbeiterengagement sogenannte Pro-bono-Codes gibt. Das heißt, die Prozesse und Strukturen für CSR waren nichts Neues und bildeten einen bekannten und stabilen Rahmen für die Mitarbeiterinnen und Mitarbeiter. Dementsprechend konnten die Bürokratie, der Ressourcenaufwand und das Risiko einer negativen Entscheidung verringert werden. Das hat es für die Mitarbeiterinnen und Mitarbeiter einfacher, schneller und effizienter gemacht, eine neue Initiative vorzustellen und eine Entscheidung für die Hacker School herbeizuführen.

Auf der anderen Seite ist es aus Unternehmenssicht wichtig, die Transparenz, Vergleichbarkeit und Wirksamkeit der Initiativen darzustellen und regelmäßig zu bewerten. Hierfür gibt es bei Capgemini ein CSR

Board mit Managementvertreterinnen und -vertretern aller Geschäftseinheiten.

Wie funktioniert dieser Pro-bono-Code?
Daniela: Wenn eine Initiative – wie die der Hacker School – im Projektsystem angelegt ist, werden die Stunden transparent wie normale Arbeitsstunden erfasst und wie ein strategischer Invest des Unternehmens bewertet. Für die Mitarbeiterinnen und Mitarbeiter ist wichtig, dass ihr zusätzliches Engagement keine Margen belastet und durch die Rahmenbedingungen wertgeschätzt wird. Die Aufwände werden naturgemäß nicht äquivalent Projektstunden im Kundenprojekt verrechnet, zahlen aber direkt auf das S im ESG-Reporting ein. Der Mitarbeiter erhält neben seinem ganz normalen Gehalt Sichtbarkeit und Wertschätzung für sein zusätzliches soziales Engagement und ist Vorbild.

Wird das auch hinsichtlich der Visibilität im Unternehmen noch mal extra honoriert im Sinne von Charity-Mitarbeitendem des Monats?
Daniela: Soziales Engagement, Wertschätzung und Kommunikation werden bei Capgemini großgeschrieben. Dementsprechend gibt es intern und extern, lokal und global verschiedene Kanäle, Formate und Communities, in denen vermehrt die Hacker School namentlich, mit Text, Fotos oder Tik-Tok-Videos auftaucht. Das letzte Highlight war die Hacker School @ yourschool in Ismaning bei München, bei der wir 120 Jugendliche gleichzeitig erreicht haben. Dies wurde vor allem in Newslettern, im Intranet und fachbereichsübergreifend intern kommuniziert, um weitere

Inspirer für die Skalierung zu motivieren. Die engagierten Mitarbeiterinnen und Mitarbeiter und insbesondere Eltern fühlen sich angesprochen, werden motiviert, es einfach auszuprobieren oder sich dem Inspirer-Team und der Community anzuschließen. Dabei steht der Teamgedanke im Vordergrund – gemeinsam sind wir stark und können den Unterschied machen. Daher würde ich mich freuen, wenn wir das nächste Level erreichen und unternehmensübergreifend Hacker-School-Partnerschaften und -Formate anbieten. Was hältst du davon, liebe Julia? Wer sind die Hacker-School-Partner des Jahres?

Meine Take-aways

– Vor nur einer Person pitchen: läuft. Und ist genauso wertvoll wie vor einem vollen Auditorium.

– Pro-bono-Codes machen es Beraterinnen und Beratern leichter, sich zu engagieren.

– #codingundcola – keine gute Idee.

– So ein Skalierungsworkshop mit echt megacoolen Menschen kann so viel verändern: #scalinghackerschool

CGI und ITZ Bund – das Engagement beim Unternehmenswechsel mitnehmen

Mit dem IT-Dienstleister CGI hatte die Hacker School schon in den Zeiten vor der Coronapandemie zu tun. Der Kontakt kam damals über unsere Mitarbeiterin Cleo Wölling und die Interimsmanagerin Martina Bongartz aus Hamburg, die uns über längere Zeit unterstützte, zustande. Martina vermittelte uns an ihre enge Freundin Christine Serrette, die damals bei CGI tätig war. Sie begeisterte sich sehr dafür, die Hacker-School-Kurse zusammen mit ihrem Kollegen Jan Teuber umzusetzen, und machte auch selbst als Inspiress mit.

Christine Serrette erinnert sich: »Meine erste Session war Anfang 2020 eigentlich vor Ort in den CGI-Büros geplant. Dann kam leider der Lockdown und wir haben sehr schnell und einfach auf eine Onlinesession umgeschaltet.«

Ihr gelang es auch, weitere Kollegen dafür zu begeistern, mit ihr zusammen zehn Kindern zwischen 11 und 17 Jahren HTML und CSS beizubringen.

»Das hat irre viel Spaß gemacht. Es war nicht nur ein Lernerlebnis für die Kinder, sondern auch für mich«, schwärmt Christine.

Ihre eigene Programmierpraxis sei schon lange her gewesen und sie habe sich gefreut, ihre HTML-Kenntnisse noch einmal herauskramen zu können.

»Die Kinder waren sehr kreativ und wissbegierig«, resümiert sie.

Insgesamt seien die zwei Tage sehr kurzweilig gewesen, sodass sie und Kollege Jan Teuber weitere Kolleginnen und Kollegen begeistern konnten und gleich zwei weitere Sessions durchführten.

Fun Fact: Christine erzählte, dass sie damals an einem Rechner HTML für die Kids demonstriert und auf einem anderen Rechner parallel die Antworten zu den anfallenden Fragen recherchiert habe. Für mich lebt sie damit wunderbar vor, dass man sich trauen muss, einfach zu machen – im Vertrauen darauf, dass man die Grundstruktur der Kurse verstanden hat und es viel wichtiger ist, die Kinder zu begeistern und dynamisch auf Fragen zu reagieren, als das perfekt ausgearbeitete Unterrichtskonzept runterzubeten.

Inzwischen ist Christine Vizedirektorin technische Leitung beim IT-Dienstleister des Bundes, dem ITZ Bund. Jan Teuber ist mitgegangen.

Christines Plan dort: »Auch hier beim ITZ werden wir die Hacker School unterstützen und unsere Kolleginnen und Kollegen dafür begeistern. Es ist einfach eine tolle Gelegenheit, in Zusammenarbeit mit der Hacker School jungen Menschen das Programmieren näherzubringen.«

Jetzt haben wir hier die tolle Situation, dass beide mit ihrem Wechsel zum ITZ Bund die Hacker School quasi mitgenommen haben und dort wieder neue Kurse anbieten wollen. Für uns ist das eine Vervielfachung des bisherigen Engagements, da CGI als Partner erhalten geblieben ist und immer wieder Kurse, auch in der Schule, anbietet und sich der neue Partner, ITZ Bund, in Stellung bringt.

Meine Take-aways

– Begeisterung zu vermitteln ist wichtiger als reine Fakten.

– Einfach machen! Wir Erwachsenen können immer noch schneller googeln als Kinder fragen: cheat sheet forever!

– Win-win für alle, wenn man das Engagement mitnimmt.

Check24 – das Netzwerk mobilisiert, und plötzlich brauchen wir eine Warteliste

Check24 ist einer der ältesten Partner der Hacker School: Über Farid Bidardel vom gemeinnützigen Verein Codedoor hatte ich Ende 2018 Philipp Kemmeter, den Director IT des Vergleichsportals, kennengelernt. Mit ihm und einem Kollegen entstand damals die Idee, dass wir auch bei Check24 Kurse vor Ort durchführen und dort programmieren könnten. Die Besonderheit war, dass deren Räume etwas kleiner waren und daher nur maximal acht Kinder pro Kurs statt der sonst üblichen zehn bis zwölf teilnehmen konnten. Der Fokus lag auf dem Unterrichten der quelloffenen Skriptsprache PHP, die hauptsächlich für Websites verwendet wird – weil Check24 in diesem Bereich sehr kompetent ist. Und es sollte Spaß machen, klar.

Beim ersten großen Kurs in Frankfurt hatten wir direkt eine lange Warteliste – und das kam so: Da wir ja mit Kursen außerhalb von Hamburg noch nicht so erfahren waren, fragte ich vorsichtig, wie wir denn in Frankfurt am besten an Teilnehmende kommen könnten – die Kids der Checkitos (schon wieder so eine lustige Selbstbezeichnung) waren zumeist echt zu jung. Da grinste Philipp breit, schleppte mich mit zum WebMontag in Frankfurt und stellte mich seinem Netzwerk vor. Der WebMontag ist eine coole Veranstaltungsreihe, die seit 15 Jahren in Frankfurt und auch anderen Städten aktiv ist und als regionales Community-Event spannende Vorträge und Vernetzungsmöglichkeiten anbietet – rund um Gesellschaft und Technik. Dort kann man Kontakte knüpfen und alle sind äußerst hilfsbereit. Einer der Teilnehmer, Roland Judas, verwies mich ohne Umwege an Ali-Pasha Foroughi, den Co-Founder hinter Hallofrankfurt.de. Nach ein paar Mails, Interviews und Telefonaten waren wir mit einem hübschen Porträt auf der Website, und innerhalb weniger Tage war der Kurs voll. Wenn man weiß, wer wen kennt, ist alles einfach.

Die erste Session wurde dann sofort von Rhein-Main TV begleitet. Alle waren begeistert von der Resonanz, sodass es nicht verwunderlich war, dass Check24 innerhalb weniger Monate gleich mit einer weiteren Session nachlegte.

Ab ins kalte Wasser und schwimmen

Es gab jedoch auch Herausforderungen, besonders weil unsere Bekanntheit noch nicht sehr hoch war und man zwischen den Organisatoren jonglieren musste. Es kam vor, dass Veranstaltungen abgesagt werden mussten. Wir haben gelernt, dass das zum Wachsen dazugehört. Spannend war auch der Roll-out nach München, wo wir mit Check24 unsere ersten Veranstaltungen ganz im Süden anboten. Der Kontakt kam über einen Kollegen von Philipp zustande. Aufregend war auch, dass die Session von Check24 im ersten Quartal 2020 eine der letzten war, die wir vor dem Coronalockdown durchgeführt haben.

Die Pandemie brachte viele Erfahrungen mit sich. Es ergab sich die Situation, dass ein Kollege von Philipp, Marc Engel, nach Hamburg gezogen war und wir die Kurse dort neu aufnehmen wollten. Der Start in Hamburg war aufgrund der Pandemie nicht ganz unkompliziert, aber dennoch ein großes Kapitel für uns. Allein 2023 hat Marc in Hamburg schon fünf Kurse organisiert, Hammer!

Es gab zudem eine richtungsweisende Förderung von Check24, mit der wir das neu konzipierte Schulkonzept Hacker School @yourschool in Berlin umsetzen konnten. Es war eine der größten Lernmöglichkeiten für uns, in einen neuen Markt einzusteigen, in dem wir weder die Stadt, noch die Kinder und noch nicht einmal das ganz neue Projekt in der Pilotphase richtig kannten. Gleichzeitig waren wir pandemiebedingt mit einem gestressten Team konfrontiert. Es war eine sehr herausfordernde, spannende und lehrreiche Zeit.

Meine Take-aways

– Wenn man weiß, wer wen kennt, ist alles einfach.

– Stolpersteine gehören zum Wachsen dazu.

– Neue Stadt, unbekannte Kinder, Projekt in der Pilotphase? Geht trotzdem.

Continental – wie begeistert man die Schule ums Eck – virtuell?

Manche Kommentare zu LinkedIn-Posts stoßen größere Dinge an: So lernte ich beispielsweise über einen solchen Austausch Angela Alder, Leiterin kaufmännische Berufsausbildung und duale Studiengänge bei Continental, kennen und wir kamen intensiver in Kontakt. Lustigerweise ist Angela nicht ganz unschuldig an der Entwicklung unserer Idee, im Winter 2021 in Schulklassen zu gehen. Wir telefonierten abends beim Kaminfeuer mit einem Glas Wein und kamen auf immer neue Ideen – so geht Innovation. Als ich ihr zwischen Weihnachten und Neujahr 2020/2021 davon erzählte, dass ich unbedingt einen Weg finden wollte, wie wir sozioökonomisch benachteiligte Kinder erreichen können, besonders Mädchen und vielleicht auch in Schulen, hat sie diese Gedanken so positiv bestärkt, dass es dann irgendwie kein Zurück mehr gab.

Bei Continental haben wir die spannende Situation, dass es einen dreigliedrigen Konzernaufbau gibt, bei dem drei Säulen gleichberechtigt nebeneinanderstehen – und das ist keine übergreifende Konzernstruktur. Da es also keine Struktur gibt, mit der wir gleichzeitig alle Azubis bei Continental hätten erreichen können, stellte uns Angela die Player aus den einzelnen

Bereichen direkt vor. Wir sprachen nach Hannover mit der coolen Truppe aus Wetzlar, dann kamen Frankfurt, Darmstadt und Regensburg dazu, und im Anschluss wurde es langsam, aber sicher etwas unübersichtlich – Continental war überall.

Es waren sehr viele Gesprächspartner, es war sehr viel Begeisterung, es war eine tolle Stimmung. Aber gleichzeitig war es für uns auch eine sehr kleinteilige Betreuung.

Nach einiger Zeit zeichnete sich ab, dass eine Konsolidierung der internen Betreuungsstrukturen als sehr hilfreich eingeschätzt wurde, und zu meiner großen Begeisterung übernahm Lars Raschke die Schnittstelle zu uns. Lars ist ein begnadeter Ausbilder mit großer Begeisterung, auch ein Teilnehmer unseres Hacker-School-Podcasts. Lars brachte gleich eine Idee mit – nämlich mit einer ihm gut bekannten Schule gemeinsame Sache zu machen und dort über seine Jungs und Mädels (alles Azubis in unterschiedlichen Ausrichtungen) einfach direkt fünf Kurse an einem Tag virtuell zu besetzen. Die Organisation war etwas aufregend, aber es war großartig zu sehen, wie die jungen Menschen sich einbrachten und mit welcher Begeisterung sie ihre Ausbildungsinhalte vertieften. Was für ein Commitment des Unternehmens, das die Schule quasi mitgebracht hatte! Alle wollten sich irgendwie besonders in Zeug legen.

Talk about IT – der Hacker School Podcast. Interview mit Lars Raschke: https://bit.ly/497k8I8.

Kurse vernetzen Azubis

Lars Raschke, Ausbilder Bereich Software,
Continental Teves

Ich hatte schon früh eine große Begeisterung für IT und Naturwissenschaften und es hat mir auch immer Spaß gemacht, anderen etwas beizubringen. Lehrer wollte ich nicht werden, das erschien mir zu starr. Glücklicherweise habe ich 2015 die Ausbildungsstelle bei Continental gefunden, als diese gerade den MATSE einführten, den Mathematisch-Technischen Softwareentwickler. Genau mein Ding. Ich habe damals schon in der Ausbildung immer begeistert Kurse für andere Azubis gegeben und Messen organisiert. Schon gegen Ende der Ausbildung war klar, dass ich als Ausbilder übernommen werden würde.

Ich habe mich immer gefragt, auch wenn es schon gut läuft, was können wir noch besser machen? Wie schaffe ich einen guten Gruppenzusammenhalt und dabei auch eine prima Vernetzung mit anderen Azubi-Bereichen und Abteilungen? Und so sehe ich auch die Hacker School. Wir machen eine jährliche Kick-off-Veranstaltung für neue Azubis, in der die erfahrenen Inspirer ihre Erfahrungen mit den neuen teilen und die Hacker School quasi ein fester Bestandteil ihrer Ausbildung wird. Wir haben die Hacker-School-Kurse bei uns ins Einführungsprogramm aufgenommen, damit unsere neuen Azubis direkt eine Idee davon bekommen, was sie lernen können und wie sie es dann auch am besten weitervermitteln – immer die coolste Art zu lernen. Und mit Begeisterung lernt es sich halt am besten – bei euch und bei uns.

Continental war übrigens auch eins der ersten Unternehmen, die die Idee pushten, die Azubis, die bereits bei uns Kurse gegeben hatten, auch als Inspirer für andere Auszubildende im Konzern einzusetzen – etwa für die aus den kaufmännischen Bereichen.

Meine Take-aways

– Innovation entsteht auch beim Telefonieren am Kaminfeuer.

– Konzerne sind echt komplex. Und jeder ist anders.

– Von Azubis für Azubis: Dann macht Lernen noch mehr Spaß.

Deloitte – wie man sich den ersten Platin-Partner schnappt

Deloitte ist einer der ersten Partner, die mit finanzieller Unterstützung und Volunteers mit an Bord der Hacker School sind. Dieser Doppelsupport ist bislang leider noch selten. Außerdem – und das ist ein Riesenmeilenstein für uns – ist das Beratungshaus unser erster Platin-Partner. Mit anderen Worten, es hat sich committet, pro Jahr 5 000 Kinder über ganz Deloitte hinweg in Deutschland zu erreichen. Mega!

Insgesamt ist die Zusammenarbeit mit Deloitte noch recht neu und funktioniert über mehrere Schienen: Eine ehemalige Hacker-School-Kollegin vermittelte uns durch ihr persönliches Netzwerk einen ersten Inspirer-Kontakt zu Deloitte, worüber wir letztendlich mit der Ausbildungsabteilung und dem CSR-Experten Marius Trapp in Verbindung traten.

Zudem meldete sich Deloittes Social-Media-Influencerin Lara Sophie Bothur zusammen mit einer Freundin bei einem unserer Kurse an. Ganz ohne Vorerfahrung hatte sie herausfinden wollen, ob sie sich im Coding zurechtfinden würde. Das Ergebnis waren ein unterhaltsames Wochenende, einige tolle Posts und große Begeisterung auf allen Seiten. Wir sind bis heute verbunden.

Auf der Women-in-Tech-Konferenz im Mai 2022, die von der #SheTransformsIT-Initiative zusammen mit dem Hasso-Plattner-Institut organisiert wurde, lernte ich schließlich eine Schlüsselperson kennen. Ich nahm dort an einer Panel-Diskussion teil und hatte die Gelegenheit, mich nicht nur mit Anna Christmann aus dem Bundesministerium für Wirtschaft und Klimaschutz auszutauschen, sondern auch mit Nicolai Andersen, dem Deutschlandchef von Deloitte. Das Kennenlernen von Nicolai war für die weitere Entwicklung der Partnerschaft mit Deloitte von großer Bedeutung, da er schlussendlich die Entscheidung traf, den Turbo einzuschalten und damit 5 000 Kinder erreichen zu wollen.

Besonderer Fokus auf den Mädchen

Denn anfangs lag die Latte noch tiefer: Wir hatten im Juni 2022 eine erste Kooperationsvereinbarung über eine finanzielle Förderung durch Deloitte geschlossen, mit dem Ziel, 500 Kinder innerhalb eines bestimmten Zeitraums zu erreichen – und zwar nicht zwangsläufig nur durch Kolleginnen und Kollegen von Deloitte, sondern auch mithilfe anderer Inspirer. Das war ein toller Start, aber im Sinne unserer Mission natürlich noch ausbaufähig.

Zwischendurch gab es einen kontinuierlichen Austausch über das Netzwerk #SheTransformsIT, bei dem Deloitte mittlerweile eines der Partnerunternehmen ist und sich mit hoher Intensität einbringt. Dies mündete im Smart-Believers-Programm, einem Projekt der Smart Factory in Düsseldorf. Diese wird von Britta Mittlefehldt geleitet und zeigt Managern auf CEO-Level, wie Technologien wie KI und Robotik funktionieren. Auch meine Kollegin Dr. Charlotte Echterhoff, Lead des Unternehmensteams, und ich konnten dort tiefe Einblicke in die Smart Factory gewinnen. Total genial, wie auch für C-Level-Prozesse verständlich sichtbar gemacht und die Bedeutung von Robotik veranschaulicht wird. Spielen für Erwachsene und Kids, genau unser Ding.

Inzwischen bieten wir seit März 2023 jedes erste Wochenende im Monat in einer anderen Niederlassung von Deloitte in Deutschland einen Kurs an, bei dem Frauen und Mädchen von 11 bis 99 Jahren mit den Edison-Robotern selbst erfahren können, wie es ist, die Roboter zusammenzubauen und zu programmieren.

Auf der einen Seite zeichnet sich ab, dass das Engagement der Führungsebene neue Wege schafft. Auf der anderen Seite erleben wir auch, dass es nicht ganz einfach ist, teilweise komplett neu zu denken. Zum Beispiel hätten wir den Wunsch, alle Beraterinnen und Berater, die gerade auf der Bench sitzen, also derzeit ohne Mandat beim Kunden sind, strukturiert in die Hacker School einzubeziehen. Das würde aus unserer Sicht mit dem Wunsch der Unternehmen korrespondieren, Leerzeiten so für die Weiterentwicklung der Consultants zu nutzen. Das Engagement bei der Hacker School als Weiterbildung zu verstehen, scheint jedoch nicht so intuitiv zu sein, wie wir dachten. Zumindest nicht überall im Unternehmen. Daran arbeiten wir noch.

Nächstes Ziel: Engagement in den Schulen

Wir sind dabei, eine stärkere Betonung des schulischen Bereichs zu verhandeln. Wie eingangs schon erwähnt, ist Deloitte inzwischen unser erster Platin-Partner mit dem Ziel, 5 000 Kinder pro Jahr zu erreichen.

Und dafür braucht es auch hier ein ganzes Dorf: Nicolai Andersen als sportlichen und pragmatisch-visionären Vordenker (»Come on, das muss doch irgendwie gehen, ich bin sicher, die Menschen bei uns begeistern sich dafür.«), Claudia Ahrens, Director, als unglaubliche Spinne im Netz (»Wir müssen gucken, wie und wo wir die Leute am besten abholen – kannst du einen kurzen Film drehen? Nach den Ferien gehts aber richtig los.«), Pierre Lunet, Senior Manager, als Inspirer der ersten Stunde (siehe unten, wunderbar), Marius Trapp als Schnittstelle zu Trainees und finanzieller Förderung (»Klar machen wir das weiter, und wollt ihr mit in den Nachhaltigkeitsbericht?«), Britta Mittlefehldt für die Umsetzung in der Smart Factory (»Klar kriegen wir das einmal im Monat immer woanders hin.«), Lara Sophie Bothur zum Transportieren der Geschichten (»Mir hat es ja auch richtig Spaß gemacht.«) und so viele mehr!

Wenn du viel erreichen willst, nimm dir viel vor

Interview mit Nicolai Andersen,
Managing Partner und CEO Consulting
Germany & Central Europe, Deloitte

Was hat dich bewogen, der erste Platinum-Partner der Hacker School zu werden, was ja bedeutet, dass ihr 5 000 Kinder im Jahr erreichen wollt?
Nicolai: Hauptbeweggrund war natürlich, dass ich das, was die Hacker School macht, für phänomenal halte. Getreu dem Motto »Wenn du viel erreichen willst, nimm dir viel vor« haben wir im Team dann

besprochen, dass wir bei der Größe unseres Unternehmens direkt die höchste Kategorie anstreben sollten – auch wenn es eine Herausforderung für uns wird. Umso größer ist dann natürlich der Stolz, wenn wir es geschafft haben.

Welchen Vorteil siehst du für deine Mitarbeitenden durch das Engagement bei der Hacker School?
Nicolai: Erstens: Sie bewirken da etwas, wo sie mit wenig Aufwand hohe Wirkung entfalten können, weil es in der DNA von Consultants liegt: Wissen weitergeben. Zweitens: Sie werden mit Welten konfrontiert, in denen sie sich im Arbeitsalltag so nicht bewegen, was auch zum Nachdenken anregt. Drittens, ganz simpel: Das ist für jeden eine Chance, auch selbst mal Coden zu lernen.

Welche Rolle spielt Corporate Volunteering für Unternehmen? Habt ihr hier eine echte Verantwortung?
Nicolai: Unbedingt haben Unternehmen hier eine sehr große Verantwortung. Wir können helfen, unsere Mitarbeitenden zu motivieren – wobei sie aber meist eh schon motiviert sind. Und wir können helfen, Engagement zu bündeln und dahin zu richten, wo es am meisten Wirkung entfaltet.

Wann machst du deinen ersten Kurs?
Nicolai: Ertappt. Ich melde mich gleich an.

Mein erstes Mal als Inspirer

Pierre Lunet, Senior Manager, Deloitte

Mein erstes Mal als Inspirer war stressig – ich habe mich stundenlang vorbereitet, habe zum Beispiel Wörterlisten gemacht, um sicherzustellen, dass ich die Fragen der Kinder beantworten konnte (excuse my French). Ich war eine Stunde vor dem Start im Büro, um alles noch einmal zu prüfen. Ich war ganz begeistert von der Verbindung, die man sehr schnell mit den Kindern etabliert, von der Neugier, die man spüren kann, von der Kreativität, die junge Kinder schon haben, und von dem Gefühl, dass man nach vier Stunden etwas vermitteln konnte.

Ich habe seitdem mit mehreren Kolleginnen und Kollegen gesprochen und meine Erfahrung geteilt und ich glaube tatsächlich, dass ich das Konzept greifbarer für sie machen konnte. Ich werde weiterhin darüber sprechen und versuchen, immer mehr Kolleginnen und Kollegen dafür zu gewinnen.

Ihr macht einen tollen Job, und ich glaube, ihr macht damit auch einen Unterschied. Ich bin sehr froh, dass ich dabei sein darf!

Ich habe Gesichtserkennung mit Python programmiert

Lara Sophie Bothur, Corporate Tech Influencerin, Deloitte

Das erste Mal, als ich in die Kunst des Codens eingeweiht wurde, war durch die Hacker School. Es bot mir einen leichten und verständlichen Einstieg. Ich fühlte mich sicher und an die Hand genommen, da mir jeder Schritt geduldig erklärt wurde. In nur einem halben Jahr haben diese ersten Erfahrungen einen tiefgreifenden Einfluss auf mein Masterstudium gehabt. Hier konnte ich meine neu erworbenen Fähigkeiten vertiefen. Tatsächlich gehörte ich zu den Ersten, die es schafften, eine Gesichtserkennung mit Python zu programmieren. Meine Vorkenntnisse, die ich bei der Hacker School erworben hatte, waren ebenfalls ungemein hilfreich, als ich mit statistischen Aufgaben in der Programmiersoftware R konfrontiert wurde.

In meinem Job als Corporate Tech Influencerin von Deloitte habe ich durch die Hacker School ein besseres Verständnis für das Programmieren gewonnen, kann meine Community mit auf die Reise des Codens nehmen und weitere junge Talente motivieren. Ich bin ein begeistertes Mitglied der Hacker School Community und hoffe, dass immer mehr junge Frauen das Potenzial und den Spaß am Programmieren erkennen. Es gibt so viele spannende Berufsmöglichkeiten in diesem Bereich. Und wo sollte man besser anfangen als bei der Hacker School?

Hartnäckig dranbleiben

Claudia Ahrens, Director, Deloitte Consulting

Um so viele unserer (vor allem) jüngeren Mitarbeitenden zu bewegen, sich zu engagieren, stellen wir das Thema immer wieder in den Kontext unserer gesellschaftlichen Verantwortung und schaffen damit gleichzeitig Relevanz. Schlussendlich heißt es wie in jeder guten Projektsteuerung: hartnäckig dranbleiben – Hürden verstehen (Sommerloch und hohe Auslastung bei denen, die wir brauchen), Kommunikation weiter anpassen und durch Erfolgsgeschichten der Inspirer Begeisterung erzeugen.

Meine Take-aways

– Doppelsupport hilft doppelt: Inspirer und finanzieller Support lösen zwei Herausforderungen auf einmal.

– Engagement auf Führungsebene macht den Unterschied.

– Es braucht ein ganzes Dorf, auch nach der Urlaubszeit.

Deutsche Bahn – wer will schon Bronze, wenn man Silber haben kann

Die Deutsche Bahn ist ein riesiger Konzern mit gefühlt 20 verschiedenen CIOs und einem Group CIO. Allein dieser Aspekt zeigt, wie unglaublich breit dieses Unternehmen aufgestellt ist. Erste Kontakte mit der Deutschen Bahn, namentlich der DB-Systems, gab es schon vor längerer Zeit. Ich hatte die Gelegenheit, Claudia Plattner (damals noch bei der Bahn, danach EZB, jetzt BSI) bei den WIN-Awards vom Women's IT Network in Frankfurt kennenzulernen, das war 2019. Damals sprachen wir erstmals über die Möglichkeit, die Hacker School in die Bahn zu integrieren.

Dann kam die Coronapandemie, was einige Dinge verzögerte. Und es stellte sich heraus, dass das Durchqueren der silbernen Tür nicht so einfach war, wie ich zuerst dachte. Es folgten weitere Treffen mit wundervollen Menschen wie Arlene Bühler, CIO der DB Cargo, die ich beim CIO des Jahres 2022 traf, wo sie den Corporate Courage Award für die IT-seitige Unterstützung der Ukraine-Schienenbrücke erhielt. Wir vereinbarten sofort einen Gesprächstermin und überlegten, wie wir den Group CIO Bernd Rattey in unsere Pläne einbeziehen könnten.

Im Februar 2023 kam es schließlich zu einem legendären Treffen mit vielen Group CIOs aus ganz Deutschland: Ich war eingeladen worden, auf den Hamburger IT-Strategietagen eine Keynote zum Thema Hacker School und Corporate Volunteering zu halten. Ich erklärte (leidenschaftlich wie immer, ganz klar), warum wir davon überzeugt sind, dass wir gemeinsam mehr erreichen können. Am Ende standen alle im Saal und applaudierten, wie zu Beginn des Unternehmenskapitels schon erwähnt. Auch einige Bahn-CIOs waren vor Ort, darunter Dr. Jürgen Antes von der DB Netz AG (ich liebe Skalierung), Arlene Bühler und Bernd Rattey. So konnten wir die Gespräche zu einem Engagement konkretisieren.

Der erste ESG-Partner verbindlich an Bord

Inzwischen waren wir mit unserer ESG-Strategie als Leitthema so weit, dass wir mit der Bahn nicht nur über eine Bronze-, sondern sogar über eine Silber-Partnerschaft sprechen konnten. Friendly reminder: Bronze sind 500 Kids im Jahr, Silber schon direkt 1 000 – das heißt, wir bekamen sofort 160 Inspirer-Vormittage in die Hand versprochen. Die Verträge wurden kurzfristig unterschrieben. Die Bahn war damit tatsächlich das erste Unternehmen, das wirklich sagte: »Ja, wir machen das, wir gehen als Partner mit rein.«

Ein weiterer sehr geschätzter Kontakt bei der Bahn ist Claudia Pohlink, Head of Data Intelligence Center, die ich aus verschiedenen früheren Jobstationen kenne. Ihr Mindset und ihre Datenkompetenz begeistern mich immer wieder aufs Neue, und insbesondere ihre Einschätzung, dass eine Kooperation mit der

Bahn und der Hacker School sehr gut passen müsste. Eine weitere Fürsprecherin bei der DB ist Dr. Daniela Gerd tom Markotten: Posts wie der nachstehende sind sowohl intern für die Bahnkolleginnen und -kollegen als auch extern für uns echt hilfreich.

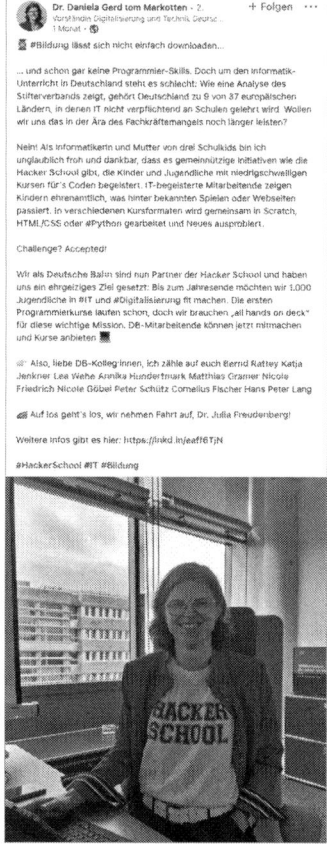

LinkedIn-Post von Dr. Daniela Gerd tom Markotten, Vorständin Digitalisierung und Technik Deutsche Bahn, zum Engagement der Deutschen Bahn bei der Hacker School (2023).
(*Foto: Dr. Daniela Gerd tom Markotten*)

IT-Talente gewinnen

Arlene Bühler, CIO, DB Cargo

Als CIO und CDO der DB Cargo ist es mir sehr wichtig, frühzeitig IT-Talente für die DB und die DB Cargo zu gewinnen. Das beginnt bei uns schon sehr früh, indem wir Schülerpraktikanten aufnehmen, um ihnen die spannenden Themen in der Digitalisierung beizubringen. Initiativen wie die Hacker School ermöglichen uns, gezielt interessierte junge Menschen bereits in der Schule anzusprechen. Über den spielerischen Ansatz, Softwareprogrammierung zu ermöglichen, ergeben sich für uns dabei zwei große Vorteile: Zum einen können Mitarbeitende als Rollenmodell agieren und sich ehrenamtlich für das Interesse für MINT-Berufe einsetzen. Zum anderen können sie ihre eigene Lernfähigkeit testen und sind motiviert, zukünftige Kolleginnen und Kollegen für uns als DB zu gewinnen.

Jürgen Antes wiederum hatte die Hacker School schon länger im Auge und fühlte sich gleich angesprochen: »Mir gefällt einfach schon grundsätzlich die Idee gut, mit ein bisschen Einsatz das Leben eines anderen Menschen ein kleines bisschen besser machen zu können. Sogar dann, wenn es nicht bei jedem und immer klappt.«

Das Thema Personalentwicklung sei einer der Treiber, warum er gern Führungskraft sei.

»Und diese Idee verlängert sich über euch ins gesellschaftlich Relevante. Klasse also!«

Bei dem Treffen in Hamburg Anfang 2023 haben viele Dinge gleichzeitig klick gemacht, und er konnte das Thema Aufbau der Kooperation Deutsche Bahn / Hacker School mitnehmen. Bevor er die Kooperation innerhalb des Unternehmens beworben hat, wollte er aber unbedingt selbst wissen, wie es ist, einen Einsatz als Inspirer zu machen. Sein ehrliches Feedback: gemischt.

Wenn Führungskräfte wieder coden

Dr. Jürgen Antes, Manager IT & Digitalization, DB Netz

Seitens der Hacker School war das total professionell und für mich mit wenig Aufwand einfach einzufädeln. Wer Tickets für ein Konzert online kaufen kann, kann sich auch für einen Hacker School @yourschool Remote-Einsatz anmelden. Ich bekam eine einstündige Onboarding-Session von euch. Darin wurden Abläufe, Kontakte und alles, was man braucht, bestens dargestellt. Meine größte Sorge war, dass ich als Manager meine ehemaligen Programmierfähigkeiten seit Jahren nicht eingesetzt habe … use it or lose it. Also habe ich am Wochenende vor meinem Einsatz die Online-Entwicklungsumgebung angeschaut und gelernt. Und auch einen kleinen Refresher zu Python für mich gemacht. Der Kontakt mit Schule, Lehrerin und Schülern hat Spaß gemacht.

Allerdings hatte die bayerische Realschule krasse technische Hürden für die Inspirer. Der ganze PC-Pool-Raum hatte keine (!) Kamera. Wir Inspirer konnten also überhaupt nicht sehen, ob das, was wir sagten, ankam. Darüber hinaus hatte dann in der Gruppe meiner Schülerinnen und Schüler auch kein Arbeitsplatz ein Mikrofon! Es gab zum Glück einen Helden-Schüler, Michael, der sein persönliches Handy dann eingesetzt hat und der Einzige war, der direkt mit mir sprechen konnte. Inspiration vermitteln und nur über den Rückkanal Chat-Nachrichten und mit Einzelfragen an Michael, der sie weiterreichte und mir für die Gruppe antwortete, arbeiten zu müssen, war schon zäh. Insgesamt hat es Spaß gemacht – der Lead Inspirer und die anderen Kolleginnen und Kollegen haben ihren Einsatz mit viel Verve bestritten.

Meine große Sorge, dass meine Programmierkenntnisse nicht ausreichen könnten, war völlig unbegründet. Das vorbereitete Kurskonzept der Hacker School hatte alles, was es brauchte.

Bestückt mit meiner neuen Hacker-School-Inspirer-Erfahrung bin ich dann in der Bahn losgezogen, um für die Kooperation mit euch zu werben. Dabei hatte ich den Rückenwind von Bernds Team, die Unterstützung der seit Hamburg eh schon überzeugten CIO / CDO-Kolleginnen sowie die von Charlotte, die Kooperation mit euch gut zu verankern und Kolleginnen und Kollegen zu motivieren, selber Inspirer-Einsätze zu machen. Vor solchen Einsätzen haben doch einige Menschen Manschetten. Weil ich von eurem guten Onboarding und den Kurskonzepten aus eigener Erfahrung berichten konnte, glaube ich, dass ich einigen Menschen die Sorgen nehmen und sie so für Inspirer-Einsätze gewinnen konnte.

Warum Silber? Na ja. Wir haben einige Tausend ITlerinnen und ITler. Um Silber, also 1 000 Schülerinnen und Schüler, zu erreichen, braucht man aber *nur* 167 Inspirer-Einsätze. Ich habe die feste Hoffnung, dass viele von der Bahn sich gern für eine gute Sache engagieren. Sei es, um die Bahn besser zu machen, oder sei es, um den jungen

Leuten und der Gesellschaft ein klein wenig mehr Chancen zu geben. Klar, wir brauchen durchaus etwas Zeit, das Thema in der Bahn bekannt zu machen. Und auch klar, viele Mitarbeitende haben beruflich echt viel zu tun. Insgesamt kommen mir 167 Einsätze aber sehr machbar vor. Wer weiß, vielleicht klappt's ja auch mal in Gold.

Es braucht solche Menschen wie Jürgen, die von ihrer Erfahrung auch intern berichten und Werbung bei den Kolleginnen und Kollegen machen. Eine, die das auch begeisternd bei der Bahn umsetzt, ist Nathalie von Bomhard, die mir von einer internen Aktion schrieb:

Inspirer werben Inspirer

E-Mail von Nathalie von Bomhard,
Spezialistin für Data Architecture, DB Cargo,
vom 17.7.2023

Liebe Julia,

ich kenne Dich und Deine tolle Initiative schon etwas länger …

Als die Bahn dann vor Kurzem mit der Hacker School um die Ecke kam, konnte ich es kaum glauben und wollte sofort bei euch mitwirken … und so habe ich mich angemeldet und Euer Onboarding gleich gebucht. Daraufhin habe ich den Scratch-Kurs eingetragen und mein erster Termin ist der 22.8.2023.

Da ich noch mehr Menschen von dieser wunderbaren Initiative überzeugen wollte, habe ich gezielt Menschen angesprochen und einfach eine Cargo Hacker School Community gebildet. Ich bin in der IT verankert, keine Programmiererin, aber neugierig und optimistisch.

Da ich gemerkt habe, dass es weitere Personen gibt, die gern unterstützen möchten, sich aber nicht trauen oder unsicher sind, habe ich einen Mini-Crashkurs angeboten, der am 31.7.23 stattfinden wird. Und jetzt sind wir schon neun (nach nicht mal einem Tag).

Aus diesem Grund habe ich heute Morgen einfach mal einen Aufruf gestartet. Lustigerweise hat sich zufällig Lauren Rommeswinkel heute Nachmittag bei mir gemeldet und gefragt, ob ich ein paar Fragen beantworten könnte. Daraufhin erzählte ich ihr von meinem Aufruf und prompt hat sie sich und eine Kollegin auch angemeldet.

Also, wie du siehst, strahlt Dein Karma kreuz und quer und ich finde es so schön …

Jetzt warte ich nur noch auf Dein T-Shirt und dann kann es losgehen (einen sehr guten Freund außerhalb der Bahn konnte ich auch schon anstecken und sein T-Shirt ist sogar schon angekommen).

Alles Liebe
Nathalie

Kai-Uwe Baier hat ebenfalls bereits Erfahrung als Inspirer gesammelt, im September 2023 hielt er den persönlichen Rekord der Bahn-Inspirer mit bereits fünf (!!!) Einsätzen.

Wettbewerbsfähig bleiben

Kai-Uwe Baier, IT-Projektleiter, DB

Meine Motivation ist, irgendwie dabei zu helfen, dass wir als Wirtschafts- und Innovationsstandort nicht abgehängt werden. Ich fühle mich bestärkt durch den Ansatz, Fachkräfteverfügbarkeit im Inland zu stärken und diese Leute nicht nur im Ausland zu suchen (und anderen Ländern ihre fähigsten wegzunehmen). Eigentlich sollte jeder in der Branche in der Lage sein, als Inspirer zu agieren. Ich komme wieder, weil ich zwischen zwei Projekten aktuell gerade die Zeit habe, meinen Beitrag zu leisten. Und ich sehe es sportlich für das Unternehmen, weil ich mit meinem Einsatz und dem der Kollegen zusehen kann, wie unser kleiner Prozentbalken auf unserer Partnerwebsite steigt. https://hackerschool.de/unterstuetzen/partner-deutsche-bahn/

Partnerwebsite? Das heißt, unsere ESG-Partner-Unternehmen bekommen von uns eigene Hacker-School-Landingpages, die sie intern teilen können. Dort können sich beispielsweise Mitarbeitende als Inspirer anmelden. Wir zeigen aber auch, wie weit das Engagement der Partnerunternehmen fortgeschritten ist, anhand eines sich aufbauenden Prozentbalkens. Wir freuen uns, dass auch hier Gamification wieder funktioniert:

Der positive Wettbewerbsgedanke, gemeinsam geilen Scheiß zu machen, klappt. Und wer weiß, vielleicht machen wir daraus sogar noch einen übergreifenden Wettbewerb …?

Man muss nicht ITler sein

Lea Wehe, Assistentin der Leitung Group IT Alignment bei der Bahn, hat sich entschlossen, als Inspiress dabei zu sein, auch wenn sie eigentlich von Haus aus keine Informatikerin ist – sie hat sich die notwendigen Fähigkeiten für Scratch-Kurse einfach draufgeschafft. Darüber hinaus ist sie für uns eine der wichtigsten Personen bei der Bahn: Sie ist unsere Koordinatorin auf DB-Seite und unheimlich engagiert. Sie hat ein tolles Gespür für den Konzern, für Kommunikation, ist offen und ehrlich, was die Möglichkeiten bei der DB angeht, bringt die Thematik voran und weiß, welche Knöpfe zu drücken sind. Wir merken jeden Tag: Es ist einfach mega, eine Person zu haben, die im Kooperationsunternehmen dafür brennt, durch tolle Organisation richtig was zu verändern.

Lea ist überzeugt: »IT ist unsere Zukunft. In sehr vielen Berufen wird IT ein immer größerer Bestandteil, sodass es extrem wichtig ist, Grundsätze mal gesehen und gehört zu haben.«

Sie selbst gab im August 2023 ihren ersten Kurs und sagte vorher: »Ich bin schon total gespannt, wie es wird.«

Lese-Rechtschreib-Schwäche?
Natürlich schafft ihr das!

Lea Wehe, Assistentin der Leitung Group IT
Alignment, DB

Mein Gänsehautmoment: Auf einer Messe melden sich zwei Grundschülerinnen, um mir mitzuteilen, dass die beiden sich nicht zutrauen, in Scratch zu arbeiten. Ich

271

habe versucht, den beiden Mut zuzusprechen. Daraufhin kam die prompte Antwort: Wir haben LRS (Lese-Rechtschreib-Schwäche). Ein mir gut bekanntes Thema, da ich selbst in meiner Schulzeit damit zu kämpfen hatte. Daher setzte ich mich zu den beiden und meinte: Kein Problem, ich hatte auch LRS, dann helfe ich euch. Daraufhin schaute mich eines der Mädchen mit großen Augen an und fragte: »Und du arbeitest jetzt ganz normal?«

Im ersten Moment war ich über die Frage doch recht erstaunt, antwortete aber prompt: »Natürlich, und ich habe auch studiert.« Das Mädchen schaute mich mit glänzenden Augen an.

Ich ergänzte noch, dass es nicht immer einfach gewesen sei, aber mit mehr Aufwand und Offenheit zu dem Thema hätte ich es geschafft. Die beiden schauten mich an: »Wow, dann können wir das ja vielleicht auch schaffen.«

Daraufhin war ich wiederum beseelt, den beiden anscheinend jetzt ein Vorbild zu sein, und sagte: »Natürlich schafft ihr beide das!«

PS: Die beiden haben es übrigens genauso wie die anderen gemeinsam geschafft, in 15 Minuten ein Pong-Spiel zu programmieren.

Und was sagt der Chef dazu?

E-Mail von Bernd Rattey, Group CIO und CDO,
vom 9.8.2023

Liebe Julia,

danke für die Nachricht. Du bist mir schon vorher
»aufgefallen« und von Claudia Plattner und MüWü
empfohlen worden. Daher habe ich dann Deinen
Workshop besucht und war neugierig.

Ich selber war der Erste aus meiner Familie, der
Abitur machen durfte. Mein Vater war Fliesenleger
und meine Mutter Hausfrau. Ich hatte früher wenig
bis keine Unterstützung oder Beziehungen und
weiß, wie wichtig das für junge Menschen ist.
Daher habe ich nicht nur meinen Segen gegeben,
sondern Euer Thema hinter den Kulissen stark
unterstützt.

Zu guter Letzt: Dein Auftreten fand ich wirklich toll
und inspirierend, und so entstand dann die spontane
Idee. Die spontanen Ideen sind ja oft die besten!

Nach vorn geblickt: Bei uns arbeiten etwa 20 000
Menschen in digitalen Rollen – viele treibt der
Purpose an. Aus meiner Sicht ist es wichtig, die
erste Schwellenangst zu nehmen (»Kann ich das
überhaupt?«).

Ich habe ein weiteres Projekt initiiert, wo wir im
Bereich Operational Technology-Security Seiten-
einsteigerinnen und Seiteneinsteiger ohne formale
Ausbildung suchen. Das geht in dieselbe Richtung,

hier bin ich gespannt, wie das läuft. So etwas
könnte meines Erachtens weiteres Potenzial bieten.

Herzliche Grüße
Bernd

Meine Take-aways

– Je mehr CIOs, desto besser. #Skalierung.

– Auch Führungskräfte sind vor ihrem ersten Kurs aufgeregt –
  wie die Kinder auch.

– Vorbildfunktion wirkt auf allen Ebenen!

DFS – wir haben Zeit, wann habt ihr Kurse?

Eine Zusammenarbeit der ganz anderen Art war die mit der
Deutschen Flugsicherung. Die DFS kam mit der Idee auf uns
zu, gemeinsam etwas für mehr Frauen in der IT zu tun. Ihr Ziel
war es, deutlich mehr Mädchen in ihren Ausbildungsberufen zu
haben. Wir eruierten unterschiedliche Konzepte, Zielgruppen
und Ansätze.

Schließlich erhielten wir den Auftrag, innerhalb einer
Woche jeden Tag einen Schulkurs für die DFS zu organisieren,
da deren duale Studentinnen und Studenten nur in dieser
einen Woche verfügbar waren. Getreu dem Motto, wenn die
dualen Studierenden Zeit haben, müssen die Kurse her. Also
eine Umkehrung unserer Idee »Wir haben Kurse, wann habt ihr
Zeit?« zu »Wir haben Zeit, wann habt ihr Kurse?«

Und so sah das dann in der Praxis aus: Wir integrierten die Hacker School @yourschool-Kurse in den Ausbildungsablauf der Studis. Der Plan war, dass sieben duale Studierende innerhalb ihrer Praxisphase im Unternehmen gebündelt innerhalb einer Woche sechs @yourschool-Kurse geben sollten, und zwar an drei aufeinanderfolgenden Tagen mit jeweils zwei Kursen, die einmal mit vier und einmal mit drei Inspirern besetzt sein sollten. Dazu bauten wir die Koordination zwischen unserem Team, der DFS und dem Schulteam auf.

In der Praxis lief es dann nicht ganz reibungslos: Ein Tag fiel leider aus, da die Schule kurzfristig absagte. Vier Kurse haben aber an den anderen beiden Tagen stattgefunden.

Diese Aktion war für uns einzigartig, denn die DFS war die erste Kooperation, in der die Inspirer-Einsätze feststanden, bevor wir die Schulkurse organisiert hatten. Wir haben anhand dieser Erfahrung einen neuen Prozess für die Hacker School aufgesetzt, den wir inzwischen auch mit anderen Unternehmen durchführen.

Für die Zukunft ist geplant, die Hacker School @yourschool-Kurse in jeden Jahrgang der DFS zu integrieren. Für die nächsten dualen Studierenden, die in der IT des Unternehmens starten, ist ein Engagement als Inspirer für die Zeit zwischen dem ersten und zweiten Semester fest eingeplant.

Svenja Asmus, Ansprechpartnerin für duale Studiengänge bei der DFS, meint: »Ich freue mich, dass die Kooperation weiter bestehen bleibt! Unseren Studis hat die ›Lehrerrolle‹ gutgetan und Selbstvertrauen gebracht.«

Das war ein sehr spannendes und ungewohntes System für uns, auch ziemlich tricky, da Schulen sich ungern von extern mit Timings verplanen lassen. Aber es ermöglichte uns eine regelmäßige Verfügbarkeit, eine Woche sorgenfrei immer alle Inspirer gesetzt zu haben.

Meine Take-aways

– Gruppendynamische Prozesse sind mega, gemeinsam traut man sich viel schneller.

– Verrückte Ideen und eigene Landingpages sind die besten.

– Auch Nicht-ITlerinnen und Nicht-ITler können neue Inspirer backen bzw. coachen, so inspirierend!

EZB – wie man die schnellste Kooperation der Welt eintütet

Die Europäische Zentralbank (EZB) war einer unserer schnellsten Kooperationspartner. Und auch hier kam die Zusammenarbeit aufgrund persönlicher Kontakte zustande – in diesem Fall klappte das über Claudia Plattner, damals noch CIO der EZB. Claudia und ich kennen uns seit Langem, aber der entscheidende Impuls für ein Engagement entstand, als wir uns im Oktober 2022 bei der Veranstaltung CIO des Jahres von Computerwoche und dem CIO-Magazin in München wiedersahen.

Nach meinem doch recht gelungenen Pitch auf der obigen Konferenz hatten wir bei der gemeinsamen Rückfahrt im Taxi vom Event ins Hotel die Möglichkeit, uns konkret darüber auszutauschen, warum die EZB eigentlich noch nicht bei der Hacker School am Start ist. Tja, manchmal braucht es eben genau solche Momente – Claudia versprach eine kurzfristige interne Rücksprache und Umsetzung. Für den Hacker-School-Podcast verhaftete ich sie natürlich auch gleich:

Talk about IT – der Hacker-School-Podcast. Interview mit
Claudia Plattner: https://bit.ly/41hkXdY.

Tatsächlich dauerte es nur etwa eine oder zwei Wochen, bis drei engagierte Kollegen von Claudia bei uns starteten und direkt einen Kurs im Bereich der Hacker School gaben. Ihr begeisterter Bericht im Anschluss und der Social-Media-Post der EZB auf LinkedIn am 30.12.2022, der wirklich viele Likes bekam, unterstrichen den erfolgreichen Start dieser Zusammenarbeit.

Auch wenn Claudia seit Juli 2023 Präsidentin des Bundesamts für Sicherheit in der Informationstechnik (BSI) ist, geht die Kooperation mit der EZB weiter. Viele Projekte und Ideen sind in der Entwicklung, darunter zum Beispiel ein Gemeinschaftsprojekt aller Bundes- oder Nationalbanken an einem gemeinsamen Tag. Bei der Kreativität setzen wir uns keine Grenzen.

Meine Take-aways

– Claudia ist eine der coolsten Kooperationspartnerinnen der Welt.

– Never waste a taxi ride.

– Social-Media-Posts mit der EZB abzustimmen ist echt witzig.

Europäische Zentralbank
464.962 Follower:innen
10 Monate · 🌐

You don't have to be an IT professional to code!

Our colleagues Calogero, Lukas and Maximilian recently teamed up with the non-profit organisation Hacker School to help a group of high-school students take their first steps into the world of coding. Hands-on exercises taught the students the basics of writing and running code in Python.

Skills like coding are becoming more and more important in today's job market. That's why it's important we inspire young people to explore these topics early on. Our IT bootcamp for girls is another way we try to do that https://lnkd.in/eRkuq2TE

Who taught you to code? Share your story in the comments below 🤓

Photo by Lukas Henkel/ECB

Übersetzung anzeigen

LinkedIn Post der EZB zu ihrem ersten Inspirer-Einsatz bei der Hacker School (2022). *(Foto: Europäische Zentralbank)*

Finanz Informatik – offen für die langfristige Gewinnung junger Nachwuchskräfte

Unser Kontakt zur Finanz Informatik, dem IT-Dienstleister der Sparkassen-Finanzgruppe, insbesondere zu Geschäftsführerin Julia Koch, entstand über den IT-Executive Club, wo wir uns wiederholt begegneten. Julias Begeisterung für die Hacker

School ist nicht nur persönlich getrieben, sondern speist sich (von ihr ganz offen kommuniziert) aus dem dringenden Bedarf, in den nächsten Jahren viele Stellen im IT-Bereich nachbesetzen zu müssen. Dafür müssen neue Talente rekrutiert werden. Daher hatte sie großes Interesse, uns quasi als Plattform zu nutzen, um gemeinsam virtuell in Schulen zu gehen und junge Menschen für eine Karriere in der IT und im Finanzsektor zu begeistern.

In unseren Gesprächen mit Julia kam erstmals der Begriff ESG (Environment, Social, Governance) auf und wir erwogen, ihn bei uns einzubinden. Das war sogar noch vor dem legendären Scaling-Workshop im Dezember bei Capgemini, an dem Julia wunderbarerweise teilnahm. Nach internen Diskussionen folgten weitere Gespräche mit der Ausbildungsabteilung der Finanz Informatik.

Die Suche nach praktikablen Lösungen war ein fortlaufender Prozess. Ideen für ein gemeinsames Panel auf dem Messestand der Finanz Informatik während der Konferenz Online Marketing Rockstars (OMR) eröffneten uns auch für die Finanz Informatik intern viele spannende Kooperationsmöglichkeiten. Es ermutigte Menschen, sich bei uns zu engagieren, und brachte uns zudem zahlreiche externe Kontakte ein.

Mit großer Begeisterung nehme ich immer wieder zusammen mit Julia an verschiedenen Panels teil. Dabei diskutieren wir unter anderem, wie wir mehr Frauen für die IT-Branche gewinnen und wie wir Arbeitswelten so anpassen können, dass sie insbesondere für junge Frauen attraktiv sind.

Wunderbar ist für uns: Wir haben regelmäßig tolle Inspirer von der Finanz Informatik in unseren Hacker School @yourschool-Kursen mit dem absoluten Highlight, dass wir in Gerrit Kochsmeier sogar für einen Tag einen Leih-Team-Inspirer hatten, der für uns am Digitaltag eine eigene Klasse geleitet hat. Hammer! Die Finanz Informatik engagiert sich zudem bei der

Berufsfelderkundung in Nordrhein-Westfalen und wird sich auch im Umfeld der eigenen Standorte einbringen, wie bei der geplanten CITY Hacker School Münster – das wird sicher spannend.

Als attraktiver Arbeitgeber auf dem Radar sein

Julia Koch, Geschäftsführerin, Finanz Informatik

Die Hacker School ist für uns seit 2022 ein wichtiger Partner, um Schülerinnen und Schüler sowie Auszubildende für IT-Themen zu begeistern. Besonders gut gefällt uns der gemeinnützige Ansatz der Hacker School, den wir als Digitalisierungspartner der Sparkassen-Finanzgruppe gern unterstützen. Die pragmatische Vorgehensweise, jungen Menschen ein Gefühl für die IT-Welt zu geben, ist wichtig, um das Interesse für MINT-Fächer bei Schülerinnen und Schülern zu steigern. Für die langfristige Gewinnung junger Nachwuchskräfte – um als attraktiver Arbeitgeber überhaupt auf deren Radar zu sein – ist die Zusammenarbeit mit der Hacker School und den Schulen unter anderem an unseren Unternehmensstandorten ein wichtiger Baustein. Dabei begeistert auch, wie sich unsere IT-Expertinnen und -Experten als Inspirer einbringen und sich jenseits des Daily Business gesellschaftlich engagieren.

Geben, was man selbst nicht hatte

Paul Klander, Entwickler Steuerrechtliche Systeme,
Finanz Informatik

Das Prinzip, Schülerinnen und Schüler in kurzen Kursen an die Programmierung heranzuführen, ist klasse! Besonders in dem jungen Alter (meist 7. bis 9. Klasse) kann das Interesse für das Thema gefestigt oder im Idealfall sogar geweckt werden. Die Kurse beginnen mit den absoluten Grundlagen und sind in der Regel so aufgebaut, dass alle abgeholt werden können. Das Ganze dann noch über ehrenamtliche Inspirer vermitteln zu lassen, die es wirklich machen, weil es ihnen wichtig ist, macht es für mich noch besser. In meiner Schulzeit hatte ich nahezu keine Möglichkeit, am Informatikunterricht oder an etwas Ähnlichem teilzunehmen. Ich fand die Idee großartig, in kurzen Blöcken (virtuell) in Klassen zu gehen und die Schülerinnen und Schüler ein wenig mit dem Thema vertraut zu machen. Für mich war ausschlaggebend, dass ich den Jugendlichen hierdurch etwas geben kann, was ich nicht hatte. Als ich gefragt wurde, ob ich bei diesem Projekt mitmachen möchte, und mir die Hacker School angeschaut habe, musste ich also nicht lange überlegen.

Inspirer können schnell loslegen

Anna Seppelt, Abteilungsleiterin Entwicklung Prozesse Anwendungsservices, Finanz Informatik

Das Onboarding habe ich als unkompliziert, bündig und gut strukturiert wahrgenommen. In einem halbstündigen Termin hat mir ein erfahrener Inspirer das Konzept der Hacker School vorgestellt, praktische Tipps gegeben und meine restlichen Fragen beantwortet. Aufgrund der gut ausgearbeiteten Kurskonzepte bedarf es keiner großen Vorbereitung, und man kann direkt loslegen und den ersten eigenen Kurs geben.

Manche Kinder haben noch nicht einmal einen Computer

Gerrit Kochsmeier, Entwickler für Selbstbedienungsgeräte, Finanz Informatik

Als Jugendlicher orientiert man sich primär an dem, was die Eltern vorgeben, und hat es daher auch schwer, ganz andere Dinge zu tun als das, was man vom Elternhaus gewohnt ist. In sozial schwachen Haushalten existiert vielleicht noch nicht einmal ein Computer, den die Schülerinnen und Schüler nutzen können. Bei der Hacker School haben wir als sogenannte Inspirer die Möglichkeit, den Horizont der Jugendlichen zu erweitern und ihnen die Angst vor den MINT-Berufen zu nehmen. Viele sind überrascht, dass der Einstieg ja gar nicht so schwer ist wie anfangs gedacht. So ist es beispielsweise möglich, HTML und CSS zu lernen, ohne dafür (viel) Geld ausgeben zu müssen. Mit anderen Themengebieten verhält es sich ähnlich. Wenn man etwas nicht ausprobiert, wird man nie sicher feststellen können, ob einem das jeweilige Thema gefällt. Mit der Hacker School werden die Jugendlichen zum Ausprobieren animiert und so werden möglicherweise die ersten Weichen für die zukünftige Karriere gestellt.

LinkedIn Post der Finanz Informatik zu ihrem Engagement bei der Hacker School (August 2023). *(Foto: Finanz Informatik)*

Meine Take-aways

– Ich liebe es, mit Julia Koch darüber nachzudenken, wie wir mehr Frauen in die IT bekommen.

– Leih-Team-Inspirer Gerrit rockt! Die internen Stakeholder sind immer die wichtigsten.

– Geben, was man selbst nicht hatte. Gänsehaut.

Freudenberg – warum »It takes two to tango« auch für Corporate Volunteering gilt

Wenn eine Firma schon Freudenberg heißt, ist es ja klar, dass sie in diesem Buch ein Kapitel bekommt. Aber nicht nur deswegen, sondern weil es manchmal ganz unterschiedliche Wege braucht, um viel zu erreichen.

Mein erster Kontakt zu dem Technologie- und Zulieferunternehmen war über das Netzwerk CIO (f) zu Kerstin Zeeb, inzwischen Vice President LC High Performance Plastics und Managing Director PTFE Compound Germany, die sofort Feuer und Flamme für die Idee der Hacker School war. Sicher spielte auch die nette Namensähnlichkeit mit rein, die mir sogar privat großen Spaß macht: Immer gefragt zu werden, ob man zur Familie gehört, ist lustig.

Über die Konferenz zum CIO des Jahres 2022 lernte ich dann auch den CIO der Freudenberg Group, Dr. Harald Berger, kennen. Nach seiner Einschätzung sollte es für Freudenberg ein absolutes Anliegen sein, die Hacker School zu unterstützen. Neben der »Auswirkung auf unser Employer Branding« ging es ihm »vor allem um unsere soziale Verantwortung gegenüber der kommenden Generation«. Das Schöne an der Community ist, dass Harald und ich uns auf jeden Fall zweimal im Jahr zuverlässig sehen: in München (CIO des Jahres) und Hamburg (IT-Strategietage). Diese Treffen nutzen wir immer, um unsere gemeinsame Mission zu erneuern.

Auch wenn die Anlaufzeit etwas länger war – warum erzähle ich die Geschichte? Der Wunsch von Harald Berger und mir stand schon länger fest, aber bei der Umsetzung hakte es immer mal auf beiden Seiten – auch bei uns wechselten die Zuständigkeiten für Baden-Württemberg, es rutschten mal Gespräche durch, was eben im normalen Leben auch einmal passieren kann. Und was machte den Unterschied?

Auf dem HerHackathon in Mannheim im Juli 2023 lernte ich Christine Grimm, Director Process & Digital Technology Management bei Freudenberg, und ihr Team kennen. Ich war bei dem Hackathon in der Jury und durfte lustigerweise die Laudatio für den verdienten dritten Platz des Freudenberg-Teams halten. Und danach wurde geredet. Nur zwei Wochen später sprachen wir vor Ort in Weinheim (auch hier »Ooohhhhh, sind Sie Teil der Familie?«) und legten einen strukturierten Plan fest, wie wir Menschen aus den IT-Bereichen direkt begeistern könnten. Mir hat unglaublich geholfen, hier bei vier Menschen das Feuer persönlich entfachen zu können. Das machte den Unterschied. Da Harald sowieso von uns begeistert war und ist, war dies dann der zweigliedrige Start, den es immer und immer wieder braucht.

Ich möchte das Feuer weitergeben

Simon Jarke, Head of Corporate Digital Business Innovation, Freudenberg Group

Ich war noch ein Junge in der Grundschule, als mein Vater unseren ersten Computer kaufte. Ich war vom ersten Tag an fasziniert. Ich wollte alles verstehen. Wie ein Computer funktioniert. Wie man ihn dazu bringen kann, das zu tun, was man will. Wie man mithilfe von Computern Probleme lösen kann. Es war nie die Technologie allein, die mich fasziniert hat. Es waren die unendlichen Möglichkeiten, mithilfe von Computern die Welt ein kleines bisschen anders zu machen. Besser zu machen. Sich etwas ganz allein auszudenken und mit den eigenen Händen zu bauen.

Viele Jahre später brennt dieses Feuer immer noch in mir. Ich habe viel gelernt und arbeite tagtäglich mit und an Computern. Und trotzdem hält jeder Tag etwas Neues bereit. Die technologischen Möglichkeiten sind explodiert. Die Voraussetzungen waren nie besser, mit Technologie die menschliche Schaffenskraft und Kreativität zu unterstützen. Mit dem Menschen im Mittelpunkt und dem technologischen Fortschritt an der Hand werden wir die großen Herausforderungen unseres Jahrhunderts bewältigen.

Ich weiß, dass ich Glück hatte. Als Kind hatte ich einen guten Start mit Computern. Ich hatte Menschen um mich herum, die mich bei meinen ersten Gehversuchen unterstützt und inspiriert haben. So hat sich mein inneres Feuer aus erfahrener Selbstwirksamkeit entzündet. Dafür empfinde ich tiefe Demut.

Ich möchte dieses Feuer weitergeben, indem ich Kinder und Jugendliche unterstütze und inspiriere, mit digitaler Technologie die Welt zu verändern. Etwas »damit zu unternehmen« und nicht nur zu konsumieren. Nie war die Zeit reifer dafür.

Mittlerweile ist die Koordination mit Freudenberg im Ausbildungszentrum verortet, wo sowohl die Auszubildenden als auch alle anderen interessierten ITlerinnen und ITler betreut werden. Die tolle Zusammenarbeit zwischen IT und HR ist hier ganz entscheidend dafür, dass es jetzt doch schneller geht. Insbesondere ist cool, dass Freudenberg parallel zu den ersten Kursen Schulen in der Region anspricht – etwas räumliche Nähe hat ja was.

Meine Take-aways:

– Manchmal braucht es mehrere Anläufe.

– Egal, das Ergebnis zählt.

– Namensgleichheiten können Türöffner sein.

Iteratec – wenn Mädchen mit ihren Müttern, Tanten und Großmüttern programmieren

Iteratec und die Hacker School kannten sich schon lange, bevor ich dazukam. Cool für mich, der Spirit war schon voll da. Ich erinnere mich, dass ich schon bei den ersten Kursen sagenumwobene Projekte miterleben durfte, wie beispielsweise den blinkenden Flipperautomaten in einer Mate-Teekiste oder Kurse zur Auswahl von Freizeitaktivitäten über eine zufallsgesteuerte Drehscheibe und vieles mehr. Diese Kurse fanden an verschiedenen Standorten statt, unter anderem im Cremon 36, der ersten Niederlassung der Hacker School, am Hamburger Zeughausmarkt und vor Ort bei Iteratec.

Das Entwickeln neuer Kurskonzepte hat den Inspirern des Softwareentwicklungsunternehmens großen Spaß gemacht, besonders aufgrund der Freiheit, den Inhalt selbst vorschlagen zu können. Es war immer spannend, da man nie ganz genau wusste, was am Ende dabei herauskommen würde, aber die Teilnehmenden waren stets hoch motiviert und engagiert.

Das persönliche Kennenlernen von Dr. Wibke Jürgensen und mir erfolgte bei einer Veranstaltung der Ministry-Group. Die Hacker School spielte inhaltlich keine Rolle, doch ich durfte an der Veranstaltung teilnehmen und erhielt wertvolle Einblicke in die Szene. Es war Liebe auf den ersten Blick, und das Gefühl, zusammen spannende Projekte realisieren zu können, bestätigte sich über die Jahre hinweg.

Unsere Zusammenarbeit vertiefte sich insbesondere durch die Vernetzung mit Hamburg@work und dem IT-Executive Club, wo wir gemeinsam an vielen Veranstaltungen teilnahmen. Eines der Highlights war die Kochveranstaltung Easy Peasy Software Cooking in den »Gekreuzten Möhrchen«, wo Wibke und ich einen unglaublich inspirierenden Abend verbrachten. Gemeinsam arbeiteten wir auf der Rückfahrt im Zug die verrücktesten Ideen aus und überlegten, wie wir etwas für das Netzwerk in Hamburg tun könnten.

Zusammen mit Iteratec konnten wir 2022 zahlreiche Kurse virtuell anbieten und bei der Organisation signifikant unterstützen. In deren Niederlassung in Hamburg war beispielsweise ein Event zusammen mit der Initiative Hamburg@work geplant, bei dem junge Mädchen mit ihren Müttern, Tanten oder Großmüttern gemeinsam einen Nachmittag lang programmieren konnten – also eine ganz normale Hacker School Session.

Coding für Mütter und Kinder wird zum Konzept

Die Koordination einer Veranstaltung mit drei Partnern war aufregend, doch alles ergänzte sich perfekt: Hamburg@work übernahm die Teamkoordination und bestellte das Catering vor Ort, wir steuerten die Kurskonzepte bei, unterstützten bei der Veranstaltungsorganisation und Iteratec stellte die wunderbaren Räumlichkeiten bereit. Die Zusammenarbeit war äußerst fruchtbar und wir haben großartiges Feedback dazu erhalten.

Im folgenden Jahr haben wir diese Veranstaltung mit minimalen Anpassungen wiederholt und konnten viele Mütter und ihre Kinder gemeinsam ihr erstes Spiel programmieren lassen. Die Freude darüber, dass gute Konzepte einfach wiederholt und auf andere Standorte übertragen werden können, war riesig.

In der Zusammenarbeit mit Iteratec ist auch die Idee entstanden, dass wir trotz der verhältnismäßig kleinen Unternehmensgröße einen formellen Verpflichtungsrahmen schaffen. Geplant ist, dass jeder Werkstudent und jede Werkstudentin sich zweimal engagieren soll, sobald er oder sie im Unternehmen tätig ist, um persönliche Fähigkeiten in Kommunikation, Didaktik und Technik zu verbessern.

Ein besonderes Merkmal von Iteratec ist, dass wir nicht mit der Unternehmenszentrale in München, sondern mit der Standortleitung von Hamburg sprechen: nämlich mit Wibke, die wiederum die Ideen und Angebote an andere Standorte weiterträgt. Zudem ist Iteratec als Genossenschaft organisiert, was bedeutet, dass die Mitarbeitenden, die in dieser Firma arbeiten und ihre Projekte entwickeln, in vielen Fällen selbst Eigentümer sind. Dies erhöht definitiv das Verantwortungsbewusstsein und den Wunsch, mit dem eigenen Handeln Wirkung zu erzielen.

Und das Bedürfnis, gemeinsam zu spielen, wird nicht nur durch Hacker-School-Kurse befriedigt, sondern auch durch riesige Legobau-Orgien. Man kann wirklich sagen: Wir sind alle große Kinder.

Es braucht immer jemanden, der entscheiden darf

Interview mit Dr. Wibke Jürgensen, Mitglied der Geschäftsleitung, Iteratec

Nicht nur beruflich, auch privat in engem Kontakt: Wibke Jürgensen (links) und Julia Freudenberg. *(Foto: Matthias Oertel)*

Welche Strategie gibt es für Corporate Volunteering in deinem Unternehmen?

Wibke: Statt einer zentralen Strategie verfolgen wir einen kulturellen Ansatz. Kolleginnen und Kollegen beziehungsweise Teams verfolgen nach eigenem Ermessen individuelle Corporate-Volunteering-Ziele. Geschäftsstellen bündeln diese und setzen dabei unterschiedliche lokale und soziale Schwerpunkte. Iteratec-weit legen wir einen Fokus insbesondere auf Engagement in der Förderung von besserer digitaler Bildung in Deutschland und der Begeisterung von Mädchen und Frauen für IT. Darüber hinaus binden wir Werkstudentinnen und Werkstudenten sowie Praktikantinnen und Praktikanten sehr aktiv in Corporate-Volunteering-Aktivitäten ein, um gesellschaftliche Verantwortung breit und möglichst frühzeitig als einen selbstverständlichen Bestandteil unserer Arbeit zu verankern.

Wie sieht Corporate Volunteering bei euch in der Praxis aus?

Wibke: Mit dem Innovation Frei-Day schaffen wir zunächst einmal Freiraum. Freiraum für unser Team, sich völlig selbstbestimmt mit interessanten Technologien, Methoden, Werkzeugen zu beschäftigen oder zu engagieren. Wir haben damit ein Medium geschaffen, an dem sich unsere Unternehmenskultur manifestiert: die Eigenverantwortung der Mitarbeiterinnen und Mitarbeiter, die Zukunft des Unternehmens – auch mit Wirkung in die Gesellschaft – maßgeblich mitzugestalten. Weitere Maßnahmen werden nach Abstimmung mit der Geschäftsleitung gefördert, in der Regel ebenfalls auf Initiative einzelner. Vielleicht gerade dadurch mit viel Herz und Energie.

Welche Vorteile hat Corporate Volunteering für die Mitarbeitenden?

Wibke: Vorteile hatten wir bei unseren Corporate-Volunteering-Maßnahmen gar nicht im Blick. Wir erleben allerdings sehr viele positive Wirkungen. Engagierte Kolleginnen und Kollegen sind zum Beispiel nach Engagements mit der Hacker School Feuer und Flamme und bilden als Inspirer ihre kommunikativen Skills aus. Softskill-Training inklusive. Wir erleben eine gestärkte Unternehmenskultur und ein höheres Employee Engagement. Mit diesem Hintergrund arbeiten wir nach einzelnen Pilotprojekten daran, Corporate Volunteering schrittweise auszubauen und weiter als Selbstverständlichkeit zu fördern (und teilweise zu fordern).

Welche Herausforderungen gab und gibt es?
Wibke: Herausforderung ist zum einen die Integration in unseren Projektalltag. Projekte haben ruhigere und heiße Phasen, jeweils recht unterschiedlich und auch mal schnell wechselnd. Längerfristige Planungen oder Regelmäßigkeit sind dadurch sehr schwer herzustellen. Wir sind im Zusammenspiel mit dem Corporate-Volunteering-Partner dadurch sicherlich nicht der einfachste Player. Zum anderen hängt unser Corporate Volunteering sehr stark von Initiativen und Engagement aller Kolleginnen und Kollegen ab. Dadurch machen wir vermutlich sehr viel mehr, als wir gebündelt reporten.

Seit wann unterstützt ihr die Hacker School?
Wibke: Seit 2017.

Wie seid ihr mit uns gestartet?
Wibke: Wir haben früher einfach mal probeweise mitgemacht. Damals gab es noch gar keine festen Kursinhalte und unsere Kolleginnen und Kollegen haben einfach mal gemacht, worauf sie Lust hatten. Es waren tolle Tage mit aufgesägten Festplatten und zerlegten Computern, Minirobotern und vielem mehr. Die Kolleginnen und Kollegen haben noch Monate später von den tollen Tagen geschwärmt, weil so viele Kids (und

auch sie) viel Spaß hatten. Danach war das eigentlich fast immer ein Selbstläufer.

Wie gesellschaftsrelevant ist für euch das gemeinsame Engagement mit der Hacker School?
Wibke: Frauen und Mädchen für IT zu begeistern sowie Kindern – teilweise auch den eigenen Kids – Einblicke zu geben, ist für alle Seiten von enormem Wert. Insbesondere da digitale Bildung in Deutschland unglaublich rückschrittlich ist und viel zu strukturell gefördert wird. Begeisterung für IT erleben zu dürfen, darf nicht nur Privileg weniger in Deutschland sein.

Wir beobachten oft eine hohe Begeisterung im ersten Schritt, dann aber einen sehr langsamen Prozess bis zur ersten Session. Was braucht es aus deiner Sicht, damit Unternehmen ein verbindliches Commitment für Corporate Volunteering eingehen?
Wibke: Ich vermute, Commitment ist in Unternehmen ganz unterschiedlich verortet. Damit verbunden wären verschiedene Maßnahmen für eine nachhaltige Verankerung. Bei uns entsteht Commitment insbesondere im Team, damit wären communityähnliche Ansätze gepaart mit ein paar Enabling-Mechanismen wie Freiräume beziehungsweise Anreizsysteme bei uns vermutlich Erfolg versprechend.

Bezieht ihr das Thema Corporate Volunteering bereits beim ESG Reporting ein?
Wibke: Aktuell ist das noch kein Thema, ich bin allerdings überzeugt davon, dass sich Corporate Volunteering weiter dahin entwickeln wird. Im Employer Branding wird das bereits aktiv in der Kommunikation genutzt.

Welche Stakeholder – (mittleres) Management, Betriebsrat, HR-Abteilung etc. – habt ihr bei euch im Unternehmen überzeugen können und müssen?

Wibke: Es braucht jemanden, der entscheiden darf und Macher bzw. Macherin ist (wie ich). HR und Geschäftsleitungskolleginnen sowie -kollegen sind immer mal wieder eingebunden und unterstützen auf ähnliche Weise.

Wie schafft ihr es, bei euch Menschen als Inspirer zu gewinnen?

Wibke: Fragen, fragen und noch mal fragen! Wesentlich ist nicht das Wollen, sondern der richtige Zeitpunkt, auch zu können.

Was ist das schönste Feedback von euren Inspirern?

Wibke: Auch nach Jahren noch Erlebnisse geschildert zu bekommen, weil sie so positiv prägend waren, oder Wiederholungstäter zu erleben. Inzwischen studiert übrigens einer der ersten Schüler, die wir erlebt haben, Informatik und ist Werkstudent bei uns. Wie geil ist das denn!

Gibt es etwas, das euch überrascht hat – womit ihr nicht gerechnet habt?

Wibke: Jüngere Kolleginnen und Kollegen trauen sich nach einem Inspirer-Einsatz häufiger, vor internen Teams (oder Kunden) zu präsentieren oder Talks auf Konferenzen einzureichen.

Was sind eure Verbesserungsvorschläge für die Hacker School?

Wibke: Wir haben intern ergänzend Retroperspektiven aufgesetzt und euch davon erzählt, und ihr wart ganz begeistert. Ich denke, das kann auch anderen

Unternehmen helfen, noch mehr aus den Veranstaltungen mitzunehmen. Gut wäre es auch, Guidance und Standards für Unternehmen, die nur ab und zu mitmachen, zu erstellen, etwa zum Thema Rechner, wie man die »ready-to-go« aufsetzt.

Meine Take-aways

– Gute Konzepte können einfach wiederholt werden.

– Manchmal braucht es nur die Liebe auf den ersten Blick (mit Unterstützern).

– Iteratec hat ein echt geiles Unternehmenskonzept – ist seit 2018 eine Genossenschaft, die dem Team gehört.

IT-Systemhaus der Bundesagentur für Arbeit – wie man Ausbildungspläne hackt, Teil 2

Die Verbindung zur Bundesagentur für Arbeit (BA) ist ungeachtet ihrer Intensität noch recht jung. Ich hatte das Vergnügen, Stefan Latuski über Rainer Karcher kennenzulernen. Beide haben eine gemeinsame Vergangenheit bei Siemens. Stefan ist 2021 als Geschäftsführer zum IT-Systemhaus der Bundesagentur für Arbeit gewechselt. Seine Begeisterung, Dinge anzugehen und umzusetzen, ist mitreißend.

Als operativer IT-Dienstleister der größten Behörde Deutschlands ist das IT-Systemhaus ein wichtiger Player im Public Sector. Die Herausforderung: In der öffentlichen Verwaltung sind viele Prozesse nicht so einfach umzusetzen wie in der freien Wirtschaft. Beispielsweise war die Verwendung von Zoom – worüber Hacker-School-Kurse laufen – nicht ohne Weiteres möglich, und wir mussten eine kreative Lösung finden. (Inzwischen arbeitet der IT-Planungsrat der Bundesregierung an einer Öffnung der Bestimmungen für die öffentliche Hand.)

Im IT-Systemhaus ist die Fachinformatikausbildung sehr durchstrukturiert und umfassend – daher entstand die Idee, die Hacker-School-Kurse fest in den Ausbildungsplänen zu verankern. Auf diese Weise können die Auszubildenden von diesem Lernerfolg profitieren, und es wird nicht dem Zufall überlassen, ob und wann jemand teilnehmen kann.

Trotz einiger Herausforderungen konnten wir die Hacker School mit der Unterstützung von Stefan an verschiedenen Stellen wie im All-Hands-Meeting der Geschäftsführung oder im Kreis der Ausbildungsverantwortlichen präsentieren und alle Beteiligten so einbeziehen, dass sie sich abgeholt fühlten. Wir nutzten auch lustige Aktionen auf Social Media wie das gemeinsame Feiern des offiziellen Starts, um Sichtbarkeit für unsere Kooperation zu erreichen – immer mit dem Ziel zu zeigen, es geht schon, wenn man nur will.

Einen wichtigen Aspekt haben wir aus dieser Kooperation gelernt: Wie bedeutsam es für die jungen Inspirer ist, für das, was sie tun, gesehen zu werden (Sichtbarkeit), und wie wertgeschätzt sie sich fühlen, wenn die Geschäftsführung sich bei ihnen für ihr Engagement bedankt.

Ich habe immer wieder erleben können, wie »Walk the Talk« umgesetzt wird, wie der Wunsch nach strukturiertem Einsatz von Azubis zu ganz konkreten Plänen wurde. Es wurde dezidiert überlegt, wer zu welchem Punkt mit im Boot sein sollte – und dann wurde geredet und die Umsetzung angestoßen. Das Inspirer-Programm ist seit Herbst 2023 im Rahmenlehrplan für die neuen Auszubildenden implementiert:

Damit werden 50 Auszubildende in sechs Terminblöcken für die Hacker School an den Start gehen. Ich kann die Ergebnisse kaum erwarten!

Wie sah die Umsetzung wirklich aus?

Ayse Özdemir Agirbas, IT Communications, IT-Systemhaus der BA

Die größte Herausforderung zu Beginn unserer Zusammenarbeit bestand darin, alle zu überzeugen, dass die Teilnahme an der Hacker School weniger Aufwand als gedacht erfordert und in den Ausbildungsplan integriert werden kann. Die Konzepte sind ja bereits vorbereitet und müssen nur noch umgesetzt werden. Nachdem diese Botschaft alle erreicht hatte, ging es schneller. Insbesondere bei der Ausbildungsabteilung kam die Idee der Hacker School von Anfang an gut an. Dass die Auszubildenden durch die Teilnahme auch selbst lernen können, war dabei ein wichtiger Faktor.

Die Herausforderung bestand nun darin, geeignete Zeitslots im straff durchgetakteten Ausbildungsplan zu finden und die Teilnahme der Auszubildenden zu ermöglichen. Das haben wir durch das großartige Engagement der Ausbilderinnen und Ausbilder und die Verankerung im Ausbildungsplan geschafft. Zusätzlich wurden interessierte Mitarbeitende bei jeder Gelegenheit auf die Mitwirkungsmöglichkeiten aufmerksam gemacht. Dank unserem Ausbilder Lukas Gerner, der eine interne Hacker-School-Kollaborationsseite eingerichtet hat, entstand schnell interessanter Erfahrungsaustausch unter den Teilnehmenden – über Abteilungsgrenzen hinweg.

Die ersten Rückmeldungen waren überwiegend positiv, unsere Inspirer waren begeistert von der Möglichkeit, an der Hacker School teilzunehmen.

Dass unsere Geschäftsführung die Unterstützung und Begeisterung ermöglicht und operative Akteure sowohl im IT-Systemhaus als auch bei der Hacker School die Umsetzung vorangetrieben haben, war ein Erfolgsfaktor. Die Unterstützung durch Stefan und die Kommunikation in der Organisation waren wichtig, um die Zustimmung und das Interesse der Mitarbeitenden zu gewinnen.

Andere Unternehmen können von der Hacker School lernen, indem sie die Wichtigkeit digitaler Bildung endlich erkennen und aktiv werden. Digitale Bildung geht schließlich uns alle an – nicht nur Schulen und Eltern! Wir sprechen hier auch von einem wichtigen Faktor, um den Fachkräftemangel anzugehen. Hat nicht jedes Unternehmen ein Interesse daran, junge Menschen bereits in der Schulzeit für IT zu begeistern? Die Schulkinder von heute sind die Nachwuchstalente von morgen.

Du musst es nur tun!

Interview mit Stefan Latuski, Leiter des IT-Systemhauses der BA, seit August 2023 auch CIO der BA

Warum hast du dich entschlossen, bei der Hacker School mitzumachen?

Stefan: Aus zwei Gründen: Einmal ist es großartig, wenn man wie wir, die wir versuchen, den Fachkräftemangel zu heilen, über dieses Programm das Thema quasi an der Wurzel packen kann. Das ist viel sinnvoller, als nur kurzfristige Maßnahmen zu initiieren. Der andere Grund bist du selbst, denn du schaffst es, dass man nach einem Pitch von dir gar nicht Nein sagen kann.

Was waren für dich die wichtigsten Schritte, die du intern gehen musstest, um euer Engagement umzusetzen?

Stefan: Wieder zwei Dinge: Auf der einen Seite bedarf es einer Person, die sagt, wir machen das jetzt. Auf der anderen Seite braucht es Menschen, die diesen Gedanken aufgreifen und es dann einfach tun – entgegen allen operativen Widerständen, die zweifelsohne immer irgendwo existieren. Und zwar deshalb, weil sie es dürfen und wissen, dass sie die Rückendeckung von oben haben.

Man braucht also jemanden aus der Führungsriege, der von der Sache überzeugt ist?

Stefan: Unbedingt. Ich glaube, eine Person aus dem Topmanagement ist der Schlüssel zum Erfolg. Ich kann dir zum Beispiel jetzt gar nicht mehr sagen, wo es genau bei uns gehakt hat oder gehakt hätte, weil die Volunteers bei uns von mir sozusagen motiviert wurden, es einfach zu tun. Und es braucht jemanden, der das mit Begeisterung umsetzt, es geht nur gemeinsam.

Was hat dich bei der Umsetzung am meisten überrascht oder begeistert?

Stefan: Die Menge an Freiwilligen ehrlicherweise. Wir hatten einen ersten Aufruf gestartet im Sinne von: Das ist ein cooles Thema, wer hat denn Lust mitzumachen?

Daraufhin haben sich doch tatsächlich gleich über zehn Menschen gemeldet, die gesagt haben, sie können sich das gut vorstellen und machen das jetzt einfach mal. Dabei hatten wir keine Benefits dazugepackt, sondern nur gesagt, dass man es innerhalb der Arbeitszeit machen kann. Du glaubst gar nicht, wie viele Menschen sich für so ein Engagement begeistern lassen, wenn du ihnen die Freiräume dafür gibst. Du musst sie gar nicht großartig belohnen, du musst sie nur machen lassen.

Wie geht es jetzt weiter?

Stefan: Wir würden gern noch mehr Leute auf unserer Seite für das Volunteering begeistern. Aber ab einem gewissen Level ist es meiner Meinung nach wichtig, einen verbindlicheren Charakter zu etablieren. In diesem Kontext werden ab dem neuen Ausbildungsjahr im September 2023 alle neuen Azubis – und das sind um die 60 pro Jahrgang – mehrmals im Jahr Kurse als Inspirer geben.

Wir hören immer wieder von Unternehmen,
Corporate Volunteering umzusetzen sei so schwierig.
Ihr zeigt, dass es doch geht. Was können andere von
euch lernen?

Stefan: Sie können es einfach tun. Wir haben ja keine Raketenwissenschaft betrieben. Wir haben uns lediglich committet, den Weg zu gehen, und wir sind ihn dann einfach gegangen. Wenn etwas als schwierig tituliert wird, ist es doch in Wahrheit nur eine faule Ausrede. Ich kann es gar nicht anders formulieren, denn es ist ja nichts anderes als der Versuch zu erklären, warum man es eigentlich nicht will. Denn wenn du es willst, ist es doch total einfach: Du musst es nur tun.

Meine Take-aways

– Man muss es nur wollen. Genau!

– Eine oder einer muss es umsetzen.

– Ohne Rückendeckung von oben geht es nicht.

LGI – wenn ein CIO es unbedingt will

Dass ich unbedingt einmal Christoph Frank, den CIO von LGI Logistics Group International, kennenlernen sollte, hatte man mir im Vorfeld schon von drei unterschiedlichen Seiten wärmstens ans Herz gelegt. Hier hat sicher Karma gewirkt. Nach den Hamburger IT-Strategietagen 2023 war es dann endlich so weit: Ich hatte den IT-Chef des Logistikunternehmens aus dem Landkreis Böblingen zu unserem Hacker-School-Podcast »Talk about IT« eingeladen und traf ihn virtuell zur Aufnahme. Der Funke sprang sofort über, und der Podcast hätte sicher locker zwei Stunden gehen können, so viel hatten wir uns zu erzählen.

Christoph war auf der Stelle Feuer und Flamme für ein Engagement bei der Hacker School und wollte sofort anfangen. Sein Plan: unbedingt mindestens 20 Inspirer im laufenden Kalenderjahr zu gewinnen. Das ist zwar noch kein ESG-Level nach unserer Definition, aber auch kleine Zahlen helfen. Zudem drängte Christoph direkt auf eine schriftliche Vereinbarung – normalerweise ist es umgekehrt.

Es kam dann innerhalb weniger Wochen zu einer unterzeichneten Kooperationsvereinbarung. Commitment also von Stunde eins an! Das sehen wir in dieser Geschwindigkeit und Konsequenz selten.

Christoph wurde rasch Teil unserer Podcastreihe und verkörpert beispielhaft das Prinzip »Walk the Talk«. Das, was er von seinen Mitarbeitenden erwartet, setzt er selbst in die Praxis um. In der Organisationsentwicklung treibt er Veränderungen voran und stellt für mich ein beeindruckendes Beispiel dafür dar, wie ein CIO ein Unternehmen verändern kann.

»Talk about IT« – der Hacker School Podcast. Interview mit Christoph Frank: https://bit.ly/48eK03R.

Warum ich mich engagiere

E-Mail von Christoph Frank, CIO, LGI Logistics, vom 24.7.2023

Liebe Julia,

für mich waren es mehrere Faktoren – zum einen hast Du mich auf der Bühne wirklich begeistert und mitgerissen und ich hatte das Gefühl, dass Du mit der Hacker School wirklich etwas verändern kannst. Es ist mir privat wie im Job wichtig, dass man die Ziele und Werte, die man propagiert, auch selbst lebt (walk the talk) und bereit ist, dafür einzustehen

302

und auch kritische Wege einzuschlagen, wenn es denn notwendig ist – es darf aber auch Spaß machen.

Ich persönlich hatte das Glück, durch meine Mutter als Informatiklehrerin schon sehr früh den Einstieg ins Coding (BASIC auf Schneider CPC) zu bekommen, mit meiner Schulbildung allein wäre das ein Complete Fail gewesen. In Zukunft wird fehlende IT-Affinität bei den rasanten Entwicklungen (z. B. ChatGPT) meiner Ansicht nach ein sozial ausgrenzender Faktor. Umso wichtiger ist es für mich, dass wir mehr Schülerinnen und Schüler unabhängig von ihrer sozialen Herkunft für dieses Thema begeistern können. Und das ist es, was mich bei der Hacker School motiviert.

VG
Chris

Meine Take-aways

– Manchmal lernt man als Interviewerin im Podcast selbst am meisten.

– Wenn gleichzeitig mehrere Wege zu einer Person führen, hat das immer einen Grund.

– Kids, die keinen Zugang zu IT haben, werden zunehmend auch sozial ausgegrenzt. Sehe ich genauso. Müssen wir ändern.

Lufthansa Industry Solutions – Inspirer werden zu Wiederholungstätern

Die Geschichte der Zusammenarbeit zwischen der Hacker School und Lufthansa Industry Solutions (LHIND) entstand eher zufällig, ist aber ein perfektes Beispiel dafür, dass manche Dinge einfach echt cool passen und nur die richtigen Menschen an einem Strang ziehen müssen, um ein erfolgreiches Ergebnis zu erzielen. Auf einer privaten Veranstaltung kamen meine Kollegin Eva Drechsler-Györkös und Wibke Borgstede aus dem Marketing von LHIND ins Gespräch. Die beiden wohnten im selben Stadtteil und erzählten sich gegenseitig von ihrem beruflichen Engagement. Und wie es der Zufall wollte, suchte LHIND gerade nach einem sozialen Projekt mit Schwerpunkt Jugendliche, das sie unterstützen wollten. Und schon kam der Stein ins Rollen.

Wibke erwies sich als echter Prototyp für einen Local Organizer und übernahm aufseiten von LHIND die komplette Organisation. Wir planten zusammen Hacker School Sessions an drei Standorten der LHIND – in Oldenburg, Norderstedt und Frankfurt – und konnten so an einem Wochenende eine Vielzahl von Kindern erreichen. Der Auftakt zu einer jahrelangen Kooperation, die bis heute anhält.

Die erste Veranstaltung war eine logistische Herausforderung und wir haben damals die Bedeutung der Verankerung in der lokalen Szene erkannt. Während Hamburg und Frankfurt recht gut starteten, waren wir uns in Oldenburg unsicher, woher wir die Kinder bekommen sollten. Glücklicherweise konnte Silke Müller, Schulleiterin der Waldschule Hatten und Bestsellerautorin von »Wir verlieren unsere Kinder«, helfen. Sie war regional dort quasi ums Eck, hatte zu diesem Zeitpunkt bereits den ersten Kontakt zur Hacker School und konnte schnell Schülerinnen und Schüler aus ihrer Schule mobilisieren.

Die Unterstützung, die Wibke lostrat, umfasste drei wichtige Bereiche. Zum einen, wie wir gemeinsam Kurse umsetzen konnten. Toll. Zum anderen stellte Wibke einen sehr wertvollen Kontakt zu internen Kolleginnen und Kollegen her, die uns unterstützten, ein richtiges Customer-Relationship-Management-System (CRM) einzuführen – wir wuchsen einfach aus den Excellisten raus. Und zum Dritten stellte Wibke uns einen tollen Kontakt zur Help Alliance her, dem gemeinnützigen Verein der Lufthansa, über den viele karitative Initiativen unterstützt werden. Über die Jahre ist hier eine tolle und vertrauensvolle Zusammenarbeit gewachsen. Auch wenn die Help Alliance selbst schwer unter der Coronakrise zu leiden hatte, bekamen wir ein verkleinertes Budget, um gemeinsam zu starten und unseren Aufwand für die Lufthansakurse finanzieren zu können. Weitere Anträge folgten, auch zunehmend größere gemeinsame Anträge, wie zum Beispiel bei der Deutschen Postcode Lotterie, die uns nun auch seit Jahren großartig unterstützt. Es ist toll, wenn Unterstützung bei Unternehmen umfassend gedacht wird – uns hat das geholfen, große Schritte nach vorn zu machen.

Einführung des Social Day

Trotz einiger Rückschläge, wie etwa finanzielle Schwierigkeiten durch die Auswirkungen der Covid-19-Pandemie, haben wir uns bemüht, das Beste aus der Situation zu machen und weiterhin Kurse zu planen und durchzuführen.

Eine besonders erfreuliche Entwicklung war die Einführung eines Social Days bei der LHIND im Juli 2023. Jeder Mitarbeiter und jede Mitarbeiterin kann nun einen Arbeitstag der regulären Arbeitszeit für soziale Zwecke nutzen, zum Beispiel um sich für uns oder andere Organisationen zu engagieren. Zusätzlich dazu hat die LHIND eine eigene Stelle geschaffen, die sich mit Corporate Social Responsibility (CSR) und Unternehmenswerten beschäftigt.

Die Hacker School hat noch auf andere Weise sehr von der Zusammenarbeit mit LHIND profitiert: Die Unternehmensberatung unterstützte uns bei der Einführung des Customer Relationship Management Tools von Salesforce und zwar pro bono. Durch dieses Programm zur Verbesserung der Kundenbetreuung haben wir als Organisation einen gewaltigen Push in Richtung Professionalisierung erhalten.

Begeisterung ist ansteckend

E-Mail von Wibke Borgstede, Spezialistin Kommunikation, LHIND, vom 4.7.2023

Hallo Julia,

Wir haben sehr schnell ein sehr ambitioniertes Ziel angestrebt (und auch erreicht) und bei der LHIND drei Hacker School Sessions parallel durchgeführt. Da und auch bei den späteren Onlinesessions hat sich immer herausgestellt, dass vorher die Hemmschwelle bei den (potenziellen) Inspirern hoch ist, danach aber durchweg Begeisterung bei den Kolleginnen und Kollegen herrschte, sodass es viele »Wiederholungstäter« gab. Wer einmal mit Julia zu tun hatte, wird automatisch von ihrer positiven Energie und ihrem Tatendrang angesteckt, sodass wir immer wieder gemeinsam überlegten und Ideen entwickelten.

Wir haben die Zusammenarbeit dann in der Lufthansa Group ausgebaut und Unterstützung von der Help Alliance und der Postcode Lotterie erhalten. Später haben wir als LHIND dann noch mal unser Know-how eingebracht und in einem Pro-bono-Projekt das CRM-System Salesforce zur Verbesserung der Kundenbetreuung bei der Hacker School eingeführt.

Wir haben aber durchaus auch Durststrecken erlebt, in denen wir Sessions mangels Beteiligung verschieben oder auch absagen mussten. Dafür braucht es viel Geduld und Energie und Menschen, die von der Sache überzeugt sind und Werbung dafür machen.

Ich freue mich riesig über die Einführung des Social Days bei der LHIND. Damit setzt das Unternehmen ein Zeichen, wie wichtig das soziale Engagement jedes Einzelnen ist. Zum Glück ist Nachhaltigkeit und damit auch Social Responsibility ins Zentrum der Unternehmensstrategie gerückt.

Ich bin gespannt, wie die gemeinsame Reise weitergeht …

Liebe Grüße
Wibke

Was Unternehmen in Sachen CSR beachten müssen

E-Mail von Maren André, Product Owner Corporate Sustainability, LHIND, vom 3.7.2023

Hi Julia,

ein paar Gedanken von meiner Seite als Resultat der ersten drei Monate, in denen ich mich mit dem Thema Corporate Volunteering beschäftige:

– Die Rahmenbedingungen müssen geschaffen und klar kommuniziert sein (Zeit/Budget/Freigabe für Corporate Volunteering durch das Management), damit den Volunteers keine Hürden im Weg stehen. Bei uns gibt es hier jetzt durch den Social Day einen riesigen Fortschritt.

– Kommunikation vorab ist unglaublich wichtig, um genügend Leute für das Thema zu gewinnen.

– Sobald die ersten Erfahrungen gemacht wurden (was mir zu Ohren gekommen ist, durchweg positiv, die dann auch unter Mitarbeitenden geteilt werden), kann es auch zum Selbstläufer werden. Wie immer muss hier aber zuerst eine bestimmte kritische Masse erreicht werden.

LG
Maren

Erst mal machen, ausprobieren, vertrauen

Interview mit Jörn Messner, CEO LHIND

Jörn, du hast bei der Lufthansa Industry Solutions die Themen Sustainability und Social Responsibility ins Zentrum der Unternehmensstrategie gerückt. Welche Ziele verfolgst du damit?

Jörn: Zum einen glaube ich persönlich an das Prinzip »Giving back to society« und zum anderen verfolge ich damit Unternehmensziele. Die sind bei uns nicht nur wirtschaftlicher Erfolg und die Zufriedenheit der Kundinnen und Kunden, sondern auch der Mitarbeiterinnen und Mitarbeiter und soziale Verantwortung.

Warum hast du dich entschieden, einen Corporate Volunteering Day einzuführen?

Jörn: Um dem Thema »freiwilliges soziales Engagement« unternehmensseitig mehr Bedeutung zuzuschreiben. Wir wollen Worten Taten folgen lassen. Außerdem fördern meiner Meinung nach Angebote wie der Volunteering Day langfristig Zufriedenheit und Zusammenhalt unter den Mitarbeitenden. Wir möchten die Vereinbarkeit von Privatleben und Beruf kontinuierlich verbessern. Mit dem Volunteering Day rücken die Bereiche etwas näher zusammen. Wir haben entschieden, die Einführung des Volunteering Day als agiles Projekt mit Revue aufzusetzen. Also erst einmal machen, ausprobieren und vertrauen und nach einem Jahr schauen, wie es gelaufen ist. Die Mitarbeitenden können selbst entscheiden, wofür sie sich an diesem Tag engagieren möchten.

Wie macht ihr das Engagement intern sichtbar?
Belohnt ihr besondere Aktionen?

Jörn: Wir freuen uns, dass sich viele Mitarbeitende ehrenamtlich engagieren, ganz ohne Applaus und Belohnung. Trotzdem geben wir den Mitarbeitenden in unseren internen Medien immer wieder die Chance, ihre Projekte vorzustellen. So organisieren wir zweimal jährlich eine Social Engagement Sponsoring Challenge. Alle Mitarbeitenden können sich dafür mit ihren Projekten bewerben. Die besten Ideen pitchen wir in unserem Webcast, und dann wählt die Belegschaft aus, welches Projekt finanziell unterstützt wird.

Ihr unterstützt die Hacker School schon ziemlich lange. Was überzeugt euch an dem Konzept und der Zusammenarbeit?

Jörn: Wir finden es großartig, mit unseren Skills Gutes tun zu können. Um Kindern und Jugendlichen Perspektiven aufzuzeigen, sind wir alle gefordert, auch um dem Fachkräftemangel entgegenzuwirken. Außerdem macht es unglaublich viel Spaß, Begeisterung für eine Sache an andere weiterzugeben.

Engagierst du dich selbst auch ehrenamtlich?

Jörn: Ich versuche es. Ich nehme gern an Charity-Laufveranstaltungen und Clean-up-Days teil und habe im Sommer 2023 zum Beispiel zwei Wochen in einer Nashorn-Auffangstation in Südafrika mitgearbeitet.

Meine Take-aways

– Manchmal weiß man nicht, woher man die Kinder nehmen soll.

– Das Customer-Relationship-Management-System machte einen Riesenunterschied.

– Volunteering Day als agiles Projekt mit Revue aufsetzen – sehr geile Idee.

LVM – gestartet mit einem Sonderprojekt

Markus Loskant und ich hatten das Vergnügen, uns auf der CIO-des-Jahres-Konferenz in München im Herbst 2022 kennenzulernen, wo er mit dem Transformation of Work Award ausgezeichnet wurde. Auch wenn der CIO der LVM Versicherung schon vorher immer mal wieder etwas über uns in den Medien gelesen hatte, war es doch der persönliche Kontakt, der die Entscheidung zur Zusammenarbeit brachte.

Markus sagte: »Ich habe ein Faible für Menschen, die für etwas brennen. Und bei dir musste ich nicht lange suchen – bei dir war es klar, wofür du brennst. Du bist direkt, unprätentiös, einfach auf den Punkt, und es ist klar, wofür du durchs Feuer gehst. Das macht richtig Lust, Teil der Vision zu werden.«

Die Zusammenarbeit mit der LVM ist also noch recht jung: Sie begann erst Anfang 2023, und zwar mit einem Sonderprojekt, da die LMV dringend ein eintägiges Kursformat benötigte. Der Fokus sollte auf Mädchen liegen. Das konnten wir ermöglichen, indem wir außerschulische Kurse anboten, die nur an einem Tag stattfanden.

Warum nur für Mädchen? Als Vater von drei Töchtern hat Markus viel Erfahrung rund um alle möglichen Zweifel gesammelt, mit denen sich Mädchen herumschlagen – sei es das Nichtzutrauen von Informatikkursen oder das Infragestellen der eigenen Eignung, alle gängigen Vorurteile eben. Und so, wie er seine Töchter immer wieder bestärkt hat, Dinge einfach auszuprobieren, so hat er es auch mit der Hacker School gehalten.

Ich wollte einen Safe Space schaffen
Markus Loskant, CIO, LVM

Ich habe das einfach im IT-Ressort angesprochen – alle hatten richtig Lust. Und ich wollte gern mit einem Kurs nur für Mädchen starten, um einen Safe Space zu schaffen. Da waren sofort ein paar Hände oben, es gab dann direkt zwei Onlinekurse und auch noch einen Kurs vor Ort. Und zu sehen, wie die Mädels zuerst echt schüchtern in diesen großen Bau reinkamen, aber am Ende schon fast aufgekratzt riefen: »Das war der geilste Nachhilfeunterricht, den ich je hatte!« – das war großartig. Ein anderes Mädchen hat sich am Anfang nicht einmal getraut, ihren Namen zu sagen, aber am Ende war sie der reinste Flummiball, voller Begeisterung.

Und das Feedback der Inspirer? Markus berichtet, dass sie völlig begeistert von der Transformation der Kinder waren: Von schüchtern zu aufgeblüht über »Ich bin schnell« bis zu »Kann ich Zusatzaufgaben haben?«. Alle Inspirer waren übrigens auch beim nächsten Mal wieder dabei.

Und die Moral von der Geschichte? Wir können nicht überall mit Sonderprojekten starten, aber ich freue mich unglaublich, dass wir das hier einfach gemacht haben. Und wir werden das eintägige außerschulische Angebot für Mädels wohl beibehalten – bei einem so guten Feedback können wir ja fast nicht anders.

Meine Take-aways

– Sonderprojekte müssen manchmal einfach sein.

– Gerade Mädchen müssen immer wieder bestärkt werden, Dinge einfach auszuprobieren.

– Das ist der Beginn einer wunderbaren Reise.

Otto – auf dem Weg zu 50 Prozent Frauen in der IT

Die Zusammenarbeit mit Otto begann früh (siehe Kapitel »Die ersten Schritte in Hamburg«), quasi direkt nach Gründung der Hacker School, und spielte eine bedeutende Rolle für uns, sowohl in den frühen Phasen als auch in der späteren Entwicklung. Die ersten Wochenendkurse, die wir viermal jährlich bei Otto durchführten, bescherten uns lehrreiche Erfahrungen: Wir sahen bestätigt, dass die Kinder begeistert sind, wenn sie ihre Projekte den anderen vorstellen können, und dass sie so über sich hinauswachsen. Und letztendlich, dass diese Möglichkeit der Präsentation ein wesentlicher Bestandteil unseres Kurskonzepts sein sollte. Überraschenderweise übertraf die Begeisterung der Eltern oft sogar die der Kinder. Ein bisschen mit seinen Leistungen anzugeben, ist zauberhaft und zutiefst menschlich.

Wir nahmen aber auch viele ganz praktische Learnings mit, wie: Fritz Cola und Schokolade sind zwar gut gemeint, führen aber zu echten Herausforderungen. Das war schon herrlich.

Aber auch in den Zeiten der Pandemie haben wir viele Ansätze zusammen versucht, um das Verbessern der Welt zu operationalisieren. Während der Pandemie war das Engagement hauptsächlich virtuell, und es gab Anlaufschwierigkeiten. Es gab immer wieder einige wunderbare, auch junge Menschen aus dem Otto-Umfeld, die sich gern eingebracht und wertvolles Feedback zur Weiterentwicklung der Hacker School gegeben haben.

Einer davon ist Dr. Michael Müller-Wünsch, CIO der Otto GmbH und Co. KG. MüWü, wie er allseits genannt wird, ist ein starker Fürsprecher für mehr Frauen in der IT. So hat er sich bereits 2021 das Ziel gesetzt, mindestens 50 Prozent der neuen Stellen mit Frauen zu besetzen. Dabei nimmt er auch in Kauf, dass manche Recruiting-Prozesse dann etwas länger dauern. Um mehr Frauen für eine Karriere in der IT bei Otto zu begeistern, etablierte er eigens eine Position – Tech Ambassador – dafür und gewann Dr. Frederike Fritzsche für diese Aufgabe.

Durch MüWüs Unterstützung und durch Projekte wie developHer, ein Förderprogramm für Frauen bei Otto, haben wir immer wieder Berührungspunkte gefunden. Seine leidenschaftliche Unterstützung hat uns dazu angeregt, unser Programm intensiv zu überdenken und zu erweitern, mit dem Ziel, mehr Mädchen für das Programmieren und technische Berufe im Allgemeinen zu begeistern.

Unvergessen ist sein Ad-hoc-Auftritt bei meinem Vortrag auf der Konferenz zum CIO des Jahres 2022, wo er spontan mit auf die Bühne kam und seine Erfahrungen teilte – wunderbar. Auf MüWü hören alle in der Branche, das hat wahnsinnig geholfen. Dass er extra zu unserem Skalierungsworkshop im Dezember 2022 nach München kam, um sich unseren Kopf zu zerbrechen, war grandios! Und der Role-Model-Moment? MüWü war sogar beim Onboarding neuer Otto-Azubis für die Hacker School vor Ort im September dabei, um den Prozess selbst mal zu durchlaufen, und lud zur Sprechstunde im November ein, um mit uns zu reflektieren, wie die Einsätze waren. So geht Commitment.

Seitdem arbeiten wir noch intensiver mit Otto zusammen und überlegen, wo und wie wir gemeinsam mehr erreichen können. Dies mündete in eine Reihe von Initiativen und Projekten mit dem Ziel, dass Azubis sich zwei Tage im Monat sozial engagieren können. Otto hat das Projekt vorangetrieben, und die Idee, es auch mit der Hacker School zu verbinden, wurde geboren und umgesetzt.

Die Zusammenarbeit mit Otto hat gezeigt, dass es wichtig ist, offen für Feedback zu sein und das Programm kontinuierlich weiterzuentwickeln und zu verbessern. Das Engagement des Unternehmens, insbesondere im Bereich der Auszubildenden und in Hamburger Schulen, ist ein weiterer wichtiger Schritt auf diesem Weg.

Ein für mich spannender und hilfreicher Kontakt innerhalb Ottos ist der CEO, Alexander Birken. Er gründete in Hamburg die Initiative Zukunftswerte, die vom Reden ins konkrete Umsetzen kommen will – darüber haben sich wertvolle weitere Kontakte ergeben.

Initiative Zukunftswerte

Alexander Birken, CEO der Otto Group

Für uns alle gilt es, unsere gemeinsame digitale Zukunft verantwortungsvoll zu gestalten. Mit der Initiative Zukunftswerte kommen wir als Otto Group – gemeinsam mit Vertretern unterschiedlicher Gesellschaftsgruppen – vom Reden zum Handeln. Verantwortung in der digitalen Welt konkret zu leben, zu gestalten und zu fördern, darum geht es. Die Hacker School ist einer dieser konkreten Ansätze, denen wir gern Raum, Vernetzung und Unterstützung geben. Gerade mit dem Corporate Volunteering als integralem Bestandteil des Konzepts schafft die Hacker School einen Mehrwert für alle Beteiligten. Man kann auch sagen, dass die Initiative Zukunftswerte ein Corporate-Volunteering-Ansatz für mich und die anderen Otto-Group-Kolleginnen und -Kollegen ist.

Es gibt noch zu wenig Frauen

Dr. Frederike Fritzsche, Tech Ambassador, Otto

Als Tech Ambassador möchte ich Menschen für die IT begeistern und sie dazu ermutigen, den Bereich so divers wie möglich zu gestalten. Aktuell gibt es noch viel zu wenig Frauen, die den klassischen Weg in die IT gehen. Mit der Hacker School schaffen wir eine Zukunft, in der alle Kinder die Möglichkeit haben herauszufinden, ob Coden etwas für sie ist. Die Hacker School legt damit einen wunderbaren Grundstein für eine vielfältige und inklusive IT-Landschaft.

Wertvoll für Gemeinschaft und Unternehmen

Nicole Heinrich, Abteilungsleiterin
Ausbildung & HR-Marketing, Otto

Wenn ich an unsere Zusammenarbeit mit der Hacker School denke, fallen mir drei Hauptaspekte ein:

Beitrag für die Gesellschaft: Durch unsere Teilnahme an der Hacker School können wir einen wichtigen Beitrag zur Gesellschaft leisten, indem wir junge Menschen, insbesondere Mädchen, dazu ermutigen, sich mit den Möglichkeiten, die Technologieberufe bieten, auseinanderzusetzen. Es bietet eine Chance für junge Menschen, insbesondere auch für Mädchen, auf spielerische Weise verschiedene Karrierewege zu erforschen und sich beraten zu lassen. Die Arbeit, die wir in und mit der Hacker School leisten, ist ein gutes Beispiel für Edutainment – Bildung und Unterhaltung – und ermöglicht es uns, Schülerinnen und Schüler zu erreichen und ihnen Orientierung für ihre zukünftige Berufswahl zu geben.

Rekrutierung: Die Hacker School ist auch eine hervorragende Quelle für potenzielle Bewerberinnen und Bewerber für unsere Ausbildungs- und Dualstudienprogramme. Zwar ist die Zielgruppe oft noch zu jung, um direkt eingestellt zu werden, aber die frühzeitige Bindung ist vorteilhaft. Hierbei stellt sich natürlich die Herausforderung, wie wir mit diesen jungen Talenten in Kontakt bleiben. Employer Branding beginnt einfach eben sehr früh.

Corporate Volunteering: Ein weiterer wichtiger Aspekt ist das Thema Corporate Volunteering. Bei Otto sehen wir das Engagement unserer Mitarbeiterinnen und Mitarbeiter in der Hacker School nicht nur als eine Möglichkeit, der Gemeinschaft etwas zurückzugeben, sondern auch als eine Möglichkeit, unseren Arbeitsplatz zu bereichern, auch für mehr Arbeitgeberattraktivität. Durch die Weitergabe ihres Fachwissens an Schülerinnen und Schüler können unsere Mitarbeiterinnen und Mitarbeiter ihre Arbeit bereichern und gleichzeitig einen wichtigen Beitrag zur Gesellschaft leisten. Dafür braucht es natürlich eine geplante Programmatik, damit keine Überforderungssituation entsteht – es sind ja alle gut eingespannt.

Bei all diesen Vorteilen erfordert die Teilnahme an der Hacker School natürlich auch eine gewisse Planung und Überlegung. Wir müssen sicherstellen, dass unsere Mitarbeitenden die Zeit und die Bereitschaft haben, sich zu engagieren, und dass wir attraktiv genug sind, um die Aufmerksamkeit der Schülerinnen und Schüler zu gewinnen. Wir haben einige erfolgreiche Rekrutierungen durchgeführt, und unsere Auszubildenden schätzen die Möglichkeit, an einem solch attraktiven Corporate-Volunteering-Programm teilzunehmen. Die Hacker School ist attraktiver Hebel für unsere Nachwuchsstrategie und ein Ausdruck unseres Engagements, als Unternehmen einen Beitrag zur Gesellschaft zu leisten.

Wir freuen uns darauf, unsere Zusammenarbeit mit der Hacker School fortzusetzen und unsere Erfahrungen mit anderen Unternehmen zu teilen, damit wir alle gemeinsam von den Vorteilen dieses wertvollen Programms profitieren können.

Begeisterung durch Technologie teilen

Interview mit Dr. Michael Müller-Wünsch,
CIO, Otto – in der Branche bekannt als MüWü

*Warum setzt du dich für digitale Bildung und auch
für die Hacker School ein?*

MüWü: Ich bin davon überzeugt, dass Kompetenz
in der digitalen Welt, wie man mit Medien umgeht,
wie man mit Technologie umgeht, ein ganz wichtiger
Grundbaustein für die vernünftige Weiterentwicklung
unserer Gesellschaft ist. Damit meine ich auch Verantwortung. Verantwortung und Vernunft gehen für mich
einher mit Bildung, Ausbildung und Wissen. Dafür
steht die Hacker School mit ihrer Vision. Also wer da
nicht mitmacht, wird eines herausragenden emotio-
nalen Erlebnisses beraubt und ist selbst schuld, wenn er
oder sie das verpasst.

*Welche Rolle spielt Begeisterung, warum können uns
echte ITler und ITlerinnen möglicherweise besser
begeistern als die Lehrkräfte in der Schule?*

MüWü: Einerseits haben wir hier die Situation, dass die
Infrastruktur, die an den Universitäten und den Schulen für die Ausbildung vorgesehen ist, oftmals gar nicht
die notwendigen technischen Voraussetzungen erfüllt
und veraltet ist. Auf der anderen Seite fehlen die spannenden, im realen Leben auftauchenden Anwendungs-
beispiele, neudeutsch Use Cases. Diese konkreten Beispiele aus der Praxis haben wir als Unternehmen. So
können wir spannende Partner im Bildungsauftrag für
die jungen Generationen werden.

Warum braucht es die Use Cases?

MüWü: Die braucht man, um zu erklären, wie denn IT wirklich funktioniert und warum denn das so ist, wie du das da siehst. Denn für viele erschöpft sich Digitaltechnologie nur in der Benutzung einer grafischen Oberfläche und dem User-Erlebnis, das da generiert wird. Aber dass es dafür einer IT- und Daten-Security bedarf, dass man dafür ein Betriebsmodell und Programmierung braucht, dass aber eine Programmierung auch mal fehlerhaft sein kann und wie man Fehler wieder korrigiert – das sind vielschichtige interessante Themen.

Warum braucht es ein tieferes Verständnis?

MüWü: Es ist wichtig aus meiner Sicht, dass alle ein bisschen besser verstehen, was da eigentlich im Hintergrund passiert und dass da auch Manipulationen möglich wären. Aus meiner Sicht geht es gar nicht darum, dass jetzt alle Menschen Software programmieren und Computer zusammenlöten können – das wäre zwar eine faszinierende Herausforderung und Idee –, sondern es geht vielmehr darum zu verstehen, wie die Dinge zusammenwirken. Wenn wir das hinbekommen, dann haben wir für unsere Gesellschaft einen riesigen Schritt gemacht. Die Hacker School steht für diese Mission. Aber bis wir alle erreicht haben, werden wir noch eine Menge Energie aufbringen müssen.

Was können andere Unternehmen von euch lernen?

MüWü: Vor allen Dingen: einfach mal anfangen und nicht lange warten. Es lassen sich gerade in größeren

Unternehmen oftmals pragmatische Startlösungen schaffen. Hier ist wichtig, dass man ein, zwei Menschen findet, die Lust haben, ihre IT-Begeisterung weiterzutragen. Zudem sollten Menschen aus dem HR-Bereich das Engagement unterstützen und sich Gedanken über eine Startkonfiguration machen. Dann kann man sich in einem weiteren Schritt mit dem Betriebsrat und weiteren Gremien – wo immer erforderlich – darüber verständigen und sich Gedanken über Arbeitszeit machen oder darüber, wie man das honoriert.

Also erst einmal loslegen und später ausfeilen …
MüWü: Genau, ich würde auf jeden Fall erst einmal das Erlebnis schaffen, denn das vermittelt die Großartigkeit der Gesamtidee, und dann kann man darüber nachdenken, wie man dieses Erlebnis noch viel mehr Menschen in einer Organisation ermöglicht. Natürlich in Balance mit dem originären Unternehmensauftrag, wo man Dinge baut, wenn man Produzent ist, oder verkauft, wenn man Händler ist, und so weiter. Wenn wir Lust haben, die Welt zu einer besseren Welt zu machen, indem wir Digitalkompetenz teilen, was ja das Schönste ist, wenn man mit jemand anderem etwas teilen darf, dann hat man, glaube ich, alle Voraussetzungen geschaffen. Daher: Mut haben, Energie aufbringen, pragmatisch sein! Wenn wir entlang des MVP-Ansatzes denken (Minimum Viable Product), heißt das: über die Zeit dieses Produkt »Begeisterung durch Technologie« reifen lassen.

Meine Take-aways

– MüWü ist der größte #HeforShe in der IT-Welt.

– HR und IT sind eben doch die beste Kombi der Welt.

– Tech-Ambassadors sind soooo toll und machen echt den Unterschied.

Pegasystems – Empfehlungen im größeren Stil

Mein Kontakt zu Frédéric Cuny, Senior Director Solutions Consulting bei Pegasystems (Pega), führte erst mal etwas weg vom Coden, denn: Sie betreiben eine Low-Code-Plattform. Frédéric möchte insbesondere Menschen, die sich mit der Entwicklung von Apps nicht gut auskennen, dafür begeistern, einfach mal zu machen. Sein Motto ist »to change the way the world builds software«, um überhaupt in der Lage zu sein, mehr Digitalisierung schnell hinzukriegen.

Unser Kennenlernen fand dann auch direkt über einen Podcast statt, die Vernetzung zum nächsten Podcast folgte. Nach dem Motto: einfach mal machen – immer mit dem Gedanken, die Reichweite der Hacker School zu erhöhen. Frédéric sagte, dass er ein Team von Tüftlern habe, das perfekt zur Idee der Hacker School passe – und hat sich und seine Kollegen direkt für Kurse angemeldet. Dabei hat er selbst erfahren, wie viel Spaß es ihnen macht und was sie dafür tun müssen.

Frédéric ruft immer wieder persönlich intern bei Pega dazu auf, sich als Inspirer für die Hacker School zu engagieren. Gespräche folgten nach dem Vorbild dieser Vernetzungsaktivitäten, die Rolle von Hacker School Ambassadors strukturiert einzusetzen, um für solch wunderbare Menschen und Unternehmen einen offiziellen Absender zu verstetigen.

Wie sehen die Beteiligten das selbst? Auf meine Anfrage hin bekomme ich nicht etwa kurze Antworten per Mail, oh nein. Ich erhalte direkt ein fertig geschnittenes Video-Interview mit dem Hinweis, das auch sehr gern öffentlich verwenden zu können – wie großartig ist das denn? Hier das Transkript vom Gespräch zwischen Frédéric Cuny, dem Chief Nerd Officer, und Jörg Reuter, dem Technischen Gewissen des Teams:

Zappelnde Teenager auf dem Bildschirm

Transkript des Video-Interviews, Frédéric Cuny und Jörg Reuter, Pega

Fred: Hallo, Welt! Wir sind heute hier, Jörg und ich von Pega, um über unsere tollen Erfahrungen mit der Hacker School zu berichten. Übrigens, einen ganz lieben Gruß an das Hacker School Team nach Hamburg. Ich bin Fred, der Senior Director bei Pega und der Chief Nerd Officer dieser Firma in Deutschland. Hallo, Jörg. Erzähl uns, was machst du genau bei Pega?

Jörg: Zusammen mit meinen Kollegen bin ich das technische Gewissen für die Kollegen, die bei unseren Kunden auftreten. Genauso wie Obelix in den Zaubertrunk als Baby gefallen ist, bin ich sehr früh in die Technik eingetaucht.

Fred: Sehr cool. Und das ist es, worum es bei der Tätigkeit als Inspirer bei der Hacker School geht. Vor ein paar Monaten hatten wir einige Hacker School Inspirer bei Pega, die bei diesen Softwareprogrammierkursen Gruppen von Jugendlichen betreuen. Du warst einer von ihnen. Wie waren bisher deine Erfahrungen?

Jörg: Die Erfahrungen waren sehr gut. Ich fasse es oft als eine Mischung aus Kreativität und Chaos zusammen. Ich werde nie den ersten Moment vergessen, als etwa 20 bis 30 Video-Feeds mit zappelnden Teenagern auf meinem Bildschirm erschienen. Die Kreativität der Kids in diesen Sessions hat mich sehr beeindruckt.

Fred: Mir ging es genauso. Ich wusste nicht so richtig, was auf mich zukommt, aber danach wurde ich mit einer ganz neuen Welt konfrontiert. Im Grunde haben wir HTML-Seiten und CSS-Skripte entwickelt. Jeder hat ein wenig an seinem eigenen E-Shop gearbeitet. Die Breite der Ideen, die diese Jugendlichen hatten, hat mich umgehauen.

Jörg: Mir ging es genauso. Bei mir war es Python-Programmierung, also ein bisschen technischer sogar. Es war spannend zu sehen, wie man innerhalb von wenigen Stunden wirklich von null auf hundert kam. Die TeilnehmerInnen sind ohne Programmierkenntnisse reingegangen und am Ende hatten sie ein kleines Quizprogramm selbst gebaut. Das war auch ein schönes Erfolgserlebnis für uns als Inspirer.

Fred: Eine Sache ist es, sich die Zeit einzuräumen, weil: Das sind vier Stunden. Warum sollte man sich diese vier Stunden frei nehmen, besonders wenn man als

Mitarbeiterin oder Mitarbeiter in einem Unternehmen mit täglichem Stress zu tun hat?

Jörg: Du hast recht, es ist eine intensive Erfahrung und man sollte es nicht unterschätzen. Aber ich glaube, dass solch eine Session und diese Erfahrung einem viel zurückgeben kann. Im Berufsleben ist man zwangsläufig in einer bestimmten Blase unterwegs. Man hat meist mit ähnlichen Themen und Leuten zu tun. Eine komplett andere Zielgruppe zu haben, mit der man sich austauscht und der man etwas beibringen kann, ist eine coole Erfahrung. Und wir haben in der Firma den Freiraum dafür, den wir uns nehmen können.

Fred: Bei Pega haben wir den Doing Good Day eingeführt. Das bedeutet, Leute können vier oder acht Stunden buchen und eine Aktion für die Gemeinschaft durchführen. Die Hacker School ist eine der Aktivitäten, die wir in diesem Rahmen nutzen können. Darüber hinaus haben wir auch für die Hacker School einen Unternehmenstag. Bei unserem letzten Treffen hatten wir einen Fotowettbewerb und wir haben das gewonnene Geld an die Hacker School weitergegeben. Wir könnten beim nächsten Unternehmenstag als Hacker School Inspirer wirken.

Jörg: Das wäre eine coole Aktion. Besonders wenn man näher an diese Schulklassen herankommt, die man inspirieren möchte. Eine Zoom-Session ist super, aber wenn man das physisch in einem Büro machen könnte und wirklich im Raum mit den Kids diskutiert, glaube ich, kommt man auf eine ganz andere Ebene.

Fred: Ja, definitiv. Also, wenn ihr ein Unternehmen seid, kommen die Ideen, wenn ihr euch engagiert und Zeit von euren MitarbeiterInnen und von euch selbst investiert. Engagiert euch!

Meine Take-aways

– Tüftlerinnen und Tüftler most welcome.

– Tut Gutes und redet darüber.

– Man bekommt so viel zurück :)

Ratepay und andere Fintechs – ein schräger Zeitungsartikel, der trotzdem hilft

»Warum die Elite ihre Kinder programmieren lehrt« – so hieß der Artikel, mit dem das Manager Magazin einmal über unsere Aktivitäten und eine Hacker School Session bei Ratepay berichtete. Eine Headline, die natürlich komplett am Thema vorbeizielt und unsere Initiative in eine völlig falsche Ecke stellt. Dennoch bekamen wir durch diese Berichterstattung wenigstens eines: mehr Aufmerksamkeit.

Aber eigentlich gehören zur Geschichte mit Ratepay vor allem drei Personen: Elke Büdenbender, Brigitte Zypries und Miriam Wohlfarth.

Die Zusammenarbeit mit dem deutschen Zahlungsdienstleister aus der Finanztechnologie (Fintech) begann schon im Sommer 2018 mit einer schriftlichen Anfrage von Dominique Jäger (damals Leikauf), Assistentin von Ratepay-Gründerin und

-Chefin Miriam Wohlfarth: »Sehr geehrte Frau Freudenberg, sehr gern möchte Miriam Wohlfarth mit Ihnen telefonieren, nachdem sie am Wochenende mit Brigitte Zypries gesprochen hat. Wären Sie verfügbar für einen kurzen Austausch?«

Schnell verständigte ich mich mit Ratepay auf einen Termin Anfang November, wo wir die erste Hacker School unter meiner Führung außerhalb von Hamburg organisierten: direkt in Berlin. Zu dieser Veranstaltung selbst kamen sowohl Elke Büdenbender, Ehefrau des Bundespräsidenten Frank-Walter Steinmeier, mit ihren mir mittlerweile sehr gut bekannten Personenschützern als auch ihre Freundin Brigitte Zypries, die damalige Bundesministerin für Wirtschaft und Energie im Kabinett Angela Merkel, die sich zusammen die Ergebnisse des Workshops ansehen wollten.

Wir erlebten die Erfahrungen der Kids beim Coden hautnah mit und beobachteten unter anderem, wie Jungs und Mädchen gemeinsam, aber oft grundsätzlich unterschiedlich programmieren. Mit etwas IT-Bezug formuliert: Nach meinen Erfahrungen programmieren Jungs eher sequenziell, Mädchen eher objektorientiert. Also bei den Jungs oft klar in einer Reihenfolge – nicht immer schön, aber in der einfachen Ausführung effizient (»Gehe nicht über Los. Ziehe nicht 4000 Mark ein!«). Bei den Mädchen mit vielen Verästelungen, schwieriger in der Aufsetzung, aber nach hinten raus sowohl effizienter als auch eleganter – aber halt am Anfang echt komplex. Spannend, dass bei Mädels dann oft die eigene Fähigkeit infrage gestellt wird, wenn es nicht sofort klappt … bei Jungs ist es in deren Wahrnehmung zumeist eher »equipment failure«.

Besonders der Kommentar von Julia Tschawdarow, der Marketingmanagerin von Ratepay, geht mir nicht aus dem Kopf: »Mir wird ganz schwindelig bei hundert Kindern, aber ich finde es toll und vertraue euch!«

Woran erinnere ich mich noch? Die gemeinsamen vergeblichen Versuche, vor Ort Tablets, Laptops oder Monitore auszuleihen. Erkenntnis: Es geht nichts über ein großes Transportauto, Reisekoffer und Improvisationstalent.

Zusammen mit Ratepay entstanden auch die ersten Flyer, um nach Inspirern zu suchen. Fun Fact: Dominique amüsierte sich dabei sehr über Miriams und meine Arbeitsweise, die Korrekturen an den Flyern via Sprachnachrichten durchzuführen – der Beginn einer wunderbaren und nach wie vor intensiven Freundschaft.

Woher bekommen wir denn die Kids?

Am 24. und 25.11.2018 fand dann die erste Hacker School in den Räumlichkeiten von Ratepay statt. Wir boten sieben sehr verschiedene Kurse an, was ein Riesenmeilenstein für uns war. So gab es Kurse zu PHP, IoT (Internet of Things), App-Entwicklung, Spieleprogrammierung, Yuna, eine großartige Inspiress, macht ihre legendäre Wetterstation mit Tinkerforge und vieles mehr. Die Veranstaltung war ein großer Erfolg und die Begeisterung danach enorm. Wenn ich heute sehe, was wir damals alles noch nicht standardisiert hatten, bin ich umso dankbarer, wie gut die ganze Veranstaltung gelaufen ist.

Meine Lieblingsfragen in der Vorbereitung der Programmierkurse waren übrigens: »Woher kriegen wir denn die Kids?« und »Was ist eigentlich kindertaugliches Catering?«. Salzbrezeln und Apfelschorle reichen eigentlich, aber aus irgendeinem mystischen Grund hatten wir zusätzlich super viele Kakis und sehr leckere, aber total gesund aussehende vegane Vollkornbrote. Ich glaube, ich hatte einen totalen Vitamin-C-Überschuss, aber das hat sich verwachsen.

Schräge Presse ist gute Presse

Auch eine Redakteurin des Manager Magazins war zur Berichterstattung erschienen, was uns sehr freute. Wir beantworteten viele ihrer Fragen, waren dann jedoch sehr überrascht von der anschließenden Schlagzeile des Artikels: »Die Elite lehrt ihre Kinder coden« (inzwischen umgetextet zu: »Warum die Elite ihre Kinder auf Hackerschulen schickt« bzw. »Warum die Elite ihre Kinder programmieren lehrt«). Auch wenn wir bis heute rätseln, wer wohl diese Elite sein könnte: Die Bilder waren super getroffen und Reichweite hat es uns trotzdem gebracht. Und das war für uns das Wichtigste.

Auch heute lachen Miriam und ich immer noch gemeinsam, wenn der Artikel im Manager Magazin zur Sprache kommt. Digitale Bildung integrativ zu gestalten, hat sicherlich nichts mit einer Elite und ihren Kindern zu tun, sondern bezieht sich auf alle Kinder – insbesondere auf diejenigen, für die wir die Extrameile gehen müssen.

Trotz oder vielleicht sogar wegen dieses Artikels sind wir immer noch eng freundschaftlich verbunden und freuen uns darüber, dass wir den Begriff Elite einfach auf alle Kinder anwenden können. Die Hacker School ist eine Institution, die darauf abzielt, das Programmieren und andere digitale Kompetenzen für Kinder und Jugendliche zugänglich zu machen, unabhängig von ihrem sozioökonomischen Hintergrund.

Besonders die Mädchen im Fokus

Miriam Wohlfarth, Gründerin und vormals CEO
Ratepay (heute Co-CEO Banxware)

Ich bin ein Hacker-School-Fan! Als ich Julia kennenlernte, wollte ich die Hacker School sofort zu Ratepay nach Berlin bringen. Bereits beim ersten Event hat mich die Begeisterung der Kinder und Jugendlichen so sehr inspiriert, dass ich das Event noch größer gestalten wollte. Daher bat ich mein Berliner Fintech-Netzwerk um Unterstützung, und die DKB war sofort dabei. Gemeinsam konnten wir deutlich mehr Kinder einladen. Besonders wichtig war uns dabei, mehr Mädchen zu rekrutieren, und durch gezielte Ansprache haben wir dieses Ziel erfolgreich erreicht. Es hat mich dabei extrem stolz gemacht, dass ich auch meine Tochter dafür begeistern konnte.

Learnings der ersten Stunde

Zu den Anfangsherausforderungen gehörten Fragen wie: Wie erstellen wir effektives Werbematerial? Nach welchen Kriterien sollen die Kurse ablaufen? Ist es in Ordnung, wenn wir einen Kurs haben, der ganz ohne Programmieren auskommt? Wie können wir die IT-Expertinnen und -Experten so vorbereiten, dass ein hoher Anteil ihrer Zeit wirklich in die Begeisterung der Kinder fließt und nicht in die Vorbereitung? Mit der Zeit konnten wir durch die Klärung dieser Aspekte eine große Verbesserung und Vereinfachung aller Prozesse erreichen.

Es war besonders spannend zu sehen, dass sich Mädchen stärker für umwelt- und nachhaltigkeitsbezogene Themen interessierten als Jungen. Anfangs konnten die Kinder sich nur für die Session anmelden, nicht für den einzelnen Kurs, den sie besuchen wollten. Die Kurse wurden zu Beginn der Veranstaltung vorgestellt und danach konnten die Kinder sich nach dem Motto »Jeder Kurs hat eine Farbe« Zettel in der Farbe ihrer Kurswahl holen.

Miriam Wohlfarth hat mich in ihrer aktiven Zeit bei Ratepay sehr begeistert. So nahm sie selbst mit ihrer Tochter Hanna im November 2019 an der ersten GIRLS Hacker School bei der Berliner Stadtreinigung teil. Sie hat einfach vor gar nichts Angst und programmiert nun auch (ein bisschen) selbst. Miriam war auch maßgeblich daran beteiligt, andere Menschen für Hacker-School-Kurse zu begeistern. Dadurch gab es in diesen Kursen eine deutlich höhere Frauenquote. Ich freue mich, dass ich im Gegenzug einen Beitrag zu ihrem Buch »Zukunftsrepublik Deutschland« leisten konnte, inzwischen Spiegel-Bestseller. Wenige Frauen schätze ich so sehr für ihren Mut und ihre Begeisterung, die gute Sache voranzutreiben, wie Miriam. Durch sie haben wir gelernt, zusammen zu denken und große Schritte zu machen.

Nachdem Miriam Ratepay 2021 verlassen hat, ging die Zusammenarbeit mit der neuen Geschäftsführerin, Nina Pütz, weiter und in eine neue Runde.

Bestehenden Stereotypen entgegenwirken

Nina Pütz, Geschäftsführerin, Ratepay

Wenn wir den Frauenanteil in Tech-Berufen von derzeit (August 2023) 22 auf 44 Prozent verdoppeln könnten, hätten wir das Problem des europaweiten Fachkräftemangels gelöst. Die entscheidende proaktive Maßnahme dafür liegt in der frühzeitigen Heranführung von Kindern an IT und Programmieren, denn das sind Bereiche, die jeden unabhängig von Geschlecht und Herkunft begeistern können. Es ist daher dringend erforderlich, bestehenden Stereotypen entgegenzuwirken und Schüler aller Geschlechter für Tech-Themen zu begeistern. Die Hacker School setzt genau hier an und hat mir gezeigt, wie viel wir erreichen können, wenn wir uns für gesellschaftliche Themen einsetzen, für die wir brennen.

Neue Fintechs als Partner mit im Boot: allen voran DKB

Inzwischen hatten wir in der Zusammenarbeit mit Ratepay auch weitere Fintechs mit an Bord, wie etwa die Deutsche Kreditbank (DKB). Die Kooperation von Ratepay und der DKB im Rahmen der Hacker School begann im Sommer 2019. Von Anfang an stand das Projekt unter einem guten Stern, dank der exzellenten Vorarbeit der Kolleginnen und Kollegen in beiden Finanzinstituten.

Eine der Besonderheiten unserer Zusammenarbeit war, dass die Kurse nie nur von IT-Expertinnen und -Experten der DKB abgehalten wurden, sondern immer auch von zwei bis drei anderen Fintech-Partnern. Dieser Ansatz hat die Kurse vielseitiger und interessanter gemacht. Die DKB stellte uns ihre Räumlichkeiten in Berlin zur Verfügung, die sich hervorragend für unsere Kurse eigneten. Dass Sascha Dewald, Bereichsleiter Privatkundengeschäft, bei keiner Veranstaltung fehlte sowie die Investitionen in die Hacker-School-Programme unterstreichen die tiefe Verbindung und das Engagement der DKB für das Programm. Die Kosten für Sicherheit, Veranstaltungsmanagement, Catering und die Öffnung des Gebäudes am Wochenende sind nicht unerheblich. Dennoch hat die DKB diese bereitwillig übernommen.

Mittlerweile hat die DKB ihr Engagement für die Hacker School erweitert, indem sie ihre Mitarbeiterinnen und Mitarbeiter als Inspirationsquelle in die Schulprogramme einbezogen hat. Dies stellt eine wertvolle Ergänzung zu den Wochenendformaten dar und erhöht die Reichweite des Programms. Zudem liefen ergänzende Gespräche mit weiteren FinTechs wie der Solaris Bank. Zusammen haben die Finanzinstitute bereits viele Hacker-School-Kurse durchgeführt – was für eine tolle Zeit!

Was uns besonders freut: Die positiven Erfahrungen aus dem ehrenamtlichen Engagement bei der Hacker School haben dazu geführt, dass Ratepay einen offiziellen Volunteering Day für alle Angestellten ermöglicht, für den diese von der Arbeit freigestellt werden. Im September 2023 engagierten sich mehrere Inspirer im Rahmen eines Volunteering Days bei uns. Auch die Überlegungen bezüglich ESG könnten den Ausschlag geben, dieses Engagement zu verstetigen. Wir sind gespannt.

Potenzial entfalten – unabhängig von Herkunft oder Geschlecht

Interview mit Sascha Dewald,
Senior Vice President Retail Banking, DKB

Was sind deine ersten Gedanken zur Hacker School: Warum habt ihr mitgemacht, was hat dich begeistert?
Sascha: Bevor ich bei der DKB 2019 begann, hatte ich bereits über Miriam Wohlfarth von Ratepay von der Hacker School gehört und war sofort Feuer und Flamme für diese Idee. Und so haben wir schnellstmöglich eine Edition in Berlin in unserem Büro gemeinsam mit DKB und Ratepay veranstaltet. Die Kids besuchten den Zwei-Tages-Workshop und hatten einen riesigen Spaß beim Entdecken und dem ersten Programmieren. Am zweiten Tag war die große Vorstellung vor den Eltern und mit etwas Aufregung und ganz viel Stolz wurden so coole Projekte präsentiert, die innerhalb kurzer Zeit erstellt worden waren. Seit dieser Veranstaltung waren wir alle überzeugt, dass die Hacker School und im Besonderen die Macherinnen und Macher dahinter etwas ganz Besonderes sind und die Idee gefördert werden muss. Die Begeisterung und der Elan der Teilnehmenden, gepaart mit dem fachlichen Know-how der Hacker School, haben uns nachhaltig beeindruckt

und in unserem Engagement bestärkt. Es war eine besondere Ehre, Teil dieser ersten Events zu sein und dazu beizutragen, die nächste Generation von Daniel(a) Düsentrieb zu unterstützen.

Warum hältst du Corporate Volunteering für wichtig?
Sascha: Corporate Volunteering ist nicht nur für die Gesellschaft von großer Bedeutung, sondern auch für die Unternehmen selbst. Es schafft eine Win-win-Situation, indem es sowohl den Mitarbeitenden als auch dem Unternehmen vielfältige Vorteile bringt und gleichzeitig einen positiven Beitrag zur Lösung gesellschaftlicher Herausforderungen leistet.

Dazu gehören: gemeinschaftliches Engagement, wobei auch das Gefühl der Zusammengehörigkeit gestärkt und ein starkes Gemeinschaftsgefühl unter den Mitarbeitenden gefördert wird. Die Möglichkeit, sich über das Arbeitsumfeld hinaus für wohltätige Zwecke einzusetzen, steigert außerdem die Motivation und Zufriedenheit von uns allen. Nicht zuletzt bietet Corporate Volunteering den Mitarbeitenden auch die Chance, neue Fähigkeiten zu entwickeln und ihre persönlichen und beruflichen Kompetenzen zu erweitern. Mehrere Kolleginnen und Kollegen waren Inspirer bei der Hacker School und haben sehr geschwärmt.

Welche Voraussetzungen braucht es in Unternehmen?
Sascha: Bei der DKB waren es vor allem eine offene und warme Unternehmenskultur, Raum für Ideen und Kreativität sowie die Bereitschaft der Führungsebene für Unterstützung. Aus meiner Sicht sind das wichtige Werte, wenn es darum geht, sich zu engagieren. Corporate Volunteering bedarf keinerlei spezifischer

Qualifikationen, sondern es braucht den Willen und das Engagement, sich für soziale Zwecke einzusetzen. Bei uns haben vor allem die wunderbaren Kolleginnen und Kollegen rund um Susanne Leiding, Steffen von Blumröder und Vorstand Tilo Hacke mit Tatendrang und Leidenschaft unterstützt.

Was bedeutet das Engagement mit der Hacker School
für Diversity in der IT und in Digitalberufen?
Sascha: Das Engagement der Hacker School war ein wichtiger Funke und hat mittlerweile eine immense Bedeutung für die Förderung von Diversity in der IT- und Digitalbranche als wichtiger Leuchtturm. Durch die Zusammenarbeit mit der Hacker School und die Unterstützung ihrer Aktivitäten tragen wir und andere Unternehmen ein bisschen dazu bei, die Vielfalt in diesen Berufsfeldern zu stärken und Chancengleichheit zu fördern.

Inwiefern?
Sascha: Besonders hinsichtlich dieser Aspekte:

1. Zugang zu Technologie für alle: Die Hacker School bietet Kindern und Jugendlichen, unabhängig von ihrem sozialen oder kulturellen Hintergrund, die Möglichkeit, frühzeitig mit Technologie in Berührung zu kommen. Dies ist entscheidend, um Barrieren abzubauen und einen diversen Talentpool für die IT-Branche zu schaffen.

2. Gender Diversity: Die Hacker School engagiert sich besonders darin, Mädchen und Frauen für Technologie und digitale Berufe zu begeistern. Indem sie ein inklusives und unterstützendes Umfeld schafft, trägt sie dazu bei, die Geschlechterkluft in der IT-Branche zu verringern.

3. Diversität der Perspektiven: Durch die Förderung von Diversity in der IT- und Digitalbranche werden unterschiedliche Perspektiven, Erfahrungen und Denkweisen eingebracht. Dies führt zu innovativeren Lösungen und besseren Produkten, die den Bedürfnissen einer vielfältigen Gesellschaft gerecht werden.

4. Aufbau von Netzwerken: Die Hacker School fördert die Bildung von Netzwerken zwischen talentierten jungen Menschen und Unternehmen. Dies ermöglicht es Unternehmen, potenzielle Talente mit verschiedenen Hintergründen und Fähigkeiten kennenzulernen und ggf. zu rekrutieren.

5. Diversität als Unternehmensziel: Indem Unternehmen ihre Partnerschaft mit der Hacker School betonen und ihr Engagement für Diversity in der IT- und Digitalbranche öffentlich machen, setzen sie ein wichtiges Zeichen. Sie zeigen, dass sie die Bedeutung von Diversität verstehen und aktiv daran arbeiten, eine inklusive und vielfältige Arbeitsumgebung zu schaffen.

Insgesamt trägt das Engagement mit der Hacker School dazu bei, dass die IT- und Digitalbranche ein Ort wird, der Talente mit verschiedenen Hintergründen willkommen heißt und fördert. Es ermöglicht jungen Menschen den Zugang zu Technologie und unterstützt sie dabei, ihre Potenziale zu entfalten, unabhängig von Herkunft oder Geschlecht. Dies fördert Innovation, stärkt

Unternehmen und trägt zu einer inklusiven und vielfältigen Gesellschaft bei.

Meine Take-aways

– Politische Prominenz kann Türen öffnen.

– Es geht nichts über ein großes Transportauto und Improvisationstalent.

– Alle Kinder sind Elite.

Rossmann – Azubis sind die besten Vorbilder

Ich hatte das Vergnügen, Antje König, damals CIO von Rossmann, und Sandra Klöppner aus ihrem IT-Team über das Netzwerk CIO (f) kennenzulernen. Gemeinsam mit Siemens und Rainer Karcher, der damals noch dort arbeitete, wollten wir eine coole Weihnachtsaktion aufsetzen, bei der Kinder Postkarten programmieren konnten. Die Idee des Collective Impact lag uns dabei besonders am Herzen.

Rossmann war eines der ersten Unternehmen, die sich bereits während unserer Testphase im Januar und Februar 2021 für die Hacker School @yourschool-Kurse engagierten, um sie auszuprobieren und direktes Feedback zu geben. Darüber hinaus wurde konsequent geschaut, wo Auszubildende teilnehmen können, wie es in den Lehrplan passt und wie sie selbst davon lernen können. Die Einbindung der Azubis erwies sich für die Drogeriemarktkette als zentraler Erfolgsfaktor. Das bestätigt Sandra Klöppner. Auch wenn Engagement in der

Regel zusätzliche Arbeit für das Unternehmen bedeute und oft in Randzeiten stattfinde, könne zum Beispiel die Einbeziehung von Auszubildenden als Inspirer den entscheidenden Unterschied bringen.

Klöppner: »Sie sind wesentlich näher dran an den Kindern und Jugendlichen, weshalb sie ihnen auf direkter Augenhöhe begegnen. Das macht sie daher zu deutlich effektiveren Vorbildern.«

Rossmann hatte immer viele Ideen und war auch bei der Organisation von Tech-Konferenzen und ähnlichen Veranstaltungen aktiv. Wir haben verschiedene Kursformate ausprobiert, wie außerschulische Kurse am Nachmittag an bestimmten Tagen. Dabei stellten wir fest, dass es schwierig war, Teilnehmende dafür zu gewinnen. Aber wir fanden Wege, Auszubildende und Mitarbeitende zu begeistern und auch anderen Kindern die Teilnahme zu ermöglichen.

Klöppner ist es wichtig, zu betonen, dass die Zusammenarbeit mit uns nicht nur bedeutungsvoll, »sondern auch erfüllend ist«. Es sei ermutigend zu sehen, wie das gemeinsame Projekt gewachsen ist und wie die Teams der Hacker School und von Rossmann für das Thema brennen. »Es ist eine großartige Sache, Teil davon zu sein.«

Begeisternd: Es geht bei Rossmann nicht nur um zwei bis drei Kurse im Jahr, sondern um wirklich nachhaltiges Engagement. Die außerschulischen Kurse seitens der Azubis werden monatlich gegeben, nachmittags unter der Woche, da Azubis nicht am Wochenende arbeiten dürfen. Ein tolles Commitment, wenn auch etwas herausfordernd, da es auf unserer Seite nicht immer ganz einfach ist, dafür die Teilnehmenden zu finden. Seit mehreren Jahren engagiert sich Rossmann darüber hinaus mit der Hacker School in großem Umfang am Zukunftstag.

Wir brauchen Mut, Neugier und Offenheit

Interview mit Antje König, bis November 2023
Geschäftsführerin IT, Organisation & Prozesse, Revision,
Unternehmenssicherheit, Rossmann

Warum engagiert sich Rossmann bei der Hacker School?

Antje: Uns begeistern die Idee, das Konzept und vor allem auch die Leidenschaft, mit der die Hacker School und alle daran Beteiligten ihre Ziele verfolgen. Unseren Auszubildenden die Möglichkeit zu geben, ein Teil davon zu werden und mit Kindern sowie Jugendlichen ihr schon erworbenes Wissen zu teilen, lag irgendwie einfach auf der Hand. So konnten wir als Unternehmen die Hacker School unterstützen und unseren Auszubildenden persönlich sowie fachlich die Chance geben, etwas Neues und vor allem sich auszuprobieren sowie an der Aufgabe zu wachsen. Ich würde sagen, die Hacker School geht viral – einer steckt den anderen an und schafft Stolz und Begeisterung.

Warum setzt du dich für digitale Bildung und Berufsorientierung ein?

Antje: Mir ist es wirklich ein Anliegen, dass wir in Deutschland beim Thema Digitalisierung und Zukunftsfähigkeit unseres Landes noch die Kurve bekommen. Hierfür spielt die Ausbildung unserer Kinder einfach eine sehr wichtige Rolle. Es macht mich traurig und auch wütend, dass es uns einfach nicht gelingt, trotz so vieler toller Vorbilder im In- und Ausland unser Bildungssystem zeitgemäß und zukunftsorientiert aufzustellen.

Warum ist das wichtig?

Antje: Weil digitale Bildung die Basis ist, als Person, als Unternehmen und als Gesellschaft weiterhin wettbewerbs- und zukunftsfähig zu bleiben. Damit einhergehend geht es mir um:

Chancengleichheit: Digitale Bildungsangebote ermöglichen Zugang zu Bildung, unabhängig von Ort, Zeit, Herkunft, finanziellen Möglichkeiten und auch sonstigen persönlichen Umständen. Dies trägt zur Verringerung von Bildungsungleichheit bei. Durch den Einsatz von digitalen Technologien im Bildungsbereich können wir eine inklusive und innovative Gesellschaft schaffen, in der jeder die Möglichkeit hat, sein volles Potenzial auszuschöpfen.

Fähigkeiten und Kompetenzen für die Zukunft: Was wir brauchen, um unserer Zukunft gewachsen zu sein, sind neben digitalen Fähigkeiten auch kritisches Denken, die Fähigkeit, Informationen zu gewinnen, sie zu verarbeiten sowie Lösungen zu finden, und auch Kreativität. Für das Lösen der Probleme von morgen müssen wir neue Wege gehen und neue Ansätze finden. Dafür müssen wir unsere Kinder fit machen und nicht an alten Bildungskonzepten festhalten.

Ohne digitale Bildung kein wirtschaftliches Wachstum und keine Innovation: Wenn wir nicht das Wissen vermitteln, um im digitalen Zeitalter bestehen und es aktiv mitgestalten zu können, wird es keinen oder nicht ausreichend wirtschaftlichen Fortschritt geben und wir werden wirtschaftlich sowie gesellschaftlich weiter abgehängt werden.

Aufklärung für einen kompetenten Umgang mit neuen Technologien mit ihren Chancen und auch Gefahren: Digitale Bildung beinhaltet auch die Vermittlung von Kenntnissen rund um Fragestellungen der IT-Sicherheit und des Datenschutzes. In einer Welt mit zunehmender digitaler Kriminalität und Cyber-Bedrohungen ist es wichtig, Wissen zu teilen, wie sich jeder Einzelne verhalten kann, um persönliche Daten und Identitäten zu schützen und sicher unterwegs zu sein. Es geht darum, sich und uns als Gesellschaft vor Manipulation sowie ungewollter Kontrolle zu schützen, um weiterhin selbstbestimmt handeln zu können.

Welche Rolle spielt für dich generell Lernen im beruflichen Kontext?

Antje: Wir leben in Zeiten rasanter Veränderungen und immer weiter zunehmender Komplexität. Um in dieser Welt weiter bestehen zu können, müssen wir mit Mut, Neugier und Offenheit Neues ausprobieren und lernen, um unsere Zukunft aktiv mitgestalten zu können. Im beruflichen Kontext sind mir dabei drei Punkte besonders wichtig zu erwähnen:

Kontinuierliche Weiterentwicklung durch Lernen: Sowohl hinsichtlich der persönlichen als auch der fachlichen Weiterentwicklung ermöglicht mir kontinuierliches und lebenslanges Lernen, meine Fähigkeiten, Kenntnisse, Kompetenzen sowie Erfahrungen stetig auszubauen. Es ermöglicht mir, neue Methoden, Technologien oder Trends kennenzulernen, und, wenn ich es möchte, mich diesen anzupassen, mich darauf einzustellen sowie sie bei meinem Tun und Sein zu berücksichtigen.

Lernen als Grundlage für Innovationsfähigkeit: Indem ich als Person oder auch als Unternehmen stetig mein Wissen erweitere, neue Fähigkeiten erlerne, neue Technologien ausprobiere und teste, schaffe ich die Grundlage, immer wieder neue Wege gehen zu können. Es bietet mir die Möglichkeit, Lösungen für aktuelle und zukünftige Probleme zu finden, neue Ideen zu generieren sowie Perspektiven zu eröffnen. Lebenslanges Lernen ist die Grundlage für eine kontinuierliche Verbesserung in allen Lebensbereichen.

Lernen als Grundvoraussetzung für Wettbewerbsfähigkeit: Kontinuierliches Lernen hilft, Kompetenzen weiter auszubauen, sich neuen Aufgaben zu stellen und sich auf mögliche Veränderungen in den jeweiligen Branchen vorzubereiten. In einer Welt des ständigen Wandels ist das Lernen die Basis, um fehlendem Verständnis und mangelnder Aufklärung und damit auch Ablehnung von Neuem vorzubeugen bzw. entgegenzutreten.

Meine Take-aways

– Ein female CIO-Treffen mit großartigen Folgen.

– Ausprobierfreudige Partner sorgen für ganz neue Ansätze.

– Manchmal ist aber auch der Weg zurück zum Standard nicht schlecht.

SAP – viele Wege führen nach Walldorf

Wir hatten schon lange Kontakt zu SAP, insbesondere über die erste CITY Hacker School in Karlsruhe 2019 und sogar schon davor, als wir bei der Durchführung der ersten Hacker School @yourschool-Session 2018 in der Ernst-Reuter-Schule in Karlsruhe tolle Unterstützung hatten. Wir lernten viele Leute von SAP kennen und machten über das Engagement der Young Thinkers und der früh pensionierten Mitarbeiterinnen und Mitarbeiter viele gute Erfahrungen.

Unser zweiter Durchgang bei Startsocial brachte uns mit Frauke Burmeister von SAP in Kontakt, einer großartigen Coachin.

Lokal geht manchmal schneller

Frauke Burmeister, Customer Advisor
Innovation & Incubation, SAP

Tolle Typen, tolle Konzepte. Die Kolleginnen und Kollegen haben nach ihren Tagen als Inspirer geglüht vor Motivation. Ich bin stolz und froh, meinen Beitrag geleistet zu haben, dass das Projekt in der Schule Maretstraße nach der gemeinsamen Ideengenerierung im Startsocial-Coaching solch ein Erfolg geworden ist und hoffentlich die Basis für eine größere Zusammenarbeit bildet.

Gemeinsam arbeiteten wir an der Idee von Hacker School @home, wir durchlebten die ersten Schultests und sprachen auch darüber, wie wir mit SAP vorangehen könnten. Lokal geht manchmal schneller – so kamen wir auf die Idee der Hacker Week an der Schule

343

Maretstraße, einer Schule, die in einem eher herausfordernden Bezirk in Hamburg liegt und bei der wir einen Ansatz für die ganze Woche erproben wollten – mit über 30 ehrenamtlichen Volunteers von SAP und befreundeten Unternehmen. Seitdem kooperiert unsere SAP-Familie mit dem Projekt Hacker School @yourschool PLUS in Hamburg, wo wir gezielt an Schulen mit besonderem Förderbedarf gehen.

Mit Blick auf Platin

Mit Frauke Burmeister und Thomas Jungbluth, SAP Hamburg, führten wir im nächsten Schritt Gespräche darüber, ob wir eine Partnerschaft mit SAP eingehen könnten. Die Idee, SAP als einen der ersten Platinpartner zu gewinnen und gemeinsam 5 000 Kinder im Kalenderjahr zu erreichen, wird immer konkreter. Der Einbezug der unterschiedlichen Standorte und Bereiche kommt gut an. Dabei liegt ein besonderer Fokus auf jungen Menschen, die dadurch viel lernen können. Wir sehen große Möglichkeiten und Chancen, die sich ergeben.

Im Juli 2023 war ich sogar als Urlaubsausflug beim All-Hands-Meeting in Walldorf, wo ich wunderbare Menschen aus dem Management und diversen Bereichen traf – Sven Mulder stand einer Kooperation sehr offen gegenüber. Ja, wir brauchen 835 Inspirer-Vormittage für eine Platin-Partnerschaft – aber wenn man direkt die wichtigsten internen Stakeholder der unterschiedlichen Geschäftsbereiche einbezieht und begeistert, sieht man gleich: Es ist machbar!

Großartig ebenfalls, dass wir sofort in nationale und internationale Community-Calls eingeladen wurden, aus denen direkt auch neue Ideen und Kontakte entstanden: Wer kennt welche Schulen? Wo können wir zusammen einen Unterschied machen? Gleichzeitig bezogen Frauke und Thomas die unterschiedlichen Standortleiterinnen und -leiter ein, die innerhalb ihrer Bereiche als Hacker School Champions fungieren wollten. Nach einem gemeinsamen Info-Call sprang auch hier der Funke über.

Weitere Möglichkeiten ergaben sich im Austausch zu Kurskonzepten, deren Grundlagen schon vielen SAPlerinnen und SAPlern bekannt waren – kurz, es passierte eine große Menge gleichzeitig.

Dennoch müssen wir auch bemerken, dass es mitunter lange dauert, einen Unterschied zu machen. Groß heißt nicht immer schnell, aber der Aufwand lohnt sich. Das Potenzial, das für Corporate Volunteering in großen Unternehmen schlummert, ist gigantisch.

Bildung beginnt mit Vorbildern

Deepa Gautam-Nigge,
VP Corporate Development, SAP

In Zeiten immer kürzer werdender Innovationszyklen und aufgrund des daraus resultierenden Umstands, dass 65 Prozent der heutigen Grundschüler in Jobs arbeiten werden, die heute noch gar nicht existieren, gilt es, viel mehr skalierbare Programme und Strukturen zu schaffen – wie die Hacker School –, in denen großartige Vorbilder ehrenamtlich ihr Wissen teilen, um die nächste Generation möglichst flächendeckend zu erreichen.

Meine Take-aways

– Über tolles Engagement wie bei Startsocial lernt man die tollsten Menschen kennen.

– Manchmal hat der erfolgreiche Weg mehrere Windungen.

– Man kann auch eine ganze Schule begeistern – man braucht einfach ganz viele Hände dazu.

Vodafone – ein Tag im Monat für Weiterbildung und Ehrenamt

Über Frédéric Cuny, der in einem Podcast bei Vodafone zu Gast war und mich dort empfohlen hat, bekam ich den Kontakt zu Ulrich Irnich, dem CIO von Vodafone, und zu Markus Kuckertz, seinem IT-Strategen. Ich hatte viel Spaß beim Podcast-Treffen und trug zum ersten Mal nicht das verrückteste Outfit in der Runde: Uli saß mir gegenüber in einem glitzernden 3-D-Rentierpullover oder so etwas Ähnlichem – ich war einfach nur geblendet. Markus Kuckertz war ebenfalls im Podcast dabei, und es war eine großartige Unterhaltung, sehr humorvoll und wertschätzend. Die Idee, gemeinsam etwas zu verändern, entstand sofort.

Bei dem TK-Anbieter gibt es die Besonderheit, dass er einen sogenannten Fokus-Tag (bei uns intern sofort umbenannt in Hacker-Tag) pro Monat hat, an dem sich alle sinnvoll engagieren können. Für uns ist das natürlich eine kleine Herausforderung, da wir nicht direkt 1 500 wundervolle potenzielle Inspirer an einem Tag unterkriegen. Aber auch in der Organisation ist es etwas tricky, da wir an diesem Tag vorher nicht genau wissen, wie viele Inspirer tatsächlich kommen – und es nicht so einfach ist, 20 Schulklassen ad hoc zu organisieren. Wir arbeiten noch daran, wie wir das gut übereinanderlegen können. Dennoch sind wir sehr dankbar, dass es diesen Ansatz gibt und wir mit der Change- und Kommunikationsexpertin Meike Lotz jemanden haben, der sich um die organisatorischen Belange bei Vodafone kümmert.

Ein Tag zur freien Gestaltung

Interview mit Ulrich Irnich, CIO, Vodafone

Was ist der monatliche Aktionstag für die IT?
Ulrich: Ein Tag im Monat, der allen Mitarbeiterinnen und Mitarbeitern für Weiterbildung, Strukturierung, Liegengebliebenes oder als Kreativraum im Team oder für gemeinnützige Arbeit zur Verfügung steht. Es sollen an diesem Tag keine Meetings stattfinden oder Unterbrechungen von der persönlichen und beruflichen Entwicklung ablenken.

Was wollt ihr damit erreichen?
Ulrich: Ziel ist es, Freiraum zu schaffen – vor allem in Home- und Flex-Office-Zeiten – und allen Möglichkeiten zur persönlichen Gestaltung ihrer Arbeitswelt zu geben. Denn wir sind überzeugt, dass durch Eigenverantwortung und Ownership (Zuständigkeit) motivierte Mitarbeiterinnen und Mitarbeiter gefördert werden.

Was hat euch an der Idee der Hacker School begeistert?
Ulrich: Wir verfolgen bei Vodafone den Purpose »connect for a better future«, und dazu gehört auch, einen großen Beitrag für die Gestaltung der digitalen

347

Gesellschaft zu leisten sowie die Inklusion für alle zu schaffen. Deshalb liegt uns auch die Idee der Hacker School, jungen Menschen eine Perspektive in der digitalen Gesellschaft zu geben. Coding ist die Zukunft, und hier wollen wir einen Beitrag leisten.

Was nehmen eure Inspirer aus den Kursen für sich selbst mit?
Ulrich: Es ist fantastisch, Wissen zu teilen und eine neue Perspektive einzunehmen. Es erfüllt uns mit großer Freude!

Wie geht es weiter bei euch?
Ulrich: Wir werden weitere Inspirer ausbilden und vor allem die bestehenden nutzen, um neue zu gewinnen.

Kurse zu geben, lässt Menschen wachsen

Kooperationsorganisatorin Meike Lotz, Change & Communication Expert, Vodafone

Für mich ist sehr wertvoll, dass die Zusammenarbeit mit der Hacker School so unkompliziert und wertschätzend ist. Das Konzept passt und ist schlüssig. Zudem erhalte ich alle notwendigen Informationen, die unsere Inspirer betreffen. Vor allem das Onboarding und die Unterlagen, die meine Kolleginnen und Kollegen erhalten, sind extrem hilfreich. Für manche ist es zu Beginn nämlich schon eine ganz schön aufregende Geschichte, plötzlich vor so vielen

Jugendlichen einen Kurs abzuhalten. Und auch hier: immer eine helfende und unterstützende Hand vonseiten der Hacker School.

Mich erfüllt es jedes Mal mit Freude, wenn ich die Begeisterung meiner Kolleginnen und Kollegen mitbekomme, wenn sie sich zum Beispiel das erste Mal trauen, vor Schülerinnen und Schülern einen Kurs abzuhalten. Es lässt sie wachsen und gibt ihnen ein gutes Gefühl, unserem Nachwuchs etwas mit auf den Weg geben zu können.

Mit der Generation von morgen interagieren

Ioannis Douloumis (Inspirer)

Nach einem halben Tag in der Hacker School muss ich sagen, dass mein Fazit ein durchweg positives ist. Die Klasse war engagiert und mit Interesse dabei. Ich konnte viele Tipps und Tricks zum Thema Programmieren auch außerhalb des geplanten Kernthemas einstreuen.

Daniel Boss (Inspirer)

Es war toll, mit der Generation von morgen zu interagieren. Zu sehen, wie die heutige Jugend Problemstellungen anpackt, und auch zu sehen, dass es noch Hoffnung gibt. Natürlich kann man nicht jeden begeistern. Doch die, die sich noch unschlüssig waren, die konnten wir mitreißen.

Meine Take-aways

– Glitzernde Rentierpullis im Business – läuft!

– Fokus-Tag ist Hacker-Tag, ganz klar.

– 20 Schulklassen auf einen Schlag organisieren – grübel.
  Aber: Challenge accepted ☻

Jede Hand hilft – die genauso wichtigen weiteren Geschichten

Das sind alles tolle Beispiele, die uns in unserer Arbeit weitergebracht haben und aus denen wir viel Wertvolles lernen durften. Aber ist das alles? Nein, sicher nicht. Es gibt so viele weitere Unternehmen und Inspirer, die uns geholfen haben, unsere Mission zu verwirklichen. Leider kann ich nicht alle nennen – die Seiten reichen dafür nicht aus. Aber ein paar Beispiele möchte ich hier unbedingt noch würdigen.

Artefact – wenn der Bonus vom Impact abhängt

Mit der Firma Artefact hatte ich einen spannenden Kontakt über einen ganz anderen verbindlichen Ansatz, als ich ihn bisher kennengelernt hatte. Marco Thelen, bis Ende 2023 geschäftsführender Gesellschafter für Deutschland, Österreich und die Schweiz, erläuterte mir die Idee, das Durchführen von Hacker-School-Kursen in das firmeninterne Bonussystem zu integrieren. Das bedeutet, dass Mitarbeitende nur einen vollständigen Bonus erhalten, wenn sie selbst Kurse geben oder sich anderweitig engagieren. Obwohl die digitale Marketingagentur Artefact mit deutschem Sitz in Hamburg eine vergleichsweise kleinere Firma ist, fand ich den Ansatz, skill-based Corporate Volunteering auch finanziell zu honorieren, äußerst spannend.

Wie sieht das Bonusmodell konkret aus? Es basiert auf Transparenz durch klare Komponenten und monatliche Gespräche zum aktuellen Stand. Die vier Komponenten setzen sich aus zwei businessrelevanten Bereichen zusammen, Delivery (wie Kundenfeedback, Projekterfolg) und Business Development (wie Entwicklung und Durchführung von Pitches), einem sogenannten HR-Teil mit einer stark administrativen Ausrichtung sowie dem für uns sehr spannenden Teil Impact. Hier wird zwischen internem und externem Impact unterschieden – und bei Letzterem zwischen Engagement mit Umweltbezug und sozialem Engagement. Et voilà, da sind wir der ausgewiesene Partner. Der gesamte Impact-Anteil schlägt beim Bonus mit satten 30 Prozent zu Buche, weil Marco darin viel mehr sieht als nur Engagement an sich.

Er ist überzeugt: »Für mich hat die Impact-Dimension enormes Potenzial, aus Leadership-Perspektive steckt da sehr viel drin. Netzwerke aufzubauen und zu nutzen, Aktionen im Team vorzubereiten, Engagement – all das trägt auch zum Teambuilding bei. Es schafft Identitätsdimensionen sowohl im Team als auch zu bestimmten Themen. Das ist für mich viel mehr als nur Goodwill.«

Für Marco spielt hier auch die Transparenz eine große Rolle, er sagt mit einem Schmunzeln: »Um überambitionierten Führungskräften vorzubeugen, haben wir hier auch einiges vereinheitlicht.«

Über die vier Dimensionen hinweg können nur sieben Ziele vergeben werden – für interpersonelle Vergleichbarkeit. Für die ersten beiden Dimensionen haben alle die gleichen Ziele, für die Impact-Dimension gibt es nur fail or pass, es wird keine Anzahl vorgegeben im Sinne von »Es müssen aber schon zehn Kurse sein«. Das Bonussystem ist seit Februar 2023 installiert, alle haben unterschrieben und scheinen sehr zufrieden zu sein.

Aug. Prien Bauunternehmung – sieben Tage innerhalb eines Monats

Nach einem herzlichen Kennenlernen auf den IT-Strategietagen in Hamburg wollte Marcus Thiel, seines Zeichens IT-Leiter des mittelständischen Bauunternehmens Aug. Prien, eigentlich mit gutem Beispiel vorangehen, schaffte es aber selber nicht, direkt einen Kurs zu geben – Projektstress halt. Trotzdem ermunterte er sein Team anscheinend sehr überzeugend, sodass direkt innerhalb eines Monats sieben Einsatztage möglich wurden – für kleinere IT-Teams ein irres Commitment. Superschön für uns, wenn wir an den E-Mail-Adressen sehen, dass ein Unternehmen Feuer gefangen hat – toll.

Aurubis – ein Treffen, ein Telefonat, viele Sprachnachrichten

Wie lange braucht es für eine mehrjährige Partnerschaft, wo lernt man sich dafür kennen und welche Schritte sollte man gemeinsam gehen, bevor man sich zum Weltretten verständigt? Manchmal geht auch alles sehr schnell.

Beim Kupferproduzenten Aurubis genügten ein Treffen auf einer Netzwerkveranstaltung, ein Telefonat vor einer Messe, viele Sprach- und Textnachrichten. Und dann kam direkt eine dreijährige Fördervereinbarung als erster Unternehmenspartner in unserer Kooperation mit der Bundesarbeitsagentur in Hamburg – mit dem großen Potenzial, diese tolle Partnerschaft immer größer werden zu lassen und in den kommenden Jahren auszubauen.

Bechtle – nicht alle Partner sind sofort am Namen zu erkennen

Die Zusammenarbeit mit Bechtle gestaltete sich von Anfang an mehrgleisig. Von außen ist ja nicht ganz einfach zu verstehen, wer alles zu dem IT-Dienstleistungsunternehmen gehört – so waren unsere ersten Schritte ein wenig undercover. Wir haben einen tollen Kontakt über das Hamburger Netzwerk Hamburg@work zur Bechtle-Tochter HanseVision aufgebaut. Das Management fand unser Konzept super, es passte genau in sein Engagement gegen den Fachkräftemangel, das Interesse war groß. Alle begleiteten uns bei den ersten Schulversuchen und regten immer wieder Verbesserungen an, was uns mega half.

Kurz danach gab es Kontakte zu Bechtle im Großraum Aachen, wo die Kolleginnen und Kollegen sehr daran interessiert waren, mit ihren Auszubildenden zusammenzuarbeiten und insbesondere vor Ort physisch in die Schulklassen zu gehen. In diesem Fall war das Vor-Ort-Konzept nicht hundertprozentig umsetzbar, da wir derzeit noch rein virtuell unterwegs sind – trotzdem gelang ein guter Start.

Böhringer Ingelheim – im zweiten Anlauf

Die Zusammenarbeit mit Böhringer Ingelheim begann auch hier durch den Kontakt mit einer bestimmten Person, nämlich Clemens Utschig-Utschig, CTO des Unternehmens. Im März 2021 begannen wir einen Austausch per E-Mail, nachdem er eine Hacker-School-Aktion bei einem anderen Unternehmen gesehen und wir darüber gesprochen hatten, wie Böhringer Ingelheim sich bei uns engagieren könnte. Es gab jedoch eine längere Verzögerung in der weiteren Zusammenarbeit, obwohl wir beide sehr begeistert waren.

Etwa anderthalb Jahre später stellte Clemens mir eine tolle Kollegin vor, Katharina Nollmeyer, Global IT Branding & People Pillar Lead, die sich nun um die Hacker-School-Ideen innerhalb des Pharmaunternehmens kümmerte. Das Interesse daran, mehr Frauen in der IT-Branche zu fördern, war auch hier ein großer Antrieb. Es gab verschiedene umfangreiche Onboardings und Aktionen, um Begeisterung zu wecken; dann hatten wir die ersten Teilnehmerinnen und Teilnehmer in den Kursen von Böhringer Ingelheim an Bord. Der Erfolg in Unternehmen kommt immer über die Zusammenarbeit von jemandem, der es erlaubt und möchte, mit jemandem, der es tatsächlich umsetzt. Es ist jedoch auch wichtig, dass man selbst bei Widerständen freundliche Erinnerungen und Unterstützung von höherer Ebene erhält.

Datev – Förderung und Vernetzung sind so wertvoll

Datev unterstützt uns mit der Datev-Stiftung, die aufgrund ihres genossenschaftlichen Charakters keine große Förderung bieten kann, dafür aber umso coolere Kontakte mitbringt. Alle dort geben sich unglaubliche Mühe, um Vernetzungen herzustellen und die Arbeit von sozialen Organisationen auf ein neues Level zu heben. Parallel arbeiten wir daran, gemeinsam mit den Datev-Kolleginnen und -Kollegen junge Menschen, insbesondere aus dem IT- und Auszubildendenbereich, für Hacker-Kurse zu gewinnen – beim Girls' Day gab es beispielsweise direkt einen Hacker-School-Kurs mit Datev-Azubis, top.

Google – Volontariate für sozial benachteiligte Kinder

Die Google Impact Challenge stellte für uns, wie ich bereits einleitend erläutert habe, einen unglaublich wichtigen Meilenstein dar. Sie ermöglichte es uns, das Projekt Hacker School fortzusetzen und daraus ein wachsendes, skalierendes Sozialunternehmen zu entwickeln.

In den Anfangsphasen der Hacker School gestaltete sich eine Zusammenarbeit schwierig, da Kurse an Wochenenden in Unternehmen nicht ins Portfolio des Internetgiganten passten. Seit wir jedoch auf die Hacker School @yourschool umgestellt haben, die auch unter der Woche Kurse anbietet, ergeben sich mit Google ganz andere Möglichkeiten. Besonders die Idee,

Volontariate für sozial benachteiligte Kinder zu offerieren, erweitert das Spektrum an Engagementmöglichkeiten. Der Konzern engagierte sich bereits im Hacker School @your-school PLUS-Bereich in Norddeutschland und plante bereits in Frankfurt gemeinsame Aktivitäten mit der Arche im Herbst 2023. Auch Hacker-School-Classic-Kurse in München sind in Planung.

Eine wunderbare kollegiale Freundschaft mit Bernd Wagner, Managing Director Google Cloud Germany, stellt einen weiteren wertvollen Baustein in der Geschichte mit Google dar. Die Begegnung von Claudia Plattner (damals noch EZB) mit Bernie Wagner und seinem Kollegen Michael Kollig auf den Hamburger IT-Strategietagen 2023 endete in einem freundschaftlichen Wettbewerb. Die Frage war, wie es sein kann, dass die EZB schneller bei uns einsteigt als Google. Wir sind weiterhin gespannt, wie intensiv und umfangreich Google sich engagieren kann, und hoffen für die Hacker School natürlich auf das Beste.

Hays – Corporate Volunteering als Wettbewerb

Mich begeistert, dass sogar schon vor dem Start der Kooperation eine großzügige Spende von Hays in unsere Arbeit einfloss. Cooler Punkt: Der Personalvermittler organisiert das globale Corporate Volunteering unter dem seinem Firmenslogan sehr ähnlichen Titel »Helping for your tomorrow«. Das Unternehmen hat an jedem seiner Standorte Ambassadors für das Thema und ruft dazu regelmäßig den Wettbewerb aus, welcher Standort mehr Mitarbeitende für Corporate Volunteering begeistern kann – bis irgendwann alle den geschenkten Social Day nutzen. Dabei wollen wir sehr gern unterstützen.

NTT Data – auch Spenden helfen sehr

Die Planung der Zusammenarbeit mit dem IT-Dienstleister NTT Data wurde im ersten Schritt auch Opfer der Pandemie: Die ersten beiden Kurse, die wir in Frankfurt und München geplant hatten, wurden am ersten Lockdown-Wochenende abgesagt und kamen seitdem auch noch nicht wieder so richtig auf die Füße. Allein durch die Vorbereitung der Kurse hatten wir aber bei den tollen Mitarbeitenden ein so gutes Standing, dass wir eine großzügige Weihnachtsspende bekamen – auch damit können wir Kinderaugen zum Leuchten bringen. Neben unterschiedlichen tollen Aktionen wie bei der langen Nacht der Wissenschaft (mehr dazu bei SQL), bekommen wir auch über Inspirer von NTT Data tolle Rückmeldung zur Weiterentwicklung. Großartiges Mindset.

Payback – ab auf die Partnerseite

Die Zusammenarbeit mit dem Bonusprogrammanbieter Payback entstand über das Panda Netzwerk und den Kontakt zu CEO und Co-Founder Isabel Hoyer. Darüber lernte ich die wunderbare Carolin Schlegtendal, HR-Chefin von Payback, kennen und schätzen. Bereits früh im Jahr 2021 entstand die Idee, gemeinsam etwas zu unternehmen. Im Juli 2021 fand ein Vorstellungstermin statt, bei dem ich eine Hacker-Session präsentierte. Im Oktober 2021 begannen wir dann mit den Gesprächen zur Organisation der ersten Session. Die Kolleginnen und Kollegen waren super hilfsbereit und wollten unbedingt mitmachen, brauchten jedoch eine längere Einarbeitungsphase für sich und das Team. Mittlerweile wurden schon mehrere erfolgreiche Kurse angeboten und weitere sind in Planung. Zudem sind wir stolz, auf der Payback-Partnerseite vertreten zu sein.

Was für ein Spirit: Die Inspirer von Payback bei ihrem ersten Hacker-School-Kurs (2022). *(Foto: Payback Group)*

PwC – am Anfang war eine Absage

Der erste Kontakt mit PwC begann mit einer Absage, da unsere Anfrage an die PwC-Stiftung außerhalb des üblichen Förderspektrums lag und keine Unterstützung erhalten konnte. Später bekam ich jedoch Kontakt zu wunderbaren Menschen bei PwC, die sehr begeistert waren, sich zu engagieren. Über das Hamburger Ausbildungsnetzwerk, das durch Maren Nordeck vorangetrieben wurde, entstand die Möglichkeit einer Zusammenarbeit.

Auch wenn sich das Finden von Inspirern als echt herausfordernd herausstellte, hat das Wirtschaftsprüfungsunternehmen uns eine großzügige Weihnachtsspende zur Verfügung gestellt, mit der wir viele Kurse finanzieren konnten. Auf unserem Stand bei der IdeenExpo in Hannover 2022 kamen auch tolle Kolleginnen und Kollegen von PwC dazu. Ich hatte zudem die Möglichkeit, am Weltfrauentag mit einem Input zur Hacker School zu unterstützen. Besonders möchte ich das Engagement im Rahmen des Girls' Days hervorheben, bei dem PwC eigene Veranstaltungen in Zusammenarbeit mit Teach First organisiert hat. Wir begegnen uns immer wieder durch das vielfältige Engagement der Wirtschaftsprüfer, sei es bei Veranstaltungen wie Start-up Awards oder anderen Initiativen im Bereich der Wirtschaftsförderung.

Q.beyond – am Anfang war eine Fuck-up Night

Unser Start: Eine Fuck-up Night, für mich eine Premiere, zumindest selbst als Vortragende dabei zu sein. Was ist eine Fuck-up Night? Einfach mal zu erzählen, was halt nicht geklappt hat – kann man viel draus lernen. Ist ein großartiges Format, viel cooler als der Name vielleicht vermuten lässt. Was war meine Story? Dass wir es (wie so viele andere auch) in Pandemiezeiten nicht geschafft haben, sozioökonomisch benachteiligte Kids zu erreichen. Diese Herausforderung zu diskutieren brachte uns direkt die ersten Inspirer von q.beyond ein, die sich aktiv in dieser Herausforderung engagieren wollten. Geht halt auch über Fuck-ups.

Als tolle Überraschung bekamen wir neulich eine Mail, dass es weitergeht, mit der Info: »Im Rahmen einer Initiative der q.beyond AG möchten wir Sie gern darüber informieren, dass wir an den Kursen der Hacker School teilnehmen möchten.« Gehe nicht über Los, ziehe nicht 4 000 Mark ein. Megatoll zu sehen, dass sich hier auch die q.beyond Youngsters einbringen wollen – junge Menschen sind oft die besten Botschafterinnen und Botschafter für Jobs, die sie selbst lieben.

Salesforce – wir sind Entwicklungspartner
für das Spendentool

Die Zusammenarbeit mit Salesforce hat einen programmatischen Charakter. Wir haben immer wieder versucht, eine gemeinsame

Basis mit den Kolleginnen und Kollegen zu finden und sie für unser Projekt zu begeistern. Dabei hatten wir auch tolle erste Erfolge. Allerdings wurden wir manchmal von Restrukturierungen und langwierigen Prozessen überholt, was die Abstimmungen schwierig machte. Auch die finanzielle Förderung konnten wir bisher nicht beantragen, da die Förderziele nicht immer zusammenpassten. Dennoch konnten wir von der Zusammenarbeit profitieren, indem wir Sichtbarkeit erlangten. Wir engagieren uns auch selbst für die Weiterentwicklung der Produkte von Salesforce, insbesondere für das Spendentool und den Bereich Customer-Relationship-Management (CRM), also Kundenbeziehungsmanagement, um Fortschritte zu erzielen und den Fokus auf Sozialorganisationen zu legen. Dadurch streben wir eine bessere Automatisierung an, auch wenn es manchmal abenteuerlich und anstrengend ist. Für uns ist es jedoch absolut lohnend.

Senacor – zunächst kam der Karneval dazwischen
Senacor war einer der lustigsten Kickstarts und zeigt, wie schnell es gehen kann, wenn man will. Es begann im Rahmen einer Veranstaltung in Düsseldorf von Dr. Peter Kreutter, Managing Director Foundations der WHU – Otto Beisheim School of Management, zum Thema ESG. Es ging darum, welche Verantwortung Unternehmen tragen, etwas für die Nachhaltigkeit zu tun und die Umwelt zu verändern. Dort lernte ich Tobias Hödtke kennen, den Managing Director von Senacor. Eine Woche später hatten wir bereits einen Anruf bei seinem Kollegen Rakesh Thadani aka Ricky, Senior Vice President Partner, geplant. Lustig deshalb: Wenn nicht der Karneval gewesen wäre, hätten wir das gesamte Managementteam gleich eine Woche später im Onboarding gehabt.

Mittlerweile stehen 40 Kolleginnen und Kollegen bereit, die sich immer wieder bei uns engagieren wollen. Ich wurde direkt eingeladen, auf ihrer Veranstaltung Senacor Momentum in Hamburg zu sprechen und an einer tollen Panel-Diskussion mit Laura John von den ITgirls und Julia Fischer von der Finanz-Informatik teilzunehmen. Wir konnten begeistert über die Notwendigkeit von mehr Frauen in der IT sprechen und die Idee vorstellen, das Engagement auch im Sinne von ESG berichtbar zu machen. Es ist großartig, dass wir schnell einen Unterschied machen können. Danach ging es los beziehungsweise weiter!

Siemens – wie man Perspektiven verändert – mit AfB

Die Geschichte mit Siemens begann mit Rainer Karcher (damals noch bei Siemens), der mir durch Stefanie Klicks, unter anderem Co-Gründerin von #SiemensbewegtSchule, vorgestellt wurde. Rainer war begeistert und öffnete nicht nur die Tür zu Siemens für Spenden, sondern auch für interessierte Kolleginnen und Kollegen, die sich engagieren wollten. Er stellte mir einige Ausbildungsleiter vor.

Die vermittelten Programmiersprachen sind jedoch sehr unterschiedlich zu unseren Standards, was den Konzern zu einem äußerst komplexen Partner macht. Dennoch konnten wir virtuelle Kurse anbieten, insbesondere während der Zeit der Coronapandemie. Wir hatten Ideen wie den Hacker Day – Follow the Sun, der rund um die Uhr stattfinden sollte, im Osten beginnend, um im Westen zu enden. Wir gestalteten gemeinsam Weihnachtskarten und bewegten Kinderherzen. In Zusammenarbeit mit der AfB (Arbeit für Menschen mit Behinderung) war es möglich, Hardware und Kurse für Kinder bereitzustellen, die keinen Zugang zu Laptops hatten. Die AfB – social and green IT ist ein großartiges Sozialunternehmen, das IT-Refurbishment mit inklusiver Arbeit verbindet – absolut vorbildlich.

CIO Hanna Hennig trat in unserem Podcast auf und wir wurden mit dem Digital Social Award 2022 ausgezeichnet, der maßgeblich von Siemens mitinitiiert wurde. Das machte uns sehr stolz. Es gab auch praktische Hilfe zur Selbsthilfe durch die tolle Unterstützung durch den Konzern, wie dringend benötigte Übersetzungen der Kurse auf Englisch – manchmal sind es die kleinen Dinge im Leben, die den Unterschied machen.

Talk about IT – der Hacker School Podcast. Interview mit Hanna Hennig: https://bit.ly/46YJ56h.

Leadership geht voran

Anne Hadler, Head of IT Governance and Cross Services, Siemens

Die Hacker School ist eine fantastische Initiative, um Schülerinnen und Schüler früh an Informatik und Technologie heranzuführen und zu begeistern! Aus meiner Sicht darf die Unterstützung dieser grandiosen Idee nicht nur in Form von Geld erfolgen. Gerade wir in der IT-Branche haben nicht nur die Verantwortung, sondern auch die Möglichkeit, mehr zu tun. Dieses Jahr will ich mit meinem Leadership einen Beitrag leisten, indem wir einen Tag nutzen, um an die Schulen zu gehen – Hände hoch und mitmachen! Ich freue mich drauf!

Dass sich hier das ganze Leadership-Team von Anne an Schulkursen beteiligen konnte, war echt toll – noch mal: Walk the Talk. Auch in anderen Siemens-Töchtern entstanden gemeinsame Projekte – beispielsweise plante Siemens Mobility in Braunschweig einen Hacker-School-Classic-Kurs. Wir sind gespannt, was da noch geht.

SQL Projekt AG – 13 Inspirer rocken die Nacht

Manchmal gibt es coole Connects über Netzwerke und Awards: Mein Kollege Sascha Bohn hatte das große Vergnügen, im Mai 2022 über das Netzwerk Silicon Saxony die großartige Kirsten Lohmann kennenzulernen; ein erstes persönliches Treffen fand auf dem Zeiss Women Award statt (tolle Auszeichnung für herausragende Abschlussarbeiten im IT-Umfeld von Absolventinnen, ich durfte wiederholt Teil der Jury sein). Kirsten wechselte kurz darauf als Marketingmanagerin zu SQL Projekt und nahm die Idee mit, zusammen mit der Hacker School etwas auf die Beine zu stellen. Wenn die Chemie stimmt, geht so viel.

Es wurde direkt ein Kurs im Frühjahr vereinbart, alle waren begeistert, aber es war auch klar: Da geht noch mehr. Es entstand die Idee, die »Lange Nacht der Wissenschaften« (ausgerichtet von der Landeshauptstadt Dresden) für Sichtbarkeit in der Region mit regionalen Partnern aus der Wirtschaft zu nutzen – mit Kirsten als wesentlicher Treiberin; sie war Feuer und Flamme. Mit diesem Spirit konnten wir auch andere Firmen anstecken und gewinnen: NTT Data Business Solutions, Sachsen Energie und Sandstorm Media stellten gemeinsam mit der SQL Projekt AG insgesamt 13 Inspirer für das Event und haben die Nacht gerockt. Über 200 Kids konnten fürs Programmieren begeistert werden, mega!

Einen Unterschied machen

Kirsten Lohmann, Marketing Manager, SQL Projekt

Ich arbeite in einem IT-Unternehmen und möchte andere für Technologie begeistern. Ich nutze also Plattformen, die in der Gesellschaft wirklich etwas bewegen können. Wir haben auf dem großartigen Fundament der Hacker School gebaut. Eine Initiative, die darauf abzielt, deutschlandweit IT-Unternehmen mit Kids zu vernetzen. Gemeinsam treiben wir damit die Digitalisierung Deutschlands voran und stellen sie für die Zukunft sicher.

Techniker Krankenkasse – immer wieder nachhaken
Dr. Markus Schlobohm, CIO der Techniker Krankenkasse, und ich kennen uns schon länger über den IT-Executive Club in Hamburg. Auch die Hamburger IT-Strategietage waren ein wichtiger Schub für den Start des Engagements der Krankenversicherung. Nach mehreren Gesprächen mit toller Unterstützung meiner Kollegin Ulrike Sippel und erneutem Touchback zu Markus sind wir jetzt in der Lage, den regelmäßigen Einsatz aller Azubis zu planen – Stefan Latuski, inzwischen CIO der Bundesagentur für Arbeit, war auch hier ein inspirierendes Vorbild.

TUI – ich sage nur: Netzwerke
Beim Treffen vom VOICE-Bundesverband in Berlin im Frühjahr 2023 lernte ich Isabelle Droll kennen, die CIO von TUI Airline. Auf den ersten Blick war ganz klar, dass wir etwas zusammen umsetzen wollten. Die Gespräche starteten auf diversen Ebenen. Spannend war hier für mich der sofortige

gleichzeitige Einbezug aller strategisch relevanten Abteilungen: Ausbildung, Personal, CSR, IT und C-Level. Wenn die Idee der Zusammenarbeit gleich so umfangreich gedacht wird, ist das immer ein sehr gutes Zeichen.

Volkswagen – auf einem guten Weg

Volkswagen ist einer unserer Partner mit den vielfältigsten Ansätzen dafür, tatsächlich in den Maschinenraum vorzudringen. Es gab verschiedene Zugangspunkte, um zu testen, mit welchen Teilgesellschaften wir in Richtung der Auszubildenden und jungen Menschen, die gemeinsam mit uns vorangehen wollen, zusammenarbeiten können. Es war eine Herausforderung, die verschiedenen Player wie Autostadt und die einzelnen Marken voneinander zu trennen und herauszufinden, wo sie letztendlich wieder zusammengehören. In großen Konzernen gibt es oft Vorbehalte gegenüber virtuellen Kooperationen, und sie werden nicht immer bevorzugt. Hier müssen wir jedoch schauen, wie wir es schaffen können, genau auf diesem Weg zusammenzuarbeiten.

Volkswagen plant eine gemeinsame Kooperation mit den Azubis und dualen Studierenden, wir wissen bald mehr. Bei der VW-Software-Tochter Cariad laufen die Verhandlungen zu einer ESG-Kooperation. Zudem führt Cariad für Mitarbeitende Incentive Cariad Coins ein – damit können sie einkaufen, sie aber auch an die Hacker School spenden. Cooler und kreativer Ansatz.

Zusammengefasst – darum engagieren sich Unternehmen

Ja, klar, Unternehmen machen mit, weil es ihnen gut zu Gesicht steht. Keine Frage. Aber manchmal noch nicht unbedingt in dem Tempo, das ihnen noch besser zu Gesicht stehen würde.

Unternehmen engagieren sich leicht zunehmend in Sachen Corporate Volunteering, indem sie ihren Mitarbeiterinnen und Mitarbeitern erlauben, sich innerhalb der Arbeitszeit ehrenamtlich zu engagieren. Doch trotz der wachsenden Beliebtheit in den Geschäftsbereichen ist die Beteiligung an skill-based Corporate Volunteering in unseren Breitengraden noch nicht in dem Umfang vertreten wie in anderen Ländern.

Ein Hauptgrund für das Engagement, den Unternehmen häufig anführen, ist, dass die Bewerberinnen und Bewerber es erwarten. Die Arbeitgeber und Arbeitgeberinnen sehen sich also einer von außen diktierten Erwartungshaltung gegenüber. Zudem gibt es die Tendenz, dass Bewerberinnen und Bewerber zunehmend auf das soziale Engagement von Unternehmen achten, wenn sie sich für einen Arbeitgeber oder eine Arbeitgeberin entscheiden.

Ein weiterer Aspekt ist die Mitarbeitermotivation und -bindung. Viele Unternehmen stellen fest, dass Mitarbeitende sehr positiv auf die Möglichkeit reagieren, sich während der Arbeitszeit ehrenamtlich zu engagieren. Daher kann Corporate Volunteering auch als eine Art Bindungsstrategie für Mitarbeitende gesehen werden.

Natürlich spielt auch die Imagepflege eine Rolle. Corporate Volunteering kann ein Unternehmen in einem positiven Licht darstellen und zur Verbesserung seiner Außenwirkung beitragen.

Das Thema Weiterbildungsmöglichkeit? Riesig! Denn das Engagement lässt eigene Mitarbeitende wachsen und lernen, gerade die Azubis, die so nicht nur fachliche, sondern auch Social Skills und didaktische Fähigkeiten erwerben, die man heute auch immer braucht.

Und ganz zentral: Es sind ungeachtet aller direkten und indirekten unternehmerischen Vorteile immer Menschen, die in den Unternehmen arbeiten. Sie sind Eltern, Tante oder Onkel, die sich schlichtweg gesellschaftlich engagieren wollen und in den Unternehmen das Unmögliche möglich machen – wie in den vielen Geschichten hier beschrieben. Denn klar, es hört sich einfach, logisch und plausibel an, dass sich Unternehmen engagieren, aber es gibt so viele komplizierte Konzerne, viele Regeln, Vorschriften für Förderungen, Betriebsräte etc. Wenn es da all die engagierten Menschen und Führungskräfte nicht gäbe, dann hätten wir heute nicht die vielen großartigen Kooperationen, die wir haben.

Und was finde ich am wichtigsten? Zusammen geilen Scheiß machen rockt. So nämlich!

MEGA, was ihr macht, aber …
die gängigsten Ausreden

Trotz dieser erkennbaren Vorteile erleben wir häufig, dass Unternehmen, die Corporate Volunteering fördern möchten, auf Hindernisse stoßen. Ein wiederkehrendes Problem ist die mangelnde Teilnahme. Obwohl die Unternehmen ihren Mitarbeitenden oft die Freiheit geben, sich zu engagieren, sehen sie nicht immer die gewünschte Beteiligung. Dies führt zu einem Gefühl des Bedauerns, da die Arbeitgeber und Arbeitgeberinnen erkennen, dass ihre Bemühungen eine gute Initiative sind, aber nicht die erwartete Resonanz erhalten.

Ich mache hier einmal den Versuch, diese unterschiedlichen Begründungen und Ausflüchte für die fehlende Beteiligung zu betrachten und sie in Obergruppen zu ordnen. Diese können nach Funktionen oder Geschäftsbereichen sortiert werden. Durch diese Kategorisierung können wir die notwendigen Gegenmaßnahmen zur Überwindung dieser Hindernisse besser verstehen und implementieren.

Letztendlich ist Corporate Volunteering eine wertvolle Initiative, die sowohl den Mitarbeitenden als auch dem Unternehmen selbst Vorteile bietet. Die Herausforderung besteht darin, die richtigen Mechanismen zu finden, um diese Aktivität zu fördern und sicherzustellen, dass sie das volle Potenzial ausschöpft.

Corporate Volunteering: Chancen und Herausforderungen aus verschiedenen Perspektiven

Meine Highlights auf den Punkt gebracht – nur ganz leicht überspitzt:

- **CEO (Chief Executive Officer / GeschäftsführerIn)**: »Aber rechnet sich denn das?«

- **CIO (Chief Information Officer / IT-ChefIn)**: »Aber es haben doch eh schon alle so viel zu tun!«

- **CFO (Chief Financial Officer / FinanzchefIn)**: »Wie können wir das denn sauber reporten?«

- **HR (Human Resources / Personalabteilung)**: »Aber es muss echt freiwillig sein!«

- **Betriebsrat**: »Wenn die Kids Feedback geben, ist das dann schon bewertend?«

- **Kommunikationsabteilung**: »Ist das denn auch alles abgesprochen?«

CSR-Abteilung (Corporate Social Responsibility / gesellschaftliche Verantwortung von Unternehmen):
»Auf uns hört ja keiner!«

Das Engagement von Unternehmen in Corporate Volunteering bietet unbestreitbare Vorteile, wie meine Erfahrungen bei der CIO-des-Jahres-Konferenz im Herbst 2022 und den Hamburger IT-Strategietagen im Frühjahr 2023 eindrucksvoll bestätigten. Nach meiner Keynote auf diesen Veranstaltungen erhielt ich enorm positive Rückmeldungen, was bestätigte, dass unsere Initiativen in diesem Bereich breite Zustimmung finden.

Dennoch sind wir auf verschiedene Herausforderungen gestoßen, vor allem wenn es darum geht, die Begeisterung auf der Führungsebene, insbesondere von CEOs, weiter zu transportieren. Obwohl diese Ebene häufig die positiven Aspekte unserer Aktivitäten anerkennt, beschäftigt sie sich nicht immer ausführlich mit den Details der operativen Umsetzung, insbesondere wenn gleichzeitig Botschaften wie Kosteneffizienz und Auslastung kommuniziert werden.

Eine andere Challenge ist die Zeiterfassung für das Engagement. Es ist wichtig, dass die Mitarbeiterinnen und Mitarbeiter, die sich engagieren, wissen, dass ihre Zeiten korrekt erfasst werden können, ohne dass dies negative Auswirkungen auf ihre Leistungsbeurteilung oder Boni hat. Ein Weg zur Lösung dieses Problems könnte ein spezielles Reporting-System oder die Einführung eines Pro-bono-Codes sein, um das Engagement positiv darzustellen und die Werte des Unternehmens zu unterstützen.

Aus HR-Sicht besteht eine weitere Herausforderung darin sicherzustellen, dass das Engagement immer freiwillig ist. Niemand möchte Mitarbeitende dazu zwingen, sich zu engagieren, da dies kontraproduktiv sein kann. Es ist wichtig, zwischen gewünschtem Engagement und erzwungenem Engagement zu unterscheiden. Offene Kommunikation und Unterstützung des Engagements der Mitarbeitenden können hier eine wichtige Rolle spielen.

In Bezug auf das Feedback für die Mitarbeiterinnen und Mitarbeiter stellen Betriebsräte oft die Frage, ob dieses Feedback bewertend sein kann. Es ist eine Herausforderung, positives Feedback zu sammeln, ohne die Privatsphäre der Mitarbeitenden zu verletzen. Doch dieses Feedback kann uns helfen, uns zu verbessern und noch effektivere Programme zu entwickeln.

Ein weiterer Challenge betrifft das Kommunizieren unserer Aktivitäten. Es kann schwierig sein, die genauen Details unserer Aktivitäten in den sozialen Medien darzustellen, besonders wenn wir mit Kindern interagieren. Doch es ist oft am effektivsten, einfach die Begeisterung der Mitarbeitenden und der Kinder einzufangen und sie zu teilen.

Schließlich besteht aus Sicht der CSR-Abteilungen die Herausforderung darin, die Unterstützung der Geschäftsführung zu erhalten. Die Begeisterung für Corporate Volunteering ist oft groß, aber es ist entscheidend, dass diese Aktivitäten von der Geschäftsführung gewünscht und unterstützt werden, um ihr volles Potenzial entfalten zu können.

Umgang mit Hindernissen und die Rolle des Tagesgeschäfts

Meine Highlights auf den Punkt gebracht – nur ganz leicht überspitzt:

– »Wir haben keine Zeit.«

– »Wir haben kein Geld.«

– »Das ist zu kompliziert.«

– »Mega – ihr seid toll – man sollte das unterstützen« vs. »Mega lange Selling-Cycles – gerade nicht, aber sehr gern später … und später … und später«

Unternehmen, die sich für Corporate Volunteering interessieren, sehen sich oft einer Reihe von Hindernissen gegenüber, die ihre Beteiligung erschweren können. Eine Kategorie von Hindernissen, die häufig mit einem Augenzwinkern präsentiert wird, ist die Frage der Zeit und der Ressourcen. Unternehmen geben gern an, dass sie einfach zu beschäftigt sind, um sich zu engagieren, oder dass sie sich keine zusätzlichen Ausgaben leisten können. Zwar gibt es in der Tat Kosten, die mit dem Corporate Volunteering verbunden sind, jedoch kann es auch mit minimalem finanziellem Aufwand durchgeführt werden.

Eine andere Kategorie von Hürden betrifft die Komplexität des Corporate Volunteering. Einige Unternehmen sehen das Vorhaben als zu kompliziert an, während andere es als zu einfach ansehen. Manche kritisieren vorgegebene Kursstrukturen, da sie die Freiheit der Teilnehmerinnen und Teilnehmer einschränken könnten. Andere wiederum sind der Ansicht, dass zu viel Freiheit die Bedeutung der eigenen Leistung mindert. In beiden Fällen ist es wichtig, einen ausgewogenen Ansatz zu finden, der sowohl Struktur als auch Flexibilität bietet.

Ein weiteres Hindernis, das oft auftaucht, ist die Verschiebung des Engagements auf unbestimmte Zeit. Viele Firmen äußern ihren Wunsch, sich zu engagieren, sind aber entweder schwer zu erreichen oder verschieben die Umsetzung auf einen späteren Zeitpunkt. Dieser Verlauf kann zu Frustrationen führen und die Umsetzung von Corporate Volunteering erschweren.

Die wohl größte Herausforderung ist jedoch das Tagesgeschäft, das regelmäßig die Strategie und die Pläne für das Corporate Volunteering auffrisst. Es erfordert eine bewusste Anstrengung und starke Führung, um sicherzustellen, dass das

Engagement für das Corporate Volunteering nicht von den alltäglichen Anforderungen des Unternehmens überlagert wird. Es ist wichtig, Strategien zu entwickeln, um diese Herausforderung zu bewältigen und das Engagement für das Corporate Volunteering als wichtigen Teil der Unternehmenskultur zu betrachten.

Wünsche wollen auch erfüllt werden

Meine Highlights auf den Punkt gebracht – nur ganz leicht überspitzt:

– »Wir wollen vor Ort« vs.
»Wieso können die Schulen nicht, wann wir wollen?«

– »Wir wollen freie Terminwahl« vs.
»Wir brauchen schon immer wieder einen Push«

– »Wir wollen für alle jungen Menschen gute digitale Bildung« vs. »Am liebsten Mädchen aus der 12. Klasse mit Vorerfahrung«

– »Wir müssen alles abrechnen können« vs.
»Unternehmen haben eine Verantwortung«

Beim Corporate Volunteering gibt es viele Anforderungen und Wünsche seitens der Unternehmen. Dies kann die Anpassung an verschiedene Rahmenbedingungen und Bedürfnisse schwierig gestalten. Eine der größten Herausforderungen ist die Balance zwischen Flexibilität und Verbindlichkeit.

Zum einen wollen Unternehmen vor Ort und zu einem Zeitpunkt ihrer Wahl engagiert sein, zum anderen sind sie an die Verfügbarkeit und logistischen Einschränkungen der Schulen gebunden. Dies erfordert einen Abgleich zwischen den Wünschen der Firmen und den Möglichkeiten der Schulen. Die virtuelle Arbeit bietet hier zwar Flexibilität, wird jedoch oft als weniger befriedigend empfunden als direkte, persönliche Interaktionen.

Die freie Terminwahl ist ein weiterer Wunsch vieler Unternehmen. Gleichzeitig benötigen sie oft einen Anstoß oder eine Vorgabe, um sich tatsächlich zu engagieren. Hier gilt es, einen Mittelweg zwischen maximaler Freiheit und notwendiger Verbindlichkeit zu finden, um die Beteiligung zu fördern.

Ein weiterer Konflikt entsteht bei den Zielgruppen: Während das übergeordnete Ziel ist, allen jungen Menschen Zugang zu guter digitaler Bildung zu bieten, würden Unternehmen oft am liebsten spezifische Gruppen, wie etwa Mädchen aus der 12. Klasse mit Vorerfahrung, ansprechen. Dies steht im Widerspruch zur Notwendigkeit, eine breite Zielgruppe zu erreichen und Begeisterung für digitale Themen frühzeitig zu wecken.

Schließlich stellt auch die Anforderung einer vollständigen Abrechnungsfähigkeit eine Herausforderung dar. Unternehmen möchten einerseits, dass ihre Bemühungen sichtbar und anerkannt werden, müssen aber auch verstehen, dass nicht alle Angebote immer gleich wahrgenommen werden.

Insgesamt zeigt sich, dass die Erfüllung aller Wünsche und Anforderungen eine Herausforderung darstellt, die durch einen ausgewogenen Ansatz und eine offene Kommunikation bewältigt werden kann.

Strategien bei der Zielgruppenanfrage

Meine Highlights auf den Punkt gebracht – nur ganz leicht überspitzt:

– »Sorry, unsere ITlerinnen und ITler sprechen nur Englisch«

– »Sorry, unsere ITlerinnen und ITler sind zu schüchtern«

– »Sorry, wir haben keine Azubis/Werkis/Menschen auf der Bench/whatever, also nix eigentlich«

Corporate Volunteering bringt auch Herausforderungen in Bezug auf die Zielgruppe mit sich. Einige der häufigsten Hindernisse in diesem Bereich sind sprachliche Barrieren, Selbstwahrnehmung und Ressourcenbeschränkungen.

1. **Sprachbarriere:** Es ist oft der Fall, dass IT-Profis hauptsächlich Englisch sprechen, während in deutschen Schulen eine Intervention auf Englisch eine zusätzliche Hürde darstellen kann. Hierbei besteht das Ziel darin, Kindern zu zeigen, dass sie auch mit Deutsch Programmiererfahrungen sammeln können. Zwar kann die internationale IT-Community einfacher auf Englisch angesprochen werden, aber viele IT-Profis verstehen auch Deutsch. Es ist wichtig, den Kindern zu vermitteln, dass Sprache ein Mittel zur Verständigung ist und nicht eine perfekte Sprachbeherrschung erwartet wird.

2. **Selbstwahrnehmung:** Manchmal halten sich IT-Profis selbst für zu schüchtern, um mit Kindern zu arbeiten. Dabei ist es wichtig, sie zu ermutigen und ihnen die Möglichkeit zu geben, es einfach auszuprobieren. Selbst wenn sie anfangs zögern, können sie durch das Engagement viel für sich selbst lernen und ein großes persönliches Wachstum erfahren.

3. **Ressourcen-Beschränkungen:** Manche Unternehmen glauben, sie hätten keine Mitarbeitenden, die am Corporate Volunteering teilnehmen könnten, wie zum Beispiel Werkstudentinnen und Werkstudenten. Hier ist es wichtig zu erkennen, dass jeder Beitrag hilft und dass es möglich ist, sich zu engagieren, auch wenn es nur in geringem Umfang ist. Wie das Sprichwort sagt: Wo ein Wille ist, ist auch ein Weg.

Zusammenfassend lässt sich sagen, dass bei den Herausforderungen im Bereich der Zielgruppenanfrage sowohl sprachliche als auch persönliche und organisatorische Aspekte eine Rolle spielen. Die Lösungen liegen oft in der Ermutigung zur Teilnahme, in der Förderung der Verständigung und in der Bereitschaft, Ressourcen für das Engagement zur Verfügung zu stellen.

Begeisterung allein zahlt nicht die Miete

Meine Highlights auf den Punkt gebracht – nur ganz leicht überspitzt:

– Standing Ovations vs. »Na ja, soooo schnell geht das bei uns auch nicht.«

– »Das sollte man unbedingt unterstützen« vs. Wer denn jetzt? Und dann ist »man« mal wieder nicht erreichbar.

– »Wir wollen ja schon« vs. »Aber Abteilung XY ist echt herausfordernd«

Die Begeisterung für Corporate Volunteering und Engagement in der digitalen Bildung ist weit verbreitet, doch es gibt Herausforderungen bei der Umsetzung dieser Begeisterung in konkrete Maßnahmen.

1. **Die Diskrepanz zwischen Standing Ovations und der tatsächlichen Umsetzung.** Viele Menschen zeigen ihre Begeisterung für Initiativen wie die Hacker School, klatschen und unterstützen die Idee verbal. Aber von dieser Begeisterung können weder Mieten gezahlt noch Kinder erreicht werden. Es ist wichtig, einen Schritt weiter zu gehen und sich für das, was man als wichtig erkennt, auch tatsächlich einzusetzen.

2. Die Frage nach dem Engagement. Das sollte man unbedingt unterstützen, aber wer ist denn »man«? Begeisterung und Zustimmung sind sehr geschätzt, doch ohne konkrete Handlungen oder finanzielle Unterstützung sind sie nicht ausreichend. Es ist entscheidend, dass Menschen nicht nur zustimmen, sondern sich auch tatsächlich engagieren.

3. Die Schwierigkeit der interdisziplinären Zusammenarbeit. Oftmals heißt es: »Wir würden das ja machen, aber Abteilung XY sieht das anders.« In großen Unternehmen kann es zu Missverständnissen und Herausforderungen kommen, wenn verschiedene Abteilungen unterschiedliche Ziele oder Prioritäten haben. Doch gerade Bildung und insbesondere digitale Bildung sind gesamtgesellschaftliche Aufgaben, die eine interdisziplinäre Zusammenarbeit erfordern.

Zusammenfassend lässt sich sagen, dass die Herausforderungen nach der spontanen Begeisterung oft darin bestehen, die Begeisterung in konkrete Handlungen umzusetzen, die Zustimmung in tatsächliches Engagement zu verwandeln und eine effektive interdisziplinäre Zusammenarbeit sicherzustellen. Es ist wichtig, diese Herausforderungen anzuerkennen und zu adressieren, um die Ziele des Corporate Volunteering und der digitalen Bildung zu erreichen.

Verschiedene Gesellschaftsformen, unterschiedliche Herausforderungen

Meine Highlights auf den Punkt gebracht – nur ganz leicht überspitzt:

– **Öffentlicher Dienst / staatliche oder städtische Unternehmen:** »Sorry, wir können echt nicht spenden.«

– **Start-up:** »Mega geil, aber wir haben echt keine Zeit.«

– **Ganz große Player:** »Nice, aber wir haben was Eigenes.«

– **Engagierte Unternehmen:** »Hey, wir machen echt schon viel.«

Die Art und Weise, wie Unternehmen in Corporate Volunteering investieren, kann oft von ihrer Geschäftsform und ihren eigenen Zielen und Herausforderungen abhängen. Hier sind einige der typischen Herausforderungen, die in verschiedenen Arten von Unternehmen auftreten:

1. **Öffentlicher Dienst:** Öffentliche oder städtische Unternehmen operieren häufig zum Teil mit Steuergeldern, was ihre Möglichkeiten zur Unterstützung durch Spenden oder Engagement einschränken kann. Dennoch gibt es Wege, wie diese Unternehmen sich einbringen können, zum Beispiel durch die Einbindung von Programmen wie die der Hacker School in ihre Ausbildungspläne oder durch die Bereitstellung ihrer Auszubildenden für die Teilnahme an solchen Programmen.

2. **Start-ups:** Obwohl Start-ups oft ein hohes Maß an Fachwissen und Verständnis für die Bedeutung von Fähigkeiten und Schulungen haben, fehlt ihnen häufig die Zeit, um sich in Freiwilligenarbeit zu engagieren. Start-ups haben in der Regel andere Prioritäten und Herausforderungen, und während sie inspirierend sein könnten, sind sie nicht immer die besten Partner für Corporate Volunteering.

3. **Große Unternehmen:** Konzerne haben viele Ressourcen und oft interne Programme für soziales Engagement. Dies kann dazu führen, dass sie zögern, sich bei einem

gemeinnützigen Projekt wie der Hacker School zu engagieren, besonders wenn sie bereits eigene Programme durchführen. Ein Weg, diese Herausforderung zu überwinden, könnte darin bestehen zu erkennen, dass die Förderung einer Vielfalt von Initiativen nebeneinander zu noch größeren Erfolgen führen kann.

4. **Unternehmen, die bereits viel tun**: Einige Firmen sind bereits in externen Initiativen sehr engagiert und haben das Gefühl, dass sie keine zusätzlichen Engagementmöglichkeiten wie die Hacker School aufnehmen können. Eine Möglichkeit, diese Herausforderung zu überwinden, könnte darin bestehen, zu prüfen, ob die Form des Engagements, das die Hacker School anbietet, besser zu anderen Teilen des Unternehmens passt, die sich bisher vielleicht noch nicht engagiert haben.

Insgesamt sind die Herausforderungen, die mit dem Corporate Volunteering verbunden sind, vielfältig und hängen von der spezifischen Art und Weise ab, wie jedes Unternehmen strukturiert ist und arbeitet. Es ist wichtig, diese Herausforderungen zu erkennen und Wege zu finden, sie zu überwinden, um erfolgreiche und effektive Corporate-Volunteering-Programme zu erstellen.

Das war jetzt alles ein wenig frech – bitte nicht krummnehmen. Ich weiß sehr zu schätzen, dass Unternehmen und Organisationen es versuchen! Und ja, ich habe auch eine fast 20-jährige Konzernerfahrung im Lebenslauf und weiß, dass man immer Wege finden kann. Ich lade alle herzlich ein, mit uns zu reden. Die ganze Sache ist zu wichtig (auch für Unternehmen)! Sich nicht für digitale Bildung einzusetzen, ist auch keine Option, überhaupt keine. Es muss uncool sein, nicht mitzumachen – und das ist es jetzt schon.

How to hack andere wichtige Supporterinnen und Supporter

Ja, Unternehmen rocken richtig was weg – auch mit allen hier aufgezeigten Verzögerungen, Entschuldigungen und Ausreden. Sie sind für uns so ein wichtiger Baustein auf unserem Weg, jedes Kind für das Programmieren zu begeistern.

Nichtsdestotrotz brauchen wir weitere Partnerinnen und Partner an Bord, um die großen Quantitäten, aber auch die zeitlichen Verzögerungen und Schwankungen auszugleichen und nicht zuletzt, um gemeinsam richtig viel zu erreichen. Wer sind denn die anderen so wichtigen Bausteine, die wir brauchen, um ganz vielen Inspirern die Möglichkeit von Hack the world a better place zu geben?

Hochschulen

Immens wichtige Partner für uns sind Hochschulen und Universitäten jeglicher Façon. Hier entwickeln wir kontinuierlich neue Ideen, haben schon einige Wege der Zusammenarbeit beschritten, einiges erprobt, manches wieder verworfen, aber vor allem viel gelernt – gerade was die Gestaltung neuer Hacker-Kurse, aber auch die digitale Weiterbildung von Lehramtskandidatinnen und -kandidaten anbelangt. Eine Auswahl:

Unsere erste Kooperation mit einer Hochschule
Das erste Mal sind wir gemeinsam mit der Hamburg School of Business Administration (HSBA) und mit Unterstützung von Prof. Dr. Susanne Hensel-Börner in die Welt der Hochschulen

eingetaucht. Im Rahmen eines Mastermoduls hatten wir hier die Möglichkeit, mit einer Gruppe aus sechs Studierenden einige neue Konzeptideen sowie Dokumente für den Umgang mit Teilnehmenden zu entwickeln. Die Studierenden konnten hierbei perfekt ihren frischen Blick auf die Probleme unserer Zeit einbringen und dabei unterstützen, alte Denkstrukturen aufzubrechen. Aus unserer Sicht war dieser erste Test ein voller Erfolg, und viele der erarbeiteten Grundlagen finden sich noch immer in abgewandelter Form in den Materialien wieder, die neue Inspirer heute von uns zur Verfügung gestellt bekommen.

Studentinnen entwickeln Hacker-School-Kurse – ein Versuch

Über meine Jurymitgliedschaft beim Zeiss Women Award konnte ich die wunderbare Prof. Dr. Juliane Siegeris kennenlernen, die einen der sehr wenigen IT-Studiengänge nur für Frauen leitet. Aus dem spontanen Wunsch heraus, etwas gemeinsam umzusetzen, ergab sich die Möglichkeit, eine Allgemeine Wissenschaftliche Erfahrungseinheit (AWE) zur Hacker School anzubieten – das ist so eine Art Studium Generale an der Hochschule für Technik und Wirtschaft Berlin (HTW). Die Studentinnen können sich hierzu im allgemeinen Wahlpflichtbereich anmelden, bekommen dafür zwei Credit Points (Erklärung dazu gab es im Kapitel »Warum wir es nicht allein schaffen«) und sollten (so unser damaliger Plan) einen Hacker-School-Kurs für die GIRLS Hacker School entwickeln und ihn zweimal halten. Super Idee, wenn auch in der Umsetzung etwas herausfordernd – die Betreuung der Studentinnen erwies sich von Semester zu Semester als aufwendiger, war mit dem Umfang des Lehrdeputats nicht wirklich abzudecken und ich hatte den Eindruck, da müsse es noch andere Wege geben.

Ein IT-Praktikum an der Universität Hamburg

Eine andere Art der Hochschulkooperation entstand über die Begeisterung von angehenden Lehrkräften – richtig coole Idee. Im Rahmen des Moduls IT-Praktikum der Universität Hamburg durften und sollten Lehramtsstudierende ebenfalls einen Wochenendkurs entwickeln und ihn halten. Zusätzlich konnten sie sich in Programmiersprachen weiterbilden, die sonst nicht im Studium behandelt werden. Für sie eine richtig tolle Erfahrung, nicht nur weil dies für viele der Studierenden die erste richtige Lehrerfahrung war, sondern auch weil für uns beziehungsweise für die Kids richtig tolle Kurse dabei herauskamen. Aber auch hier erschien uns der Aufwand, den wir und die Studis in die Entwicklung der Kurse steckten, überdimensioniert hoch im Vergleich zu dem einen (tollen) Wochenendkurs, den die Kids dann genießen konnten.

Gemeinsam anpacken mit der Beruflichen Hochschule Hamburg

Zusammen mit Prof. Dr. Henning Klaffke von der Beruflichen Hochschule Hamburg (BHH) entwickelte sich der Gedanke, gemeinsam mit seinen Studierenden die Hacker-School-Kurse in den Schulen als Lernfeld zu erkunden. Großartig aufgesetzt, mit Briefing, Onboarding und Reflexion der eigenen Lehr-lern-Erfahrung, mit Verbesserungsvorschlägen und allem Drum und Dran. Was war das Geheimnis? Wir waren mit dem ersten Prototypen schon am Digitaltag 2022 offen in eine Kooperation gegangen, wo wir an der Schnittstelle zwischen Ausbildung und dualem Studium Mehrwert schaffen wollten. Gesagt, getan. War es erfolgreich? Ja, mega. War es unkompliziert? Nun, wir haben aus dem ersten Durchgang sehr viel gelernt. Man kann manchmal gar nicht so direkt denken, wie es zu Missverständnissen kommt – von der Auswahl der Anmelde-E-Mail-Adresse über das unklare Level der Verbindlichkeit der Anmeldungen bis hin zu nicht gelesenen E-Mails war alles dabei. Großartig war aber auf jeden Fall, dass wir einen ersten Proof-of-Concept hatten, auf dem wir weiter aufsetzen konnten.

Und jetzt richtig: unser Seminar an der Uni Hamburg

Gemeinsam mit den Professoren Henning Klaffke (BHH) und Tilo Böhmann (Universität Hamburg) ergab sich im Rahmen des IT-Executive-Forums im Sommer 2022 in Hamburg die Idee, tatsächlich ein Seminar für die Studierenden anzubieten, in dessen Rahmen sie den Fokus auf die Lehr-lern-Erfahrung setzen sollten, nicht auf die Kursentwicklung. Für uns eine optimale Lösung unserer Herausforderungen, da wir dringend Inspirer suchten, weniger neue Kurskonzepte. Und gleichzeitig die Möglichkeit, auch die Betreuungskapazitäten im Rahmen unserer Möglichkeiten abzubilden und dabei den Studierenden ein eher geführtes Entwicklungsumfeld zu bieten – nach Corona wurde das als sehr wünschenswert empfunden.

Damit war die Grundidee für unser heutiges Hochschulseminar geboren, was wir nur leicht modifiziert an zunehmend mehr Hochschulen anbieten: Im Rahmen eines praktischen Seminars haben die Studierenden die Möglichkeit, einfache Programmierkurse, also unsere Hacker School @yourschool-Kurse, zu geben. Sie begeistern als Inspirer oder als Inspiress online an Schulen, sind dabei Role Model, geben Einblicke in digitale Themen sowie den eigenen Lebensweg und teilen ihre Leidenschaft für Tech-Themen. Sie selbst lernen dabei Kommunikation, Kreativität und eigentlich als Crashkurs die Grundlagen, die man als Product Owner aufrufen können sollte: Nach unserem Seminar können sie Mitmenschen für ein Thema begeistern, die zuvor weder Ahnung davon, noch Zeit oder Interesse dafür hatten.

Die Studierenden sind dabei insgesamt zehnmal im Einsatz, können ihre Einsätze flexibel planen und sich selbstständig zu Wunschterminen über die Hacker-School-Website anmelden. Es wird ein grundlegendes Programmierverständnis erwartet sowie die Bereitschaft, sich in Scratch, HTML und Python auf Einstiegsniveau einzuarbeiten. Wir erwarten darüber hinaus Zuverlässigkeit, Verbindlichkeit und selbstständige Organisation – das klappt oft schon echt super.

Durch die Übernahme der Lehrenden-Rolle erwerben die Studierenden bei uns viele Kompetenzen:

• Vermittlung und Erfahrung der Bedeutung der Fähigkeiten des 21. Jahrhunderts (Kreativität, Kommunikation, Kollaboration und kritisches Denken) sowie einer positiven Fehlerkultur durch Programmieren

• Vermittlung und Erfahrung von Begeisterung und Selbstwirksamkeit als intrinsischer Motivator

• Vermittlung der Bedeutung grundlegender IT-Skills und Digitalisierungsfertigkeiten

• Erlernen der Fähigkeit, IT-Themen wie Programmieren nicht-IT-affinen Jugendlichen nahezubringen

• Digitale Präsentationstechniken

• Onlinemoderationsmethoden

• Social Skills im virtuellen Raum

• Kommunikation

• Kollaboration

Und da sag noch einer, man lernt an der Uni nicht fürs Leben – doch, mit uns schon.

Die Idee ist, dieses Modul allen interessierten Hochschulen anzubieten, zum Nutzen der Studierenden, aber auch zum Nutzen der Kids. Unser Leben macht dieses Modul auf jeden Fall deutlich einfacher.

Hochschulen als fester Teil des Hacker-School-Konzepts

Spätestens seit dem Wintersemester 2022/2023 und mit der Gründung unseres internen Hochschulteams sind Universitäten, Berufsschulen und Hochschulen noch mehr in den Fokus bei der Hacker School gerückt, und das aus guten Gründen! Studierende haben den Vorteil, dass sie vom Alter (ähnlich wie Auszubildende) nah an den Schülerinnen und Schülern sind. Das macht es einfacher für die Teilnehmenden, eine Verbindung zu ihrem Inspirer herzustellen und auf Augenhöhe zu lernen. Gleichzeitig ist es umso authentischer, von jemandem zu hören, dass die IT ein sinnvoller beruflicher Pfad ist, der sich selbst gerade erst dafür entschieden hat. Des Weiteren profitieren natürlich die Inspirer von ihrer Teilnahme, indem sie erlerntes Wissen an die nächste Generation weitergeben und Erfahrungen in der Anwendung sammeln.

Das kommt so gut an, dass wir mittlerweile mit der TUM (Technischen Universität München), der Universität Hamburg, der HTW Berlin und vielen weiteren Hochschulen in Hacker-School-Seminaren zusammenarbeiten. Seit August 2023 haben wir sogar einen Hochschulmanager, der sich in Vollzeit darum kümmert, die Kooperationen mit Hochschulen noch weiter auszubauen.

Wir sind sehr stolz, seit dem Wintersemester 2023/2024 bereits in sechs Bundesländern (Bayern, Berlin, Hamburg, Hessen, Niedersachsen, Nordrhein-Westfalen) mit Hochschulen aktiv die Welt zu verbessern: Dabei sind die Technische

Universität München (TUM), die Hochschule für Technik und Wirtschaft Berlin (HTW), die Hochschule für Angewandte Wissenschaften Hamburg (HAW) und die Universität Hamburg (UHH), die Technische Hochschule Mittelhessen (THM), die Universität Oldenburg (UOL), die Hochschule Bonn/Rhein-Sieg (H-BRS) und die Ruhr-Universität Bochum (RUB) sowie unser wunderbares Sonderprojekt mit der Beruflichen Hochschule Hamburg (BHH). Das ist doch mal ein Start, der sich sehen lassen kann!

Berufsschulen

Das Thema Berufsschulen begleitet uns auch schon einige Zeit – wir haben in Hamburg beispielsweise eine wunderbare Berufsschule, die ITECH auf den Elbinseln, die auch angehende Informatiker unterrichtet – 66 Klassen über drei Jahrgänge hinweg, unglaublich viele potenzielle Inspirer an einer Stelle. Der intensivere Kontakt kam über Prof. Dr. Henning Klaffke zustande, da die BHH eng mit der ITECH kooperiert. Über Henning konnten wir den großartigen Lehrer Heiko Meiwes kennenlernen, der sich anbot, anlässlich des Digitaltags 2022 uns mit seiner ganzen Klasse auszuhelfen, als wir für zehn parallele Schulklassen noch einige Inspirer brauchten.

Der Test war prima, aber auch mit sehr vielen Learnings behaftet. Unsere Idee, immer gleich mit ganzen Berufsschulklassen zu arbeiten, wurde durch den Blockunterricht erschwert, da die IT-Schülerinnen und -Schüler immer nur drei Wochen am Stück an der Berufsschule sind. Somit ist der Organisationsaufwand sehr hoch und die benötigten Vorläufe der Schulansprache und des Briefings der Berufsschülerinnen und -schüler wichen doch stark voneinander ab. Die Integration in den Wahlpflichtbereich erwies sich ebenfalls als herausfordernder als an den

Hochschulen, da auch hier die Drei-Wochen-Rhythmen eher komplex sind. Hinzu kommt, dass sich die Tätigkeit als Inspirer vormittags mit den Schulzeiten an der Berufsschule überschneidet. Die potenziellen Inspirer müssten Unterricht ausfallen lassen, um die Hacker School unterstützen zu können. Obwohl sie das dürfen, haben sie sich das nicht gewünscht. (Das spricht noch mehr für die Schule. Und die Inspirer.)

Mittlerweile waren wir an der ITECH schon auf Konferenzen für Lehrende und bei der Lernortkooperation mit den ausbildenden Unternehmen präsent. Zudem erfahren wir großen Support durch die Schulleiterin Monika Stausberg und den Abteilungsleiter der IT Ulrich Stritzel.

Unsere engagierten Mitstreiterinnen und Mitstreiter suchen immer wieder nach neuen Möglichkeiten, um die Hacker School in den Berufsschulalltag zu integrieren. Zuletzt bot eine Auslandsreise im Mai 2023 die Gelegenheit: Das Auslandsteam der ITECH stellte die Bedingung, dass alle Berufsschülerinnen und -schüler, die auf die Reise mitkommen, zuvor zwei Hacker-School-Kurse geben. Zugleich stand auf dem Programm der Auslandsreise ein Design-Thinking-Workshop, wo die Schülerinnen und Schüler der ITECH in Kooperation mit der Partnerschule Fälle aus der Praxis bearbeiteten.

Und hier zeigt sich die Ausgewogenheit dieser Kooperation, denn wir helfen uns immer wieder gegenseitig: Diesmal konnten wir aushelfen und einen Fall aus unserem Arbeitsalltag liefern. Die Schülerinnen und Schüler bearbeiteten unseren Fall, und das Ergebnis ist ein Discord-Server, den wir in Betrieb genommen haben.

Spannend war auf jeden Fall, dass die Berufsschule das Engagement als sehr positiv bewertete, die Lernkurven der Berufsschülerinnen und -schüler im sozialen Lernen als erfolgreich einstufte und wir immer wieder bei Projekten einbezogen wurden. Auch erweiterter Zugang zu Unternehmen über die Berufsschülerinnen und -schüler hat immer wieder geklappt – zum Beispiel waren wir zur Lernortkooperation im Juni 2023 eingeladen und konnten noch mehr Unternehmen aus der Region von unserer Mission überzeugen – wir lernen hier sehr gern weiter.

Wertvoller Perspektivwechsel für Azubis

Heiko Meiwes, Lehrer an der ITECH

Freiwilliges Unterrichten an der Hacker School schafft eine einzigartige Win-win-Situation. Indem unsere Auszubildenden ihr Wissen teilen, lernen sie nicht nur selbst noch dazu, sondern ermöglichen es auch anderen jungen Menschen, einen Einblick in die spannende Welt der IT zu erhalten. Wir haben bei uns viele Auszubildende, die von der Erfahrung begeistert sind – und auch den einen oder anderen, der die eigene Komfortzone dafür verlassen muss. Der Perspektivwechsel vom Lernen zum Lehren ist für die Auszubildenden eine wirklich tolle Erfahrung.

Wir möchten mehr davon! Wir bewerben die Hacker School im freien Lernformat Open Learning der ITECH, führen Kurse in Kombination mit unseren Auslandsprogrammen durch und lassen uns von der Hacker School inspirieren. So haben wir beispielsweise zusammen mit dem HoFaLab während des Musikfestivals »48h Wilhelmsburg« für Interessierte einen Einblick in die digitale Klangerzeugung und Lichtsteuerung ermöglicht.

Wir sagen Danke! Die Zusammenarbeit mit der Hacker School und dem tollen und pragmatischen Team bringt den Auszubildenden und uns einfach auch Spaß und viele neue Ideen!

Multiplikatorinnen und Multiplikatoren, Netzwerke und Konferenzen

Die vielleicht wichtigsten Faktoren des Wachstums der Hacker School sind – wenig überraschend – Multiplikatorinnen und Multiplikatoren sowie Netzwerke. Beide Bereiche sind kaum voneinander zu trennen. Wie kann man Netzwerke am besten beschreiben und einordnen, vielleicht nach ihren Schwerpunkten?

Die CIO-Community

Klar, für uns megawichtig ist der gesamte Bereich der CIO-Community – die Menschen, die in der Thematik der IT-Nachwuchsförderung oft betroffen sind und die Herausforderungen kennen. Der CIO des Jahres, einer meiner Einschätzung nach coolsten und wichtigsten Awards der IT-Branche, sowie die Konferenz Hamburger IT-Strategietage sind für mich Veranstaltungen, die ich um nichts in der Welt verpassen wollen würde. Hier kommt das Who's who der CIO-Community zusammen, um sich fachlich auszutauschen und zu networken. Ich bin jedes Mal begeistert und dankbar, wenn ich dort die Idee der Hacker School pitchen kann, wie zu Beginn des Kapitels II beschrieben, mit einer Keynote zum Thema ESG – da hören alle zu.

Auch der IT-Executive Club (ITEC) in Hamburg hat uns zu unserer großen Freude als Kooperationspartner aufgenommen. Hier treffen sich die CIOs vieler, zumeist norddeutscher Unternehmen, um sich branchenübergreifend, aber funktionszentriert auszutauschen. Der ITEC richtet seit einigen Jahren den ITEC Cares Award aus, den wir mit der Hacker School schon zweimal gewinnen konnten und den ich bereits im dritten Jahr in der Jury unterstütze. Spannend sind hier nicht nur die Sichtbarkeit für Kooperationspartnerinnen und -partner sowie Award-Gewinnerinnen und -Gewinner, sondern auch die flexiblen Ideen, wie wir gemeinsam Projekte umsetzen können. Unser Ziel ist es zum Beispiel, am Digitaltag regelmäßig gemeinsam zehn Schulklassen zu erreichen, indem Inspirer über den ITEC angesprochen werden. Oder wir versuchen, gemeinsam Unternehmen für die Teilnahme an der Codeweek zu begeistern – es gibt viele Möglichkeiten.

Eine weitere bereichernde Kontaktbörse innerhalb der CIO-Community war für mich das ehemalige, von Simone Funke gegründete Netzwerk CIO (f). Dieses Netzwerk verband CIO Power, Female Entrepreneurship und Leadership auf wundervolle Weise. Ich hatte das große Glück, dort zu Beginn der Pandemie die Hacker School vorstellen zu dürfen. Einige meiner wunderbarsten Kontakte entstanden dort wie der zu Rossmann über Antje König und Sandra Klöppner, zu Exxeta über Tina Albrecht, zu Dr. Anke Sax (heute KGAL), zu Kerstin Zeeb vom Unternehmen Freudenberg. Das sind so viele wunderbare Frauen, nahbar, herzlich, hoch kompetent. Und alle verbindlich und interessiert, etwas gemeinsam zu verändern – genau meine Hood. CIO (f) existiert zwar inzwischen nicht mehr, aber es gibt seit Herbst 2023 ein neues Format, das vielversprechend ist: Es heißt Lift – Leads in Future Tech und wird vom Consultingunternehmen Cassini organisiert.

Unternehmensnetzwerke mit IT-Bezug
Als Hacker School kooperieren wir begeistert mit den wichtigen Multiplikatornetzwerken, wie dem Bitkom, dem BVDW, mit VOICE, dem BitMi oder den Konferenzen INKOP oder Confare. Spannend ist jedes Mal, die wichtigsten Schnittstellen herauszufinden und dann gemeinsame Lösungen mit dem jeweils größten Impact zu erarbeiten. Mit dem Bitkom sprechen wir beispielsweise darüber, wie wir mit der Hacker School die gut 120 Smart Schools erreichen und ob wir dazu auch Verbandsunternehmen aktivieren können.

Mit VOICE entstand eine wunderbare Initiative unter dem Namen ShegoesIT, getrieben durch Dr. Bettina Uhlich, Dr. Michael Müller-Wünsch, Dr. Anke Sax und Dr. Pamela Herget-Wehlitz. Sie wollen mehr Mädchen und Frauen für eine Karriere in der IT begeistern und auf ihrem gesamten Lebensweg unterstützen – über Schule, Wege ins Praktikum, berufliches Weiterkommen bis hin zu Führungslaufbahn und Netzwerk. Und die Hacker School ist Kooperationspartner für die erste Stufe: Begeisterung für IT schon in der Schule zu wecken.

Was wir mit SheGoesIT erreichen wollen

Dr. Bettina Uhlich, Präsidentin des IT-Anwenderverbands VOICE

Der VOICE-Verband hört von seinen Mitgliedern sehr oft von den Problemen, geeignetes Fachpersonal für die IT-Bereiche zu bekommen. Schwierig ist in diesem Zusammenhang auch der sehr geringe Frauenanteil in den MINT-Berufen und damit auch in den IT-Jobs. Wir brauchen uns nicht zu wundern, dass nur wenige Mädchen und Frauen den Weg in die IT finden, wenn es nicht gelingt, bereits in der Schulbildung mit unseren coolen Jobs in der IT zu begeistern.

Dort wollen wir gezielt mit der Initiative SheGoesIT ansetzen. In der Kooperation mit der Hacker School wollen die VOICE-Mitgliedsfirmen mit Inspirern aus unseren IT-Bereichen mithelfen, möglichst viele Jungen und Mädchen von der Vielfältigkeit und den Entwicklungsmöglichkeiten in der IT zu überzeugen. Denn IT hilft dabei, die Welt besser und nachhaltiger zu machen.

Auch im weiteren Bildungsweg über die Hochschulen und Unis wollen wir den Studentinnen unter die Arme greifen und aktiv mit Betreuung und Praktikumsplätzen helfen. Unsere Führungskräfte in der IT helfen gern mit Coaching und Mentoring auf dem Weg zu Fach- und Führungspositionen. Zusammenarbeit ist unerlässlich, wenn es um aktive Unterstützung von der Schule bis zum CxO geht. Das haben wir uns auf die Fahne geschrieben.

ShegoesIT (#shegoesit) ist eine Initiative des VOICE-IT-Anwenderverbands mit rund 400 Mitgliedern, die zirka 3 000 Unternehmen repräsentieren. Wir wollen eine aktive Rolle einnehmen als Kooperationspartner der Hacker School – als Heimat für IT-Studentinnen für Praktika, Bachelor- oder Masterarbeiten. Wir wollen als Coaches und Mentorinnen Frauen in ihrem gesamten Karriere-Lifecycle mit unseren Netzwerken begleiten: vom Young Talent bis zum CxO.

Es geht im Kern um:

1. Bildung & Förderung

2. Vorbilder & Mutmacherinnen

3. Coaching & Mentoring

Von der Schule bis zu den Führungsetagen in Unternehmen, Ministerien, Universitäten … im Dreiklang von Politik, Unternehmen und Bildungsträgern in der ganzen Breite unserer Gesellschaft.

Auch die Gespräche mit dem BITMi (Bundesverband IT-Mittelstand e. V.) sind sehr spannend: Anders als einige große Unternehmen können Mittelständler kaum jeweils eigene Programme zum sozialen Engagement entwickeln, stellen aber in ihrer Gesamtheit einen absolut entscheidenden Faktor dar. Wir prüfen also derzeit, ob es Möglichkeiten gibt, wie wir die Hacker School auch im Mittelstand groß machen können, um das Engagement dieser wunderbaren Unternehmen einzubeziehen.

Im September 2023 nahm ich erstmals auch an der Konferenz INKOP vom Managementkongressanbieter Finaki teil. Drei Tage lang trafen sich CIOs aus dem DACH-Raum (also Deutschland, Österreich, Schweiz) in Lissabon, um ihre Best Practices vorzustellen und sich fachlich auszutauschen. Und ich mittendrin mit einem Pitch für die Hacker School, ganz klar. Das war wieder eine wunderbare Gelegenheit, wichtige Entscheiderinnen und Entscheider kennenzulernen und Kontakte zu knüpfen. Für mich augenöffnend: Ich hätte nie geglaubt, was für Möglichkeiten sich durch ein paar Tage am Stück ergeben – ab jetzt für mich einfach gesetzt.

Auch mit dem Kongressanbieter Confare aus Wien entstand 2023 eine gute Bindung – und wer weiß, vielleicht können wir auf den positiven Erfahrungen in Deutschland bald in anderen Ländern aufbauen … stay tuned.

Und welche Konferenzen oder Initiativen gehören hier noch für uns dazu? Wir sind seit Jahren auch auf der Solutions in Hamburg vertreten, erarbeiten uns seit 2023 großartige Kontakte zur Cloudland (meine erste Keynote auf der Piratenbühne des Phantasialands war fantastisch – Wortspiel) und den anderen Konferenzen des DOAG (Deutsche Oracle-Anwendergruppe e. V.). Großartig sind auch immer wieder Angebote wie WebMontage – tolle Erfahrungen aus Frankfurt, wir arbeiten daran, das auch für Hamburg wieder aufzubauen. Eine ebenfalls großartige Initiative ist der Wettbewerb »Deutschlands bester Hacker« rund um den Senior Cyber Security Engineer Marco di Filippo von Whitelisthackers. Ich unterstütze ihn nicht nur als Minderheitsgesellschafterin, sondern auch als Bildungsenthusiastin begeistert darin, Aufmerksamkeit auf das Thema der IT-Sicherheit zu lenken und das durch unsere Hände auch den Jüngsten unserer Gesellschaft zugänglich zu machen. Das ist mega und sollte in unser aller Interesse sein.

Leadership-Netzwerke

Auch hier konnte ich großartige Kontakte knüpfen, indem ich Teil sowohl des Netzwerks der Board Academy als auch der Brand Eins Safari wurde. Beide Weiterbildungen und ihre Netzwerke habe ich über direkte Empfehlungen kennenlernen dürfen. Durch die Board Academy eröffnen sich für mich und die Hacker School viele Möglichkeiten, durch Menschen Einblicke in Unternehmen zu bekommen. Und Menschen kennenzulernen, die etwas verändern wollen, die bereit sind, sich über ein halbes Jahr lang je ein Wochenende im Monat zu treffen, um gemeinsam die Welt der Aufsichtsräte besser zu verstehen. Über die Lounges der Board Academy weitet sich das Netzwerk immer mehr aus: Die informelle Hamburger Gruppe macht großen Spaß, es geht voran.

Die Brand Eins Safari wurde mir durch meine Freundin Dr. Wibke Jürgensen empfohlen. Da Brand Eins die Hacker School schon länger kennt und indirekt begleitet und ich persönlich ein großer Fan der Zeitschrift bin, hat es mich sehr gefreut, dass mich die Brand-Eins-Safari-Gründerin Patricia Döhle und ihre Kollegin Melanie Tran in das Programm aufgenommen haben. Der größte Mehrwert? Sich selbst als Führungskraft aus ganz unterschiedlichen Blickwinkeln zu reflektieren und tolle Partnerorganisationen kennenzulernen – zum

Beispiel den Kontakt zu Metaplan, insbesondere die Freundschaft zu Zeljko Branovic, verdanke ich dem Zusammentreffen bei Brand Eins Safari. Unglaublich wertvolle Kontakte und berufliche Freundschaften sind in dieser Zeit entstanden, wie mit Dorothee Werner, CEO der KNK Group, oder Frank Pape, Chocolatier, deren berufliche und persönliche Werdegänge mich beide sehr berühren. Insbesondere das (berufliche) Leben von Frank, der ein Hospiz als modernes Kloster mit einer Chocolaterie und einer Kaffeerösterei betreibt und finanziert, ist bewegend und beeindruckend.

Hosen runter!

Patricia Döhle,
Autorin und Gründerin Brand Eins Safari

Brand Eins Safari bringt Menschen zusammen, die oft einsam sind: Führungskräfte. Unser Dresscode lautet »Hosen runter!«, denn nur wenn das passiert, bringt der Austausch wirklich etwas. In unseren Peer Groups arbeiten die Teilnehmenden gemeinsam an ihren individuellen Herausforderungen, jeder kommt ausführlich dran, entwickelt gemeinsam mit den Peers Lösungen, wird aber auch gespiegelt und aus seiner Komfortzone geholt. Peers von gemeinnützigen Organisationen wie der Hacker School bringen eine besondere und schöne Farbe in unsere Peer Groups, in denen sonst überwiegend gewinnorientierte Unternehmen vertreten sind. Denn sie haben etwas, wonach andere oft händeringend suchen: einen guten Zweck!

Frauennetzwerke

Diese Kategorisierung fühlt sich etwas komisch an, ist aber vermutlich doch die passende Überschrift. Warum sind Frauen für die Weiterentwicklung der Hacker School von so großer Bedeutung? Weil es zwischen Frauen oft eine noch viel höhere Verbindlichkeit gibt als in anderen Netzwerken. Weil Frauen möglicherweise ein paar Erfahrungen mehr darin haben, wie wichtig Commitment ist und wie viel mehr Spaß es macht, gemeinsam etwas zu erreichen. Man braucht gerade als Frau Netzwerke und deren Stärke fast noch dringender als ein (Achtung: Klischee) weißer Cis-Mann über 50 – so meine Vermutung.

Die Bandbreite an oft themenbezogenen Netzwerken von uns für Frauen ist riesig. Ich habe für die Hacker School mit vielen von ihnen Kontakt, oft sogar als Mitglied unterschiedlicher Couleur. So hat mich Panda – The Women Leadership Network – als Mitglied und die Hacker School als Kooperationspartnerin aufgenommen.

Isabelle Hoyer, CEO & Co-Founder von Panda verrät, warum: »Gleiche Chancen und Möglichkeiten und eine ausgewogene Besetzung von entscheidenden Führungspositionen – dafür setzt sich Panda ein. Die Hacker School legt den Grundbaustein dafür schon in der frühen Digitalbildung und trägt so dazu bei, dass Gender Equality bereits im jungen Alter gelebt wird. Wir sind PartnerInnen, weil wir gemeinsam mehr erreichen.«

Wir haben zusammen schon einige famose Ideen umgesetzt, beispielsweise Hacker-School-Sessions von Pandas für Pandas – eine der wichtigsten Säulen des branchenübergreifenden Frauennetzwerks, da Austausch, gegenseitige Unterstützung und Weiterentwicklung großgeschrieben werden. Mit über 3 600 Führungsfrauen (Stand: August 2023) jeder Karrierestufe wächst die Community mit ca. 500 neuen Mitgliedern pro Jahr weiterhin stark.

Auch das Netzwerk Team Nushu begleitet mich schon lange. Als es damals als Alsterloge in Hamburg startete, habe ich mich sehr gefreut, die Gründerin Melly Schütze kennenzulernen – trotz des Umzugs nach München blieb der Kontakt bestehen. Auch hier geht es um Frauen mit Ambitionen, die Zielgruppe ist aber eher jünger als in der Panda-Welt. Die gemeinsamen Hacker-School-Sessions wurden hier auch super aufgenommen, es entstand sogar mit der wunderbaren Julia Imlauer ein Nushu Vertical (crazy name für eine Art Arbeitsgruppe) zum Thema Tech – toll.

Viele der Frauennetzwerke ranken sich auch um das Thema Tech oder MINT oder ganz konkret darum, wie wir mehr Frauen in eben genau diese Bereiche bekommen können.

Ein großartiges Beispiel ist hier das Netzwerk #SheTransformsIT, das Politik, Wirtschaft, Wissenschaft und Zivilgesellschaft zusammenbringt, um genau das Thema zu adressieren. Ich bin mit großer Begeisterung dort im Beirat und bringe mich mit tollen Aktionen ein, wie beispielsweise im Sommer 2022, als wir einen ganzen Monat lang jeden Tag eine Schulklasse mit Inspirern aus ebendiesem Netzwerk erreicht haben.

Andere wunderbare Kooperationen, zum Beispiel mit Hochschulen, ergeben sich ebenfalls über dieses Netzwerk – wie der Ausbau der Zusammenarbeit mit Prof. Dr. Stephanie Birkner, die aus ihrem Hochschul- und Inkubatorumfeld auch für kurzfristige Aktivitäten mit dem SOS-Kinderdorf ein Dutzend Inspirer zaubert.

Netzwerke wie die Plattform #InnovativeFrauen vom Kompetenzzentrum Technik-Diversity-Chancengleichheit e. V. in Bielefeld geben Sichtbarkeit.

Der Women in Tech e. V. aus Karlsruhe mit der großartigen Geschäftsführerin Güncem Campagna schafft Sichtbarkeit und Vernetzung und bietet Mentoring für Frauen durch Frauen an – auch hier sind wir aktiv.

Netzwerke wie der Verband deutscher Unternehmerinnen (VdU) stehen für die nahe Zukunft noch auf unserer Agenda – insbesondere der MINT-Bereich um Fatime Cetinkaya ruft geradezu nach Zusammenarbeit, aber es geht leider nicht alles gleichzeitig.

Netzwerke im Bildungsbereich

Das Forum Bildung Digitalisierung, das die letzten Jahre von dem großartigen Jacob Chammon geleitet wurde, hat viel für die Vernetzung des schulischen und des außerschulischen Sektors und insbesondere für die digitale Bildung getan. Chammon wechselte im August 2023 als Geschäftsführer zur Deutschen Telekom Stiftung, beim Forum Bildung Digitalisierung übernahm im November 2023 Ralph Müller-Eiselt die Position des geschäftsführenden Vorstands.

Beim Netzwerk MINT-freundliche Schule werden immer wieder Schulen ausgezeichnet, die sich besonders bemühen, für ihre Schülerinnen und Schüler neue MINT-Angebote zu machen – auch wir senden immer wieder Aufrufe über den Verteiler.

Auch das Smart-School-Netzwerk des Bitkom ist hier hilfreich und spannend.

Ein weiteres tolles Netzwerk für uns ist der BiB, der Bundesverband innovativer Bildungsprogramme, wo sich andere Initiativen wie wir kurzschließen, um gemeinsam zu lernen oder auch immer wieder in Richtung Politik Forderungen aufzustellen.

Das nationale MINT-Forum und das MINT-Forum Hamburg laden immer wieder zum Austausch ein, die Vernetzungsstelle MINT-vernetzt liegt auch in Hamburg (gut für uns). Insbesondere die Kontakte über MINT-vernetzt, auch direkt ins Bundesministerium für Bildung und Forschung (BMBF) zu Dr. Maximilian Müller-Härlin, sind enorm hilfreich – eine echt bereichernde Zusammenarbeit. Auch das im Oktober neu entstandene BMBF-Frauennetzwerk Female Future um Bundesbildungsministerin Bettina Stark-Watzinger mit großartigen Frauen wie Prof. Dr. Zeynep Tuncer, Professorin für Digital Media, Media Informatics and Human-Computer Interaction an der Wilhelm Büchner Hochschule, Silke Lohmiller von der Dieter Schwarz Stiftung oder Julia Kloiber vom Superrr Lab bringt Frauen zusammen, die nicht nur etwas verändern wollen, sondern das auch gemeinsam können.

Das Netzwerk rund um die Organisation der Codeweek lädt ebenfalls regelmäßig zum Austausch ein. Dort geht es immer auch um die Frage, wie wir die Angebote größer und weitreichender machen können. Die zwei bis drei Wochen Codeweek im Oktober sind für uns ein feststehender Termin im Kalender.

Auch im Bildungsbereich gibt es Messen, an denen wir begeistert teilnehmen, wie beispielsweise die Ideenexpo in Hannover, ob mit eigenem Stand oder auch nur mit Vorträgen und Paneldiskussionen wie auf der Learntec. Wir unterscheiden die Messen für uns nach den Zielgruppen, die wir erreichen können und wollen. Messen wie der IT Career Summit (ITCS) helfen uns dabei, neue Inspirer und Unternehmen zu finden. Veranstaltungen wie das PxP Festival ermöglichen es uns, neue Kontakte zu Schulen und Lehrern zu knüpfen. Und Messen wie die Regio Forscha in Deggendorf sind für uns Juwelen, um viele Teilnehmende für das Programmieren zu begeistern und um Eltern auf unser Angebot aufmerksam zu machen, indem wir ein kurzes Programmierkonzept zum Ausprobieren anbieten.

Auf diesen Messen erleben wir immer wieder besondere Momente. So trafen wir einmal einen Jungen im Fußballtrikot, der an unserem Stand auf der Bildungsmesse PxP Festival in Berlin vorbeikam und begeistert bei uns programmiert hat. Sein Vater schaffte es nicht, ihn loszueisen und zur Teilnahme am Vortrag von Sami Khedira, einem früheren Champions-League-Spieler, zu bewegen, da ihm das Programmieren seines Spiels wichtiger war.

Politische und gesellschaftliche Netzwerke

Sie übernehmen diese Aufgabe natürlich noch intensiver. Der SEND e. V., in dem die Hacker School schon seit Jahren Mitglied ist, engagiert sich für ein besseres Verständnis von Social Entrepreneurship auf Bundesebene.

Aber auch lokal treiben die Einführung neuer Gesellschaftsformen des Gemeinschaftseigentums und neue Ideen wie Social Buy an, um die Gesellschaft auf diesem Wege nachhaltig zu verändern.

Die Initiative D21 begleitet schon seit fast 25 Jahren die digitale Transformation, veröffentlicht spannende Studien wie die »Digital Skills Gap« und ermöglicht ebenfalls immer wieder spannenden Austausch.

Im Arbeitskreis Bildung bin ich regelmäßig mit anderen Akteuren der Branche im Austausch, es ergeben sich immer wieder neue Möglichkeiten. Mein Engagement mit dem Beirat Junge Digitale Wirtschaft beim Bundesministerium für Wirtschaft und Klimaschutz würde ich nicht als Netzwerk im eigentlichen Sinne einstufen, aber sicherlich als politisches Engagement – hier ist es bereichernd zu sehen, wie offen unser Wirtschaftsminister Dr. Robert Habeck Fragen stellt und Antworten anhört – wertschätzend und beratend, das mache ich gern noch weiter.

Auch im politischen Umfeld gibt es Netzwerke und Veranstaltungen, die uns helfen, unsere Mission zu erfüllen. Eine der tollsten Aktionen war sicherlich die Einladung zur Veranstaltung »Digitalisierung ist weiblich« im März 2021 im Schloss Bellevue von Elke Büdenbender und ihrem Mann Frank-Walter Steinmeier, dem Bundespräsidenten. Wir saßen zusammen und diskutierten zuerst in getrennten Gruppen, dann aber auch in großer Runde, wie wir gemeinsam mit mehr Frauen in Führungspositionen die Digitalisierung umfassender und nachhaltiger gestalten könnten – ein toller Tag.

Aber auch die Teilnahme am wiederkehrenden Digitalgipfel der Bundesregierung ist für uns ein wichtiger Schritt – der direkte Austausch mit den Ministerinnen und Ministern und die erhöhte Sichtbarkeit bringen uns allen viel.

Ein weiterer für uns sehr wichtiger Bereich ist die Zusammenarbeit mit der Bundesagentur für Arbeit. Auch wenn es sich hier nicht direkt um ein politisches Netzwerk handelt, so ergeben sich doch aus dieser Kooperation riesige Möglichkeiten. In Hamburg arbeiten wir bereits seit mehreren Jahren mit der Arbeitsagentur zusammen, unterstützt von anderen großartigen Partnern wie der Nordmetall Stiftung, dem Medienkompetenz-Fonds, der Joachim Herz Stiftung und der Holistic Foundation. Das Modell der Zusammenarbeit wurde bereits in anderen Landkreisen aufgenommen – beispielsweise das Bildungsbüro Stade mit Birte Behr macht einen großartigen Support. Birte Behr ist sehr engagiert und hat vermittelnd Kurse mit Airbus auf den Weg gebracht. Im Oktober 2023 gab es einen Kurs mit dem Fraunhofer IFAM in Stade, der auch von Birte Behr initiiert und gefördert wurde. Einfach toll, wenn hier gute Aktivitäten ineinandergreifen und damit ermöglicht werden.

PART III

EIN AUSFLUG IN UNSER ÖKOSYSTEM – WAS DENKEN FÜHRENDE KÖPFE ÜBER CORPORATE VOLUNTEERING, FUTURE SKILLS UND DIGITALE BILDUNG?

So, und jetzt das Big Picture. Denn die Hacker School macht tolle Sachen, aber es geht um noch viel mehr. Und es gibt so viele Möglichkeiten. Welche das sind und was alles auf dem Spiel steht – das zu beschreiben, dafür habe ich einige gute Freundinnen und Freunde gewinnen können, die ihre Gedanken zu Corporate Volunteering an sich und aus wissenschaftlicher Sicht, zum Ecosystem des Lernens, der Zukunft der Arbeit und der Sicht der Schulen beitragen.

Und warum? Weil ich die Menschen, die hier nachstehend zu Wort kommen, so unglaublich schätze, dass ich vor der Wahl stand, sie entweder nonstop zu zitieren oder sie einfach direkt einzuladen, einen Beitrag für dieses Buch zu schreiben. Alle diese Gedanken zahlen auf das Umfeld ein, in dem wir mit der Hacker School aktiv sind. Ich habe sehr viel beim Lesen gelernt, ich wünsche viel Spaß dabei!

Skill-based Corporate Volunteering als Teil eines strategischen Unternehmensengagements

Joris-Johann Lenssen

Einleitung

Unsere Zeit ist geprägt von großen gesellschaftlichen Herausforderungen, und die Agenda 2030 mit den Zielen für Nachhaltige Entwicklung der Vereinten Nationen (UN SDGs) hat gerade die Halbzeit überschritten. Anders als beim vorherigen Rahmenwerk waren Unternehmen an der Entstehung der SDGs stark beteiligt. Dies liegt sicherlich auch daran, dass Unternehmen in diesem Kontext zurzeit vor der großen Herausforderung stehen, dem Anspruch nachhaltigeren Wirtschaftens von Politik und Gesellschaft gerecht zu werden. Dabei liegt der Fokus auf den primären Geschäftstätigkeiten, also dem Nachhaltigermachen des Kerngeschäfts. Die neuen gesetzlichen Vorgaben für Unternehmen innerhalb der EU erhöhten die Transparenz der Aktivitäten und haben den Fortschritten im Bereich Nachhaltigkeit ein weiteres Momentum gegeben. Über ihr Unternehmensengagement beteiligen sich Unternehmen aktiv an gesellschaftlichen und ökologischen Belangen jenseits dieser primären Geschäftstätigkeiten. Unternehmen setzen dabei ihre Ressourcen, Fachkenntnisse und Einflussmöglichkeiten ein, um einen positiven Beitrag für die Gesellschaft zu leisten und nachhaltige Entwicklung zu fördern. Dabei sind vor allem die Mitarbeitenden in den

Unternehmen der Dreh- und Angelpunkt dieses Engagements. Eine strategische Herangehensweise erlaubt es, Interessen von (Zivil-)Gesellschaft, Unternehmen und deren Mitarbeitenden zusammenzubringen.

Unternehmensengagement in Deutschland

Das gesellschaftliche Engagement von Unternehmen in Deutschland ist tief verwurzelt und umfasst sowohl kleine Betriebe als auch globale Konzerne. Der »Monitor Unternehmensengagement« hat das Engagement der Unternehmen in Deutschland zwischen 2018 und 2022 untersucht und stellt fest, dass knapp die Hälfte der Unternehmen nicht nur Arbeitsplätze, Dienstleistungen und Produkte bereitstellen möchte, sondern es als ihre Verantwortung sehen, sich auch aktiv für die Gesellschaft einzusetzen[15]. Dieser Trend setzte sich trotz Krisen wie Coronapandemie, Krieg und Energiekrisen fort, und die durchschnittliche Zustimmung zu dieser Aussage stieg von 46 Prozent im Jahr 2018 auf 57 Prozent im Jahr 2022. Während der Coronapandemie im Jahr 2020 gingen allerdings insbesondere die Geld-, Sach- und Zeitspenden merklich zurück, mit

---

[15] Der Monitor Unternehmensengagement ist eine repräsentative Umfrage, die seit 2018 in regelmäßigen Abständen in Zusammenarbeit von Bundesministerium des Innern, ZiviZ im Stifterverband und der Bertelsmann Stiftung durchgeführt wird. In einer repräsentativen Erhebung werden kleine, mittlere und große Unternehmen in Deutschland zu einer Vielzahl von Themen im Zusammenhang mit unternehmerischem Engagement and angrenzenden Themen befragt. Dazu zählen unter anderem Themen wie Spenden, Corporate Volunteering, Zielgruppen und Themen des Engagements, nachhaltige Transformation, nichtfinanzielle Berichterstattung und die Relevanz der SDGs. https://www.unternehmensengagement.de/

zum Teil dramatischen Folgen für zivilgesellschaftliche Partner, denen die Ressourcen wegbrachen. Im Jahr 2022 zeichnete sich dann eine Erholung der Spendenaktivitäten von Unternehmen auf Vor-Pandemie-Niveau ab.

Thematisch ist Sport aufgrund seiner Breitenwirkung der Engagementbereich schlechthin. Soziale Themen sind nicht zuletzt auf aufgrund des starken Engagements der Unternehmen im Kontext des Ukrainekriegs zum zweitwichtigsten Thema in Deutschland geworden. An dritter Stelle steht der Bereich Bildung / Weiterbildung, der mit seiner breiten und diversen Zielgruppe ein hochrelevantes gesellschaftliches Thema darstellt. Das Thema Klima- und Umweltschutz rückt seit Jahren immer stärker in das gesellschaftliche Bewusstsein und wird in Zukunft eine immer wichtigere und voraussichtlich auch stark wachsende Rolle spielen – auch im Unternehmensengagement.

Die Motivation für gesellschaftliches Engagement ist vielfältig, wobei strategische Gründe eine immer wichtigere Rolle spielen. Zum Beispiel wollen 52 Prozent der Unternehmen ihren Ruf verbessern, besonders unter Großunternehmen (70 Prozent). Größere Unternehmen streben auch an, ihre Attraktivität als Arbeitgeber zu steigern und die Mitarbeiterinnen- und Mitarbeiterbindung zu erhöhen. In einer sich wandelnden Gesellschaft, in der intellektuelles Kapital entscheidend ist, versuchen Unternehmen, durch Engagement ihre Werte auszudrücken und eine stärkere Identifikation der Mitarbeiterinnen und Mitarbeiter mit der Organisation zu erreichen. Engagement wird auch als Lernort für Mitarbeiterinnen und Mitarbeiter genutzt, um Fähigkeiten wie Empathie und Kollaboration zu fördern.

Für die Zukunft planen fast alle Unternehmen (97 Prozent), ihr gesellschaftliches Engagement beizubehalten (62 Prozent) oder auszubauen (35 Prozent), wobei viele auch neue Aktivitäten aufnehmen möchten (75 Prozent). Insgesamt zeigt sich, dass

Unternehmen in Deutschland verstärkt in ihre gesellschaftliche Verantwortung investieren und sich als Akteure zur Gestaltung der Gesellschaft verstehen.

Corporate Volunteering

Corporate Volunteering, also die Unterstützung des Engagements von Mitarbeitenden für gemeinnützige Tätigkeiten, spielt eine wichtige Rolle im Unternehmensengagement, da es eine direkte Verbindung zu zivilgesellschaftlichen Akteuren schafft. Im Jahr 2022 haben 67 Prozent der Unternehmen angegeben, sich auf diese Weise zu engagieren. Dabei tun dies 48 Prozent gelegentlich und 19 Prozent regelmäßig. Aktionstage, bei denen Mitarbeiterinnen und Mitarbeiter mit zivilgesellschaftlichen Akteuren an zeitlich begrenzten Projekten arbeiten, sind eine übliche und beliebte Form des gelegentlichen Engagements. Obwohl sie oft einfache Tätigkeiten umfassen, dienen sie der Sensibilisierung für soziale Themen, stärken die Gruppendynamik und können zu privaten Spenden anregen. Regelmäßiges Corporate Volunteering ermöglicht langfristiges Engagement, wie z. B. die Kooperation mit einem zivilgesellschaftlichen Partner, und eignet sich besonders zur Kompetenzsteigerung der Mitarbeiterinnen und Mitarbeiter. Dass 37 Prozent der Großunternehmen, 24 Prozent der mittleren und 17 Prozent der kleinen Unternehmen es anbieten, ist insbesondere mit dem erhöhten Koordinationsaufwand zu erklären. Dazwischen liegen Pro-bono-Aktivitäten, bei denen berufliche Kompetenzen unentgeltlich für gemeinnützige Zwecke eingebracht werden, die stark kompetenzbasiert (skill-based) und sinnstiftend sind. Diese Form des Engagements wird von 66 Prozent der Unternehmen unterstützt (2022), wobei die Beliebtheit aufgrund der Nähe zum Kerngeschäft wächst und die Mitarbeitenden weiter befähigt.

Skill-based Corporate Volunteering

Unternehmen erkennen zunehmend den Wert, die Fähigkeiten und das Know-how ihrer Mitarbeiterinnen und Mitarbeiter einzusetzen, um gesellschaftliche Herausforderungen anzugehen. Skill-based Corporate Volunteering ist ein strategischer Ansatz, der darauf abzielt, die beruflichen Fähigkeiten, das Wissen und die Expertise von Mitarbeitenden für das Unternehmensengagement zu nutzen. Damit geht dieser Ansatz über die gängigen Formen des Unternehmensengagements mit hauptsächlich auf Zeit-, Geld- oder Sachspenden ausgelegtem Engagement hinaus, indem die Talente und Fähigkeiten der Mitarbeitenden im Kontext ihres beruflichen Umfelds genutzt werden, um spezifischen Herausforderungen gemeinnütziger Organisationen, Wohltätigkeitsorganisationen oder bestimmter Anspruchsgruppen zu begegnen.

Dabei ermutigen Unternehmen ihre Mitarbeitenden dazu, ihre Zeit und ihr Fachwissen in einer Weise einzusetzen, die mit ihren beruflichen Fähigkeiten und Kompetenzen übereinstimmt. Dies kann Bereiche wie Marketing, Finanzen, Informationstechnologie, Personalwesen, Projektmanagement und mehr umfassen. Durch die Nutzung dieser Fähigkeiten können Mitarbeiterinnen und Mitarbeiter einen bedeutenden Einfluss auf die Organisationen haben, die sie unterstützen, während sie gleichzeitig ihre berufliche Entwicklung und persönliche Bedürfnisse fördern. Während die gemeinnützige Organisation von der Expertise und Unterstützung qualifizierter Freiwilliger profitiert, haben die Mitarbeitenden die Möglichkeit, ihre Fähigkeiten in einem neuen Kontext anzuwenden, ihren Horizont zu erweitern und durch ihre Arbeit einen Sinn zu finden. Darüber hinaus kann das Unternehmen selbst seinen Ruf, sein Markenbild und die Bindung der Mitarbeiterinnen und Mitarbeiter verbessern, indem es aktiv an skill-based Volunteering-Initiativen teilnimmt. Im Jahr

2022 gaben 81 Prozent großer Unternehmen als ihre Motivation für Unternehmensengagement ihre Attraktivität als Arbeitgebermarke an, 73 Prozent gaben die Bindung von Mitarbeitenden an und 70 Prozent einen verbesserten Ruf des Unternehmens allgemein. Bemerkenswert ist, dass 44 Prozent der Unternehmen sich von Unternehmensengagement auch eine Verbesserung der Kompetenzen der Mitarbeiterinnen und Mitarbeiter versprechen, was die gestiegene Relevanz des Ansatzes von skill-based Corporate Volunteering zeigt. Diese Win-win-Beziehung zwischen Unternehmen, Mitarbeitenden und gemeinnützigen Organisationen trägt damit auch zum eigentlichen gesellschaftlichen Ziel des Engagements bei.

Die Umsetzung von skill-based Corporate Volunteering erfordert sorgfältige **Planung und Koordination**. Unternehmen müssen geeignete gemeinnützige Partner und Projekte identifizieren, die mit den Fähigkeiten und Interessen ihrer Mitarbeiterinnen und Mitarbeiter übereinstimmen. Dies kann eine gründliche Bedarfsanalyse beinhalten, um die spezifischen Herausforderungen der gemeinnützigen Organisation zu ermitteln und herauszufinden, wie die Mitarbeiterinnen und Mitarbeiter sich effektiv einbringen können.

Sobald die Projekte und Partnerschaften etabliert sind, sollten Unternehmen ihre Mitarbeiterinnen und Mitarbeiter durch **Schulungen, Ressourcen und Anleitung** unterstützen, um sicherzustellen, dass sie über die notwendigen Werkzeuge und Kenntnisse verfügen, um in ihren ehrenamtlichen Rollen erfolgreich zu sein. Dies kann Workshops, Mentoringprogramme oder den Zugang zu Fachexpertinnen und -experten im Unternehmen umfassen.

Messung und Evaluation sind wesentliche Bestandteile des skill-based Corporate Volunteerings. Unternehmen sollten Kennzahlen und Evaluationsprozesse etablieren, um die Auswirkungen ihrer Initiativen zu bewerten. Dies kann das Verfolgen der Ergebnisse umfassen, die durch die ehrenamtlichen Bemühungen der Mitarbeiterinnen und Mitarbeiter erzielt werden, wie verbesserte Effizienz, erhöhte Einnahmen oder größere Reichweite für die gemeinnützige Organisation.

Vorteile von skill-based Corporate Volunteering

Skill-based Corporate Volunteering bietet erhebliche Vorteile und Chancen aus unterschiedlichen Perspektiven. Es fördert die Entwicklung der Mitarbeitenden, stärkt Führungskompetenzen, verbessert das Engagement sowie die Bindung der Mitarbeiterinnen und Mitarbeiter und trägt zu deren Wohlbefinden bei. Learning-&-Development-Abteilungen können das skill-based Volunteering als Plattform für erlebnisorientiertes Lernen, interdisziplinäre Zusammenarbeit und die Entwicklung übertragbarer Fähigkeiten nutzen. Führungskräfte können das skill-based Volunteering einsetzen, um ihre Führungskompetenzen zu stärken, Beziehungen aufzubauen und ihre persönlichen Werte mit den Unternehmenswerten in Einklang zu bringen. Durch ein umfassendes Verständnis dieser Perspektiven können Organisationen das skill-based Volunteering effektiv in ihre Unternehmensstrategie integrieren und eine starke Kultur des gesellschaftlichen Engagements des Unternehmens fördern.

Mitarbeitendenengagement und -bindung

Das skill-based Corporate Volunteering trägt maßgeblich zum Mitarbeitendenengagement und zur -bindung bei. Wenn Mitarbeiterinnen und Mitarbeiter ihre Fähigkeiten einbringen und sich für Anliegen engagieren können, die ihnen am Herzen liegen, entsteht ein Gefühl von Sinnhaftigkeit und Erfüllung in ihrer Arbeit. Diese gesteigerte Bindung führt zu einer höheren

Zufriedenheit am Arbeitsplatz und einer stärkeren Verpflichtung gegenüber der Mission und den Werten des Unternehmens. Mitarbeiterinnen und Mitarbeiter, die sich wertgeschätzt fühlen und Möglichkeiten für Wachstum und sinnvolle Beiträge haben, bleiben wahrscheinlicher dem Unternehmen treu. Darüber hinaus kann die kooperative Natur des skill-based Volunteering die Beziehungen zwischen den Mitarbeitenden stärken und ein positives Arbeitsumfeld fördern, was die Loyalität der Mitarbeiterinnen und Mitarbeiter weiter stärkt.

Mitarbeitendenentwicklung und Kompetenzerweiterung

Das skill-based Volunteering bietet Mitarbeitenden die Möglichkeit, ihre Fähigkeiten in neuen und anspruchsvollen Kontexten einzusetzen. Durch die Teilnahme an Projekten, die mit ihren Fachgebieten übereinstimmen, können Mitarbeiterinnen und Mitarbeiter wertvolle Erfahrungen sammeln, neue Fähigkeiten entwickeln und ihr berufliches Profil verbessern. Diese praxisorientierten Lernerfahrungen können wirksamer sein als herkömmliche Schulungsmethoden, da sie eine praktische Anwendung ermöglichen und komplexe, realitätsnahe Fragestellungen behandeln und damit eine einzigartige Gelegenheit zum erfahrungsorientierten Lernen bieten. Durch die Ausrichtung von Volunteering-Möglichkeiten auf die individuellen Entwicklungsziele der Mitarbeiterinnen und Mitarbeiter können personalisierte Entwicklungspläne erstellt werden, die den Kompetenzaufbau durch praktische Erfahrungen fördern. Auf diese Weise können Mitarbeiterinnen und Mitarbeiter ihre Fähigkeiten weiterentwickeln und gleichzeitig positive Auswirkungen in der Gemeinschaft erzielen. Durch die Bewältigung realer Herausforderungen können Mitarbeiterinnen und Mitarbeiter ihre Problemlösungsfähigkeiten schulen, kritisches Denken entwickeln und ihre Fähigkeit zur Anpassung an neue Situationen verbessern. Im Gegensatz zu herkömmlichen

Schulungsprogrammen, die sich oft auf theoretisches Wissen konzentrieren, ermöglicht das skill-based Volunteering den Mitarbeitenden, ihre Fähigkeiten in die Praxis umzusetzen und durch praktische Erfahrungen zu lernen.

Führungskräfteentwicklung

Das skill-based Volunteering bietet eine hervorragende Plattform für die Entwicklung von Führungskräften. Wenn Mitarbeiterinnen und Mitarbeiter Volunteering-Rollen übernehmen, die sie dazu bringen, Projekte zu leiten und zu managen, haben sie die Möglichkeit, ihre Führungsfähigkeiten weiterzuentwickeln und zu verbessern. Diese Erfahrungen ermöglichen es Mitarbeitenden, Problemlösungskompetenzen, Entscheidungsfindung, Kommunikation und Teamarbeit zu trainieren – alles entscheidende Fähigkeiten für Führungskräfte. Die HR-Abteilung kann potenzielle Führungskräfte identifizieren, die ein Potenzial für Führungsfähigkeiten zeigen, und ihre Beteiligung an Skill-based-Volunteering-Initiativen fördern. Dieser gezielte Ansatz ermöglicht es den Mitarbeitenden, praktische Erfahrungen in der Leitung von Teams, dem Management von Ressourcen und der strategischen Entscheidungsfindung zu sammeln. Durch die Förderung von Führungskompetenzen durch skill-based Volunteering können Unternehmen einen Pool von zukünftigen Führungskräften aufbauen und eine Kultur verantwortungsvoller Führung fördern.

Wohlbefinden der Mitarbeitenden

Das skill-based Volunteering kann sich auch positiv auf das Wohlbefinden der Mitarbeiterinnen und Mitarbeiter auswirken. Die Teilnahme an sinnstiftenden Aktivitäten außerhalb der regulären Arbeitsaufgaben kann Stress reduzieren und die allgemeine Zufriedenheit im Job steigern. Volunteering wurde mit einer Verbesserung der psychischen Gesundheit, einem gesteigerten Selbstwertgefühl und einem stärkeren Sinn für Zugehörigkeit und Sinnhaftigkeit in Verbindung gebracht. Die HR-Abteilung kann das skill-based Volunteering als Teil der Wohlfahrtsmaßnahmen des Unternehmens fördern, da es sich positiv auf das Gesamtwohlbefinden und die Work-Life-Balance der Mitarbeiterinnen und Mitarbeiter auswirken kann.

Effektive Kommunikation von Unternehmenswerten

Das skill-based Volunteering ermöglicht es den Mitarbeitenden, ihre persönlichen Werte mit den Werten des Unternehmens in Einklang zu bringen. Wenn Mitarbeitende an Volunteering-Initiativen teilnehmen, die ihre persönlichen Leidenschaften und Überzeugungen widerspiegeln, führt dies zu einer erhöhten Zufriedenheit und Motivation in ihrer beruflichen Tätigkeit. Darüber hinaus können Führungskräfte ihre Rolle als Unternehmensbotschafter und -botschafterin stärken und das Engagement anderer Mitarbeiterinnen und Mitarbeiter für das skill-based Volunteering fördern. Indem sie ihre persönlichen Erfahrungen und Motivationen teilen, können sie andere Mitarbeitende inspirieren und ermutigen, sich ebenfalls zu engagieren.

Interdisziplinäre Zusammenarbeit

Skill-based Volunteering beinhaltet oft die Zusammenarbeit von Mitarbeitenden aus verschiedenen Abteilungen für Projekte. Diese interdisziplinäre Zusammenarbeit fördert Teamarbeit, Kommunikation und die Fähigkeit, effektiv mit unterschiedlichen Gruppen von Menschen zu arbeiten. Durch das skill-based Volunteering lernen Mitarbeiterinnen und Mitarbeiter, die Stärken ihrer Kolleginnen und Kollegen aus verschiedenen Hintergründen zu nutzen und mit ihnen zusammenzuarbeiten, was ein Gefühl von Einheit und gemeinsamer Zielsetzung innerhalb der Organisation fördert. Teambuildingaktivitäten und Projekte, die eine Zusammenarbeit über Abteilungen hinweg erfordern, können dazu beitragen, Silos abzubauen und eine kooperative Kultur in der Organisation zu fördern.

Globales und kulturelles Bewusstsein

Skill-based Volunteering bietet Mitarbeitenden die Möglichkeit, in verschiedenen Umgebungen zu arbeiten und mit Menschen aus unterschiedlichen Kulturen und Hintergründen zu interagieren. Diese Erfahrungen fördern ein globales und kulturelles Bewusstsein und verbessern die Fähigkeit der Mitarbeiterinnen und Mitarbeiter, in multikulturellen Arbeitsumgebungen effektiv zu agieren und zusammenzuarbeiten. Unternehmen können dadurch Mitarbeitende dabei unterstützen, kulturelle Intelligenz und globale Kompetenz zu entwickeln, indem sie skill-based Volunteering-Erfahrungen in ihre Schulungsinitiativen zur Vielfalt und Inklusion integrieren. Indem sie Mitarbeitende dazu ermutigen, sich mit verschiedenen Gemeinschaften auseinanderzusetzen und ihre einzigartigen Perspektiven und Herausforderungen zu verstehen, können Organisationen eine inklusive und kulturell sensible Arbeitsumgebung fördern.

Interner Beziehungsaufbau

Skill-based Volunteering bietet Führungskräften die Möglichkeit, Beziehungen zu Mitarbeitenden aufzubauen und zu stärken, die über die Hierarchie hinausgehen. Durch die Zusammenarbeit bei Volunteering-Projekten können Führungskräfte eine Verbindung zu ihren Mitarbeitenden herstellen, die auf Vertrauen, Respekt und gemeinsamen Zielen basiert. Diese Beziehungen können dazu beitragen, das Engagement und die Zusammenarbeit der Mitarbeiterinnen und Mitarbeiter zu verbessern und eine positive Arbeitskultur zu schaffen.

Herausforderung von skill-based Corporate Volunteering

Jedoch birgt skill-based Corporate Volunteering auch bestimmte Herausforderungen: Erstens erfordert es einen beachtlichen zeitlichen Einsatz von Mitarbeitenden, was die größte Herausforderung ist. Unternehmen müssen Wege finden, um ehrenamtliche Aktivitäten effektiv in den Zeitplan ihrer Mitarbeiterinnen und Mitarbeiter zu integrieren. Vor allem ist wichtig, die Unterscheidung zwischen Engagement als Teil der Arbeit, freizeitnahem Engagement und Unterstützung von privatem Engagement transparent zu machen und die Aktivitäten darauf auszurichten.

Zweitens kann die Abstimmung der Fähigkeiten der Mitarbeiterinnen und Mitarbeiter mit den Bedürfnissen gemeinnütziger Organisationen ein komplexer Prozess sein. Unternehmen müssen möglicherweise in zusätzliche Schulungen investieren oder eng mit den gemeinnützigen Partnern zusammenarbeiten, um die am besten geeigneten Projekte zu identifizieren, die mit den Fähigkeiten der Mitarbeiterinnen und Mitarbeiter übereinstimmen. Hier lohnt es sich, auf die Erfahrung von Mittlerorganisationen und Beraterinnen und Beratern zu setzen und schrittweise den Ambitionsgrad der Kooperationen auszubauen.

Auch kann die Aufrechterhaltung von skill-based Corporate Volunteering auf lange Sicht herausfordernd sein. Unternehmen können mit Fluktuation unter den Engagierten oder mit Änderungen in den Bedürfnissen gemeinnütziger Organisationen konfrontiert sein, was kontinuierliche Anstrengungen erfordert, um Partnerschaften aufrechtzuerhalten und zu pflegen. Hier können klare Zuständigkeiten für den Prozess und der Aufbau einer unternehmensinternen Plattform oder das Zurückgreifen auf einen der mittlerweile zahlreichen externen Anbieter von Plattformen helfen, Komplexitäten zu reduzieren.

Zudem gibt es das grundsätzliche Phänomen, dass sich engagierende Menschen sehr häufig gar nichts davon wissen wollen, welchen strategischen Zweck ihr Engagement für das Unternehmen hat. Engagement als Ausdruck von Werten sollte vor allem von diesen getrieben sein, und ein zu starker Fokus auf strategische Aspekte kann bei den Beteiligten auf Ablehnung stoßen. Unternehmen sollten daher ihre interne Kommunikation der Zielgruppe entsprechend gestalten.

Fazit

In Anbetracht der genannten Punkte lässt sich zusammenfassen, dass skill-based Corporate Volunteering eine wesentliche Säule des strategischen Unternehmensengagements darstellt. Corporate Volunteering, insbesondere das skill-based Engagement, kommt nicht nur gemeinnützigen Organisationen zugute, sondern hat auch bedeutende Vorteile für die Mitarbeitenden und für das Unternehmen selbst. Die Förderung von Mitarbeitendenentwicklung, Führungskräftekompetenzen, Mitarbeiterinnen- und Mitarbeiterbindung und -zufriedenheit sowie interdisziplinärer Zusammenarbeit sind einige der positiven Aspekte dieses Engagements.

Die zeitliche Beanspruchung der Mitarbeitenden, die Abstimmung von Fähigkeiten und Bedürfnissen sowie die langfristige Aufrechterhaltung des Engagements erfordern eine sorgfältige Planung und strategische Herangehensweise seitens der Unternehmen. Eine transparente Kommunikation bezüglich der Ziele und Werte des Unternehmens ist von großer Bedeutung, um das Verständnis und die Akzeptanz für das Engagement zu fördern.

Zusammenfassend lässt sich festhalten, dass skill-based Corporate Volunteering eine gewinnbringende Verbindung zwischen Unternehmen, Mitarbeitenden und gemeinnützigen Organisationen darstellt. Es trägt nicht nur zur Erreichung gesellschaftlicher Ziele bei, sondern stärkt auch die Unternehmenskultur und fördert eine nachhaltige und verantwortungsvolle Unternehmensführung. Um diese Potenziale optimal auszuschöpfen, ist eine strategische Integration von skill-based Corporate Volunteering in die Unternehmenspraxis von großer Bedeutung.

Über den Autor

(Foto: Scholz & Friends)

Joris-Johann Lenssen arbeitet seit knapp 15 Jahren zum Thema Nachhaltigkeit an der Schnittstelle von Wissenschaft, Wirtschaft und Politik mit und berät Unternehmen zu Themen wie gesellschaftliche Verantwortung, nachhaltiges Management und Führungskräfteentwicklung. Dabei hat er sowohl komplexe Beratungsprojekte wie auch große EU-geförderte Forschungsprojekte zu unterschiedlichen Bereichen von nachhaltigem Management und der Rolle von Unternehmen in der Gesellschaft geleitet. Er ist ehemaliger Geschäftsführer von ABIS – The Academy of Business in Society – in Brüssel, einem Zusammenschluss führender Unternehmen und Business Schools und Universitäten, um das Thema Nachhaltigkeit in Theorie und Praxis voranzutreiben. Beim Stifterverband war er Leiter des Programms »Unternehmen für Gesellschaft« und Hauptautor des »Monitor Unternehmensengagement«. Seit 2023 ist er bei Scholz & Friends Reputation als Director Sustainability Consulting tätig und leitet dort eins von drei Beraterteams.

Er ist Diplom-Politikwissenschaftler und hat einen Executive MBA der Vlerick Business School (Brüssel / Belgien) und GMP von CEDEP. Er schreibt regelmäßig Beiträge und Artikel zu gesellschaftlichem Engagement von Unternehmen und nachhaltigem Management und engagiert sich privat als Mentor für die berufliche Förderung von Frauen.

Sinnlos, sinnhaft, sinnstiftend – die Suche nach dem Sinn in der eigenen Arbeit und was Corporate Volunteering dazu beitragen kann

Chiara Ludwig, Hannah Trittin-Ulrich

Einleitung

Wir verbringen einen großen Teil unserer wachen Zeit bei der Arbeit. Da ist es wenig erstaunlich, dass viele Menschen sich die Frage stellen, ob ihre Arbeit Sinn macht, also sinnhaft oder sogar sinnstiftend ist. Und so suchen Arbeitsuchende, besonders die der jungen Generation, heute den potenziellen Arbeitgeber nicht mehr ausschließlich nach Gehalts- und Aufstiegsmöglichkeiten, aufgrund der Möglichkeit der mobilen Arbeit oder aufgrund einer angenehmen Arbeitsatmosphäre aus. Stattdessen schauen sie, ob Unternehmen einen Purpose oder Sinn verfolgen, einen gesellschaftlichen Mehrwert schaffen und somit der künftige Job sinnstiftend ist.[16] Mit dem zunehmenden Wunsch der Menschen nach einer sinnhaften und sinnstiftenden Arbeit steigen auch die

---

[16] Bailey C., & Madden A. (2016). What makes work meaningful – or meaningless. MIT Sloan Management Review, June 1. https://sloanreview.mit.edu/article/what-makes-work-meaningful-or-meaningless/

Ansprüche an Unternehmen, sich sinnstiftend zu verhalten. Eine Herausforderung, denen sich Unternehmen stellen müssen.

Natürlich kann nicht jede berufliche Tätigkeit gleichermaßen sinnstiftend sein, also dazu beitragen, direkt der Gesellschaft etwas zurückzugeben. Wissenschaftliche Studien zeigen aber, dass die Gestaltung von Arbeitsplätzen oder die Durchführung von Programmen, die einen gesellschaftlichen Beitrag leisten, ein Gefühl der Sinnhaftigkeit der eigenen Arbeit fördern können.[17]

Darüber hinaus bietet besonders Corporate Volunteering Mitarbeitenden die Möglichkeit, ein Gefühl von Sinnhaftigkeit im Arbeitskontext zu erleben und das eigene Handeln als sinnstiftend zu erfahren. Das liegt insbesondere daran, dass Corporate Volunteering, also Freiwilligenarbeit im unternehmerischen Kontext, darauf abzielt, einen gesellschaftlichen Beitrag zu leisten.[18] Unternehmerische Angebote für Corporate Volunteering können dabei ganz unterschiedlich ausgestaltet werden – vom gemeinsamen Renovieren einer Kindertagesstätte über regelmäßiges Engagement in lokalen Tafelläden bis hin zur digitalen Freiwilligenarbeit oder auch ehrenamtlichem Engagement, wo Mitarbeitende ihre beruflichen Kompetenzen einsetzen (skillbased Volunteering). Gleichzeitig können aber auch die Motivationen für und das Interesse an solchen Aktivitäten von Mitarbeitenden ganz unterschiedlich ausfallen.

---

[17] Janssen, J. L., Lysova, E. I., Wickert, C., & Khapova, S. N. (2022). Employee reactions to CSR in the pursuit of meaningful work: A case study of the healthcare industry. Frontiers in Psychology, 13, 969839.

[18] Haski-Leventhal, D., Roza, L., & Brammer, S. (2020). Employee Engagement in Corporate Social Responsibility. SAGE. // Rodell, J., Breitsohl, H., Schröder, M., & Keating, D. (2016). Employee Volunteering: A Review and Framework for Future Research. Journal of Management 42, 55–84.

In diesem Kapitel wollen wir einen Überblick darüber geben, welchen Beitrag Corporate Volunteering zur Erfahrung eines sinnhaften und sinnstiftenden Arbeitsumfelds unter Mitarbeitenden leisten kann. Und wir wollen reflektieren, welche Chancen, aber auch welche Risiken Unternehmen bei der Planung und Umsetzung von Corporate-Volunteering-Programmen berücksichtigen sollten.

Der Wunsch nach einer sinnhaften Arbeit

Die Suche nach Sinn kann eine wichtige Komponente für ein glückliches und zufriedenes Leben sein.[19] Da Menschen viel Zeit mit ihrer Arbeit verbringen, streben sie häufig danach, durch ihre und in ihrer Arbeit Sinn zu erfahren.[20] Als eine sinnhafte Arbeit werden Arbeitsarrangements verstanden, die sowohl für Arbeitnehmerinnen und Arbeitnehmer als auch für Unternehmen wertvoll und erstrebenswert sind.[21] Sinnstiftende Arbeitsarrangements bilden beispielsweise Tätigkeiten, welche einen positiven gesellschaftlichen Beitrag leisten.[22]

[19] Frankl, V.E. (1988). The Will to Meaning. New York: New American Library.
[20] Rosso, B.D., Dekas, K.H., & Wrzesniewski, A. (2010). On the meaning of work: A theoretical integration and review. Research in Organizational Behavior, 30, 91–127.
[21] Grant, A. M. (2008). The significance of task significance: job performance effects, relational mechanisms, and boundary conditions. Journal of Applied Psychology, 93(1), 108–124. // Baumeister, R. F., & Vohs, K. D. (2002). The pursuit of meaningfulness in life. In C. R. Snyder & S. J. Lopez (Hrsg.), Handbook of positive psychology (S. 608–618). Oxford University Press.
[22] Bailey C., Lips-Wiersma M., & Madden A. et al. (2019). The five paradoxes of meaningful work: Introduction to the special Issue ›Meaningful Work: Prospects for the 21st Century. Journal of Management Studies, 56(3), 481–499.

Wie sinnhaft bzw. sinnstiftend Arbeit jedoch wahrgenommen wird, kann unter den Mitarbeitenden stark variieren. Was für den einen eine absolut sinnvolle und erfüllende Tätigkeit ist, kann für den anderen etwas völlig Gegenteiliges sein. Ob eine Arbeit als sinnvoll oder sinnlos empfunden wird, ist eine subjektive Wahrnehmung und hängt von der Perspektive des einzelnen Arbeitnehmers ab, die jedoch auch von den äußeren Umständen geprägt wird.[23]

Im Rahmen von wissenschaftlichen Studien konnte gezeigt werden, dass Sinnhaftigkeit im Arbeitskontext positive Auswirkungen haben kann. Unter anderem kann dadurch die Zufriedenheit der Mitarbeiterinnen und Mitarbeiter sowie die Bindung der Mitarbeiterinnen und Mitarbeiter gefördert werden. Davon profitieren sowohl Mitarbeitende als auch Unternehmen.[24]

Aufgrund der Vielzahl an möglichen positiven Aspekten sowie des zunehmenden Bedürfnisses von Angestellten und potenziellen Arbeitnehmerinnen und Arbeitnehmern nach sinnhafter oder sogar sinnstiftender Arbeit ist es wenig überraschend, dass Unternehmen versuchen, ihren Mitarbeitenden zu ermöglichen, in ihrer Arbeit oder im Kontext des Arbeitsarrangements Sinn zu erfahren.[25] Unternehmen können dabei auf

---

[23] Pratt, M. G., & Ashforth, B. E. (2003). Fostering meaningfulness in working and at work. In K. Cameron & J. Dutton (Eds.), Positive Organizational Scholarship: Foundations of a New Discipline (pp. 309–327). Berrett-Koehler Publishers Inc.

[24] Bailey C., Lips-Wiersma M., & Madden A,. et al. (2019). The five paradoxes of meaningful work: Introduction to the special Issue ›Meaningful Work: Prospects for the 21st Century. Journal of Management Studies, 56(3), 481–499. // Lysova, E.I., Allan, B.A., Dik, B.J., Duffy, R.D., & Steger, M.F. (2019): Fostering meaningful work in organizations: A multi-level review and integration.

[25] Lysova, E.I., Allan, B.A., Dik, B.J., Duffy, R.D., & Steger, M.F. (2019): Fostering meaningful work in organizations: A multi-level review and integration.

unterschiedliche Art und Weise sinnhafte Arbeit ermöglichen. Einerseits können und sollten Unternehmen natürlich darauf achten, dass ihre Mitarbeitenden ihre Arbeit als sinnvoll und im besten Fall sogar als (gesellschaftlich) sinnstiftend erfahren. Eine andere Möglichkeit bietet aber auch die Entwicklung von besonderen Programmen, die es der Belegschaft auch abseits der eigentlichen Kernaufgaben erlauben, sinnstiftend tätig zu sein. Hierzu dient in allererster Linie das Corporate Volunteering.

Corporate Volunteering – Chancen und Risiken für Unternehmen

Corporate Volunteering umfasst Unternehmensaktivitäten, die Mitarbeitende ermutigen und dabei unterstützen, sich in der Gesellschaft zu engagieren.[26] Anders als das herkömmliche private Ehrenamt wird das Engagement der Mitarbeitenden beim Corporate Volunteering aktiv vom Arbeitgeber unterstützt.[27] Unternehmen stellen dabei ihre Angestellten beispielsweise für Freiwilligenarbeit frei, unterstützen diese mit Budget oder entwickeln selbst eigene Programme. In vielen Unternehmen ist Corporate Volunteering ein fester Bestandteil der

---

[26] Booth, J. E., Park, K. W., & Glomb, T. M. (2009). Employer-supported volunteering benefits: Gift exchange among employers, employees, and volunteer organizations. Human Resource Management, 48(2), 227–249. // Tschirhart, M. (2005). Employee volunteer programs. In J. L. Brudney (Ed.) Emerging areas of volunteering (pp. 13–29). Indianapolis: ARNOVA.

[27] Meijs, L. C. P. M., & van der Voort, J. (2004). Corporate volunteering: From charity to profit-nonprofit partnerships. Australian Journal on Volunteering, 9(1), 21–31. // Lee, L. (2011). Corporate volunteering – business implementation issues. International Journal of Business Environment, 4(2), 162.

Corporate-Social-Responsibility-(CSR)-Strategie und gehört zu den am schnellsten wachsenden CSR-Aktivitäten in Unternehmen. Mittlerweile bieten 92 Prozent der mittelgroßen und großen Unternehmen in Deutschland ihren Mitarbeitenden die Möglichkeit, an Corporate-Volunteering-Programmen teilzunehmen.[28] Auch in der Wissenschaft gewinnt das Thema stetig an Relevanz.[29]

Corporate-Volunteering-Programme entwickeln sich oft im Rahmen von CSR-Strategien von Unternehmen von einem Nice-to-have-Faktor zu einer der wichtigsten Komponenten eines solchen unternehmerischen Engagements.[30] Als Gründe für die steigende Relevanz von Corporate Volunteering können die positiven Auswirkungen von Volunteering-Programmen auf alle Stakeholder genannt werden. Unter anderem können durch die Aktivitäten die Bindung der Mitarbeiterinnen und Mitarbeiter und die Motivation der Mitarbeiterinnen und Mitarbeiter gefördert werden und sich positiv auf das Image des Unternehmens auswirken.[31] Gefördert wird der Trend des unternehmerischen Engagements in der Freiwilligenarbeit auch

---

[28] Gerber, L., Kaesemann, J., Kühn, I., Lenssen, J., & Krimmer, H. (2023). Unternehmensengagement und die Ukraine-Krise. PHINEO gemeinnützige AG. ZiviZ im Stifterverband.

[29] Haski-Leventhal, D., Roza, L., & Brammer, S. (2020). Employee Engagement in Corporate Social Responsibility. SAGE.

[30] Dreesbach-Bundy S, & Scheck B. (2017). Corporate volunteering: A bibliometric analysis from 1990 to 2015. Business Ethics.

[31] Rodell, J., Breitsohl, H., Schröder, M., & Keating, D. (2016). Employee Volunteering: A Review and Framework for Future Research. Journal of Management 42, 55–84. // Brockner, J., Senior, D., & Welch, W. (2014). Corporate volunteerism, the experience of self-integrity, and organizational commitment: Evidence from the field. Social Justice Research, 27: 1–23. // Grant, A. M. (2012). Giving time, time after time: Work design and sustained employee participation in corporate volunteering. Academy of Management Review, 37(4), 589–615.

durch zunehmende gesetzliche Regulation, aber auch durch die Ausweitung und Präzisierung von Anforderungen an die Nachhaltigkeitsberichterstattung.[32] Ein weiterer wichtiger Treiber ist der zunehmende Wunsch vieler Mitarbeitenden, Gutes in der Gesellschaft zu tun. Vor allem in Krisenzeiten empfinden Menschen das Bedürfnis, sich für gesellschaftliche Belange zu engagieren – der Zusammenhalt wächst spürbar und das Engagement wird wichtiger denn je. Dies war vor allem mit dem Beginn des Krieges in der Ukraine spürbar. Seitdem ist das Engagement in Deutschland sehr stark gestiegen.[33] Das Bedürfnis, sich für andere zu engagieren, ist vor allem bei der sogenannten Generation Z zu erkennen. Als Generation Z wird die Bevölkerungsgruppe bezeichnet, die zwischen 1995 und 2012 geboren wurde. Studien zeigen, dass die Generation Z von ihrem aktuellen oder zukünftigen Arbeitgeber erwartet, dass er sozial verantwortlich handelt und Freiwilligenprogramme anbietet.[34]

Die Mehrheit der Generation Z, aber auch der Generation Y (geboren zwischen den Jahren 1980 und 1995) möchte für ein Unternehmen arbeiten, das sozial verantwortlich agiert. Sie sind auf der Suche nach Arbeitsplätzen, die zum Wohl der Gesellschaft beitragen und mit ihren persönlichen Werten

---

[32] Bundesministerium für Arbeit und Soziales (2023). - CSR - Corporate Sustainability Reporting Directive (CSRD) (csr-in-deutschland.de)

[33] Gerber, L., Kaesemann, J., Kühn, I., Lenssen, J., & Krimmer, H. (2023). Unternehmensengagement und die Ukraine-Krise. PHINEO gemeinnützige AG. ZiviZ im Stifterverband.

[34] Baines, P. (2014). Doing Good By Doing Good: Why Creating Shared Value is the Key to Powering Business Growth and Innovation; Wiley: Hoboken, NJ, USA. // Deloitte Global (2022). The Deloitte Global 2022 Gen Z and Millennial Survey. https://www2.deloitte.com/content/dam/Deloitte/at/Documents/human-capital/at-gen-z-millennial-survey-2022.pdf.

übereinstimmen.[35] Engagement ist aber nicht nur für junge Mitarbeitende von Bedeutung, sondern bietet Angestellten jedes Alters und jeder Position die Möglichkeit, Sinnhaftigkeit auf der Arbeit zu erleben. Auch für ausscheidende Mitarbeitende kann das ehrenamtliche Engagement den Schritt in die Rente erleichtern und sie vor Einsamkeit bewahren. Darüber hinaus können Unternehmen Corporate-Volunteering-Programme auch nutzen, um ihre Angestellten weiterzuentwickeln. Studien zeigen, dass Mitarbeitende im Rahmen ehrenamtlicher Programme wichtige Zukunftskompetenzen erlernen und vor allem Sozialkompetenzen weiterentwickeln.[36] Gleichzeitig stellt die Umsetzung des Engagements von Mitarbeiterinnen und Mitarbeitern Unternehmen jedoch auch vor eine Vielzahl von Herausforderungen. Corporate-Volunteering-Aktivitäten benötigen Koordination, Zeit und Geld. Vor allem die Vereinbarkeit von Arbeitsaufgaben und Zeit für ehrenamtliches Engagement kann für Mitarbeitende eine Hürde sein. Auch können Freiwilligenprogramme, die hauptsächlich von Unternehmensinteressen angetrieben werden, ähnlich wie andere CSR-Maßnahmen schnell auf Skepsis bei den Mitarbeitenden stoßen sowie zu einer negativen Außenwahrnehmung führen. Um dies zu vermeiden, sollten Programme für Mitarbeiterinnen und Mitarbeiter nicht

---

[35] Bernardino, P. (2021). Engaging employees through corporate social responsibility programs: Aligning corporate social responsibility and employee engagement. Journal of Organizational Psychology, 21(1), 105-113. // Deloitte Global (2022). The Deloitte Global 2022 Gen Z and Millennial Survey. https://www2.deloitte.com/content/dam/Deloitte/at/Documents/human-capital/at-gen-z-millennial-survey-2022.pdf.

[36] Rasmussen, W. (2018). Corporate Volunteering bei Teach First Deutschland – Programmunterstützung und Möglichkeiten für einen Triple Win. CSR und Corporate Volunteering: Mitarbeiterengagement für gesellschaftliche Belange, 213-221.

nur dem unternehmerischen Selbstzweck dienen, sondern einen klaren gesellschaftlichen Mehrwert bieten.

Sinnhaftigkeit durch skill-based Corporate Volunteering

Das sogenannte skill-based Corporate Volunteering ist eine besondere und eine zunehmend beliebte Form des Corporate Volunteerings. Bei dieser Form des Engagements von Mitarbeiterinnen und Mitarbeitern setzen Angestellte ihre beruflichen Fähigkeiten und Kompetenzen im Rahmen des ehrenamtlichen Engagements ein. Durch die Teilnahme an solchen kompetenzorientierten Programmen können Mitarbeitende ihre eigenen Fähigkeiten weiterentwickeln und die neu gewonnenen Erkenntnisse in ihrer Arbeit einsetzen.[37] Arbeitnehmerinnen und Arbeitnehmer aus dem Personalbereich eines Unternehmens nutzen dabei beispielsweise ihre Kompetenzen, um junge Jobsuchende mit Tipps und Expertise auf dem Weg in das Berufsleben zu unterstützen. Auf diese Weise erlebt der einzelne Mitarbeitende, dass seine eigenen Fähigkeiten einen Mehrwert für die Gesellschaft schaffen – und das erzeugt ein Gefühl von Sinnhaftigkeit.

Ein Beispiel für skill-based Volunteering ist die Hacker School. Die Hacker School bringt Kindern und Jugendlichen das Programmieren bei und wird dabei von IT-Personal aus Unternehmen wie beispielsweise Beiersdorf oder SAP unterstützt. Angestellte, die im täglichen Arbeitsalltag vielleicht nicht immer den gesellschaftlichen Mehrwert erkennen, erleben durch das Engagement ihr Tun und ihre eigenen Kenntnisse als

---

[37] Bengtson, B. (2020, December 18). Reimagine your corporate volunteer program. Harvard Business Review. Retrieved from https://hbr.org/2020/12/reimagine-your-corporate-volunteer-program

sinnvoll. Der Einsatz von skill-based Volunteering kann sowohl für Freiwillige und Arbeitgeber als auch für gemeinnützige Organisationen und die Gesellschaft Vorteile bringen. Unternehmen profitieren, indem die Mitarbeitenden die neu gelernten Fähigkeiten im Arbeitsalltag einsetzen und weitergeben. Aus diesem Grund wird skill-based Volunteering zunehmend zur Aus- und Weiterentwicklung der Arbeitnehmer und Arbeitnehmerinnen genutzt.

Gemeinnützige Organisationen sowie die Gesellschaft profitieren von den Fähigkeiten der Freiwilligen. Und zuletzt profitieren auch die Freiwilligen selbst, indem sie neue Fähigkeiten erlernen, Sinnhaftigkeit erfahren und sich persönlich weiterentwickeln.

Obwohl skill-based Volunteering für alle Anspruchsgruppen positive Auswirkungen hat, sind auch Herausforderungen mit der Umsetzung der Programme verbunden. Die Durchführung von skill-based Aktivitäten ist für Unternehmen oft zeitlich aufwendiger und es können weniger Angestellte teilnehmen als beispielsweise an einem Social Day. Auch die Mitarbeitenden selbst gehen eine größere Verpflichtung ein, denn sie verpflichten sich für einen längeren Zeitraum und sind weniger flexibel im Vergleich zu einzelnen Aktivitäten. Studien zeigen jedoch die positive Wirkung von skill-based Volunteering und belegen, dass es sich lohnt, die Herausforderungen anzugehen und damit langfristige Programme aufzusetzen.[38]

---

[38] Muthuri, J. N., Matten, D., & Moon, J. (2009). Employee volunteering and social capital: Contributions to corporate social responsibility. British Journal of Management, 20(1), 75–89. // Rodell, J., Breitsohl, H., Schröder, M., & Keating, D. (2016). Employee Volunteering: A Review and Framework for Future Research. Journal of Management 42, 55–84. // Caligiuri, P., Mencin, A., & Jiang, K. (2013). Win-win-win: The influence of company-sponsored volunteerism programs on employees, NGOs, and business units. Personnel Psychology, 66(4), 825–860.

Ausblick

Unternehmen stehen heutzutage vor der Herausforderung, Arbeitnehmern und Arbeitnehmerinnen einen möglichst sinnstiftenden Arbeitsplatz zu ermöglichen. Corporate Volunteering kann dazu beitragen, dass Mitarbeitende die eigene Arbeit als sinnhafter wahrnehmen. Vor allem skill-based Volunteering kann dazu beitragen, das eigene Tun und Können als sinnvoll wahrzunehmen. Ehrenamtliches Engagement bietet Mitarbeitenden jedoch nicht nur die Möglichkeit, Sinn in der eigenen Arbeit zu finden, sondern auch die eigenen Kompetenzen und Fähigkeiten zu schulen, und steigert das Wohlbefinden im Allgemeinen. Fakt ist jedoch auch, dass Corporate Volunteering allein die Sinnfindung der Mitarbeitenden nicht garantiert. Empfinden die Mitarbeitenden die eigene Arbeit als sinnlos oder verknüpfen den Arbeitgeber mit negativen Attributen, kann ehrenamtliches Engagement von Mitarbeiterinnen und Mitarbeitern dies nicht allein ausgleichen.

Aufgrund der vielen positiven Eigenschaften von Corporate Volunteering und der steigenden gesellschaftlichen sowie politischen Relevanz wird das Engagement von Mitarbeitenden in den nächsten Jahren weiter an Bedeutung gewinnen.

Über die Autorinnen

(Foto: Björn Schönfeld)

Hannah Trittin-Ulbrich ist Professorin für Betriebswirtschaftslehre, insbesondere Unternehmen in der Gesellschaft, an der Leuphana Universität Lüneburg. Sie forscht zu Themen wie Corporate Social Responsibility (CSR), CSR Kommunikation, Corporate Digital Responsibility (CDR), neuen Formen der Arbeit und des Organisierens sowie zur Rolle von individuellen Change Agents for Sustainability in der Nachhaltigkeitstransformation von Unternehmen. Hannah Trittin-Ulbrich wurde mit verschiedenen Preisen für ihre Forschung und Lehre ausgezeichnet und präsentiert ihre Arbeiten in unterschiedlichen wissenschaftlichen und praxisorientierten Formaten.

(Foto: Christoph Bauer)

Chiara Ludwig studierte Sozialwissenschaften sowie strategisches Marketingmanagement in Deutschland, Spanien und Ungarn. Im Rahmen ihrer laufenden Promotion an der Leuphana Universität Lüneburg forscht sie zu den Themen Corporate Volunteering und Meaningful Work. Berufliche Erfahrungen sammelte sie unter anderen bei den Unternehmen Porsche, Mercedes Benz und Tecnofarma in Deutschland, den Vereinigten Emiraten und Chile. Seit 2020 arbeitet Chiara Ludwig als Referentin bei der Ferry-Porsche-Stiftung.

Digitale Bildung gone wrong – worauf es für eine echte Transformation wirklich ankommt

Jöran Muuß-Merholz

Einleitung: Wer schubst denn hier?

Es wird gern gesagt, Unternehmen und Schulen hätten in Deutschland durch die Coronakrise einen Digitalisierungsschub erfahren. Zur digitalen Bildung gibt es inzwischen so viele und so laute Wortmeldungen, dass wir mitunter übersehen: Wir haben dazu gar kein gemeinsames Verständnis, geschweige denn einen Konsens. Nicht wenige Akteure im System Schule empfinden den Digitalisierungs*schub* vielmehr als Digitalisierungs*schubs*. Man schubst sie mit mangelhafter Infrastruktur, praxisferner Regulierung und dürftiger Vorbereitung in unbekannte Gewässer.

Diese Diskussion verdeckt eine weitere, noch tiefer liegende Ebene. Man stelle sich nur für eine Minute vor, dass Infrastruktur, Regulierung, Aus- und Fortbildung keine Probleme mehr wären. Spätestens dann müsste man sich die Fragen stellen: Wohin wird hier eigentlich geschoben bzw. geschubst? Was genau ist das überhaupt, was hier digitalisiert wird? Welche Richtung und welche Ziele verbinden wir mit der Digitalisierung? Und wer sind die entscheidenden Akteure – wer oder was also bestimmt, wohin es gehen soll?

Arbeiten im Herausfindemodus

Es wäre zu spät, wenn wir uns diese Grundsatzfragen erst stellen, wenn alle konkreten Hindernisse beseitigt und Probleme gelöst sind. (Spoiler: Das wird nicht passieren.) Wir müssen in Sachen digitale Transformation an den Grundsatzfragen und an den konkreten Herausforderungen arbeiten, parallel zueinander und verwoben miteinander.

Spätestens mit dem KI-Schock durch ChatGPT wurde erkennbar, dass es sich bei der digitalen Transformation um einen andauernden und offenen Prozess handelt, der längst nicht abgeschlossen ist. Das gilt nicht nur für Schulen, sondern für alle Akteure der digitalen Transformation. Ob die Grundschule an der nächsten Straßenecke oder die Uni in San Francisco, das Start-up im Co-Working-Space in Greifswald oder das Corporate-Hochhaus in Frankfurt am Main, die Bundesregierung oder zivilgesellschaftliche Akteure wie die Hacker School – wir alle stecken mittendrin in der digitalen Transformation.

Wir erkunden noch das Terrain, und gleichzeitig sind wir schon darin unterwegs. Wir wissen ziemlich genau, wo das Alte nicht mehr funktioniert, und wir erkennen an vielen Stellen das Neue – mal konkreter, mal erst in Umrissen. Es gibt wenige Rezepte für Transformation, die wir nur nachmachen müssten – wir müssen an vielen Stellen erst herausfinden, was und wie das mit der Veränderung funktioniert. Als Gesellschaft, als Organisation, als Team und auch individuell gilt: Wir arbeiten im Herausfindemodus – mal mehr, mal weniger bewusst und zielgerichtet.

Der doppelte Genitiv

Der Soziologe Dirk Baecker[39] spricht von einem doppelten Genitiv, der in der Formulierung »die Digitalisierung der

---

[39] Baecker, D. (2018). 4.0 oder Die Lücke die der Rechner lässt. Deutschland: Merve Verlag.

Gesellschaft« steckt. Das können wir auf die Digitalisierung der Schule oder die Digitalisierung der Unternehmen übertragen. Der Genitiv in diesen Formulierungen kann in zwei gegensätzliche Richtungen interpretiert werden. Entweder spielt die Digitalisierung die aktive Rolle und ist die treibende Kraft, durch die Gesellschaft/Schule/Unternehmen als passive Objekte digitalisiert werden. Oder wir sehen darin einen Genitivus subiectivus, sodass Gesellschaft/Schule/Unternehmen jeweils ihre eigene Digitalisierung gestalten. Beides ist richtig und gehört zusammen – aber die zweite Perspektive macht mehr Freude und Sinn!

Für Stabilität erfunden

Nun haben Schulen es in bestimmter Hinsicht deutlich schwerer als Unternehmen, ihre digitale Transformation herauszufinden und zu gestalten. Denn das System Schule ist nicht für Veränderung gemacht – Schule wurde für Stabilität erfunden. Schulen müssen neben der digitalen Transformation also eine noch grundlegendere Baustelle gleichzeitig bearbeiten: Sie müssen herausfinden, wie sie ihren eigenen Wandel gestalten können. Das können sie nur selbst machen – aber nicht allein. Später mehr dazu.

Digitale Bildung gone wrong

Im Folgenden geht es um eine kleine Bestandsaufnahme zur digitalen Bildung in Deutschland unter der Grundannahme, dass die Schule bisher eher passiv digitalisiert wurde, als dass sie aktiv ihre eigene Digitalisierung herausge-, ge- und erfunden hätte. Zuerst geht es um die Frage, was denn eigentlich an Veränderung mit und durch digitale Medien denkbar ist.

Verstärker für Mündigkeit und Manipulation

Durch digitale Medien verändern sich Lernen und Schulen nicht per se in eine bestimmte Richtung. Es ist nicht so, dass man digitale Medien in ein System hineingießen und dann bestimmte Veränderungen als direkten Effekt erwarten könnte. Lernen wird durch digitale Medien nicht automatisch einfacher oder individueller oder effektiver oder unpersönlicher. Schulen werden durch digitale Medien nicht automatisch moderner oder demokratischer oder effizienter oder inklusiver. Vielmehr gilt: Digitale Medien können als extrem mächtige Verstärker fungieren. Sie verstärken nicht allgemein eine bestimmte Richtung, sondern in der jeweiligen Situation vorhandene Muster, Tendenzen, Ziele und Interessen.

Digitalisierung als mächtige Verstärker – das lässt sich vom Individuum bis zum Schulsystem durchdeklinieren, indem man jeweils die Möglichkeiten in einer prädigitalen Ära und die Möglichkeiten in der vom digitalen Wandel geprägten Gegenwart vergleicht:

- Wenn ich gern lahm auf dem Sofa rumhänge, kann ich mit digitalen Medien noch besser lahm auf dem Sofa rumhängen.

- Wenn ich gern raus in die Welt gehe, Neues entdecke und mich mit anderen Menschen vernetze, kann ich mit digitalen Medien noch besser raus in die Welt gehen, Neues entdecken und mich mit anderen Menschen vernetzen.

- Wenn ich anfällig für Bevormundung und Manipulation bin, kann ich mit digitalen Medien noch besser bevormundet und manipuliert werden.

- Wenn ich gern mündig den Dingen auf den Grund gehe, nachforsche und nachfrage, kann ich mit digitalen Medien noch besser bzw. noch mündiger den Dingen auf den Grund gehen, nachforschen und nachfragen.

- Wenn ich gern einen Schulunterricht gestalte, in dem ich alle Aktivitäten streng strukturiere und engmaschig kontrolliere, kann ich mit digitalen Medien noch besser Unterricht mit strenger Struktur und engmaschiger Kontrolle umsetzen.

- Wenn ich gern Lerngelegenheiten gestalte, in denen die Lernenden selbstständig forschen, zusammenarbeiten und kreative Produkte erstellen, kann ich mit digitalen Medien solche Lerngelegenheiten noch besser gestalten.

- Wenn ich als Lehrkraft bevorzugt jedes Schuljahr möglichst so wie das vorherige Schuljahr umsetze, kann ich mit digitalen Medien meinen Unterricht quasi kopieren.

- Wenn ich als Lehrkraft gern Neues erprobe, mich dazu mit anderen vernetze und austausche, kann ich mit digitalen Medien noch besser Neues erproben, mich vernetzen und austauschen.

Digitale Medien können also als Verstärker für ganz unterschiedliche Richtungen wirken. Das gilt auch dort, wo sich die Akteure über diese Richtungen gar nicht im Klaren sind bzw. sich nicht einmal Fragen nach der Richtung stellen. Dann wird das verstärkt, was implizit vorhanden ist oder von anderen Akteuren betrieben wird. Der Digitalisierungsschub ist nicht neutral. Wer nicht nur getrieben, geschoben und geschubst werden will, muss sich Gedanken über die eigene Richtung machen – das gilt für uns als individuelle Menschen, für einzelne Schulen und das ganze Schulsystem, ja sogar für eine Gesellschaft.

Was wir zuerst digitalisieren ...

Was macht nun das aus, was Schulen für ihre Arbeit verstärken wollen? Diese Frage ist bisher leider nicht gerade von entscheidender Bedeutung gewesen. Stattdessen gilt: Wir digitalisieren zuerst das, was sich am einfachsten digitalisieren lässt – und nicht etwa das, was an bestimmten Zielen ausgerichtet am sinnvollsten wäre.

Auch diese Tendenz lässt sich anhand von Beispielen durchdeklinieren:

• Für das Lernen ist es einfacher, sich kurze Erklärvideos anzuschauen, als eigene Mitschriften in Form von datenbankbasierten, sozial vernetzten, auf Hypertext basierenden Strukturen zu führen.

• Für das Lehren ist es einfacher, frontale Inputs und bunte Quizaufgaben zu digitalisieren als kollaboratives Projektlernen.

• Für das Lernmanagementsystem ist es einfacher, Lernen in Kurslogik mit Anfang und Ende abzubilden, als personalisiertes Lernen mit unterschiedlichen Wegen und Zielen zu unterstützen.

• Für Schulträger ist es einfacher, Geld für digitale Wandtafeln auszugeben, als in Fortbildung und Schulentwicklung zu investieren.

• Für die Schulpolitik ist es einfacher, die digitale Optimierung der vorhandenen Schule zu versprechen, als groß angelegte Umbrüche der Art und Weise, wie wir Schule verstehen.

Die Folgen sind so einfach wie massiv: Wir erleben in den Schulen eine Digitalisierung, in der bunte Quizaufgaben, Belehrungsvideos, Onlinekurse und digitale Wandtafeln häufiger vorkommen als kollaborative Projekte, personalisiertes Lernen und breit angelegte Schulentwicklung.

Das ist eine digitale Bildung, in der die alte Schule und das bisherige Bild von Lernen und Lehren digital verstärkt werden – ohne echte Veränderungen. Wenn man Schule nicht nur an der Oberfläche optimieren, sondern grundsätzlich weiterentwickeln will, muss man feststellen: Digitale Bildung gone wrong.

Was wirklich wichtig ist

Beim Diskurs um digitale Bildung fällt auf, dass es häufig um die Formen des Lernens und Lehrens geht. Was noch wichtiger ist, sind die Inhalte und Ziele von Bildung in einer von komplexen Transformationen geprägten Welt.

Vom Ende gedacht: neue Bildungsziele und Lerninhalte

Der Diskurs dazu, was Kinder und Jugendliche an neuen Kompetenzen brauchen, ist durchaus vorhanden, allerdings mit einer merkwürdigen Mischung aus großen Begriffen und bescheidenen Ansprüchen. Wir sprechen von 21st Century Skills – als ob das die Zukunft und das 21. Jahrhundert nicht schon fast zu einem Viertel vorbei wäre. Wir nennen es Future Skills – auch wenn es eigentlich um die Gegenwart geht. Wir haben einige zusätzliche Kompetenzen in die Lehrpläne aufgenommen – aber der Großteil des Stundenplans sieht immer noch aus wie vor 100 Jahren. (Meiner Einschätzung nach ist schon das Konzept Stundenplan eher Teil des Problems als Teil der Lösung. Aber das ist ein anderes Thema.)

Immerhin: Wir diskutieren über Bildungsziele und Lerninhalte, und es gibt einen diffusen Konsens darüber, dass die nächste Generation neue Kompetenzen für die Zukunft (aka die Gegenwart) benötigt. Es gibt unterschiedliche Frameworks, um diese neue Kompetenz auszubuchstabieren. Einer davon ist das Buch »Die vier Dimensionen der Bildung: Was Schülerinnen und Schüler im 21. Jahrhundert lernen müssen«.[40] Darin tragen Charles Fadel, Maya Bialik und Bernie Trilling Bildungsziele und Lerninhalte systematisch zusammen. Die Abbildung unten zeigt eine Übersicht, komprimiert von 200 Seiten Buch auf ein Slide.

(Grafik: Jöran Muuß-Merholz)

---

[40] Fadel, C., Bialik, M., Trilling, B. (2017). Die vier Dimensionen der Bildung: Was Schülerinnen und Schüler im 21. Jahrhundert lernen müssen. Deutschland: Verlag ZLL21 e.V., Zentralstelle für Lernen und Lehren im 21. Jahrhundert e.V.

Aus jeder der vier Dimensionen möchte ich einen einzelnen Baustein herausgreifen, um die Sache zu veranschaulichen:

- Zur Dimension Wissen gehören sowohl traditionelles Wissen (in Schulen gut etabliert), modernes Wissen (in Schulen unterrepräsentiert) und Querschnittsthemen. Ein Baustein im Bereich modernes Wissen heißt Entrepreneurship. Bei Entrepreneurship Education geht es nicht nur um Geschäftsprozesse und Start-ups, sondern vor allem darum, Dinge in die eigenen Hände zu nehmen und Ideen aus dem eigenen Kopf in die gemeinsame Welt zu bringen. Der Lehrer Tobias Raue arbeitet dazu und bringt es auf den Punkt: »Das hat weniger mit BWL als viel mehr mit der Persönlichkeitsentwicklung zu tun.«[41]

- In der Dimension Skills finden sich die 4K-Skills: Kreativität, kritisches Denken, Kommunikation und Kollaboration. Nehmen wir hier kritisches Denken heraus – vermutlich das am meisten missverstandene der 4Ks. Kritisches Denken bedeutet nicht etwa, dass man Dinge besonders gut problematisieren und kritischen Abstand wahren kann. Die Grundidee hat eine deutlich konstruktivere Ausrichtung, was im ursprünglichen Konzept der 4Ks übrigens auch im englischen Originaltitel zu erkennen war: »Critical thinking and problem solving« heißt es da nämlich und fokussiert auf eine systematische Herangehensweise an Fragestellungen und Aufgaben.

- Unter Charakter sind verschiedene Persönlichkeitseigenschaften versammelt, die als erstrebenswerte Bildungsziele gewertet werden. Zum Beispiel: Neugier und damit verbundene

---

[41] https://fobizz.com/entrepreneurship-education-im-unterricht/

Eigenschaften und Konzepte wie Aufgeschlossenheit, Forschergeist, Leidenschaft, Selbststeuerung, Motivation, Initiative, Innovation, Begeisterung, Staunen, Spontaneität usw.

- Die vierte Dimension heißt Meta-Lernen, also das Lernen über das eigene Lernen. Die Autorinnen und Autoren der »Vier Dimensionen« verbinden damit unter anderem ein dynamisches Selbstbild (Growth Mindset).

Schaut man sich allein diese vier beispielhaften Schlagworte an und gleicht sie mit der Umsetzungsrealität existierender Curricula ab, so wird man nicht unbedingt geneigt sein, vier große grüne Haken hinter diese Bildungsziele zu zeichnen. Und das, obwohl man wahrscheinlich einen einigermaßen großen Konsens über die Relevanz dieser Ziele hätte.

Warum tun wir uns bei Veränderungen von Schule so schwer? Ich möchte zwei Herausforderungen vorstellen, die den Veränderungen der Bildungsziele im Weg stehen.

Herausforderung #1:
Schule wurde für Stabilität erfunden

Gesellschaftlich dient die Institution Schule dem Ziel Stabilität. Die Schule, so wie wir sie kennen, haben wir dafür erfunden, dass die erwachsene Generation das an die nächste Generation weitergibt, was sich in den vorherigen Generationen bewährt hat. Das funktioniert in der Gegenwart nur noch mittelmäßig, weil die Dinge sich zu schnell entwickeln, als dass wir sie über eine Generation hinweg erst mal beobachten und einsortieren könnten.

In vielen Schulen und Ministerien arbeitet man an Veränderung und Wandel. Aber das ist alles andere als einfach in einem System, das nicht für Dynamik erfunden wurde. Das Ziel der Stabilität ist so tief in der DNA von Schule verankert, dass wir es manchmal kaum wahrnehmen können, weil es so selbstverständlich erscheint. Wenn wir erfolgreiche Beispiele von Veränderung in Schulen beobachten, dann sind diese Beispiele trotz und nicht wegen der Grundeigenschaften von Schule im Spannungsfeld von Dynamik und Stabilität erfolgreich.

Es ist also nicht so, dass Schule *nur* einzelne Komponenten (z. B. neue Bildungsziele) innerhalb ihrer vorhandenen Strukturen neu gestalten müsste. Sie muss gleichzeitig auch ihre Struktur neu gestalten. Schule muss sich selbst neu erfinden – und das noch während sie unter den Vorzeichen von Stabilität unterwegs ist, also dem Gegenteil von »sich selbst neu erfinden«.

Herausforderung #2:
Die Erwachsenen können es ja auch nicht

Eine zweite Grundschwierigkeit ist ebenfalls so selbstverständlich, dass wir sie häufig übersehen. Damit Erwachsene etwas an die nächste Generation weitergeben können, müssen sie es selbst beherrschen. Das war für die alte Schule kein Problem. Die Erwachsenen hatten ja per Definition der Lernziele schon das gelernt, was ihre Generation als bewährt definierte. Wenn wir aber jetzt auf die neuen Kompetenzen schauen, ist das alles anderes als selbstverständlich. Nehmen wir die vier Beispiele von oben: Wo und wann haben denn die Erwachsenen 1. Entrepreneurship, 2. kritisches Denken, 3. Neugier und 4. Meta-Lernen gelernt? Die Antwort »in der Schule« dürfte nur ein Drittel der Wahrheit sein. Die zweite Antwort lautet: »Außerhalb der Schule.« Und die dritte und schwierigste Antwort heißt: »Ich habe das nie richtig gelernt.«

Soll heißen: Es ist alle andere als selbstverständlich, dass die Erwachsenen das beherrschen, was die nächste Generation lernen soll. Sie können es häufig selbst nicht. Das ist ein Problem. Denn an vielen Orten ähneln Lehrkräfte in der Schule vielen

Managerinnen und Managern in Unternehmen: Sie brauchen noch Übung bei den Worten: »Das kann ich (noch) nicht.«

Arbeiten und Lernen im Herausfindemodus

Nehmen wir jetzt Herausforderung #1 und Herausforderung #2 zusammen, dann sehen wir: Schule ist nicht für Veränderung gemacht. Und die Erwachsenen, die dort arbeiten, sind insofern ganz normale Menschen, als sie zu vielen der neuen Bildungsziele und Lerninhalte (noch) nicht Profis sind.

Zu Fragen, wie zum Beispiel Entrepreneurship, kritisches Denken, Neugier und Meta-Lernen unter den Bedingungen von Tiktok, ChatGPT und Klimakatastrophe funktionieren und gefördert werden können, gibt es keine abgeschlossenen Antworten und ausformulierten Rezepte, die wir nur für die Schulen aufbereiten und ausrollen müssten. Auch hier gilt: Wir arbeiten im Herausfindemodus. Schule und die Akteure, die dort arbeiten, müssen dafür noch vieles lernen, Lösungen finden und erfinden, entdecken und gestalten. Dazu braucht es ein neues Lernen der Erwachsenen, der Lehrenden. Wie kann das funktionieren?

Die stille Revolution

Die gute Nachricht lautet: Die Revolution des Lernens der Erwachsenen ist schon längst da – auch und gerade für die lernenden Lehrenden in den Schulen.

Die leise Veränderung im Schatten der Großbaustellen

In den vergangenen Jahren gab es für Schulen mehrere große Themen, auf die wir gesellschaftliche Aufmerksamkeit gerichtet haben, insbesondere Inklusion, Geflüchtete, Digitalisierung, Corona und Lehrkräftemangel. Im Schatten dieser

Großbaustellen hat sich ohne große Aufregung und mit wenig Beachtung eine stille Revolution entwickelt, die Schulen als Organisationen und die Professionalität der erwachsenen Menschen, die dort arbeiten, nachhaltig verändert. Es geht um das Lernen der Lehrenden. Für diesen Themenkomplex haben wir verschiedene Begriffe und Konzepte: Fort- und Weiterbildung, Personal- und Schulentwicklung, Communities of Practice und lernende Organisationen – und doch bringt kein Begriff den Kern der Sache auf den Punkt. In meiner Sprache spreche ich vom Selbstlernen der Lehrenden.

Die Grundidee hinter dem Selbstlernen ist einfach bzw. zweifach: Die Lehrenden sehen sich erstens selbst als Lernende und nehmen zweitens ihr Lernen in die eigenen Hände. Meine Freundin Lisa Rosa, die in Deutschland vielleicht maßgeblichste Vordenkerin in Sachen Lernen und Digitalisierung, hat mir in dieser Sache vorgeworfen, dass der Begriff Selbstlernen Unfug sei. Man könne ja nur selbst lernen – wie denn sonst? Lisa Rosa hat recht. Und dennoch: Mir hilft mir der Begriff, weil diese so banale wie basale Wahrheit häufig schlicht ignoriert wird.

In der traditionellen Schule wurde das Lernen der Lehrenden als automatische Konsequenz von Fortbildungsangeboten, von Anweisungen, Programmen, Richtlinien oder sonstigen Maßnahmen verstanden. Die Lehrenden waren quasi die passiven Empfänger am Ende dieser Maßnahmen. An entscheidender Stelle, also am Anfang bzw. in der Mitte bzw. über allem stand ein allwissendes System, das das notwendige Wissen in die Schulen ausrollte.

Dieses Vorgehen war passend für das Modell der Schule als Institution, die für größtmögliche Stabilität erfunden wurde und über die gesichertes Wissen von einer Generation an die nächste übergeben werden sollte. Heute, wo Schulen ihr Selbstverständnis im Spannungsfeld von Stabilität und Dynamik neu herausfinden müssen, funktioniert das nur noch sehr begrenzt.

Spätestens im 21. Jahrhundert können Schulen nicht mehr warten, bis eine Generation ihr gesichertes Wissen gesellschaftlich entwickelt, erprobt, abgesichert und zur Umsetzung in Schulen angepasst hat. Das Gegenteil ist der Fall: Viele große Entwicklungen fordern, dass wir unser praktisches Handeln anpassen, noch während wir gemeinsam herausfinden, wie genau diese Anpassungen gestaltet sein müssen. Auch hier gilt: Wir arbeiten im Herausfindemodus. Damit verbunden ist die Anforderung, dass die Akteure – als Individuen, als Teams, als Organisation – mehr Verantwortung für ihr eigenes Lernen übernehmen müssen. Für Schulen heißt das: Die Lehrenden sehen sich als Lernende und setzen sich an den Anfangs- bzw. in den Mittelpunkt von allem, was wir bisher im weitesten Sinne Fortbildung nannten.

Neuer Lernbedarf mit vier Eigenschaften

In Schulen herrscht großer Lernbedarf – auch und gerade für die Lehrenden –, dem wir nicht im traditionellen Modus begegnen können. Die digitale Transformation ist so ein Beispiel. Typische Kennzeichen eines solchen Lernbedarfs sind:

1. Die Sache ist *ungeduldig* – sie kann nicht warten.

2. Die Sache ist *dynamisch* – sie entwickelt sich weiter, während wir daran arbeiten.

3. Die Sache ist *komplex* – es gibt keine einfachen Antworten, sondern es braucht Ambiguität und Multiperspektivität.

4. Die Sache ist *offen* – wir lernen kontinuierlich weiter.

Für das professionelle Lernen angesichts dieser vier Anforderungen braucht es neue Formen von Fortbildungen:

1. Fortbildung muss kurzfristig erfolgen.

2. Fortbildung muss flexibel sein.

3. Fortbildung muss das gemeinsame Arbeiten an neuen Antworten beinhalten.

4. Fortbildung muss mit dem Arbeitsalltag verflochten sein.

Das gemeinsame Arbeiten im Herausfindemodus wird also auf das gemeinsame Lernen angewandt: Wir üben das Co-Selbstlernen im Co-Herausfindemodus.

Fortbildung als Co-Herausfindemodus

Die gute Nachricht ist: Es gibt solche Formate des Selbstlernens bereits. Immer mehr Lehrende, Teams und Kollegien werden selbst aktiv und nehmen ihre Fortbildung in die eigenen Hände. Sie lernen selbst. Die Akteure dieser Praxis organisieren schulinterne Mikrofortbildungen, versenden im Kollegium eigene kurze Newsletter, veranstalten Barcamps und andere Formen des Peer-to-Peer-Lernens – also des Lernens voneinander und miteinander. Immer mehr Lehrkräfte überwinden auch die Grenzen ihrer Schule und entwickeln eine öffentliche Kultur des Teilens. Sie teilen eigene Materialien als Open Educational Resources (OER) und eigene Erfahrungen über Messengergruppen, Blogs, X (ehemals Twitter) und im Fediverse.[42]

Diese Aktivitäten mögen angesichts von rund einer Million Lehrkräften in Deutschland bisher klein, vereinzelt und

---

[42] Für alle, die das nicht kennen, sei an dieser Stelle der Twitter-Hashtag #twlz (kurz für #twitterlehrerzimmer) bzw. das Äquivalent #fediLZ auf Mastodon empfohlen.

unauffällig wirken. Und dennoch haben sie das Zeug zu einer Revolution, die über die Fragen der Digitalisierung hinausgeht. Denn eine Kultur des Selbstlernens, die den Co-Herausfindemodus als Grundform der Weiterentwicklung und Fortbildung anerkennt, hat das Potenzial, dass sie auch auf zukünftige Großbaustellen übertragbar ist, die wir heute noch gar nicht kennen. Falls dann das Selbstlernen in den Schulen selbstverständlich sein sollte, dann werde ich Lisa Rosa recht geben und anerkennen, dass der Begriff Selbstlernen Unfug ist und nicht mehr benötigt wird, weil es einfach um das Lernen geht.

Schule in guter Gesellschaft

Schulen sind hinsichtlich der oben beschriebenen Entwicklungen nicht allein. Welche Rolle können Unternehmen und andere gesellschaftliche Akteure dabei spielen? (Wir könnten diese Konstellation »Schule in guter Gesellschaft« nennen.)

Unternehmen in der Schule

Wir kennen bereits erfolgreiche Beispiele wie die Hacker School, wo Schule mit ihrer guten Gesellschaft zum Beispiel aus Unternehmen erfolgreich zusammenarbeitet. In Sachen Digitalisierung haben wohl mehr Schulen externe Expertinnen und Experten hereingelassen als zu irgendeinem anderen Themenbereich. Der Antrieb dahinter ist eine Medaille mit zwei Seiten. Einerseits: Es ist großartig, dass Schulen sich da geöffnet haben. Es ist großartig, dass Unternehmen sich entsprechend engagieren. Andererseits: Die Motivation dahinter endet bisweilen mit dem Lückenfüllermodus. Sehr vereinfacht und zugespitzt gesagt: Wir hier in der Schule haben für dieses Thema weder Kompetenzen noch Kapazitäten – dann sollen das die Externen mal übernehmen. Wenn es ganz schlecht läuft, sehen die

Lehrkräfte sich nicht als Co-Lernende, sondern als Betreuerinnen und Betreuer der externen Lernangebote. Böse und zugespitzt formuliert: Sie lassen die Externen ins Haus, zeigen ihnen die Klasse, und wenn's gut läuft, geben sie ihnen noch einen Zugang zum WLAN. Wenn es dann noch schlechter läuft, sehen die Expertinnen und Experten aus Unternehmen sich im Nachhilfemodus, in dem sie ihr Wissen in die Schulen tragen, dort absetzen und kein Interesse an Dialog und eigenem Lernen haben.

Let's work together! Im Co-Herausfindemodus

Was wir ausbauen müssen, sind Lerngemeinschaften, an denen alle Erwachsenen als Lernende beteiligt sind. In einem Co-Herausfindemodus können Menschen aus Schulen, Unternehmen und anderer guter Gesellschaft miteinander und voneinander lernen. Das ist keine Einbahnstraße, über die Erfahrungen aus Unternehmen in die Schulen fließen. Es geht um das gemeinsame Herausfinden und das Arbeiten an großen Fragen, die sich an allen Orten stellen.

Auch Erwachsene in Unternehmen haben in ihren Schulkarrieren selten die Lerninhalte bearbeitet, die oben eingeführt wurden. Bildungsziele wie zum Beispiel 1. Entrepreneurship, 2. kritisches Denken, 3. Neugier und 4. Meta-Lernen standen auch bei ihnen in der Regel nicht im Mittelpunkt ihrer schulischen oder beruflichen Ausbildung. Das Buch, aus dem diese Lernziele ausgewählt wurden, heißt zwar: »Die vier Dimensionen der Bildung: Was Schülerinnen und Schüler im 21. Jahrhundert lernen müssen«. Aber eigentlich könnte der Untertitel genauso richtig lauten: »Was alle Menschen im 21. Jahrhundert lernen müssen – auch die Erwachsenen.« Bei den allermeisten Punkten haben die Erwachsenen es eben auch nicht fertig gelernt, so beim modernen Wissen (etwa über Medien, persönliche Finanzen oder soziale Systeme), bei Querschnittsthemen (etwa Umweltbewusstsein, Informationskompetenz oder Design Thinking), bei Skills (etwa Kreativität und Kollaboration), bei Fragen der Persönlichkeit (etwa Achtsamkeit oder Resilienz) und beim Meta-Lernen (etwa fokussiertes Lernen, Wissensmanagement oder Erfahrungsaustausch).

Wenn die Erwachsenen an Themen wie diesen gemeinsam im Co-Herausfindemodus arbeiten, voneinander und miteinander lernen, dann werden sich die Rolle digitaler Medien und Antworten auf der Ebene der Schülerinnen und Schüler fast von allein ergeben.

Außerdem können Unternehmen einiges in Schulen lernen, zum Beispiel das, was dort extrem stark und jeden Tag eingeübt wird: ein Spannungsfeld aus Stabilität und Dynamik nicht nur auszuhalten, sondern gestalten zu können.

Die Schule (er-)findet ihre Digitalisierung

In der Einleitung dieses Textes ging es um den doppelten Genitiv, der in Formulierungen wie »die Digitalisierung der Schule« und »die Digitalisierung der Gesellschaft« liegt. Für eine tatsächliche Weiterentwicklung der Institution Schule muss sich die Schule aus der Rolle des passiven Objekts befreien und viel stärker die aktive Rolle des Subjekts annehmen. Schule muss ihre eigene Digitalisierung gestalten.

Wie überall, wo die Digitalisierung tatsächlich transformative Wirkung hatte, wird sich die Schule damit deutlich verändern. Die Richtung dieser Veränderung ist offen. Als Gesellschaft, als einzelne Schule und als Individuen können wir diese Veränderungen nicht einfach von anderen kopieren und nachmachen. Wir müssen neue Wege finden, während wir schon auf ihnen unterwegs sind. Finden heißt nicht, dass sie schon existieren und nur nicht für alle sichtbar sind. Finden heißt auch: herausfinden und erfinden, wie wir diese Wege gestalten wollen.

Dieses Arbeiten im Herausfindemodus ist auf Zusammenarbeit angewiesen. Es braucht den Austausch von Erfahrungen, Konzepten, Positionen und Materialien. Es braucht ein Arbeiten im Modus des Co-Herausfindens und Co-Gestaltens der digitalen Transformation.

Diese Zusammenarbeit endet nicht an den Grenzen der Schulgemeinschaft. Schule braucht gute Gesellschaft. Diese muss auch aus Unternehmen kommen. Es gilt, sich gemeinsam als lernende Gemeinschaften zu verstehen, die als Netzwerke agieren, mit sehr vielen kleinen und ein paar größeren Knoten. Dabei geht es nicht um einseitige Nachhilfe der Unternehmen für die Schule, sondern um Zusammenarbeit auf Augenhöhe, bei der wir gemeinsam an den Herausforderungen der Gesellschaft, der Unternehmen und der Schule arbeiten. Die leitende Frage darf nicht nur heißen: Was macht die Digitalisierung mit der Schule, sondern auch und erst recht: Was macht die Schule mit der Digitalisierung?

Über den Autor

Jöran Muuß-Merholz ist Diplom-Pädagoge mit Schwerpunkt auf offenen Formen des Lernens von Erwachsenen, insbesondere in Gegenwart neuer Medien. Nach Studium und Arbeiten an den Universitäten Lüneburg und Hamburg (bis 2003) hat er mehrere Initiativen in der Erwachsenenbildung gegründet und geleitet. Seit 2009 ist er Inhaber und Co-Geschäftsführer der Agentur J&K – Jöran und Konsorten GmbH & Co KG, die sich der Konzeption und Umsetzung von innovativen Bildungsangeboten widmet. Ein großer Schwerpunkt der Arbeit liegt im Feld Open Education und Open Educational Resources (OER), für die Muuß-Merholz und die Agentur durch zahlreiche Publikationen, Veranstaltungen und Projekte als Wegbereiter in Deutschland gelten und auch international Reputation genießen.

(Foto: Hannah Birr, Agentur J&K)

Future Skills: Auf welche Kompetenzen es im Zeitalter von Maschinenintelligenz besonders ankommt

Prof. Dr. Yasmin Weiß

Der Arbeitsmarkt wird sich schon in naher Zukunft durch den Siegeszug der künstlichen Intelligenz (KI) stark verändern. Dinge, die heute möglich sind und vor allem in Zukunft noch möglich sein werden, waren vor der Einführung von ChatGPT Ende 2022 kaum vorstellbar. Mithilfe von KI-Programmen können wir schon jetzt Texte und wissenschaftliche Arbeiten schreiben, zusammenfassen und übersetzen lassen, Computercodes generieren und uns auf Knopfdruck Bilder und Präsentationen erstellen lassen. Damit fängt es an, aber damit hört es noch lange nicht auf. Das Zeitalter der künstlichen Intelligenz nimmt gerade erst richtig Fahrt auf. Die Grenze der Arbeitsteilung zwischen Mensch und Maschine verschiebt sich fortlaufend und muss mit jedem neuen technologischen Fortschritt neu bewertet werden. Zukünftig werden wir bestimmte Tätigkeiten gänzlich an Maschinen delegieren oder uns von KI-basierten virtuellen Co-Piloten assistieren lassen, wodurch es zu veränderten Anforderungen an uns Menschen kommen wird. Während wir jetzt den Fachkräftemangel spüren, werden wir am Arbeitsmarkt der Zukunft weniger Menschen mit mehr Fähigkeiten benötigen. Noch nie war es daher wichtiger, anpassungsfähig und geistig flexibel zu sein. Lernfähigkeit ist und bleibt die Superkompetenz des 21. Jahrhunderts. Wir müssen alle begreifen, dass es keine Sicherheit vor Veränderung geben wird und wir daher selbst aktiv werden müssen, um Sicherheit in der Veränderung zu erlangen.

Wie sieht die Arbeitswelt im Jahr 2030 aus?

Keiner von uns besitzt eine Glaskugel, mit der wir die Arbeitswelt 2030 präzise vorhersagen können. Und dennoch gelten einige zentrale Trends als gesichert. Welche sind das?

Krise und Transformation sind keine Ausnahmezustände, sondern werden auch im Jahr 2030 unsere (Arbeits-)Welt prägen. Persönliche Krisen- und Transformationskompetenz wie etwa Resilienz und die Fähigkeit, intelligent mit Veränderungen umzugehen, stellen gemeinsam mit Lernkompetenz zentrale Fähigkeiten für die Zukunft dar und müssen schon heute gezielt gestärkt werden.

Berufliche Werdegänge werden immer mehr von Brüchen, Pausen und beruflichen Neuanfängen gekennzeichnet sein. Menschen werden sich daran gewöhnen müssen, dass das Lernen nach Beendigung von Ausbildung und Studium nicht aufhört, sondern gerade erst richtig beginnt. Unsere Fähigkeiten und beruflichen Identitäten werden sich fortlaufend erneuern müssen. Es wird normal sein, im Lauf seines Berufslebens mehrmals den Beruf wieder zu wechseln. Das ist keine Katastrophe, sondern Merkmal einer neuen Arbeitswelt. Ein Taxifahrer könnte sich zum Beispiel zum Handwerker umschulen lassen, wenn Autos in einigen Jahren autonom fahren. Eine Journalistin bei einer Zeitschrift, von denen es bei Verlagen weniger geben wird, wenn zunehmend KI-Tools wie ChatGPT zum Einsatz kommen, kann als Quereinsteigerin den Beruf einer Lehrerin erlernen. Und eine Büroassistenz, deren administrative Tätigkeiten von automatisierten KI-Systemen erledigt werden, könnte sich zur Kinderpflegerin umschulen lassen.

Dies erfordert ein Umdenken von uns allen. Wir werden uns an so genannte Mosaikkarrieren statt linearer Berufsverläufe gewöhnen müssen, die sich aus unterschiedlichen beruflichen Rollen zusammensetzen und durchaus bunt aussehen können.

Im Jahr 2030 wird es für uns ferner selbstverständlich sein, mit Cobots zusammenzuarbeiten, also mit Kollegen, die Roboter und mit KI-basierten Systemen verbunden sind. Damit bekommt die Fähigkeit, in divers besetzten Teams zusammenzuarbeiten, eine neue Dimension, auf die wir uns einstellen müssen.

Schon bald werden Arbeitgeber ihre Stellenausschreibungen für neue Mitarbeiterinnen und Mitarbeiter ehrlicherweise wie folgt formulieren müssen:

»Wir suchen neugierige, anpassungsfähige Mitarbeiterinnen und Mitarbeiter, die wir für Tätigkeiten einstellen möchten, die sich fortlaufend verändern, für Aufgaben, die wir heute noch nicht kennen, auf Basis von Technologien, die sich gerade erst entwickeln und jenseits unserer heutigen Vorstellungskraft liegen.

Wir suchen daher Menschen, die bereit sind, sich beruflich ständig neu zu erfinden. Die bereit sind, Neues zu erlernen und Überholtes zu verlernen. Die den Mut haben, alte Antworten auf neue Fragen zu ignorieren. Und die generell sehr gut darin sind, Fragen zu stellen, auf die Technologie Antworten geben wird.«

Wie bereiten wir uns auf diese Arbeitswelt vor?

Viele Menschen tun sich nicht leicht, den Wandel zu umarmen und sich auf diese veränderte Arbeitswelt der Zukunft einzustellen. Je besser wir verstehen, welche Anforderungen auf uns zukommen, desto besser können wir uns auf die Chancen und Risiken dieser neuen Arbeitswelt vorbereiten. Wir brauchen sowohl zukunftsrelevante Fähigkeiten als auch das passende Mindset:

1. **Future Skills**: Es ist empfehlenswert, den Blick strategisch nach vorn zu richten und damit zu antizipieren, welche Anforderungsveränderungen der Arbeitsmarkt mit sich bringt. Es gibt ausreichend Studien zum Thema Future Skills, die transparent machen, welche Fähigkeiten in Zukunft wichtiger und dringend gesucht sein werden. Expertise in Data Analytics, Softwareentwicklung, Cloud Computing oder KI-Entwicklungs- und Anwendungskompetenz zählen hierzu, aber auch Metakompetenzen wie Problemlösungskompetenz, strategisch vernetztes Denken, Kreativität und Sozialkompetenzen. Warum gerade Sozialkompetenzen im Zeitalter wachsender Maschinenintelligenz von besonderer Bedeutung sind und welche Facetten von Sozialkompetenzen besonders an Relevanz gewinnen werden, wird an späterer Stelle vertieft. Generell lässt sich sagen, dass die Kombination aus technologischen Fähigkeiten und sozialen Fähigkeiten das neue *sexy* am Arbeitsmarkt darstellt. Menschen, die Technologien anwenden können und gleichzeitig sozial kompetent sind, sind in besonderem Maße geeignet, in der Arbeitswelt der Zukunft Mehrwert zu stiften.

2. **Future Mindset**: Neugierde, geistige Flexibilität sowie die Bereitschaft, sich selbst an die Grenzen seiner persönlichen Vorstellungskraft zu führen, sind wesentliche Merkmale eines Future Mindsets, das wir in der Arbeitswelt der Zukunft benötigen. Flirt with different Experiences ist vor diesem Hintergrund das neugierige Mindset, das ich als Professorin meinen Studierenden vermitteln möchte: das Eintauchen in verschiedene berufliche Kontexte, das spielerische Ausprobieren neuer Technologien, das neugierige Suchen nach neuen Lösungen, der Austausch mit vielen verschiedenen Menschen und die Freude am Kennenlernen von etwas Neuem.

Wer dieses offene Mindset kombiniert mit den relevanten Future Skills, ist sehr gut auf die Arbeitswelt von morgen vorbereitet.

Was bleibt vom Menschen, wenn die Maschinen übernehmen?

Maschinen werden immer leistungsfähiger. Daher muss das, was uns als Menschen im Vergleich zu Maschinen wirklich einzigartig macht, stets neu bewertet werden; hier gibt es keine starren Gesetzmäßigkeiten, die über Jahre hinweg Bestand haben. Umso wichtiger ist es, das Augenmerk auf die verlässlichen Erkenntnisse zu legen, die trotz der hohen Dynamik als zeitstabil gelten und damit Orientierung geben können. Was also gilt konkret als gesichert?

1. Das, was uns Menschen vermutlich dauerhaft von Maschinen unterscheiden wird, ist unsere Fähigkeit, Gefühle wie Liebe und Wertschätzung nicht nur zu zeigen, sondern von innen heraus empfinden zu können. Eine künstliche Intelligenz wird zwar derzeit immer besser darin, Emotionen im Gesicht von Menschen zu erkennen, sie ist aber nicht in der Lage, das zugrunde liegende Gefühl dahinter nachzuempfinden, denn dafür braucht es ein Bewusstsein.

2. Je technologisierter die Welt wird, desto menschlicher müssen wir selbst werden. Zum einen ist dies der erforderliche Gegentrend zum Trend einer omnipräsent digital vernetzten Welt, den wir brauchen, um als soziale Wesen mit natürlichen Bedürfnissen in Balance zu bleiben. Zum anderen ist genau unsere Menschlichkeit das, was uns im Zeitalter von wachsender Maschinenintelligenz als humane USP

(Unique Selling Proposition) von Technologie unterscheidet. Unsere Menschlichkeit ist unsere Stärke im Paartanz von uns Menschen mit den Maschinen, der unsere Arbeitswelt der Zukunft prägen wird.

Wie müssen wir Sozialkompetenzen neu interpretieren?

Sozialkompetenzen verlieren ihren Wert in der Arbeitswelt der Zukunft nicht. Im Gegenteil: Sie werden wertvoll wie nie. Allerdings müssen wir bereit sein, sie bewusst zu stärken und neu zu interpretieren. Welche Sozialkompetenzen sind damit konkret gemeint?

1. **Teamfähigkeit**: Die stets komplexer werdende Welt erfordert leistungsfähige, schlagkräftige, diverse Teams mit unterschiedlichen, komplementären Fähigkeiten. Doch Teamfähigkeit in der Arbeitswelt der Zukunft bedeutet nicht nur, erfolgreich mit anderen Menschen zusammenzuarbeiten, sondern auch mit neuen Technologien. Cobots sowie eine generative KI, die wir in den Rollen Consultant, Creator und Co-Pilot als Teamkollegen nutzen werden, werden zum selbstverständlichen Bestandteil unseres Arbeitsalltags. Diese Form der Teamfähigkeit von morgen kann und muss im Heute schon trainiert werden. Wer diese Form von Teamfähigkeit in Zukunft nicht beherrscht, hat solche Produktivitätsnachteile, dass persönliche Wettbewerbsfähigkeit und Employability langfristig gefährdet sind.

2. **Digitale Empathie**: Empathie bleibt eine der wichtigsten Fähigkeiten in der Arbeitswelt der Zukunft, muss aber erweitert interpretiert werden: Wir werden weiterhin hybrid arbeiten und unsere Kollaboration und Kommunikation mit

Teamkolleginnen und -kollegen, Partnern und Partnerinnen sowie Kundinnen und Kunden in den virtuellen Raum verlagern. Vor diesem Hintergrund muss trainiert werden, was unsere digitale Empathie steigert. Damit ist die Fähigkeit gemeint, auch im virtuellen Raum die Bedürfnisse und Empfindungen des Gegenübers zu erspüren, ohne physische Körpersprache, Mimik und atmosphärische Schwingungen erfassen zu können.

3. **Kommunikationsstärke:** Kommunikation gilt gemeinhin als die Fähigkeit, neue Stellenausschreibungen, Ideen, Gedanken und Emotionen mit anderen zu teilen. Nun hält automatisierte Kommunikation Einzug in unsere Arbeitswelt: KI-Bots antworten auf E-Mails, die wiederum von KI-Bots geschrieben wurden. KI-Programme übersetzen Gesprochenes und Geschriebenes in Fremdsprachen und können Gespräche automatisch transkribieren und die wesentlichen Aussagen zusammenfassen. KI-Systeme erfassen Gesichtsausdrücke und passen die automatisierten Antworten an die erfasste Emotionslage des Gegenübers an. Wahre Kommunikationsstärke des Menschen manifestiert sich damit immer mehr darin, das Unausgesprochene in der Kommunikation zu erfassen, was oftmals das Relevanteste in einem Gespräch ist. Ferner zeigt sich Kommunikationsstärke darin, durch wirkungsvolle, empathische Kommunikation tiefe zwischenmenschliche und vor allem vertrauensvolle Beziehungen aufzubauen, die eine besonders wertschätzende Kommunikation ermöglichen.

4. **Intuition:** Ferner bleibt auch unsere menschliche Intuition von Bedeutung und damit unsere innere Stimme. Bei wichtigen Entscheidungen von hoher Tragweite wird es in Zukunft jedoch immer mehr von Bedeutung sein, eine Augmented

Intuition zu trainieren. Damit ist gemeint, eine KI-basierte Entscheidungsvorlage mit heranzuziehen und mit der wertvollen menschlichen Intuition zu paaren.

Fazit: Es bleibt sehr viel vom Menschen, wenn die Maschinen übernehmen

KI und automatisierte Prozesse werden den Menschen nicht ablösen. Sie erweitern nur seine Fähigkeiten – wie Taschenrechner, Röntgengeräte und Navigationssysteme. Das ist nichts Neues in der menschlichen Geschichte, es stellt uns als Menschen genauso wenig infrage wie der Computer, der schneller rechnet als wir, oder das Auto, das uns mühelos beim Joggen überholt. Wenn wir uns die passenden Future Skills und das passende Mindset aneignen, sind wir gut auf den Tanz von uns Menschen mit den Maschinen vorbereitet. Mal führt stärkenbasiert der eine, mal der andere. Und dieser Tango kann schöner werden als die Arbeitswelt, die wir heute kennen.

Über die Autorin

(Foto: Charlotte Starup)

Prof. Dr. Yasmin Weiß lehrt und forscht zum Thema »Future of Work und Future Skills« an der Technischen Hochschule Nürnberg. Ihr Forschungsschwerpunkt liegt auf der Frage, wie künstliche Intelligenz unsere Arbeitswelt verändert.

Yasmin Weiß studierte Betriebswirtschaft in Deutschland und Frankreich und startete nach der Promotion ihre Karriere in den Unternehmen Accenture und BMW. Heute hat sie zusätzlich zu ihrer akademischen Karriere mehrere Aufsichtsratsmandate inne. 2013 wurde sie von der damaligen Bundeskanzlerin, Dr. Angela Merkel, in den Innovationssteuerkreis der Bundesregierung berufen. 2017 wurde sie vom Wirtschaftsmagazin als Top 40 unter 40 in Wissenschaft und Gesellschaft ausgezeichnet.

Sie ist Gründerin des Start-ups Yoloa, mit dem junge Menschen eine neue Form der Berufsorientierung bekommen, die auf den veränderten Arbeitsmarkt vorbereitet.

Sie engagiert sich für digitale Bildung und ist Autorin des Buchs »Weltbeste Bildung. Wie wir unsere digitale Zukunft sichern«, das Ende 2022 erschienen ist.

Corporate Volunteering und Schule? Oder: Die Geschichte vom heissen Frittenfett, von laufenden Katzen und der Hacker School

Silke Müller

Wenn ich an die Kooperation der Waldschule Hatten mit der Hacker School, die nun bereits seit Jahren fester Partner in unserem Schulleben geworden ist, denke, dann wäre es sicher möglich, lange wissenschaftliche Einschätzungen und Artikel über die Wichtigkeit und Nachhaltigkeit ihrer Arbeit zu schreiben.

Wenn ich aber emotional an die Zusammenarbeit mit der Hacker School denke, dann leuchten mir selbst die Augen, ich gerate ins Schwärmen und ich möchte jedem Kollegen und jeder Kollegin laut zurufen: »Holt die Hacker School und ihre Inspirer so schnell wie möglich in eure Klassenzimmer.«

Weil das Leuchten der Augen und das Schwärmen jedweden Gedanken an wissenschaftliche Abhandlungen haushoch überwiegen, ist dieser Artikel eben keine wissenschaftliche Abhandlung, sondern vielmehr eine Hommage an die Hacker School, an das gesamte Team und an die fantastische Dr. Julia Freudenberg.

Bereits seit 2009 setzt die Waldschule Hatten im niedersächsischen Landkreis Oldenburg einen Schwerpunkt auf digitale Schulentwicklung. In den ersten Jahren bewegten sich Lehrkräfte, Schulleitung, Schülerinnen und Schüler auf einem großen Versuchsfeld des Wagens und Ausprobierens. Nach der anfänglichen Arbeit in einzelnen Projektklassen mit eltern-finanzierten Notebooks und ersten Tablet-Klassen gelangten alle Akteurinnen und Akteure der Schule gemeinsam zu dem Schluss, dass für eine zielführende digitale Transformation und vor allem für einen Medienkompetenzaufbau eine grundlegende Strategie und Leitziele vonnöten sein würden.

Im Schuljahr 2013/2014 beschloss der Schulvorstand der Waldschule Hatten, dass zukünftig alle Kinder ab Jahrgang 7 ein elternfinanziertes Tablet, das in allen Unterrichtsfächern eingesetzt wird, in ihrer Schultasche haben müssen. Drei Ziele sollten fortan dem digitalen Lernen und Lehren und dem Medienkompetenzaufbau zugrunde liegen:

• der Aufbau von IT-Kenntnissen (auch niederschwellig)

• die Vermittlung eines Grundverständnisses von künstlicher Intelligenz

• das Anbahnen einer digitalen Ethik

Nun muss man wissen, dass Sekundar-I-Schulen auf dem Land, die die Kinder mit dem Hauptschulabschluss oder der Mittleren Reife verlassen, ein besonderes Augenmerk auf einen Weg in die duale Berufsausbildung legen. Sprechen wir also von IT-Kompetenzen, so sind neben dem Beherrschen von Textverarbeitungs- und Kalkulationsprogrammen u. v. m. tatsächlich auch niederschwellige Kompetenzen wie das angemessene Verfassen von E-Mails, das Formatieren von Dokumenten und die Fähigkeit zum Dateiablagemanagement gemeint.

Allerdings stellten sich immer wieder die Fragen nach dem Wann, Wie und Wo. Während Informatikunterricht in Niedersachsen oftmals nur im Wahlpflichtkurs-Band angeboten und hier oftmals eher von Jungen als von Mädchen gewählt wurde, mussten gleichzeitig Lösungen gefunden werden in Bezug auf die Frage nach den das Fach unterrichtenden Lehrerinnen und Lehrern.

Daneben spürte aber nicht nur die Bildungsbranche den zunehmenden Druck der digitalen Transformation. Soziale Netzwerke beherrschen nicht zuletzt seit Facebook, Instagram und WhatsApp die Smartphones dieser Welt. Zugleich stellt sich die Frage, wie gerade mit Blick auf diese Entwicklung Verantwortung für Inhalte, die ins Netz gestellt werden, übernommen werden kann. Wie kann es gelingen, nicht nur zu konsumieren, sondern vor allem aktiv an einer wertvollen und gewinnbringenden Gestaltung von Inhalten teilzuhaben?

Es geht also vor allem um Grundkompetenzen und ein Verständnis für Programmiersprachen, die es letztlich ermöglichen, verantwortungsvoll eben jene positiven und gewinnbringenden Inhalte zu kreieren, zu programmieren und zu gestalten.

Mit dem Schuljahr 2023/2024 wurde in Niedersachsen nun zwar als ein wichtiger Schritt dorthin das Pflichtfach Informatik in die reguläre Stundentafel aufgenommen, zunächst für Jahrgang 10, in den nächsten Jahren dann sukzessive absteigend für die jüngeren Jahrgänge; allerdings bin ich der festen Überzeugung, dass wir in Schulen grundsätzlich allen Herausforderungen der Zukunft nur noch kollaborativ, also durch weitgreifende Kooperation mit außerschulischen Partnern und Expertinnen und Experten begegnen können, um diese Herausforderungen zu meistern. Insbesondere für die Ausbildung von Kompetenzen im IT-Bereich sind Schulen oft nur schlecht vorbereitet im Hinblick auf personelle Ressourcen und Expertise sowie Hard- und Software.

2017 begegnete uns an der Waldschule Hatten ein außerschulischer Partner, der diese Bildung im IT-Bereich vollkommen modernisierte, förmlich auf den Kopf stellte und seither unfassbar viel Freude für zeitgemäße, fröhliche und unglaublich motivierende digitale Bildung und Medienkompetenz in die Klassenzimmer trägt:

Die Hacker School unter der Leitung der grandiosen Dr. Julia Freudenberg begeistert seither die – wie man bei uns in Niedersachsen sagt – kleinen und großen Jungs und Deerns durch ihre Kurse im Bereich Coding und Programmieren, was für einen gelingenden Medienkompetenzaufbau unerlässlich ist, da sich insbesondere hier die Verantwortung eines jeden Users für die Gestaltung von Inhalten vermitteln lässt.

Gleichzeitig strahlen während der besonderen Unterrichtstage, an denen die Kurse der Hacker School durchgeführt werden, aber nicht nur die Schülerinnen und Schüler, sondern auch Lehrkräfte schlüpfen bewusst und motiviert in die Rollen der Lernenden und machen oftmals das erste Mal in ihrem Leben Erfahrungen mit Programmiersprachen und Programmen wie Scratch, Python und Co.

Der Clou des Ganzen? Die Magie des Corporate Volunteering! Hier schließt sich der Kreis zu meinen Gedanken, dass die Herausforderungen der Zukunft nur noch mit Kooperation und einem gemeinsamen gesellschaftlichen Engagement zu meistern sein werden. Corporate Volunteering ist dabei das Schlagwort, das all dieses notwendige Engagement bedient.

Glaubt man, dass sich nur ITlerinnen und ITler, die speziell von der Hacker School eingestellt wurden, in die Klassenzimmer im Bundesgebiet begeben, um dort ihre Kurse zum Programmieren und Coden zu erteilen, hat man weit gefehlt. Gerade das Prinzip des Corporate Volunteering, für uns im Bildungssektor vielerorts vielleicht einfacher zu verstehen unter dem Begriff »betriebliches Freiwilligenprogramm«, macht die Hacker School so wahnsinnig wertvoll, dass nach meinem Dafürhalten alle 40 000 Schulen in Deutschland die Türen für sie öffnen müssten. Es gibt kein vergleichbares Programm, bei dem Schülerinnen und

Schüler Ersterfahrungen mit Programmiersprachen machen und gleichzeitig von jungen Menschen einen spannenden und intensiven Einblick in ihren Berufsalltag in der IT-Branche vermittelt bekommen.

Der Schwerpunkt liegt bei der Hacker School in der Kooperation mit großen, oft mittelständischen Betrieben bis hin zu globalen Playern, die nach dem Prinzip der Hacker School ihre Auszubildenden, Trainees oder Werksstudentinnen und -studenten zu Inspirern, also den Inspirierenden, für die Kids werden lassen. Sie erhalten ein professionell ausgearbeitetes Kursprogramm, werden von Mitarbeitenden der Hacker School auf den Einsatz in Präsenz oder in erster Linie online zugeschaltet in den Klassenzimmern vorbereitet und führen diese Kurse dann in etwa vier Stunden am Vormittag durch.

Besonders hellhörig werden die Schülerinnen und Schüler unterschiedlichster Jahrgangsstufen dann noch mal am Ende des Kurses. Dann nämlich, wenn die Inspirer spannende Einblicke in ihren eigenen Berufsalltag geben. Oftmals handelt es sich dabei um Berufe einer Branche, in die Schülerinnen und Schülern ein Einblick oft verwehrt bleibt. Gerade die IT-Branche ist es jedoch, die Nachwuchskräfte dringend benötigt.

Während des Kurstages sind es aber nicht nur die Schülerinnen und Schüler, die IT-Unterricht rund um das Programmieren und Coden als spannend, erlebnis- und abwechslungsreich, motivierend und natürlich lehrreich erleben. Auch die Lehrkräfte, die die Klasse an den Kurstagen vor Ort betreuen und begleiten, erfahren Unterricht aus einer für sie völlig neuen Perspektive. Nicht nur, dass sie ihre Schülerinnen und Schüler in ihrer Lernentwicklung beobachten und sie im Prozess individuell unterstützen können. Mehr noch schlüpfen die Lehrerinnen und Lehrer nahezu spielerisch und unmerklich selbst in die Rolle eines Schülers oder einer Schülerin und wagen sich ans Programmieren.

Nie wieder werde ich wohl den begeisterten Ausspruch einer Lehrkraft nach einem Kurs vergessen, bei dem mit Scratch programmiert wurde, wobei eine kleine Comic-Katze animiert und durch einfache Programmiercodes in Bewegung gebracht wurde. Gemeinsam mit den teilhabenden Kolleginnen und Kollegen wurden die Abläufe nach dem Kurs reflektiert, der Lernzuwachs evaluiert. Mitten im Gespräch sagte der benannte Lehrer völlig unerwartet: »Frau Müller, meine Katze ist gelaufen!« Sofort ergänzte eine weitere Kollegin mit leuchtenden Augen: »Ey, und die Kids waren heiß wie Frittenfett«. Egal, welche hervorragende wissenschaftliche Bewertung die Hacker School verdient hat – beide Sätze sagen wohl mehr als die bekannten tausend Worte.

Was also bleibt am Ende einer Hommage? Ein großer, von Herzen kommender Dank.

Die Zukunft ist für uns alle gerade sehr unwägbar. Nicht nur die digitale Transformation, die Auswirkungen der Klimakrise und des Kriegs mitten in Europa bringen Demokratie und Zusammenhalt mehr denn je in große Gefahr. Wie notwendig ist es also, Leuchtfeuer zu entzünden, die für eben jenen Zusammenhalt, für Zukunft und für Gemeinschaft stehen. Die Hacker School ist wohl eine der inspirierendsten Institutionen für all das. Engagement, Freude, Leidenschaft für eine gelingende Zukunft. Für die Kinder.

Ein Hoch auf die Hacker School! Auf dass sie nicht nur die Augen aller Schülerinnen und Schüler in Deutschland zum Strahlen bringt und ihre Kompetenzen und Leidenschaften im IT-Bereich und für neue Berufsideen weckt, sondern hoffentlich schon bald weltweit ihren Beitrag zu einer besseren Zukunft für Millionen von Jungen und Mädchen leisten kann. Mögen noch viele Katzen laufen und das Frittenfett heiß bleiben.

Über die Autorin

(Foto: Carolin Windel)

Silke Müller ist seit 2015 Schulleiterin der Waldschule Hatten im Landkreis Oldenburg. Seit 2009 fördert sie hier das digitale Lernen, und für ihre Arbeit an zukunftsweisenden Digitalisierungsprozessen wurde die Waldschule bereits mehrfach ausgezeichnet, so auch als »Smart School« durch den Bitkom.

Silke Müller ist ständige Beraterin für das Forum Bildung Digitalisierung e. V. in Berlin, dazu Beirätin der Initiative Weitklick des FSM e. V. und seit Kurzem im Begleitgremium des Kompetenzzentrums für digitales und digital gestütztes Unterrichten, einer neuen Initiative des Bundesministeriums für Bildung und Forschung (BMBF). Aufgrund ihrer Expertise wurde sie zudem wiederholt als Gutachterin für den Bereich digitaler Forschungsvorhaben im Bildungsbereich des BMBF berufen.

Im Mai 2023 erschien ihr Bestseller »Wir verlieren unsere Kinder«, in dem sie Einblick in die Entwicklung sozialer Netzwerke und die Auswirkungen auf Kinder und Jugendliche gibt.

PART IV

THINK BIG –
GEMEINSAM MEHR
ERREICHEN –
GO FOR IT –
HACK THE WORLD
A BETTER PLACE

So. Das waren jetzt viele Seiten über viele Themen, die mich und die Hacker School bewegen – aber viel größer: mit denen sich unser Land aktiv auseinandersetzen muss. Und es bleibt als Frage, was nehmen wir daraus mit? Worauf kommt es denn wirklich an?

Vor allem braucht es »More than Words«, nämlich Commitment und Mindset. Das heißt: Es braucht den durchdachten Willen, Corporate Volunteering zu pushen, die Bereitschaft, jetzt zu starten, sowie die Bereitschaft zu einer Zusammenarbeit auf Augenhöhe. Die größte Herausforderung dabei ist sicherlich: Der Geist ist willig, aber das Tagesgeschäft frisst den Weltverbesserungswunsch zum Frühstück.

Was sind also noch mal die Zutaten, damit es doch klappt? Machen, einfach machen! Das ist wie wollen, nur krasser. Den Spruch habe ich nicht erfunden, den gab es schon, aber ich finde ihn so zutreffend, dass er hier unbedingt hingehört. Wenn ihr die Idee von Corporate Volunteering geil findet, dann macht mit. Richtig, es geht nicht mit allen Geschäftsmodellen – ich kenne wunderbare Partner, da werden aufgrund der Businessmodelle die Kosten so hoch, dass ich die Bauchschmerzen verstehen kann. Aber auch dort gibt es Möglichkeiten, die gemeinsame Idee zur Weiterbildung der Azubis zu nutzen oder einen Schwerpunkt auf die Wochenenden zu setzen.

Wo ein Wille ist … und so weiter. Auch nicht neu.

Nächste wichtige Erkenntnis: Networking ist immer Key. Oder auf nicht ganz so neudeutsch: Ohne Netzwerken wird das nichts. Geht raus, sucht Verbündete. Es gibt immer Menschen, die etwas verändern wollen, man muss sie nur finden.

Die Rolle von Gamification? Riesig. Wir sehen, dass das spielerische Edelmetallieren (gibt es das Wort überhaupt?) der ESG-Partnerschaften unglaublich viel bringt (wer will schon Bronze, wenn er Silber haben kann?). Das Messen des Fortschritts und hoffentlich auch perspektivisch die Vergleichbarkeit der Fortschritte (Guck mal, die Bahn ist schon fünf Prozent weiter als wir) dürften sich auch echt cool entwickeln.

Role Models? Unbedingt. Vorbilder haben schon immer funktioniert, wir nennen sie heute nur anders. Insbesondere (female) CxOs ziehen hier mega, weil auch Mädchen sehen, dass frau richtig was erreichen kann. Walk the Talk ist so wichtig.

Wertschätzung? Auch ein gewichtiges Thema – ganz unabhängig vom Unternehmenskontext. Ich kann kaum Engagement erwarten, wenn ich als Führungskraft nicht bereit bin, es positiv anzuerkennen. Pro-bono-Codes, Sichtbarkeit und Vorbildfunktion spielen hier eine große Rolle.

Meine Einstellung: Es braucht die Lizenz zum Nerven. Oder nennt es auch gern liebevoller: die Lizenz zum resilienten Nachhalten. Ja, klar, das gilt insbesondere für mich und meine Kolleginnen und Kollegen, aber auch für unsere Ansprechpartnerinnen und Ansprechpartner in Unternehmen. Man muss es halt wollen und Nein eben nicht als Antwort akzeptieren. Und nachfragen. Immer wieder nachfragen.

Ich habe am Beginn des Buches die mutige Behauptung aufgestellt, jeder und jede könnte aus diesem Buch etwas mitnehmen, im Sinne einer Inspiration, wie man oder frau die Welt ein bisschen verbessern kann – geilen Scheiß machen, Begeisterung für digitale Bildung wecken, für Zukunftsberufe und einfach für das Lernen an sich. Habe ich zu viel versprochen? Ich habe die Weisheit nicht mit Löffeln gefuttert, aber mit der Hacker School (und meinen wunderbaren Kindern) hatte ich einfach schon ganz schön viele Lernmöglichkeiten. Um mein Versprechen einfacher einzulösen, gruppiere ich die möglichen Ansätze einmal nach den Zielgruppen, von denen ich hoffe, dass sie Bock haben und hatten, dieses Buch zu lesen.

Meine Learnings: Was gebe ich wem mit und wie können diese Gedanken vielleicht zum Aufbrechen von Silos beitragen? Auch und insbesondere wirksam gegen die German Angst?

Was können Unternehmen beitragen?

In Unternehmen müssen die unterschiedlichen Rollen zusammenarbeiten, um wirklich etwas zu bewegen. Ich habe wiederholt von Erlaubern und Umsetzern gesprochen – Conditio sine qua non. Je nach Unternehmen kann die Entscheidungskompetenz in den CxO-Bereichen der IT, von HR oder Kommunikation liegen. Fast egal, solange ein C-Level involviert und mindestens so begeistert ist, dass auch das Bereitstellen von Budgets mitgedacht wird.

Also noch mal, weil es so wichtig ist: Es braucht in Unternehmen immer den Einbezug von zwei Ebenen: Erlauben und Umsetzen. Eine kann nicht ohne die andere. Es ist toll, wenn die Unternehmensspitze es wünscht, unbedingt, ohne das geht es nicht. Aber (hatten wir schon) nur Klatschen ist auch keine Lösung, es braucht immer ganz konkrete Ansätze, wie wir das Thema praktisch angehen. Es braucht einen Ambassador, eine Person, die sich verantwortlich fühlt und dies auch mit ihren Ressourcen umsetzen kann.

Meine Bitte: Denkt das, was wir machen, einfach als Weiterbildung! Darein wollt und müsst ihr eh investieren. Und wenn dabei direkt etwas richtig Gutes bewirkt wird, umso besser.

Das kann helfen:

– Sucht Lösungen, nicht Ausreden.

– Findet einen verantwortlichen Ansprechpartner und stattet ihn oder sie mit Ressourcen aus (vor allem Zeit).

– Schafft einen Pro-bono-Code, auf den Stunden gebucht werden können.

– Findet eine Balance zwischen Angebot und Verbindlichkeit.

- Achtet auf Wertschätzung – implizit und explizit.

- Macht Engagement sichtbar, tut Gutes und redet darüber – intern und extern.

- Redet miteinander! Interne und externe Vernetzung ermöglichen andere Blickwinkel und Lösungen.

- Zusammenarbeit zwischen Abteilungen wie HR und IT sind essenziell für den langfristigen Erfolg von Corporate Volunteering.

- Sucht spezielle Anlässe, um Menschen aktiv vom Ehrenamt zu begeistern, zum Beispiel beim Onboarding der Azubis.

- Bedenkt die Vorbildfunktion des Managements; es braucht immer Menschen, die erlauben, und Menschen, die umsetzen.

- Zieht uns als Weiterbildungsmöglichkeit für Leute auf der Bench in Betracht.

- Seht uns als tolle Fortbildung für Azubis und duale Studentinnen und Studenten und Trainees.

- Gamification ist immer top – geht da noch was?

- Aller Anfang ist schwer und kann zäh sein – Skalierung hilft, es wird immer einfacher.

- Ihr braucht was Individuelles? Fein, darüber können wir immer sprechen. Im Zweifelsfall bei uns nachfragen – wir denken und helfen gern mit.

Was können Mitarbeitende / Inspirer beitragen?

Fragt nach, welche Möglichkeiten in euren Unternehmen bereits bestehen, sich zu engagieren. Selbst in den Unternehmen, die Corporate Volunteering anbieten, bleiben diese Möglichkeiten häufig ungenutzt. Warum eigentlich?

Nutzt also die Chance, denn es gibt so unglaublich viel da draußen zu lernen und zu bewegen. Corporate Volunteering ist manchmal am Rand der eigenen Komfortzone – okay, fast immer. Aber was ihr da lernen könnt, das steht in keinem Buch und auch nur selten im Internet. Geht mit uns virtuell in die Schulklassen und seht an einem Vormittag durch die Augen der Kinder, was sie aktuell beschäftigt. Teilt eure Begeisterung für Zukunftsberufe, macht es den Kids heute einfacher, als es damals für euch war – die Kids von heute haben genügend Herausforderungen, mit denen sie klarkommen müssen. Traut euch, eben nicht alles zu wissen, was sie fragen werden, und findet gemeinsam die Antworten. Vertraut mir, ihr lernt genauso viel wie die Kids – nur ihr könnt euch dafür frei entscheiden. Comes with the Age.

Das kann helfen:

– Plant Corporate Volunteering für euch verbindlich ein.

– Bereitet euch gemeinsam vor.

– Sucht euch Unterstützer / Partners in Crime – zusammen schafft man immer mehr.

– Bildet euch langsam ein Netzwerk.

– Seht es als Möglichkeit der persönlichen und fachlichen Weiterentwicklung (Oh ja, ist es beides!).

– Begeisterung schlägt Fachwissen: Ihr müsst nicht alles perfekt können, es geht darum, den Funken weiterzugeben.

– Eure Sichtbarkeit ist superwichtig, um weitere Inspirer zu begeistern.

– Traut euch!

Was können Schulen und Bildungsverantwortliche beitragen?

Bitte, öffnet euch! Die Verkürzung der Innovationszyklen negiert die Möglichkeit, es allein zu schaffen. Bildung findet nicht nur in der Schule statt, wir sprechen immer mehr vom lebenslangen Lernen, auch wenn es für sehr viele leider immer noch einen starken Buzzword-Charakter hat. Sucht euch Leuchtturmprojekte aus euren Reihen und prüft, inwieweit ähnliche Ideen auch bei euch möglich sind und was es braucht, um sich zu trauen.

Unser Ziel ist es, euch als Schulen so wenig wie möglich zusätzliche Arbeit zu machen, sondern mit dem zu unterstützen, was wir besonders gut können – das wirklich wahre Leben im IT-Bereich in die Schulen zu holen, um zu begeistern, um Lernen mit Freude zu verknüpfen und auch, um Kids, die nicht an sich glauben, einen ersten Motivationsschub zu geben, dass sie vielleicht doch die Fähigkeiten entwickeln können, tolle Jobs in der Mitte der Gesellschaft zu erreichen.

Das kann helfen:

– Plant uns für Projektwochen und -tage ein.

– Plant uns zur Berufsorientierung ein.

– Checkt selbst, wo wir am besten passen: Wann müssen die Schülerinnen und Schüler Entscheidungen für MINT treffen? Können wir sie davor begeistern?

Und ganz praktisch: Bekommt bitte eure WLAN-Abdeckung so weit in den Griff, dass wir einschätzen können, ob tatsächlich zwei Videokonferenzen gleichzeitig möglich sind – und bitte schafft nicht sofort alle Computerräume ab, nur weil einige Klassen ein iPad haben, das ist echt nicht vergleichbar.

Liebe Bildungsverantwortliche, auch im Rahmen des Bildungsföderalismus gibt es Möglichkeiten der Zusammenarbeit. Bitte lasst uns hier gern gesamtgesellschaftlich denken und für die Kinder in den Schulen einfache Ansätze finden, wie wir ihnen zukunftsfähige Berufe so früh wie möglich vorstellen und Begeisterung dafür schaffen, sich dafür zu interessieren. Die Kids brauchen den Reason Why, damit lernt es sich einfach so viel besser!

Was können die Teilnehmenden der Kurse beitragen?

Der größte Teil unserer Teilnehmenden sind Kinder und Jugendliche, ergänzend kommen in der GIRLS Hacker School noch erwachsene Frauen dazu, denn diese Kurse richten sich an die Altersgruppe von 8 bis 99 Jahren. Welchen Mehrwert bieten wir allen Teilnehmenden? Sich zu trauen, am Rande der Komfortzone neue Erfahrungen zu sammeln, die Fähigkeiten des 21. Jahrhunderts selbst zu erproben, sich also kreativ, kommunikativ, kollaborativ und kritisch denkend herauszufordern, etwas ganz Neues einfach mal zu machen. Und dabei zu erfahren, wie cool Fehler eigentlich sind – man lernt da echt eine Menge draus. Nicht nur digitale Skills, sondern auch Selbstbewusstsein wird gefördert, die Mündigkeit an sich steht im Vordergrund.

Aber was könnt ihr selbst tun, als Kinder, Jugendliche oder Frauen?

Übernehmt Verantwortung für die eigene Weiterbildung. Wir bewegen uns in einer Zeit, in der einem nicht mehr vorgegeben wird, was man oder frau zu lernen hat, sondern in der es tatsächlich um Eigenverantwortung geht. In der man ein Auge dafür braucht, von wem man etwas Cooles lernen kann, in der die Möglichkeiten so unglaublich vielfältig sind – die Ausflüchte aber genauso. Wie Jöran in seinem Kapitel schreibt, macht Digitalisierung nur alles doller und meist einfacher. Auch das Sich-Drücken und das Sich-nicht-Zutrauen. Daher hier mein großes Plädoyer für mehr Eigenverantwortung!

Denkt ihr als Mädchen: Ich kann nicht rechnen und daher ist auch Digitalisierung nichts für mich? Doppelt Quark. Erstens rechnen wir Frauen nicht mit den Eierstöcken und zweitens muss man kein Genie in Mathe sein, um sich wirklich für Informatik zu begeistern. Mathe ist wie Sport, hilft überall. Ist aber nicht das Einzige auf der Welt.

Oder denkt ihr als Frau, dass ihr für Führung nicht geeignet seid oder einfach die wichtigen Themen heute nicht beherrscht, weil ja jetzt alles an Daten hängt? Ja, ist schon gut, da zumindest mal zu gucken, um welche Themen es genau geht – um abschätzen zu können, was man konkret wissen sollte und wo es viel mehr darum geht, wie man Dinge zusammenbringt. Auch hierfür ist ein Sprung ins kalte Wasser ein guter erster Schritt – und ein basales Programmierverständnis hilft da erstaunlich viel weiter. Zudem: Was für ein cooles Vorbild könnte ich damit für meine Tochter sein? Oder für meine Nichte? Oder alle anderen Frauen? Einfach mal machen.

Eine weitere Zielgruppe, für die ich mir Mut wünsche, sind Kids aus sozioökonomisch benachteiligten Haushalten, egal ob mit oder ohne Fluchthintergrund. Die brauchen nämlich Mut, der vielleicht auch einmal von außen kommen muss und vielleicht mit Vorschusslorbeeren starten kann. Unterstützende Angebote zu ergreifen, die begeistern und an die eigenen Fähigkeiten glauben lassen, das kann Welten verändern. Wir haben Kids gesehen, die vor unserem Besuch Hartz 4 für eine legitime Karriere hielten, die völlig überrascht waren, dass es neben den Lehrkräften arbeitende Erwachsene gibt. Ich wünsche mir von euch, dass ihr an euch selbst glaubt. Für mich waren alle Begegnungen von tiefer Demut und Respekt geprägt, denn diese jungen Menschen starten im Leben mit viel härteren Herausforderungen. Aber zu sehen, dass es gehen kann, sollte uns alle darin bestärken, hier die Extrameile zu gehen.

Das kann helfen:

– Sucht euch Vorbilder, die ermutigen. Wenn man jemanden sieht, der den Weg schon gegangen ist, ist es viel einfacher.

– Denkt daran: Andere duschen auch nackt. Was ich damit sagen will: Lasst euch nicht von einer funkelnden Fassade blenden. Man sieht immer nur eine Teilmenge, nahezu jeder Mensch hat die gleiche Anzahl von Herausforderungen.

– Zusammen geht vieles leichter – warum nicht mit Freund oder Freundin zusammen starten und sich gemeinsam trauen?

– Einfach mal machen – sich etwas zu trauen, macht hinterher fast immer mega Spaß.

Was können Eltern beitragen?
Ach ja, die Eltern. Was können die tun? Alles. Einfach alles. Laut der OECD (glaube ich) ist das Elternhaus immer noch maßgeblich für den Erfolg und die Bildung von Kindern

verantwortlich, und das mit satten 66 Prozent – die Schule macht nur ein Drittel. Und wie kann der Beitrag von Eltern aussehen? Ich bin keine Kinderpsychologin, ich kann hier nur meine Erfahrungen teilen. Aber auch diese sind einschlägig.

Seid Vorbilder und Menschen. Fehler passieren, auch Erwachsenen. Denn wo gehobelt wird, fallen Späne. Aber was man aktiv vorleben kann und meines Erachtens auch sollte, sind Mut, Freundlichkeit und Neugier. Wir erwarten von unseren Kindern, dass sie mutig in die Welt gehen, trauen uns aber selbst kaum an neue Technologien heran? Wir erwarten, dass unsere Töchter sich für den Physikkurs anmelden, haben aber seit Jahren die technischen Sachen im Haus von Sohn und Vater erledigen lassen? Wir proklamieren lebenslanges Lernen, haben aber total Angst, dass unser Job einer KI zum Opfer fällt? Wir verweigern Antworten, damit unsere Kinder nicht sehen, dass wir auch in einigen (vielen) Bereichen keine Ahnung haben?

Menschenskinder – da wäre Spielraum. Warum nicht gemeinsam mit den Kids neue Sachen entdecken? Sich gemeinsam ehrenamtlich engagieren? Gemeinsam nach Antworten suchen, wenn man halt mal wieder keinen Plan hat? Geht mir sehr oft so. Mut, Freundlichkeit und Neugier schaffen Möglichkeiten, die unsere Kinder beobachten können – und wenn man einmal zusammen einen coolen Hacker-Kurs am Wochenende macht, schafft das mehr neue Erkenntnisse als nur Einblicke ins Coding.

Das kann helfen:

- Entdeckt einmal im Monat etwas Neues gemeinsam mit euren Kindern – neugierig und mutig.

- Fehler zu machen gehört dazu, daraus lernen wir. Lebt das vor. Und begleitet das zugewandt und freundlich.

– Interessiert euch für das, was eure Kids machen.

– Und legt ab und zu das verflixte Smartphone zur Seite.

– Seid die Vorbilder, die ihr euch für eure Kinder wünscht.

– Macht zusammen ab und zu geilen Scheiß!

Was können andere Social Start-ups und Scale-ups beitragen?

Gemeinsam geilen Scheiß machen, das gilt auch hier. Ja, es gibt begrenzte Fördermittel und man hat immer in seine eigene Idee sehr viel Herzblut investiert. Aber ich glaube, dass es an der Zeit ist, gemeinsam zu überlegen, wie wir zusammen mehr erreichen können. Die Zeit drängt. Insbesondere im Bereich der digitalen Bildung müssen wir sehr zügig Fortschritte erzielen, sonst sind wir raus. Das wäre sehr schade und hätte fatale Folgen für die Zukunftsfähigkeit unseres Landes.

Warum also nicht gemeinsam denken, wie wir uns ergänzen können? Ich sehe die Hacker School als Brückenbauer und Türöffner. Wir können bei den Kindern einen disruptiven Impuls setzen, sich erstmalig für IT und Programmieren zu begeistern, eben gemeinsam mit coolen ehrenamtlichen ITlerinnen und ITlern, die Bock auf mehr machen. Aber wir können mit unserem Ansatz Kinder nicht langfristig begleiten, dafür brauchen wir Kooperationspartner, wie zum Beispiel Cybermentor, die ITgirls oder, wie in Baden-Württemberg, die Girls Digital Camps. Hier sprechen wir über Ideen, dass wir die Intros zu Schulen bekommen, dort tendenziell eher in die 6. Klassen gehen, um den Mädchen von ebendiesen tollen Anschlussmöglichkeiten zu erzählen.

Wir können uns das Leben gegenseitig so viel einfacher machen – da ist echt noch Luft.

Das kann helfen:

– Denkt nie als Konkurrenz, sondern immer als Kollaboration.

– Nach meiner Erfahrung gibt es für gute gemeinsame Ideen tendenziell mehr Geld, als wenn wir abgegrenzt denken.

– Feiert das gemeinsame Spinnen – nicht alle Ergebnisse müssen umgesetzt werden, aber allein das Denken macht das Leben schöner.

– Lasst uns an gemeinsamen Lernfeldern zusammenarbeiten – insbesondere wir als Scale-ups haben doch unterm Strich sehr ähnliche Herausforderungen, Stichwort Wachstumsschmerzen, Partizipationsfalle (überall mitreden, aber nicht in Meetings gehen wollen), Finanzierung und Gehaltsmodelle.

– Traut euch zu wachsen. Wir Socials wollen nicht nur Lücken füllen, sondern echt was verändern. Am liebsten gemeinsam.

– Ihr habt die Lizenz zum Nerven für den guten Zweck. Bleibt hartnäckig. Ein Nein ist ein »noch nicht« und kann nur durch Nachfragen geändert werden.

– Networkt! Unbedingt. Durch Preise, Veranstaltungen oder einfach nur so. Noch ein Zitat? Denn sogar bockig sein macht gemeinsam mehr Spaß. Liebe Grüße vom Neinhorn und Marc-Uwe Kling.

Was können Stiftungen beitragen?
Viele kleine Social Start-ups wie wir werden derzeit noch hauptsächlich genau über diese wunderbaren Einrichtungen

finanziert, zumindest immer wieder für bestimmte Zeiträume. Das ist toll und ich danke von Herzen, dass wir dank dieser Gelder unsere Vision verfolgen können. Aber wenn ich hier einmal meine Wünsche platzieren darf: Wir brauchen auch bei euch Offenheit. Die Arbeitsrealität ändert sich dramatisch. Wir brauchen Support, der nicht nur direkt auf unsere Wirkung bezogen ist (frech formuliert: quasi Kopfgeldprämien für erreichte Teilnehmende), sondern der uns ermöglicht, auch mit beschränkten Ressourcen viel zu erreichen.

Großartige Beispiele sind hier die DSEE (Deutsche Stiftung für Ehrenamt und Engagement), bei der man sich für Gelder bewerben kann, mit denen man die eigene Digitalisierung vorantreibt. Oder die Postcode Lotterie, die ein Partnermodell aufgesetzt hat, das eine langjährige Zusammenarbeit vorsieht, innerhalb derer man selbst entscheiden kann, was man gerade braucht – solange es dem Förderzweck dient. Oder die Hans-Weisser-Stiftung, die unser so dringend benötigtes Führungskräftetraining unterstützt hat – ja, auch wir müssen dafür Gelder besorgen. Und alle anderen wunderbaren Stiftungen, die zur Wirkung beitragen: Danke, dass ihr an uns glaubt. Wir sind glücklich, wenn wir mit unserem Beispiel dazu beitragen können, Förderbedürfnisse eventuell auch einmal anders zu betrachten. Nicht immer nur auf der Suche nach einer neuen Förderidee zu sein, sondern vielleicht auch reines Wachstum von etwas zu unterstützen, was halt gut funktioniert. Das ist nicht einfach, aber sei's drum – ich wollte ja Wünsche und Möglichkeiten aufzeigen.

Das würde helfen:

– Seid offen für vielfältige Arten der Förderung.

– Hört uns zu, wir wollen oft das Gleiche wie ihr.

– Wir brauchen Support, der nicht nur direkt auf unsere Wirkung bezogen ist. Investitionen in Digitalisierung von Prozessen oder in Teamaufbau und Leadership sind essenziell, damit wir nicht nur gute Sachen machen, sondern die Sachen auch gut machen.

Was kann Politik beitragen?
Bitte, schafft Räume und Möglichkeiten, auch gern mit einem Hauch weniger Bürokratie. Es ist an der Zeit, Gestaltungsräume insbesondere für Sozialunternehmen zu schaffen, die Lücken im bestehenden System füllen zugunsten derjenigen, die eben nicht vollständig mitgedacht wurden. Aber wir wollen mehr, wir wollen nicht nur Lücken füllen, sondern die Welt verbessern, daher müssen wir skalieren. In einem föderalen Land treffen wir nicht nur auf Herausforderungen in den eigenen Kommunen, sondern auch an den Ländergrenzen und in der Abgrenzung der Zuständigkeiten von Bund und Ländern. Bitte, lasst uns Lösungen suchen und nicht nur argumentieren, warum Dinge nicht gehen. Ich habe die Abwehrhaltung, das habe man ja immer schon so gemacht und da könne ja jeder kommen, teilweise wortwörtlich, teilweise leicht paraphrasiert, zu oft erlebt.

So banal es klingt: miteinander, nicht gegeneinander. Wir haben keine IT-Lehrkräfte, aber wir brauchen Menschen, die Kids für Zukunftsberufe begeistern. Was ist intuitiver, als die Unternehmen dafür zu begeistern, mit uns in die Schulen zu gehen? Aber nein, Unternehmen in Schulen, das geht ja gar nicht, da könnte ja jeder kommen. Siehe oben. Nein, leider kommt noch nicht jeder, aber wie geil wäre das? Wir müssen Silos aufbrechen und gemeinsam denken – man muss nicht immer gleich das Schlechteste vom Gegenüber annehmen. Ich wiederhole mich.

Das würde helfen:

– Denkt im Rahmen von Gesetzen in Möglichkeiten, nicht immer in bürokratischen Ausschlussgründen.

– Da wir nun mal den Föderalismus haben, denkt ihn bitte als Chance und nicht als hinderliche Abgrenzung von Machtbereichen.

– Mehr miteinander, nicht gegeneinander.

Und was kann die Gesellschaft beitragen?
Die Gesellschaft – kann ein Kollektiv agieren? Oder überhaupt eine Meinungsbildung herbeiführen? Nicht ganz unkomplex (Vorsicht, doppelte Verneinung) – soll heißen: geht schon. Für eine inklusive Gesellschaft (in der auch Kinder wichtig sind, nicht nur wählende Rentnerinnen und Rentner) müssen wir umdenken – Invest in the Future, not in the Past! Und wir müssen uns dem Diskurs öffnen, welche Rolle Bildung haben kann und muss.

Ich habe in der Einleitung geschrieben, dass ich davon überzeugt bin, dass wir mit Bildung und fairen Chancen für eine stabile Demokratie sorgen können. Mit einem offenen Mindset kann ich erkennen, dass wir gemeinschaftlich mehr erreichen können als mit Neiddebatten. Dankbarkeit und Demut sind wichtige Schlüssel, auch Verzicht muss nicht zwangsläufig negativ konnotiert sein. Begeisterung und Entdeckerfreude vertreiben negative Gedanken viel schneller, als man vielleicht meint – das hätte doch echt Potenzial.

Das würde helfen:

– Mut und Freundlichkeit – so einfach, so schwierig.

– Übernahme von Verantwortung. Mein Lieblingssatz: Wenn du glaubst, dass du zu klein bist, um etwas zu verändern, dann hast du noch nie zusammen mit einer Mücke in einem Raum geschlafen. Auch nicht neu, auch nicht von mir, aber einfach so gut. Stammt ja auch vom Dalai Lama, glaube ich.

– Verschwendet keine Zeit dafür, die Schuldfrage zu klären, sondern redet darüber, wie wir es gemeinsam lösen können.

– Es brauchte schon früher ein Dorf, um ein Kind zu erziehen. Heute braucht es die gesamte vernetzte Gesellschaft.

Quo vadis Hacker School, digitale Bildung und (deutsche) Gesellschaft?

Ich bekam die Anregung, hier zum Ende zu schreiben, wo wir in fünf Jahren stehen wollen, was wir zu erreichen planen. Keine Ahnung! Die Zahl habe ich nicht im Kopf, ich plane derzeit bis 2030: Das habe ich vorn bereits erwähnt, wir wollen einen gesamten Jahrgang erreichen, also in Schulen 750 000 – 800 000 Kids plus noch mal eine knappe Viertelmillion außerschulisch, da wären wir bei der Million. Warum diese Zielzahl? Flapsig formuliert: Sie besteht nur aus Nullen und Einsen, ist durch zehn teilbar und schön groß – so eine echt coole Zahl für die Politik. Und nicht ganz so flapsig? Verdammt groß.

Ob wir das erreichen? Ehrlich gesagt: keine Ahnung. Wenn ich mir heute vorstelle, dass wir dazu nach heutigem Modell fast 200 Kurse pro Tag anbieten müssten, bekomme ich auch ein bisschen Muffensausen. Warum dann trotzdem dieses krasse Ziel?

Nun, wie gesagt, seit ich von 100 000 Kids pro Jahr spreche, hören mir die Menschen zu. Sie glauben an mich und an die Hacker School, weil wir selbst an uns glauben und alle Hebel in Bewegung setzen, damit wir dieses Ziel erreichen können.

Wir bauen nur die Brücken und machen Mut, sie zu nutzen. Und wir unterstützen bei den ersten Schritten, bis man sieht, die Brücke hält. Aber die Entscheidung, über die Brücke zu gehen, muss jeder und jede für sich allein treffen. Mut ist nicht die Abwesenheit von Angst, sondern das Wissen, dass etwas anderes wichtiger ist als die Angst. Woher hab ich diesen Satz? Aus dem Film »Plötzlich Prinzessin« mit Anne Hathaway – man kann überall was lernen (Zwinker-Smiley).

Wie kann unsere Welt aussehen, wenn alle mitmachen? Wenn Corporate Volunteering für digitale Bildung eine Selbstverständlichkeit ist? Wenn sich die Wahrnehmung der Unternehmen so weit geändert hat, dass es ganz klar ist, dass sie sich natürlich engagieren, um junge Menschen für Zukunftsberufe zu begeistern? Wenn Finanzierungen nach Impact vergeben werden?

Wenn alle, auch mit kleinen Schritten, beitragen, kann das Wirklichkeit werden. Und vielleicht ist das auch einer der Beweggründe, die mich so sehr treiben: Ich bin verdammt neugierig darauf, wie diese Welt aussehen kann. Klar gehen nicht alle Probleme weg, sie werden sogar sicher noch größer. Aber wenn es uns gelingt, eine Bewegung für Bildung im Allgemeinen und digitale Bildung im Besonderen zu schaffen und damit junge Menschen mit Skills auszustatten, die sie hoffnungsfroh und selbstbewusst in Berufe führen, in denen sie mit genau diesen digitalen und anderen Fähigkeiten ihre und unsere Bemühungen für Nachhaltigkeit einfach größer machen, dann kann ich bei meinen wunderbaren Kindern vielleicht doch noch Enkel bestellen. Das würde mich mega freuen.

FOLGE DEN AUTORINNEN AUF AMAZON

Wenn dir dieses Buch gefallen hat, folge Dr. Julia Freudenberg und Karen Funk auf Amazon. Dann erhältst du eine Benachrichtigung, wenn die jeweilige Autorin ihr nächstes Buch veröffentlicht. Um der jeweiligen Autorin zu folgen, gehe bitte folgendermaßen vor:

Desktop:

1) Suche auf Amazon.de oder in der Amazon App nach dem Namen der Autorin.
2) Klicke auf den Namen der Autorin, um auf die Autorenseite zu gelangen.
3) Klicke auf den »Folgen«-Button.

Smartphone und Tablet:

1) Suche auf Amazon.de oder in der Amazon App nach dem Namen der Autorin.
2) Klicke auf einen Titel der Autorin.
3) Klicke auf den Namen der Autorin, um auf die Autorenseite zu gelangen.
4) Klicke auf den »Folgen«-Button.

Kindle eReader und Kindle App:

Wenn du dieses Buch auf einem Kindle eReader oder in der Kindle App liest, wird dir automatisch angeboten, den Autorinnen zu folgen, nachdem du die letzte Seite des Buches gelesen hast.

Sample

Not For Resale

Printed in Germany
by Amazon Distribution
GmbH, Leipzig